Dr. A. Ruiter

Inleiding tot de levensmiddelenchemie

Dr. A. Ruiter

Inleiding tot de levensmiddelenchemie

Houten, 2016

Twee eerdere tekstversies van dit boek zijn door de auteur in 1998 en 1999 in eigen beheer uitgegeven.
Tweede (ongewijzigde) druk, Bohn Stafleu van Loghum, Houten 2016

ISBN 978-90-368-1235-1
ISBN 978-90-368-1236-8 (eBook)
DOI 10.1007/978-90-368-1236-8

NUR 870
Basisontwerp omslag en binnenwerk: Martin Majoor, Arnhem

Bohn Stafleu van Loghum
Het Spoor 2
Postbus 246
3990 GA Houten

www.bsl.nl

Voorwoord

Dit boek is vooral bedoeld als leesboek voor allen die geïnteresseerd zijn in de samenstelling en het gedrag van levensmiddelen, en die voldoende chemische kennis bezitten om enig inzicht te verkrijgen in wat zich hierin kan afspelen. Daarnaast kan het als handboek worden gebruikt als bron van informatie over de bestanddelen van levensmiddelen en de functies die zij vervullen. Ten slotte kan het als basis dienen voor cursussen in de levensmiddelenchemie, waarbij de docent bepaalde gedeelten als leerstof aanwijst.

Het boek heeft twee eerdere tekstversies gekend. Deze derde versie verschijnt nu in een meer officiële vorm als eerste druk bij Elsevier. Uiteraard is de tekst geheel herzien; verder zijn enkele achterhaalde gedeelten vervangen en enkele nieuwe stukken toegevoegd.

Het boek is, zoals de titel zegt, een inleiding tot het vakgebied levensmiddelenchemie, een vak dat ikzelf bijna twintig jaar met veel genoegen heb gedoceerd. Het kan wellicht van nut zijn voor velen die te maken hebben met voeding en voedingsmiddelen: voedingsdeskundigen, diëtisten, stafmedewerkers in de voedingsmiddelenindustrie en in allerlei laboratoria, overheidspersoneel, leraren chemie of biologie bij het voortgezet en hoger onderwijs.

Dank ben ik verschuldigd aan dr.ir. Flip Tollenaar†, prof.dr. Hendrik Deelstra, drs. Freek Kuijper en dr. Aldert A. Bergwerff voor alle aanvullingen en opmerkingen. Ook de aanvullingen en verbeteringen die mij door vele anderen zijn voorgesteld, hebben hun plaats in dit boek gevonden. Opnieuw geldt dat ik graag op- en aanmerkingen ontvang, ook al vanwege de door mij zo gewaarde wisselwerking tussen lezer/gebruiker en schrijver.

Ten slotte bedank ik Paul Deley en Peter Koolmees voor de vele tekeningen die zij voor dit boek hebben gemaakt.

Ad Ruiter,
zomer 2002

Inhoud

Inleiding

VOEDSEL IN DE OUDHEID

Vanaf de vroegste tijden van zijn bestaan heeft de mens zich met voedsel moeten bezighouden. Door ondervinding kwam hij langzamerhand te weten welke planten en dieren hem, eventueel na enige bewerking, tot voedsel konden dienen en welke niet. Al wat de honger kon stillen, werd beproefd. Dit proces moet zich geheel in de prehistorie hebben voltrokken; brokstukken van kennis hieromtrent zijn aanwezig van waaruit wij ons een vage voorstelling kunnen vormen hoe een en ander in zijn werk is gegaan (1).

Aan het begin van de oude beschavingen blijkt de mens vrijwel het volledige assortiment aan natuurproducten, zoals wij dat kennen, tot zijn beschikking te hebben. De geschreven geschiedenis bevat geen aanwijzingen dat bepaalde dieren of planten pas toen als eetbaar werden herkend. *Borgstrom* geeft in zijn boek *Principles of Food Science* (2) een interessante opsomming van alle door de mens gegeten planten en dieren, of onderdelen daarvan.

Gedurende het grootste deel van de oertijd was de voedselkeuze zeer beperkt, omdat allerlei knollen en zaden nog niet eetbaar konden worden gemaakt; men beschikte slechts over voedsel dat als zodanig – geheel of gedeeltelijk – kon worden verteerd. Pas toen de mens vuur en dus warmte leerde beheersen, werd dit anders. In China gebeurde dit naar schatting 300.000 jaar, in onze streken 100.000 à 200.000 jaar geleden. Vele zetmeelhoudende delen van planten konden vanaf die tijd gaar en dus beter eetbaar worden gemaakt; hetzelfde gold voor vlees. Het rauwe materiaal werd daartoe gedurende enige tijd in hete as gelegd en vervolgens, voorzover het niet was verschroeid, geconsumeerd. Het koken in water kwam pas veel later in zwang.

Omdat knollen en granen *als zodanig* vaak geruime tijd kunnen worden bewaard, werd het nu voor de mens aanzienlijk gemakkelijker de winter te overleven. Men leerde ook graankorrels te vermalen en van het meel brood te bakken.

Gaandeweg lukte het, de voedselvoorziening ook op andere wijze zekerder te stellen en wel door het gebruik van methoden om bederf tegen te gaan of uit te stellen, waarbij de mogelijkheden van de geografische ligging uiteraard van veel belang waren. Bewoners van hooggelegen en subarctische streken maakten vooral gebruik van *koude*. In sommige kustgebieden werd met het aldaar gewonnen zout geconserveerd; een mogelijkheid die ook bestond voor degenen die over zoute bronnen konden beschikken. In bergachtige streken binnen het tropische of subtropische gebied, en in woestijnachtige gebieden, was het *drogen* – waarschijnlijk de oudste vorm van conservering – de voor de hand liggende methode. Drogen was (en is) overigens ook mogelijk in koudere en nattere klimaten als een aanzienlijke luchtstroming (bijvoorbeeld wind van zee) optreedt. Als niet aan de voorwaarden voor een 'natuurlijk' droogproces kon worden voldaan, bood *roken* de mogelijkheid, levensmiddelen zoals vlees en vis houdbaar te maken. Daarbij mag niet worden vergeten dat deze bewerkingen veelal ook bijdroegen tot een verhoogd gebruiksgenot; het voedsel werd smakelijker. Toen de mens zich de eerste beginselen van gewassenteelt en veehouderij eigen begon te maken, werd het menu gevarieerder en werden melk en de daarvan afgeleide producten van steeds grotere betekenis.

De *kaasbereiding* moet in eerste instantie worden beschouwd als een methode om melk als voedingsmiddel op de een of andere wijze houdbaar te maken en behoort dus in feite tot de conserveringstechnieken, evenals drogen, roken en zouten. Van meer belang is dat het hier om het bereiden van een *product* gaat, met geheel andere eigenschappen dan het oorspronkelijke materiaal.

Langzaam maar gestaag werden vorderingen gemaakt. Zo leerde men gegiste of gefermenteerde dranken te bereiden en ook voor de broodbereiding een gistingsproces toe te passen. Zeven werden ontwikkeld om uit het koren het kaf te verwijderen. Toxische bestanddelen, die in sommige natuurproducten aanwezig zijn, werden onschadelijk gemaakt of verwijderd door deze producten te verhitten, of door de schadelijke stoffen met water eruit te logen. Door persen verkreeg men spijsolie uit noten en olijven. De Soemeriërs exporteerden omstreeks 2800 v. Chr. al olie – en ook kaas – naar Egypte.

In de Romeinse tijd, die men als het einde van de oudheid kan beschouwen, was men al vrij ver gevorderd met het bewerken van grondstoffen voor voedingsmiddelen. Zo beschrijft *Plinius de Oudere* (23 – 79 n. Chr.) de winning van zetmeel uit tarwe. De Romeinen konden vet zuiveren door het om te smelten, en klaarden honingoplossingen met aluin. Vis werd door inleggen in verzuurde wijn houdbaar gemaakt en vruchten geconfijt met honing. De houdbaarheid van de wijn zelf werd verbeterd door de wijnvaten vooraf te zwavelen, waardoor de wijn sporen van het conserverende zwaveldioxide bevatte. Verder was men in het oude Rome in staat, diverse worstsoorten te vervaardigen.

NATUURWETENSCHAP, BASIS VOOR VOEDINGS- EN LEVENSMIDDELENLEER

Uiteraard was de kennis van de voedselbereiding in oude tijden zuiver empirisch. Vele van de toen vervaardigde producten moeten echter zeer goed van kwaliteit zijn geweest. Het moet echter lang hebben geduurd voor de mens zoveel ervaring had verkregen dat hij *systematisch* een veilig en ook in kwalitatief opzicht goed product kon maken. Pas toen men aan de kennis van de levensmiddelenbereiding een wetenschappelijke basis in de huidige zin van het woord kon geven, was het mogelijk de ontwikkeling naar hoogwaardige producten sneller en economischer te laten verlopen en ook veiligheid en kwaliteit beter te waarborgen.

De natuurwetenschap, zoals die tijdens de Renaissance ontstond en in de volgende eeuwen tot ontwikkeling kwam, vormde natuurlijk ook de basis voor de levensmiddelenleer zoals wij die kennen. Verscheidene onderzoekers hielden zich al in de zestiende eeuw bezig met het onderzoek van voedingsmiddelen. Men zag in dat de mens materiaal dat hij uit het voedsel tot zich neemt, als bouwstoffen voor zijn lichaam benut.

Het duurde nog even voordat systematisch onderzoek naar de samenstelling van voedingsmiddelen mogelijk was. Pas in de tweede helft van de achttiende eeuw slaagde de Zweedse apotheker *C.W. Scheele* (1742 – 1786) erin, bepaalde stoffen uit voedingsmiddelen te isoleren, zoals appelzuur en citroenzuur uit fruit. Hij maakte ook glycerol ('oliezoet') vrij uit vetten. In het begin van de negentiende eeuw werd lecithine uit eidooier geïsoleerd en ontdekte men de eerste aminozuren. In de loop van die eeuw werden steeds meer van deze bestanddelen geïsoleerd en geïdentificeerd. Nieuwe technieken werden ontwikkeld: het door hitte steriliseren van hermetisch verpakte voedingsmiddelen (*Appert*, 1809), het bereiden van gecondenseerde melk (*Artmann*, 1859) en het vervaardigen van vervangende voedingsmiddelen zoals margarine (*Mège-Mouriès*, 1869). Voor wat betreft het in microbiologisch opzicht veilig maken van voedsel was het werk van *Pasteur* (1822-1895) van onschatbare betekenis.

Daarnaast ontstond inzicht in de fundamentele aspecten van de *voedings*leer. *Justus von Liebig* (1803-1873), een pionier op het gebied van het stofwisselingsonderzoek, deelde de voedingsstoffen in twee categorieën in: stikstofhoudende ('plantaardige fibrine', albumine, caseïne, vlees) en niet-stikstofhoudende (koolhydraten, vetten, alcoholische dranken). Spoedig hierna werd in Duitsland de indeling van voedingsstoffen in koolhydraten, eiwitten en vetten gehanteerd en bepaalde men met de inmiddels ontwikkelde 'bom' van *Berthelot* (een gesloten verbrandingsinstrument) de energetische waarde van deze bestanddelen.

De energetische waarde van eiwitten, koolhydraten en vetten werd ook bij proefdieren en bij de mens gemeten. Omstreeks 1860 zag men in dat de omzetting van deze stoffen in het lichaam in principe gelijkwaardig is aan de chemische verbranding (*Voit* en *Von Pettenkofer*), al verloopt de verbranding van eiwitten in het lichaam onvolledig (*Rubner*, 1879) en moet ook rekening worden gehouden met niet geheel volledige absorptie. Omstreeks 1900 hebben vooral *Rubner* en *Atwater* zich uitvoerig met onderzoek op dit terrein beziggehouden.

In deze periode meende men dat de betekenis van het voedsel geheel tot de aanwezigheid van koolhydraten, eiwitten en vetten was te herleiden. Al in 1871 echter stelde *Dumas* (1800-1884) dat het aanwezig zijn van deze stoffen in de voeding op zich niet voldoende is voor de instandhouding van het lichaam. Het zou overigens nog enkele decennia duren voor het inzicht doorbrak dat sommige ziekten ontstaan door het in onvoldoende mate aanwezig zijn van bepaalde stoffen die men, nog weer later, met de naam *vitamines* aanduidde. *Eijkman* (1858-1930) en *Grijns* (1865-1944) hebben op dit gebied baanbrekend werk verricht door verband te leggen tussen het optreden van beri-beri en het eten van rijst die van het zilvervlies was ontdaan, waardoor de voeding als geheel onvolwaardig werd (1890). Door de ontdekking van vitamines leerde men inzien dat een goede voeding twee doeleinden dient: 1) de toevoer van stoffen die de energie voor levensprocessen en lichamelijke arbeid leveren, en 2) de toevoer van een aantal verbindingen die aan de instandhouding en de opbouw van het organisme bijdragen. Op het belang van een aantal elementen moet ook worden gewezen. Sommige van deze elementen zijn slechts in sporen aanwezig, zoals jood en seleen (sporenelementen), maar vervullen desalniettemin in het lichaam zeer essentiële functies. Andere, zoals calcium en ijzer, zijn in grotere hoeveelheden nodig.

TOEZICHT OP VOEDINGSMIDDELEN

Het heeft tot omstreeks 1875 geduurd voordat sprake kon zijn van levensmiddelenchemie als afzonderlijke tak van wetenschap. De betekenis van dit vak is vooral naar voren gekomen doordat het steeds meer nodig bleek, effectieve controle op kwaliteit en deugdelijkheid van levensmiddelen te kunnen uitoefenen. Vervalsing van voedingsmiddelen is bijna zo oud als de wereld, waarbij overigens onderscheid moet worden gemaakt tussen gevaarlijke vervalsingen en op zichzelf ongevaarlijk bedrog of misleiding. Tot de laatste categorie behoort het 'aanlengen' van melk met water, hetgeen neerkomt op minder waar voor hetzelfde geld. In de annalen van de lang voor onze jaartelling bestaande diensten ter controle van de kwaliteit van voedingsmiddelen en dranken vindt men veel voorbeelden. Deze hebben onder meer betrekking op vervalsing van specerijen met zaagsel of zand, het vervalsen van wijn, het manipuleren van meel, onder andere door toevoeging van gips, en de kleuring van boter, waardoor een verkeerde indruk van de kwaliteit van het product werd gewekt. Wel werd, met de ontwikkeling van de wetenschap, ook de techniek van het knoeien 'verbeterd' en het knoeien zelf gevaarlijker. Tot ongeveer 1820 moet men ook onderscheid maken tussen de stedelijke en de landelijke situatie. Op het platteland waren vervalsingen van voedingsmiddelen van minder betekenis, omdat een aanzienlijk deel van de opbrengst van landbouw en veeteelt voor eigen gebruik diende. (Tot het einde van de negentiende eeuw kwamen nog geheel zelfverzorgende boerderijen in onze streken voor.)

Parallel met de industriële revolutie en de urbanisatie die daarvan het gevolg was, trad echter ook een schaalvergroting op in de bereiding van voedingsmiddelen. De directe aanspreekbaarheid van de producent werd daardoor minder, zodat hij gemakkelijker in de verleiding kwam om zijn producten in meer of minder ernstige mate te vervalsen. Omdat het onderzoek slechts beperkte mogelijkheden bood (al bleek de microscoop in dit opzicht een uiterst nuttig instrument) nam het euvel van het vervalsen in de tweede helft van de negentiende eeuw ernstige vormen aan. Vele voedingsmiddelen waren vanuit het oogpunt van de volksgezondheid onaanvaardbaar. Doordat bij de bereiding – door onkunde of nalatigheid – vaak onvoldoende aandacht aan de hygiëne werd geschonken, traden dikwijls voedselvergiftigingen op, soms met dodelijke afloop. Ook ontzagen sommigen zich niet, voor het houdbaar maken van bederfelijke levensmiddelen – zoals melk – schadelijke stoffen, bijvoorbeeld formaline, te gebruiken. Half bedorven producten vonden onder de armsten van de bevolking aftrek.

Door al deze praktijken werd georganiseerd ingrijpen van overheidswege noodzakelijk. In 1875 werd in Groot-Brittannië de Sale of Food and Drugs Act van kracht, en in Duitsland kwam in 1879 een levensmiddelenwetgeving tot stand. Sinds 1894 heeft de functie van levensmiddelenchemicus in Duitsland een officiële status en moet voor het vervullen van die functie een examen worden afgelegd. In België bestaat sinds 1890 een Warenwet. De Nederlandse Warenwet trad in 1919 in werking. Ook hierin werd de bescherming van de volksgezondheid geregeld en de eerlijkheid in de handel bevorderd. Sinds 1988 bestaat in Nederland een nieuwe Warenwet, die ook de productveiligheid en de informatie aan de consument regelt.

Nu heeft de wetgever zich al in de oudheid met knoeierijen ten aanzien van voedingsmiddelen beziggehouden. De oudste ons bekende wetten zijn voedselwetten!

Op een kleitablet dat men ooit in Turkije heeft opgegraven, bevindt zich een stukje uit een staatsarchief van de Hittieten, 3000 jaar oud, met de volgende tekst:

'Gij zult het vet of het brood van Uw naaste niet bederven;
gij zult het vet of het brood van Uw naaste niet betoveren.'

'Betoveren' moet wellicht worden geïnterpreteerd als: iets ermee doen waarop men geen zicht heeft.

Deze twee verbodsbepalingen komen overeen met de twee basisprincipes van het levensmiddelenrecht zoals dat tegenwoordig in vele landen wordt gehanteerd: de bescherming van de volksgezondheid en het bevorderen van de eerlijkheid in de handel.

In dit verband moet ook de bekende Duitse uitspraak: 'Der Mensch ist, was er ißt' worden aangehaald. Deze uitspraak brengt een diep gevoel van de *consument* onder woorden. Wat de mens eet, dat is hijzelf; het wordt een deel van hemzelf. Vooral hierom, en ook omdat de consument het voedsel zelf maar op enkele kenmerken kan controleren, voelt hij zich kwetsbaar. Hij eist dus, dat van hogerhand maatregelen worden genomen die hem afdoende bescherming bieden. Het zijn de voedseldeskundigen die methoden moeten ontwerpen om een bescherming mogelijk te maken.

Levensmiddelenchemici hebben grote vindingrijkheid aan de dag gelegd om allerlei vervalsingen aan het licht te brengen. Vele goed bruikbare methoden waren hiervan het gevolg. Deze werden wettelijk vastgelegd, waardoor op vervaardigers van voedingsmiddelen de nodige druk kon worden uitgeoefend om onvervalste, deugdelijke en veilige producten op de markt te brengen. Mede hierdoor werd de analytische chemie een van de basiswetenschappen waarop de huidige levensmiddelenchemie rust. Tegenwoordig is de analytische chemie vooral van belang bij het onderzoek naar *contaminanten* in levensmiddelen: sporen van ongewenste stoffen die er – ongewild – tijdens de bereiding inraken of die al in de grondstoffen aanwezig waren.

Op het gebied van de analysetechnieken zijn de laatste tijden grote vorderingen gemaakt. Van veel stoffen kunnen zonder al te veel moeite gehalten in de orde van enkele tientallen microgrammen per kg worden vastgesteld en vaak is het mogelijk, nog veel lagere gehalten met redelijke nauwkeurigheid te bepalen. Ook de voorbewerking, die aan de eigenlijke analyse voorafgaat, is de laatste jaren sterk verbeterd. Voor het identificeren van zeer geringe hoeveelheden van ongewenste stoffen is de massaspectrometrie, in combinatie met een scheidingstechniek, thans van onschatbare waarde.

Naast dit alles vragen de *dynamische* (veranderlijke) aspecten van voedingsmiddelen de aandacht. Niet alleen tijdens het bereiden, ook gedurende het bewaren van voedingsmiddelen treden hierin allerlei processen op, met als gevolg verandering van de eigenschappen van het product. Vaak zijn die processen enzymatisch van aard. Door de opkomst van de biochemie werd het mogelijk, methoden te ontwikkelen om deze te bestuderen en te beheersen. Ook de biochemie is daarom een van de pijlers van de huidige Ievensmiddelenleer (en daarnaast ook van de *biotechnologie*).

INDELING VAN HET VAKGEBIED

Allereerst moet worden opgemerkt dat de termen 'levensmiddelen' en 'voedingsmiddelen' gelijkwaardig zijn en beide worden gebruikt. Volgens de letterlijke betekenis van het woord echter zouden ook water en lucht tot de levensmiddelen moeten worden gerekend. Daarom bestaat een lichte voorkeur voor de term 'voedingsmiddel', ondanks het feit dat beide termen in dit boek worden gehanteerd. Uitstekend is de in België veel gebruikte aanduiding 'eetwaren'. De Nederlandse Warenwet spreekt trouwens ook over eet- (en drink-)waren.

Voor wat betreft de naam van het vakgebied kan men zeggen dat de in de Engelssprekende landen ingeburgerde term *'food science'* vrijwel overeenkomt met ons begrip 'levensmiddelenleer'. In Zuid-Europese landen, in België en sinds een aantal jaren ook in Nederland hoort men de term *'bromatologie'* (afgeleid van het Griekse *broma*, voedsel). Deelgebieden van de levensmiddelenleer zijn de levensmiddelenchemie, de levensmiddelenfysica en de levensmiddelenmicrobiologie.

De levensmiddelentechnologie wordt als een afzonderlijk vakgebied beschouwd en ook afzonderlijk genoemd ('food science and technology').

Binnen het vakgebied van de levensmiddelenleer wordt ons voedsel bestudeerd, niet onze voeding. De *voedingsleer* houdt zich bezig met de wisselwerking tussen het menselijk lichaam en de opgenomen voeding en heeft nauwe relaties met de fysiologie, de wetenschap die de omzettingen bestudeert die tot de normale levensverrichtingen behoren. Deze voedingsleer behoort dus niet tot het terrein der voedingsmiddelenleer, maar heeft er wel veel raakvlakken mee. Een voedingsmiddelenkundige dient zich dan ook terdege op de voedingsleer te oriënteren.

De *toxicologie* is een vakgebied dat ook enkele raakvlakken met de levensmiddelenleer bezit, maar er niet toe behoort. Ook met de toxicoloog zal de voedingsmiddelenkundige van tijd tot tijd moeten samenwerken.

Het vakgebied van de levensmiddelenleer omvat een groot terrein, waarin de volgende aandachtsvelden kunnen worden onderscheiden:

- het bestuderen van de hoedanigheden van bewerkte en onbewerkte voedingsmiddelen;
- onderzoek naar de samenstelling van voedingsmiddelen en kennis van de afzonderlijke bestanddelen;
- het bestuderen van veranderingen in samenstelling en eigenschappen van voedingsmiddelen als gevolg van bewerking en bewaring, het ontwikkelen van methoden om deze veranderingen te volgen en van werkwijzen waarmee ongewenste veranderingen kunnen worden tegengegaan;
- het beoordelen van kwaliteit, deugdelijkheid en veiligheid van voedingsmiddelen (in samenwerking met voedingskundigen en toxicologen);
- het herkennen van schadelijke organismen en verbindingen in voedingsmiddelen en het ontwikkelen van technieken om deze waar mogelijk te elimineren;
- het ontwikkelen van analysemethoden voor het bepalen van de samenstelling van voedingsmiddelen en voor het onderzoek naar schadelijke c.q. anderszins ongewenste bestanddelen hierin;
- de kennis van en het mede gestalte geven aan het levensmiddelenrecht. (Natuurlijk is het de jurist die de rechtsnormen een adequate vorm zal moeten verle-

nen, maar inhoud en richting worden voor een belangrijk deel door de levensmiddelenkundige bepaald.)

Levensmiddelenchemie

De levensmiddelenchemicus is zowel in de samenstelling van voedingsmiddelen als in de dynamische aspecten ervan geïnteresseerd.

Tot de dynamische aspecten behoren rijpingsprocessen in bewerkte zowel als onbewerkte voedingsmiddelen, postmortale processen in vlees en vis, verouderingsprocessen en bederfprocessen. Bij het bestuderen van deze verschijnselen is een biochemische basis, zoals gezegd, onmisbaar.

Ook niet-biochemische reacties in voedingsmiddelen (zoals vetoxidatie of verbruiningsreacties, en chemische veranderingen ten gevolge van bewerkingen) vormen een belangrijk werkterrein voor de levensmiddelenchemicus.

Al eerder is uiteengezet dat de vraag naar controle op de samenstelling van levensmiddelen en de eventuele aanwezigheid van ongewenste stoffen de opbloei van het vakgebied krachtig heeft gestimuleerd. Deze controle vindt op vele manieren plaats en is in elk land weer anders georganiseerd. Overheidsdiensten, controlestations, instituten en industriële laboratoria houden zich bezig met de analyse van gewenste en ongewenste bestanddelen van voedingsmiddelen (3).

Bij deze analyse gaat het vaak om zeer lage concentraties. Milieu- en biocontaminanten, resten van gewasbeschermings- of diergeneesmiddelen worden al in geringe hoeveelheden ongewenst geacht. Het streven is er niet alleen op gericht, deze lage concentraties nauwkeurig te kunnen bepalen maar ook de bepalingsmethoden betaalbaar te houden. Voor het onderzoek van grote hoeveelheden monsters is ook bij de chemische analyse van voedingsmiddelen een sterke automatisering doorgevoerd.

Bij het oplossen van analytische problemen is kennis van de dynamische aspecten van voedingsmiddelen noodzakelijk, omdat de resultaten soms afhangen van veranderingen die erin kunnen optreden. Zo kan een te bepalen stof tijdens bewaring worden afgebroken of aan andere componenten van het voedingsmiddel worden gebonden; storende stoffen kunnen in het voedingsmiddel in wisselende hoeveelheden aanwezig zijn, enzovoort.

Levensmiddelenfysica

De levensmiddelenfysica houdt zich bezig met de bestudering van de fysische eigenschappen van voedingsmiddelen zoals vorm en uiterlijk, densiteit, structuur, consistentie, viscositeit, en voorts allerlei mechanische, optische en thermische eigenschappen.

De levensmiddelenfysica is van belang bij het bestuderen van processen zoals het bevriezen en ontdooien van voedingsmiddelen, van smeltprocessen (boter, chocolade), stoftransport (pekelen, konfijten), kristallisatie- en aggregatieprocessen, bij het vaststellen van veranderingen in reologische eigenschappen zoals consistentie en viscositeit, en vele andere fysische verschijnselen die tijdens en na het vervaardigen van voedingsmiddelen kunnen optreden.

Levensmiddelenmicrobiologie

De microbiologie houdt zich bezig met micro-organismen (bacteriën, gisten en schimmels).

Een belangrijk terrein van de levensmiddelenmicrobiologie is de bestudering van voor de gezondheid schadelijke micro-organismen die in voedsel aanwezig kunnen zijn, en het zoeken naar wegen om risico's die door deze organismen worden veroorzaakt te vermijden, of zoveel mogelijk te beperken.

Natuurlijk behoort ook het microbiële bederf van voedingsmiddelen – en de maatregelen om dit tegen te gaan of uit te stellen – bij uitstek tot het gebied van de levensmiddelenmicrobioloog. Daarbij is een duidelijke gerichtheid op het product aanwezig.

Het zal duidelijk zijn dat conserveringstechnieken ook voor de levensmiddelenmicrobioloog een terrein van onderzoek vormen. Het gaat echter niet altijd om vernietiging van alle micro-organismen, maar ook om veranderingen in de microflora als gevolg van bewerking en conservering. Verder ook om het gedrag van micro-organismen ten opzichte van elkaar, en niet te vergeten de wisselwerking tussen microflora en voedingsmiddel.

Micro-organismen vervullen bij de productie van sommige voedingsmiddelen (bijvoorbeeld karnemelk of yoghurt) een essentiële functie. De kennis van deze processen behoort ook tot het gebied van de voedingsmiddelenmicrobiologie.

Verder is het de microbioloog die methoden ontwikkelt om de samenstelling van de microflora vast te stellen en ook om de hoeveelheid micro-organismen te meten.

Levensmiddelentechnologie

Levensmiddelentechnologie kan worden gedefinieerd als 'het met wetenschappelijke methoden ontwikkelen of verbeteren van processen om levensmiddelen met gewenste kwaliteitskenmerken te bereiden, en van methoden om deze kwaliteit te bewaken' (4).

Tot de gewenste kwaliteitskenmerken kan een betere houdbaarheid behoren. Conserveringstechnieken zijn dan ook een typisch voorbeeld van het werkterrein van de technoloog, die ook van oudsher bekende methoden nog steeds tracht te verbeteren. Daarbij gaat het niet alleen om het verbeteren van producten maar ook om betere productieprocessen.

Naast de al eerdergenoemde terreinen is het dan ook vooral de proceskunde die ten grondslag ligt aan de wetenschappelijke kennis omtrent het bereiden van voedingsmiddelen. Deze terreinen maken er tot op zekere hoogte ook deel van uit.

In de praktijk houdt de levensmiddelentechnoloog zich bezig met de (industriële) vervaardiging van deze producten. Hij/zij zal daarbij de kwaliteit moeten waarborgen en ook moeten weten hoe producten op economische wijze kunnen worden verkregen. Het energieverbruik van deze processen en vooral de milieuproblematiek vragen in toenemende mate zijn aandacht.

Dynamische aspecten van voedingsmiddelen staan bij de levensmiddelentechnologie in het middelpunt van de belangstelling, evenals productkennis.

De eigenschappen van de uit landbouw, veeteelt en visserij verkregen grondstoffen voor de productie van voedingsmiddelen zijn voor de levensmiddelentechnoloog van groot belang. De laatste jaren is het inzicht dat de kwaliteit van de grondstof medebepalend is voor de kwaliteit van het eindproduct, aanzienlijk verdiept. Bemesting kan leiden tot een te hoog gehalte aan ongewenste stoffen in halffabrikaten en eindproduct; nitraat is daarvan een voorbeeld. Gewasbeschermingsmiddelen kunnen in de grondstoffen terechtkomen en zijn daaruit gewoonlijk niet of met veel moeite te verwijderen. Verder wordt de kwaliteit van de agrarische grondstof mede bepaald door land of streek van herkomst, oogstjaar, oogst- en bewaarmethode. Het rendement van technologische bewerkingen en de gevolgen daarvan voor energiegebruik en milieubelasting hangen ook samen met de kwaliteit van de grondstof. De technoloog moet goed op de hoogte zijn van de productiewijzen en de factoren die kwantiteit en kwaliteit van de productie beïnvloeden. Ook hier is de economische factor van veel betekenis. Voor autonome wetenschapsbeoefening is weinig plaats: de technoloog moet samenwerken met de chemicus, met de microbioloog en met de landbouwkundig onderzoeker of, als het voedingsmiddelen van dierlijke oorsprong betreft, de veterinaire hygiënist.

Andere gebieden

Naast de hier genoemde deelgebieden moeten verder worden genoemd: de *warenkennis* (met hierbij inbegrepen het nog steeds van groot belang zijnde microscopisch onderzoek) en de vooral na 1950 opgekomen *sensorische analyse* (de beoordeling van voedingsmiddelen met behulp van de zintuigen, vooral de reuk- en de smaakzin; ook wel *organoleptische* beoordeling genoemd).

Het toxicologisch onderzoek van voedingsmiddelen als zodanig komt tegenwoordig niet zo veel meer voor; hetgeen wordt onderzocht zijn stoffen die in levensmiddelen voorkomen of eraan worden toegevoegd.

OPZET VAN DIT BOEK

Omdat het voorzien in de voedselbehoefte van de mens het eerste doel van voedingsmiddelen is, worden hier eerst de stoffen behandeld die voor onze voeding van essentieel belang zijn. Deze stoffen worden aangeduid met de term *nutriënten* (letterlijk: voedende stoffen). *Eiwitten, vetten* en *koolhydraten* zijn nutriënten, maar *vitamines* en *spoorelementen* ook. *Water* is geen nutriënt in de letterlijke zin van het woord, maar natuurlijk wel van wezenlijk belang voor de instandhouding van het leven. Het is ook in voedingsmiddelen niet weg te denken en maakt daar zelfs het belangrijkste deel van uit, althans in kwantitatief opzicht. Het heeft dus zeker zin, de behandeling van water in een boek als dit onder te brengen.

Naast deze nutriënten kunnen voedingsmiddelen van nature nog vele andere bestanddelen bevatten. Een aantal hiervan komt eveneens ter sprake.

Hier en daar komen enige voedingsmiddelen als zodanig aan de orde. Er is echter niet gekozen voor een bespreking van de meest gebruikte voedingsmiddelen. Een behandeling naar voedingsmiddelbestanddelen maakt een wat meer systematische opzet mogelijk.

Een opzet zoals deze heeft ook het voordeel dat enkele aspecten van de voedingsleer kunnen worden ingebouwd, al zal voor een bestudering van dit vakgebied naar andere bronnen moeten worden verwezen.

Dan wordt in een tweetal hoofdstukken ingegaan op respectievelijk toevoegingen aan voedingsmiddelen (*additieven*) en verontreinigingen in voedingsmiddelen (*contaminanten*).

Voor wat betreft verdere informatie bestaat een schat aan handboeken op dit gebied. Het is niet de bedoeling, in deze inleiding daarvan een overzicht te geven. Wel moeten hier het *Lehrbuch der Lebensmittelchemie* van *Belitz* en *Grosch* (5) en *Principles of Food Chemistry* (deel 1: Food Chemistry) van *Fennema* (6) worden genoemd. Van het Lehrbuch der Lebensmittelchemie bestaat ook een Engelse versie, waarvan in 1987 een nieuwe druk is verschenen. Een handig boekje is *Food, the Chemistry of its Components* van Tom Coultate (7).

Een aardig boek is *Chemie in Lebensmitteln* van Johannes Friedrich Diehl (8). Hierin wordt veel verteld over vreemde stoffen in onze voedingsmiddelen en de problemen, maar vooral over de vele schijnproblemen die de afgelopen jaren in discussie zijn geweest.

Dit hoofdstuk is de bewerkte versie van een bijdrage aan de OU-cursus Portretten van voeding (1991).

LITERATUUR

1 E. Hanssen en W. Wendt, Geschichte der Lebensmittelwissenschaft. In: Handbuch der Lebensmittelchemie, J. Schormüller (Ed.). Band I: Die Bestandteile der Lebensmittel, pp. 1-75. Springer-Verlag, Berlin/Heidelberg/New York 1965.
2 G. Borgstrom, Principles of Food Science. Vol. I: Food Technology and Biochemistry. The MacMillan Company, New York / Collier-McMillan Ltd., Londen 1968, pp. 1-12.
3 J. Damman, 'Wij beschouwen onszelf als een open maatschappelijke organisatie.' Interview met dr. F. Schuring, algemeen directeur van de Inspectie Gezondheidsbescherming, Waren en Veterinaire Zaken. Voedingsmiddelentechnologie 32 (1999)(1/2), pp. 16-19.
4 P. Walstra en A. Prins, Naar onze smaak. Inaugurele redes, Landbouwhogeschool, Wageningen 1978.
5 H.-D. Belitz en W. Grosch, Lehrbuch der Lebensmittelchemie, 5e druk. Springer-Verlag, Berlin/Heidelberg/New York/Tokyo 2001. 1000 pp. ISBN 3540410961.
Food Chemistry (vertaling van de 2e Duitse druk) 1987, 774 pp. ISBN 354064704X
6 Food Chemistry, 4e druk. Ed. Owen Fennema. Marcel Dekker Inc., New York/Basel/Hong Kong 2001.1100 pp. ISBN 0824796918.
7 T.P. Coultate, Food – the chemistry of its components. 4e druk, 2001, 360 pp. The Royal Society of Chemistry, Cambridge. ISBN 0854045139.
8 Diehl, J.F., Chemie in Lebensmitteln: Rückstände, Verunreinigungen, Inhalts- und Zusatzstoffe, Wiley-VCH, Weinheim/New York/Chichester/Brisbane/Singapore/Toronto 2000. 332 pp. ISBN 3527302336.

1 Eiwitten

Eiwitten – ook proteïnen genoemd – komen in alle levende materie voor en zijn ook onmisbare bestanddelen van ons voedsel. Al vroeg zag men in dat leven zonder eiwitten onmogelijk is. De naam 'proteïne' is afgeleid van het Griekse *proteios* (van de eerste orde; het belangrijkste) en werd voorgesteld door *Berzelius*. De Nederlandse chemicus *Gert Jan Mulder* heeft deze naam gebruikt in zijn leerboek over de biologische betekenis van eiwitten (1838).

Eiwitten zijn opgebouwd uit aminozuren, die via peptidebindingen zijn aaneengehecht; zij bevatten dus alle koolstof, waterstof, zuurstof en stikstof en bijna altijd ook zwavel. De functies en eigenschappen van eiwitten worden bepaald door de aantallen en de volgorde van de verschillende aminozuren en door de ruimtelijke structuur van de gevormde peptideketens. Het zijn macromoleculaire verbindingen met molecuulmassa's van 10.000 tot 7.000.000 Dalton.

Eiwitten kunnen aanzienlijk verschillen in samenstelling, grootte en vorm. Het zijn deze factoren waaraan elk eiwit zijn unieke eigenschappen ontleent. Verder kunnen in eiwitten ook andere stoffen dan aminozuren zijn gebonden, zoals suikers, lipiden of fosforzuur. Men noemt deze eiwitten *glyco-*, *lipo-* respectievelijk *fosfoproteïden*. Zo kent men ook *metalloproteïden* en *nucleoproteïden*. Het in spiervlees aanwezige myoglobine is een voorbeeld van een *chromoproteïde* (een gekleurd eiwit).

In de voeding dragen eiwitten, evenals vetten en koolhydraten, bij tot de energievoorziening van het lichaam. Van meer belang echter is de levering van aminozuren die nodig zijn voor de opbouw van de specifieke lichaamseiwitten.

AMINOZUREN

De ontdekking van de aminozuren begon in 1806 met de isolatie van asparagine uit aspergesap. In 1820 slaagde *Braconnot* erin, een aminozuur uit een eiwit te verkrijgen door gelatine met verdund zuur te hydrolyseren; vanwege de zoete smaak verkreeg dit aminozuur de naam glycine.

Thans weet men dat eiwitten zijn opgebouwd uit een twintigtal aminozuren. In het genetisch materiaal van de cel ligt de code verankerd waarmee aard en volgorde van deze twintig aminozuren in de door de cel gesynthetiseerde peptideketens zijn vastgelegd. Tussen 1820 en 1935 zijn deze basis-aminozuren uit eiwithydrolysaten geïsoleerd en werd de structuur opgehelderd; het laatste in deze rij was threonine.

Naast deze twintig basis-aminozuren kunnen ook enkele andere aminozuren in de peptideketens van eiwitten aanwezig zijn. Deze worden gevormd uit basis-aminozuren nadat ze in de peptideketen zijn ingebouwd. Een bekend voorbeeld is het in collageen voorkomende 4-hydroxyproline, dat ontstaat door hydroxylering van proline na inbouw in de keten.

De uit eiwitten afkomstige aminozuren hebben triviale namen verkregen, die vaak met een afkorting worden weergegeven (bijvoorbeeld: Gly = glycine). Het zijn alle α-aminozuren. In proline is de aminogroep in een ring ingebouwd, zodat men hier van een *imino*groep spreekt.

De algemene formule kan als volgt worden weergegeven:

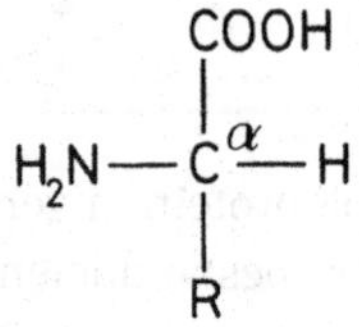

$$\begin{array}{c} COOH \\ | \\ H_2N - C^{\alpha} - H \\ | \\ R \end{array}$$

Figuur 1.1 De algemene formule van een aminozuur

Zoals uit deze formule blijkt, treedt bij de aminozuren optische activiteit op, glycine (waarin R = H) uitgezonderd. Alle aminozuren die in eiwitten voorkomen, bezitten de L-configuratie. D-aminozuren komen wel voor in de natuur, maar sporadisch.

Isoleucine en threonine bezitten twee asymmetrische C-atomen, zodat hier vier optische isomeren mogelijk zijn. Voor beide aminozuren geldt dat slechts een van deze vier isomeren in eiwitten voorkomt.

Door de aanwezigheid van zowel een amino- als een carboxylgroep vertoont een aminozuur in waterige oplossing een amfoteer karakter. Hierin kunnen positief en negatief geladen aminozuurionen aanwezig zijn, en daarnaast vooral de vorm die zowel een positieve als een negatieve lading bevat (het zogenoemde *Zwitter-ion*).

Sommige aminozuren zijn smaakloos, andere zijn zoet (zoals glycine) of bitter (zoals L-tryptofaan). D-tryptofaan smaakt bijna veertig maal zo zoet als sacharose.

L-glutaminezuur bezit in hogere concentraties een smaak die aan vleesbouillon doet denken. In lagere concentraties versterkt het de eigen smaak van vele producten. Voor dit doel wordt veelvuldig gebruik gemaakt van het mononatriumzout (monosodium glutamate, MSG). Dit gebeurt ook wel bij de bereiding van Chinese gerechten (*ve-tsin*). In eiwithydrolysaten (tegenwoordig meestal uit melkeiwitten bereid en in het dagelijks spraakgebruik bekend als *Maggi*) valt deze smaakcomponent eveneens op.

De volgende tabel geeft een overzicht van de basis-aminozuren, waarbij kortheidshalve is volstaan met de structuur van de groep R.

Tabel 1.1 Overzicht van de in eiwitten voorkomende aminozuren

Alifatische monoamino-monocarbonzuren		
glycine	Gly	H
alanine	Ala	CH_3
valine	Val	$CH(CH_3)_2$
leucine	Leu	$CH_2(CH)(CH_3)_2$
isoleucine	Ileu	$CH(CH_3)CH_2CH_3$
Diamino-monocarbonzuren		
lysine	Lys	$(CH_2)_4$-NH_2
arginine	Arg	$(CH_2)_3N(NH_2)_2$
Monoamino-dicarbonzuren		
asparaginezuur	Asp	CH_2-COOH
glutaminezuur	Glu	CH_2-CH_2-COOH
Amiden		
asparagine	AsN	CH_2-$CONH_2$
glutamine	GlN	CH_2-CH_2-$CONH_2$
Hydroxy-monoamino-monocarbonzuren		
serine	Ser	CH_2OH
threonine	Thr	$CH(OH)CH_3$
Zwavel bevattende aminozuren		
cysteïne	CyS	CH_2SH
cystine	Cys-Cys	twee cysteïnemoleculen via de beide zwavel-atomen verbonden (- 2 H)
methionine	Met	CH_2-CH_2-S-CH_3
Aromatische en heterocyclische aminozuren		
fenylalanine	Phe	$- CH_2$
tyrosine	Tyr	$- CH_2$ OH
tryptofaan	Try	$- CH_2$ N H
histidine	His	$- CH_2$ HN N
Iminozuren (volledige formule)		
proline	Pro	N H COOH

Vrije aminozuren in levensmiddelen zijn voor de voeding als zodanig van beperkte betekenis. Zij kunnen echter bijdragen aan de smaak van bepaalde producten. Voorts bezitten deze verbindingen, door de aanwezigheid van een vrije aminogroep, een zekere reactiviteit ten opzichte van andere componenten die in voedingsmiddelen aanwezig kunnen zijn, zoals reducerende suikers. Via deze reacties kunnen karakteristieke aromacomponenten ontstaan, bijvoorbeeld tijdens de bereiding van voedsel. Bekend is dat op deze wijze het aroma van gebraden of gekookt vlees ontstaat. Van veel belang hierbij zijn de zwavelhoudende aminozuren. Ook de thermische afbraak van aminozuren leidt tot de vorming van bepaalde aromacomponenten en kan een bijdrage leveren tot het aroma van verhitte producten.

Vrije aminozuren vormen een aantrekkelijk substraat voor bepaalde bederfbacteriën. Daardoor is een hoog gehalte aan deze verbindingen een van de oorzaken van de grote bederfelijkheid van sommige levensmiddelen. Vis is er een bekend voorbeeld van.

Tot slot kunnen vrije aminozuren in voedingsmiddelen in bepaalde gevallen dienen als criterium voor de authenticiteit van het product. Hierbij kan worden gedacht aan vruchtensappen, waarin vrije aminozuren in karakteristieke verhoudingen en hoeveelheden voorkomen. Bepaling van de gehalten van enkele van deze aminozuren is een middel om vervalsingen van deze vruchtensappen aan te tonen. Deze vervalsingen kunnen plaatsvinden door toevoeging van het goedkope glycine – een handelwijze die bij een bepaling van het totale gehalte aan vrije aminozuren onopgemerkt blijft – of met andere vruchtensappen die goedkoper zijn. Sinds vele jaren gelden authenticiteitscriteria voor appelsap, sinaasappelsap, druivensap en grapefruitsap, waarbij voor een aantal aminozuren minimale en voor enkele andere (zoals glycine) maximale gehalten gelden.

PEPTIDEN

Aminozuren kunnen chemisch worden verbonden door de *peptidebinding*. De aminogroep van het ene aminozuur heeft daarbij gereageerd met de carboxylgroep van het andere onder afsplitsing van een watermolecuul.

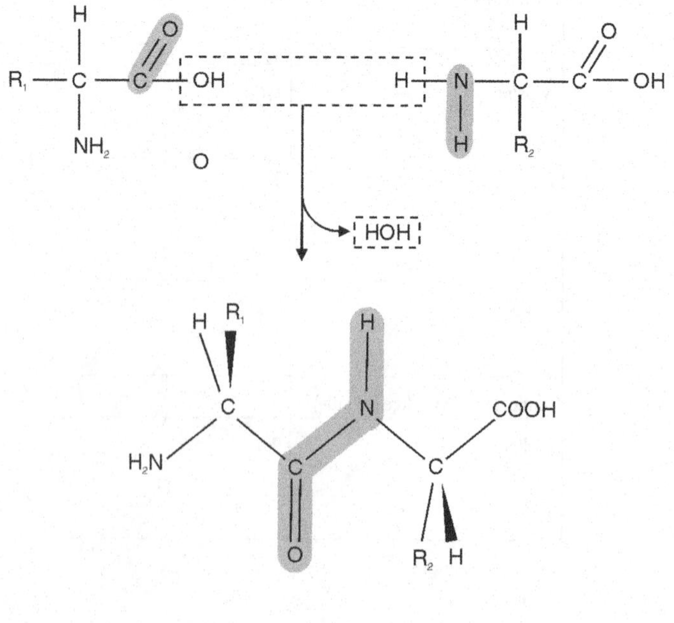

Figuur 1.2 Peptidebinding

Door onderzoek met röntgenstralen is aangetoond dat de atomen van de peptidebinding in één vlak liggen (in de figuur donker aangegeven); bovendien heeft de C-N binding de starre eigenschappen van een dubbele band, waardoor cis-trans-isomerie mogelijk is. In eiwitten komt slechts de trans-structuur voor (bij de cis-configuratie zou sterische hindering, door de aanwezigheid van de zijketens, optreden.)

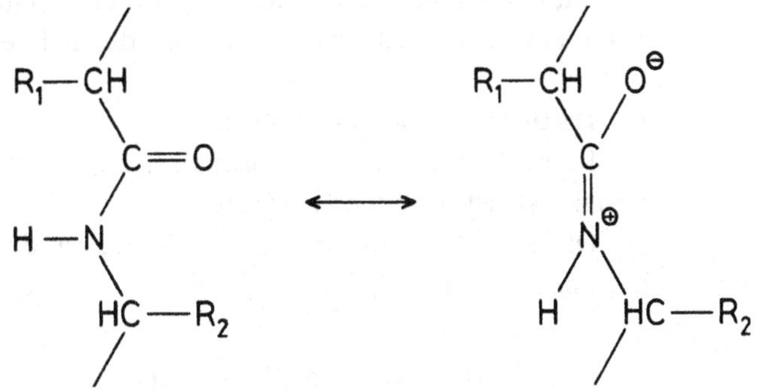

Figuur 1.3

Uit twee aminozuren ontstaat zo een dipeptide, uit drie aminozuren een tripeptide enzovoort. Indien het aantal verbonden aminozuren groter dan ongeveer honderd wordt, zal de molecuulmassa de waarde van 10.000 Dalton gaan overschrijden en moet men van een eiwit spreken.

Bij 10 of meer aminozuren spreekt men van een polypeptide; indien dit aantal 2 tot 10 bedraagt, wordt de naam oligopeptide gebruikt (Gr. oligos = klein).

Voor wat betreft de nomenclatuur worden peptiden als geacyleerde aminozuren opgevat (voorbeeld: glycylglycine, glycylglycylglycine).

Veel hormonen zijn polypeptiden, zoals het insuline, met 52 aminozuureenheden. Een ander polypeptide is de eveneens in het lichaam gevormde metaalvanger *thioneïne*, zie figuur 8.2.

In spierweefsel van gewervelde dieren komen enkele dipeptiden voor, die zijn opgebouwd uit β-alanine en histidine c.q. 1- of 3-methylhistidine (carnosine, anserine, balenine). Deze bieden een beperkte mogelijkheid tot karakterisering van vlees(extracten). De functie van deze stoffen in het levende dier is niet geheel duidelijk.

Voorts moet het tripeptide *glutathion* (γ-L-glutamyl-L-cysteinylglycine) worden genoemd, een stof die in bijna alle cellen voorkomt, van belang is in redoxsystemen en als cofactor van diverse enzymen optreedt. Glutathion komt ook in de graankorrel voor en speelt een rol bij het kneden van deeg. De glutamylrest is overigens niet via de α- maar via de γ-carboxylgroep gebonden.

De meeste peptiden die in voedingsmiddelen voorkomen, zijn echter producten van een partiële eiwithydrolyse. Sterk komt dit naar voren bij bacteriële en enzymatische rijpings- of fermentatieprocessen in eiwitrijke producten (kaas, maatjesharing enzovoort).

De bittere smaak van een aantal peptiden kan een probleem opleveren. Het al of niet bitter zijn van een peptide wordt bepaald door de aard van de samenstellende aminozuren. Als een zeker deel van deze aminozuren voor wat betreft de zijketens hydrofobe eigenschappen bezit, treedt deze smaak op (1), die in het algemeen sterker wordt naarmate het hydrofobe karakter toeneemt. Onder bepaalde omstandigheden kunnen deze bittere peptiden gedurende de kaasrijping in aanzienlijke hoeveelheden worden gevormd (de oorzaak van het kaasgebrek 'bitter'). Verdere afbraak tot aminozuren doet de bittere smaak verdwijnen: een mengsel van vrije aminozuren bezit doorgaans geen bittere smaak. Voorts kunnen peptiden van 'zure' aminozuren (glutaminezuur, asparaginezuur) de bittere smaak maskeren (2).

Uit het oogpunt van de voeding zijn de peptiden, in vergelijking tot de eiwitten, niet van speciaal belang, ook al omdat de hoeveelheden niet groot zijn.

DE STRUCTUUR VAN EIWITTEN

In eiwitten kan men een primaire, een secundaire, een tertiaire en een quaternaire structuur onderscheiden.

Onder de primaire structuur verstaat men de volgorde van de aminozuren in de peptideketen.

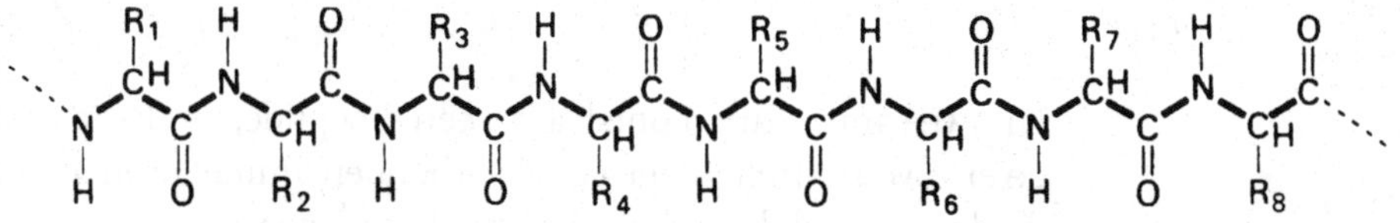

Figuur 1.4

Het aantal eiwitten dat theoretisch uit aminozuren kan worden opgebouwd, is onvoorstelbaar groot. Voor een keten van 300 aminozuren, opgebouwd uit de 20 basis-aminozuren, bedraagt het aantal mogelijkheden 10^{390}.

De eerste volledige primaire structuur (van een polypeptide) werd in de jaren vijftig van de vorige eeuw opgehelderd door *Sanger*. Het betrof het reeds genoemde insuline. Sanger ontving hiervoor in 1958 de Nobelprijs.

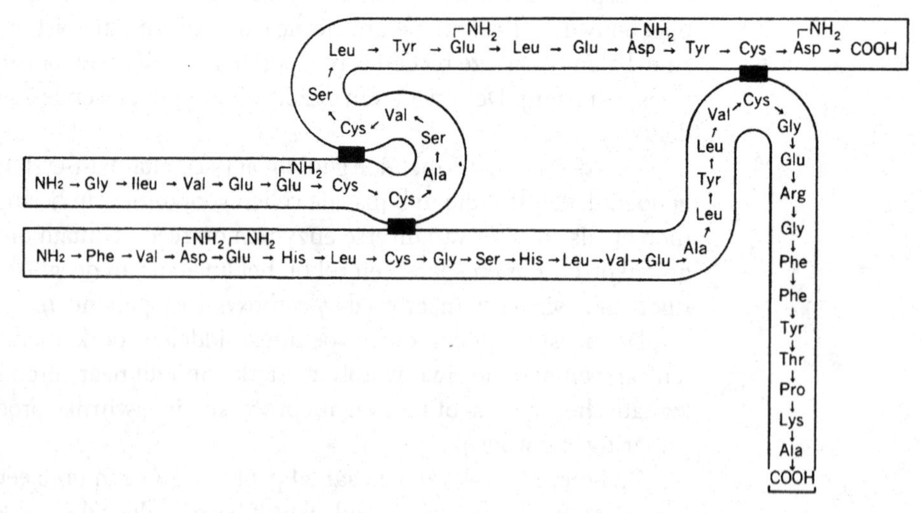

Figuur 1.5 De primaire structuur van runderinsuline (naar Bennett en Frieden)

Uit figuur 1.5 blijkt dat insuline twee peptideketens bevat. Deze zijn met elkaar verbonden door een tweetal zwavel- of S-S-bruggen, terwijl een derde zwavelbrug een verknoping binnen een van de ketens tot gevolg heeft.

De zwavelbrug verbindt twee cysteïne-eenheden tot een cystine-eenheid. De binding is op eenvoudige wijze te verbreken met reductiemiddelen, bijvoorbeeld laagmoleculaire verbindingen die een sulfhydrylgroep bevatten zoals glutathion.

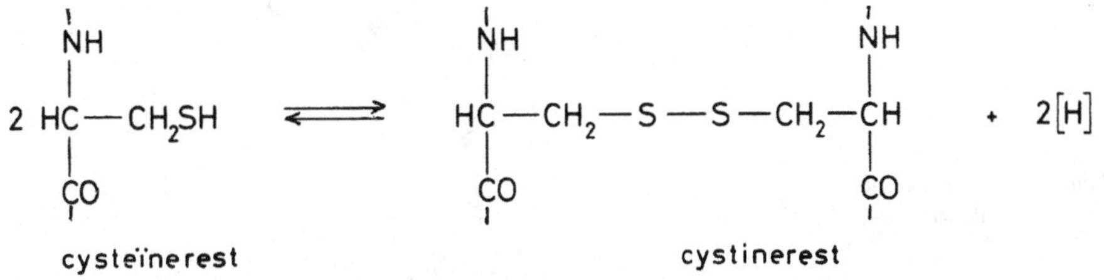

$$2\ \underset{\substack{|\\ \text{CO}}}{\overset{\substack{\text{NH}\\ |}}{\text{HC}}}-\text{CH}_2\text{SH} \rightleftharpoons \underset{\substack{|\\ \text{CO}}}{\overset{\substack{\text{NH}\\ |}}{\text{HC}}}-\text{CH}_2-\text{S}-\text{S}-\text{CH}_2-\underset{\substack{|\\ \text{CO}}}{\overset{\substack{\text{NH}\\ |}}{\text{CH}}} + 2[\text{H}]$$

cysteïnerest cystinerest

Figuur 1.6

Uit figuur 1.5 blijkt al enigszins dat de aaneenverbonden aminozuren geen lange gestrekte ketens vormen, zoals deze misschien suggereert. In dat geval zouden eiwitmoleculen extreem lang en dun zijn. Een eiwit met een molecuulmassa van 13.000 Da zou een lengte bezitten van 45 nm bij een dikte van slechts 0,37 nm *(Fennema)*. De peptideketen bezit echter een grote mate van flexibiliteit; bovendien worden tussen peptidegroepen gemakkelijk waterstofbruggen gevormd. Vaak leidt dit tot een spiraalvormige structuur, de α-helixstructuur (figuur 1.7). Drie windingen bevatten ongeveer 11 amino-zuureenheden. Polaire zijketens steken doorgaans naar buiten. Proline past niet in de helix.

Een andere mogelijkheid is de β-vouwbladstructuur (β-pleated sheet configuration). De peptideketen ligt hier in zigzagconfiguratie in een plat vlak, waar de zijketens boven- en onderuit steken. Deze configuratie is bijzonder stabiel.

De α-helix- en de β-vouwbladstructuur kunnen beide in een eiwitmolecuul voorkomen. Vooral in grote eiwitmoleculen is dit nogal eens het geval; men spreekt dan van *domeinen* (van 100 à 150 aminozuren) die of in de ene, of in de andere vorm zijn georganiseerd.

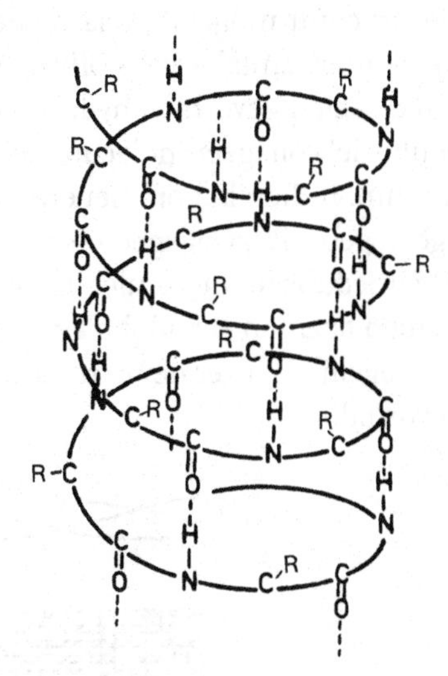

Figuur 1.7 De α-helix-structuur

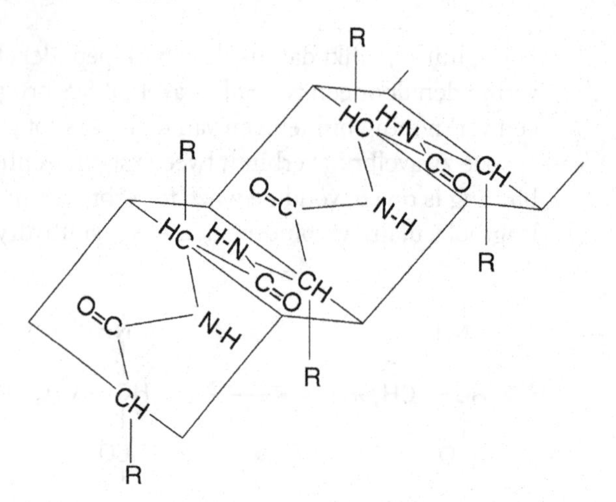

Figuur 1.8 De β-vouwbladstructuur

De term *'random coil'* (letterlijk: willekeurige kronkel) wordt gebruikt om een ongeordende structuur aan te duiden. Het caseïnemolecuul is daarvan een voorbeeld; gedenatureerde eiwitmoleculen ook.

Volledigheidshalve wordt hier ook de β-haarspeld (β turn) genoemd. Deze is aanwezig als gevolg van een waterstofbrug tussen een CO-groep van een aminozuureenheid en een NH-groep van een andere rest die drie eenheden verder ligt.

Een bijzondere structuur is die van de driedubbele helix welke in collageen aanwezig is, de zogenaamde g-tropocollageenhelix. Collageen is een eiwit dat in grote hoeveelheden in het lichaam van mens en dier voorkomt. Het wordt gevonden in beenderen, in de huid en in bindweefsel; het is dus ook in vlees aanwezig.

Collageen bevat een groot aantal proline- en hydroxyproline-eenheden (15 à 23 per 100 aminozuureenheden), waardoor geen α-helix mogelijk is. De peptideketens bezitten echter wel een zeer regelmatig aminozuurpatroon, waarin om de drie aminozuureenheden een glycinerest voorkomt en ook de sequens Gly-Pro-Hyp zich regelmatig herhaalt. Hierdoor kunnen drie peptideketens worden ineengewonden tot een driedubbele helix, die door waterstofbruggen wordt bijeengehouden. De vele glycine-eenheden, die een zijketen missen, maken een zeer dichte structuur mogelijk, waarbij de OH-groepen van hydroxyproline zorgen voor een groot aantal waterstofbruggen tussen de ketens. Ook het na hydroxylering in de keten gevormde hydroxylysine draagt hieraan bij. Het aldus ontstane 'driedubbele' collageenmolecuul heeft een lengte van 280 nm en een doorsnede van 1,4 nm. Indien het om het eiwit als zodanig gaat, wordt vaak de naam tropocollageen gebruikt. Collageen bevat geen zwavelbruggen.

De driedubbele moleculen hechten zich ook aan elkaar. (De uiteinden van de moleculen bezitten een globulaire structuur, waardoor binding aan andere moleculen mogelijk is; over deze structuren straks meer.) Op deze wijze wordt een vezel gevormd.

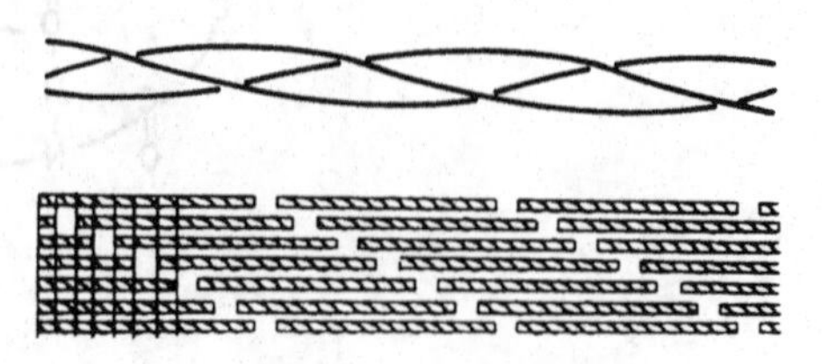

Figuur 1.9 De structuur van collageen (helix en vezel; naar Belitz en Grosch)

De functie van collageen is het verlenen van stevigheid aan weefsels. Pezen, die door spieren ontwikkelde krachten op botten moeten overbrengen, bestaan voor een groot deel uit collageen. Hierbij is de grote treksterkte van belang: deze bedraagt niet minder dan circa 10 kg voor een collageenvezel van 1 mm doorsnede. De elasticiteit is gering.

De primaire structuur van eiwitten kan ook van dien aard zijn dat zich nauwelijks een regelmatige secundaire structuur kan ontwikkelen. Een bekend voorbeeld is *caseïne*, het belangrijkste in melk voorkomende eiwit. Ook hier verhinderen vele proline-eenheden de vorming van een α-helix. De aminozuurvolgorde is echter niet zodanig dat een andere regelmatige secundaire structuur kan ontstaan, zodat caseïnemoleculen op zich een wat ongeordende structuur hebben. Verderop in dit hoofdstuk wordt nader op structuur en eigenschappen van caseïne ingegaan.

De tertiaire structuur bepaalt de uiteindelijke vorm van het eiwitmolecuul. Indien dit geheel in de α-helixconfiguratie aanwezig is, zullen lange, smalle en vrij starre moleculen het gevolg zijn; een dergelijke situatie doet zich voor bij het in spierweefsel voorkomende eiwit tropomyosine. Ook myosine, het in kwantitatief opzicht belangrijkste spiereiwit, komt voor een groot deel in deze langgerekte structuur voor.

Vaak echter is de spiraalvormige structuur onderbroken en de peptideketen ineengevouwen. Dit kan het gevolg zijn van de aanwezigheid van een prolinerest, die niet in de α-helix past, of een glycinerest (die geen zijketen bezit, zodat ter plekke een 'gat' zou ontstaan), maar ook van andere oorzaken, bijvoorbeeld doordat een interactie optreedt tussen een hydroxylgroep (van serine of threonine) met een carbonylgroep in de peptideketen.

Eiwitten met een ineengevouwen peptideketen komen zeer veel voor en worden *globulaire* eiwitten genoemd. Een voorbeeld is het in vlees voorkomende myoglobine, een vrij klein eiwit (molecuulmassa 17.000 Da) waarvan de tertiaire structuur in 1960 door de groep van *Kendrew* werd bekendgemaakt. Het is bij de zuurstofoverdracht in de spiercel betrokken en bevat een heemgroep.

(In dit verband moet ook het bloedeiwit hemoglobine worden genoemd, dat eigenlijk uit vier myoglobine-eenheden bestaat, en een molecuulgewicht van 68.000 Da heeft.)

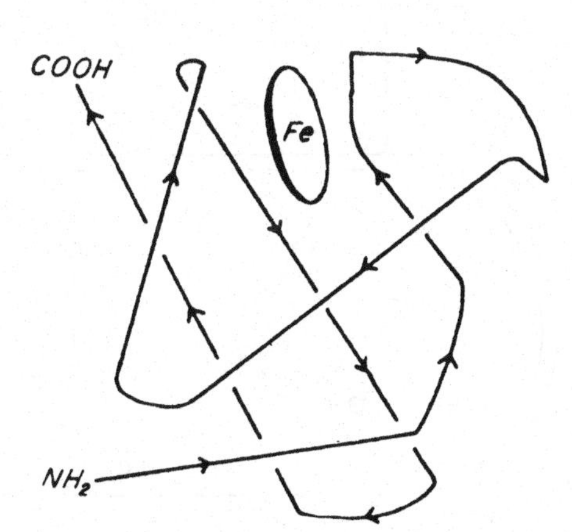

Figuur 1.10 De tertiaire structuur van myoglobine (naar Kendrew et al.). De schijf midden boven stelt de heemgroep voor.

Stabilisatie van de tertiaire structuur geschiedt door:

- ionbindingen tussen tegengesteld geladen groepen (a);
- waterstofbruggen (b);
- hydrofobe interacties (c);
- zwavelbruggen (d);
- Van der Waals-krachten(e).

Daarnaast speelt *water* een belangrijke rol. Omdat het watermolecuul geen lineaire structuur heeft, is ook de lading niet symmetrisch over het molecuul verdeeld.

Figuur 1.11 Watermolecuul

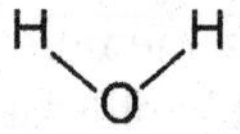

Rondom het zuurstofatoom is deze negatief, terwijl de lading bij de waterstofatomen positief is. (Dit is ook de reden dat watermoleculen een grote affiniteit tot elkaar hebben. Door de vorming van waterstofbruggen zijn in water grote driedimensionale structuren aanwezig, met onder andere als gevolg dat het kookpunt van water veel hoger is dan men voor zo'n klein molecuul zou verwachten.)

Water beïnvloedt ook polaire interacties (ionbindingen, andere waterstofbruggen) in die zin dat deze veel minder sterk zijn bij aanwezigheid van water. Apolaire groepen daarentegen zullen in aanwezigheid van water juist sterker associëren, niet zozeer omdat ze affiniteit tot elkaar hebben maar omdat de mogelijkheid tot interacties tussen watermoleculen erdoor wordt vergroot. Het bijeendrijven van apolaire groepen is de belangrijkste factor in het 'vouwen' van macromoleculen zoals eiwitten.

De Van der Waals-krachten zijn meestal van ondergeschikt belang, maar niet altijd (zie onder Enzymen).

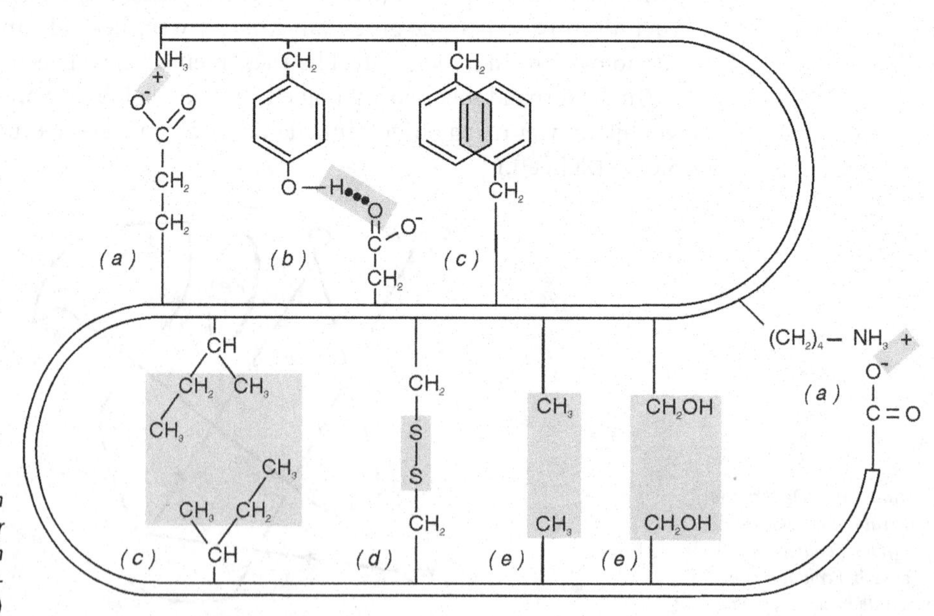

Figuur 1.12 Bindingen die de tertiaire structuur van eiwitten stabiliseren (naar Bennett en Frieden)

In figuur 1.12 zijn de genoemde bindingstypen geschematiseerd weergegeven.

Of de tertiaire structuur dicht opeengepakt dan wel 'losser' is, hangt sterk af van de aard der aminozuureenheden. Kleine aminozuren (glycine, alanine) maken in het algemeen een dichtere structuur mogelijk. Van belang is dat zeer veel eiwitten in minder geordende structuren voorkomen dan bijvoorbeeld de hier besproken globulaire structuur.

De secundaire en de tertiare structuur vat men soms ook wel samen in de aanduidingen *conformatie-* of *driedimensionale* structuur.

Met de quaternaire structuur ten slotte bedoelt men de pakking van de eiwitmoleculen of -aggregaten. De vorming van deze structuur is uit energetisch oogpunt meestal gunstig. Er kunnen vrij sterke intermoleculaire bindingen optreden. Sommige eiwitten (hormonen, enzymen) oefenen hun werking pas uit als de quaternaire structuur zich heeft gevormd.

Denaturatie

Uit het voorgaande blijkt dat de driedimensionale structuur van eiwitten, afgezien van zwavelbruggen, wordt veroorzaakt door niet-covalente bindingen. Deze niet-covalente bindingen kunnen door allerlei oorzaken geheel of gedeeltelijk worden verbroken; een verschijnsel dat bekend staat onder de naam *denaturatie*. Indien deze denaturatie door verhitting plaatsvindt (zoals gebeurt tijdens het bereiden van voedsel), is deze in het algemeen volledig en irreversibel.

In figuur 1.13 is de denaturatie van een globulair eiwit schematisch weergegeven. Let op de verstoring van zowel de secundaire als de tertiaire structuur. In het begin is de denaturatie nog enigszins reversibel, maar al gauw is terugkeer naar de natieve structuur onmogelijk geworden. Zwavelbruggen worden niet verbroken (het zijn immers covalente bindingen), maar door het openleggen van de peptideketen kunnen SH-groepen tevoorschijn komen die alsnog S-S bindingen aangaan en dan bijdragen tot het irreversibele proces.

De temperatuur waarbij denaturatie door verwarming begint op te treden, hangt sterk af van de aard van de eiwitten en verder van allerlei andere omstandigheden, maar vooral van de mogelijkheden tot andere interacties dan die welke binnen het eiwitmolecuul optreden. Globulaire eiwitten zullen vaak bij 60-70 °C

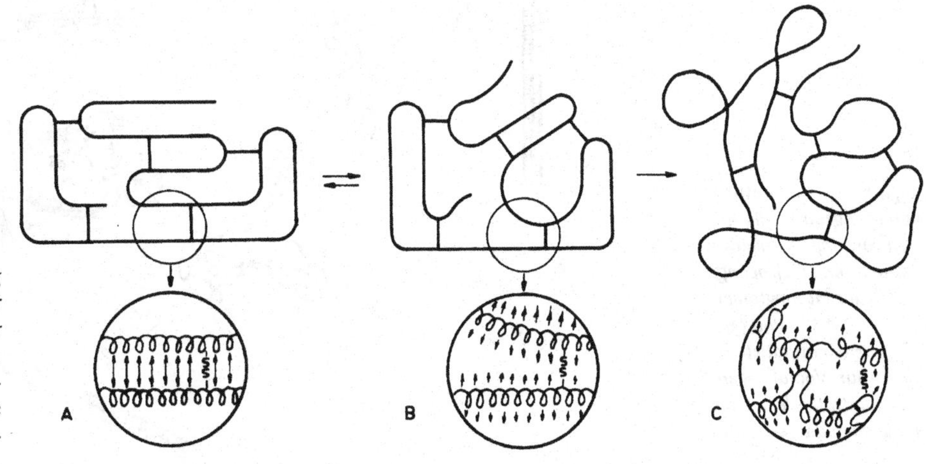

Figuur 1.13 Verandering van een eiwitstructuur door denaturatie (naar Jaenicke). A: natieve vorm; B: reversibel gedenatureerde vorm; C: irreversibel gedenatureerde vorm.

beginnen te denatureren, maar voor volledige denaturatie is geruime tijd verhitten op hogere temperaturen meestal noodzakelijk. Soms begint de warmtedenaturatie al bij omstreeks 40-45 °C.

Ook de driedubbele helixstructuur van tropocollageen wordt door warmte verstoord. Bij het in landdieren aanwezige collageen begint dit proces bij ongeveer 62 °C; bij collageen uit vis al bij 45 à 50 °C. Deze begintemperatuur, maar ook de snelheid waarmee de denaturatie zich voortzet, hangt uiteraard af van de energie die nodig is om de aantrekkingskrachten tussen de drie peptideketens te verbreken. Deze krachten zijn bij collageen van landdieren sterker dan bij ichthyocollageen (collageen uit vis), omdat hierin minder 4-hydroxyproline aanwezig is. Overigens komen in collageen niet alleen de reeds genoemde bindingen voor maar ook covalente bindingen, die onder meer ontstaan door veranderingen in aminozuureenheden (met name lysine-eenheden), waarna deze met bepaalde aminozuureenheden uit de andere peptideketens kunnen reageren. Naarmate een dier ouder wordt, neemt het aantal van deze covalente dwarsbindingen toe. Het uiteenrafelen van de driedubbele helix door middel van een warmtebehandeling is dan een langdurig en ook onvolledig proces.

Door denaturatie van collageen ontstaat gelatine, een eiwit met geheel andere eigenschappen (figuur 1.14). Bij hogere temperaturen komt gelatine in oplossing als losse peptideketens voor, die zich bij afkoeling weer enigszins gaan structureren; bij lagere concentraties vooral intra-, bij hoge concentraties meestal intermo-

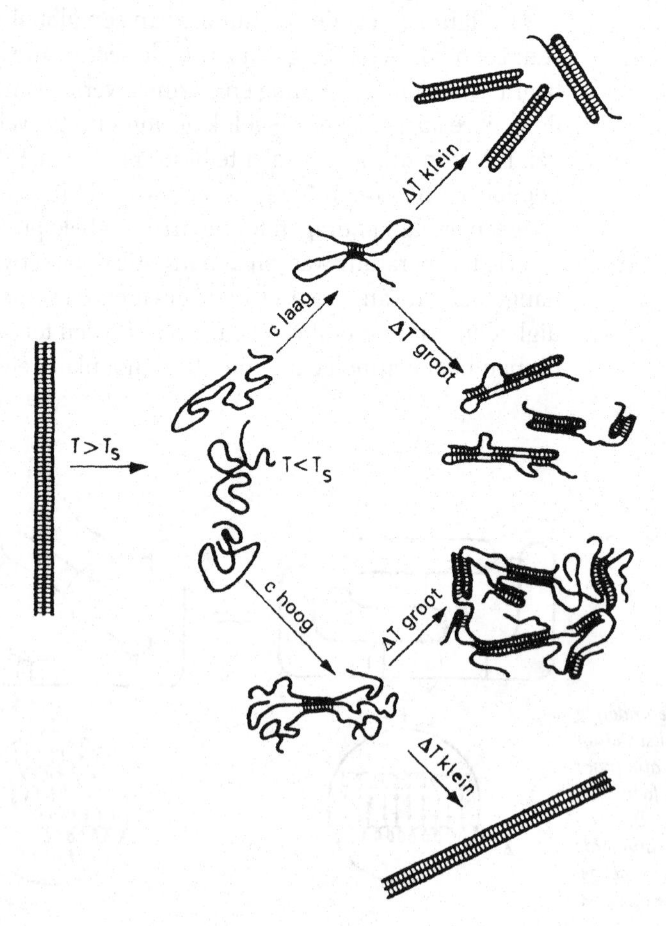

Figuur 1.14 Omzetting van collageen in gelatine en vorming van nieuwe structuren bij afkoeling. Naar Harrington en Rao (3). T_s is de denaturatietemperatuur. Vooral hogere concentraties leiden tot netwerken die veel water vasthouden.

leculair. Langzame afkoeling leidt tot gedeeltelijke terugvorming van driedubbele helixstructuren (hetgeen natuurlijk niet betekent dat daarmee de collageenvezels ook weer worden teruggevormd!). Bij snellere afkoeling ontstaan grote netwerken, die hier en daar enigszins geordende structuur bezitten en door deze 'knopen' worden bijeengehouden. Dergelijke structuren kunnen grote hoeveelheden water binden. Van deze eigenschap van gelatine wordt veelvuldig gebruikgemaakt.

Naast denaturatie door toevoer van warmte kan de driedimensionale eiwitstructuur ook op andere manieren worden verstoord, bijvoorbeeld door behandeling met zuur, door blootstelling aan ultraviolette straling en soms ook door bevriezing. Lichte vormen van denaturatie zijn reversibel (renaturatie).

Verder kunnen bepaalde verbindingen de structuur tenietdoen, onder meer door vorming van stabielere waterstofbruggen (dit doet ureum, dat veel bij de eiwitanalyse wordt gebruikt), door wijziging van de samenhang tussen hydrofiele en hydrofobe delen van het eiwitmolecuul met behulp van detergentia (eveneens bij de eiwitanalyse gebruikt) of door onttrekking van water (door middel van organische oplosmiddelen). Zelfs adsorptie van eiwitten aan bepaalde oppervlakken kan denaturatie veroorzaken.

Gedenatureerde eiwitten zijn vaak beter toegankelijk voor proteolytische enzymen en daardoor ook beter verteerbaar. Evenals zetmeelhoudende voedingsmiddelen moeten vele eiwithoudende producten daarom worden toebereid, hetgeen vrijwel altijd door warmte gebeurt. Daarnaast echter kan ook het zouten van levensmiddelen tot eiwitdenaturatie leiden ('zoutgaar' maken). Ook het inleggen in een oplossing van zuur en zout veroorzaakt na enige tijd denaturatie en maakt het product gaar (zure haring).

Door denaturatie worden vele eiwitten onoplosbaar in water. Bij verhitting van oplossingen van dergelijke eiwitten wordt dan coagulatie waargenomen. Als gevolg van het openleggen van de eiwitstructuur kunnen meerdere moleculen zich tot grote aggregaten verenigen, die niet meer colloïdaal oplosbaar zijn.

Als regel verliezen eiwitten door denaturatie hun karakteristieke biologische functies. Enzymen worden geïnactiveerd; sommige giftige eiwitten verliezen hun toxiciteit.

Oplosbaarheid en waterbinding

Door hun hydrofiele eigenschappen kunnen veel eiwitten colloïdaal in water oplossen. Van groot belang hierbij is de elektrische lading van het eiwitmolecuul. De zijketens bevatten zure en basische groepen, zodat eiwitten zowel positieve als negatieve ladingen bezitten. De netto lading van het eiwitmolecuul hangt af van de verhouding zure/basische aminozuureenheden en van de pH van het medium.

De meeste eiwitten hebben, althans bij een neutrale pH, een negatieve netto lading. Hierdoor stoten de opgeloste eiwitmoleculen elkaar af en kan het eiwit in oplossing blijven. Bij verlaging van de pH zullen de negatieve groepen gaandeweg protonen opnemen en dus worden ontladen, terwijl de basische groepen eveneens protonen opnemen, maar hierdoor juist (positief) geladen raken. De negatieve netto lading wordt dus kleiner en bereikt bij zekere pH de waarde 0. Deze waarde wordt het *iso-elektrisch punt (IEP)* genoemd. Bij nog verdere verlaging van de pH krijgt het eiwit een positieve netto lading.

Door de pH van een eiwitoplossing op of dichtbij het IEP te brengen, vervalt een belangrijke stabilisatiefactor. Vele eiwitten zullen nu gaan aggregeren als gevolg van de aantrekking tussen tegengestelde ladingen, die verspreid over de moleculen voorkomen. Als gevolg van deze aggregatie slaat het eiwit neer. Een bekend voorbeeld is het 'schiften' van melk als gevolg van zuur worden.

Niet alle eiwitten slaan bij hun IEP neer. De *albuminen*, die tot de globulaire eiwitten behoren, blijven ook dan in oplossing.

Zouten hebben eveneens invloed op de oplosbaarheid van eiwitten. Niet te hoge concentraties zullen de oplosbaarheid doen toenemen. De verklaring ligt hierin dat de zoutionen zich aan vele geladen groepen hechten en daardoor de (uiteraard ook bij andere pH-waarden dan het IEP) aantrekkingskrachten opheffen.

Zoutgehalte (ionensterkte) en pH zijn zeer belangrijke factoren voor wat betreft de oplosbaarheid van eiwitten. Reeds in 1942 publiceerde *Grønwall* een studie over de invloed van ionensterkte en pH op de oplosbaarheid van het in melk voorkomende β-lactoglobuline.

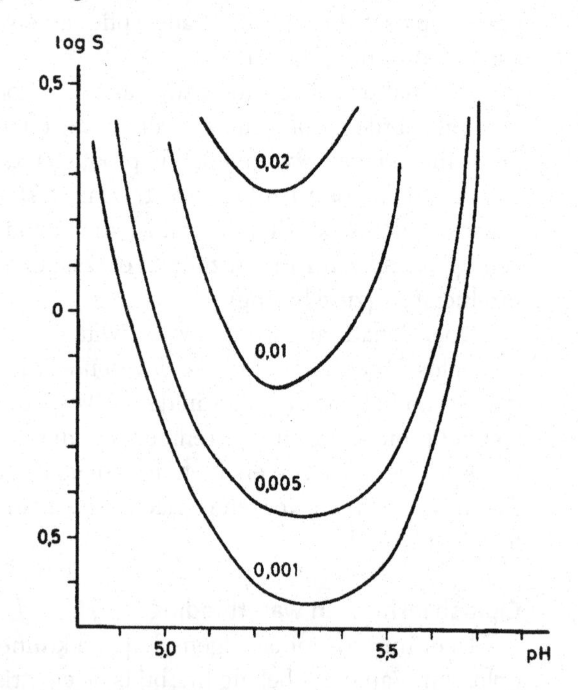

Figuur 1.15 Invloed van pH en ionensterkte op de oplosbaarheid van β-lactoglobuline S is de oplosbaarheid van het eiwit in g per liter. Het IEP bedraagt ongeveer 5,3.

Door toevoeging van grote hoeveelheden zout neemt de oplosbaarheid van eiwitten sterk af. Ook de afstotende krachten worden dan opgeheven. Bovendien gaan de ionen water aan het eiwit onttrekken. Hierdoor zullen vele eiwitten precipiteren ('uitzouten'). Vaak maakt men hierbij gebruik van een verzadigde ammoniumsulfaatoplossing. Op deze wijze kunnen bepaalde eiwitten van elkaar worden gescheiden.

Naast de hydrofiele eigenschappen van eiwitten zijn, zoals al is vermeld, ook hydrofobe eigenschappen aanwezig. Daardoor kunnen sommige eiwitten als emulgator dienen. Zo is melk een emulsie van vet in water die door eiwitten wordt gestabiliseerd.

Sommige eiwitketens bevatten zeer weinig ioniseerbare groepen en veel proline, waardoor ze oplosbaar zijn in 70% ethanol (de *prolaminen*; een voorbeeld vormen de in granen voorkomende gliadinen). Geheel onoplosbaar zijn de *scleroproteïnen*, hoogmoleculaire eiwitten waarin zich een groot aantal zwavelbruggen bevinden. Hiertoe behoort het in haar en nagels aanwezige *keratine*.

In de meeste voedingsmiddelen bevinden de eiwitten zich niet in opgeloste maar wel in gehydrateerde toestand. Eiwitrijke voedingsmiddelen zoals vlees en vis bevatten aanzienlijke hoeveelheden water (tot 80%). Dit water is kennelijk op de een of andere wijze geïmmobiliseerd, omdat het niet wegvloeit als het voedingsmiddel wordt verkleind. Veel water wordt capillair vastgehouden in een netwerk van peptideketens *(vrij water)*. Als de cohesie tussen de ketens toeneemt treedt dit water uit (synerese); neemt de cohesie af dan kan het voedingsmiddel water opnemen (zwelling). Een kleine hoeveelheid water is echter veel vaster gebonden, bijvoorbeeld via waterstofbruggen en als hydratatiewater (zie hoofdstuk 9).

Het waterbindend vermogen van een eiwit hangt ook af van het IEP en dus van de pH. Het is het laagst indien de pH de waarde van het IEP heeft en neemt zowel boven als beneden deze pH-waarde snel toe.

ENZYMEN

Een bijzondere groep van eiwitten is die van de biokatalysatoren, die als 'enzymen' worden aangeduid (letterlijk: in de gist). Oorspronkelijk gaf men deze stoffen triviale namen zoals pepsine, trypsine, diastase enzovoort. Hoewel zulke namen voor bepaalde enzymen nog worden gebruikt, zijn namen met de uitgang 'ase' thans de meest gehanteerde als men bepaalde enzymen wil aanduiden. De uitgang wordt dan voorafgegaan door de stof of groep van stoffen die erdoor worden omgezet (lactase, peptidase) of door de omzetting zelf (transferase). Men onderscheidt een zestal hoofdklassen, die hieronder worden genoemd met de reacties die ze katalyseren:

- oxydoreductasen (redoxreacties);
- transferasen (overdracht van groepen);
- hydrolasen (hydrolyse- en condensatiereacties);
- lyasen (niet-hydrolytische splitsingen; vorming van dubbele bindingen en addities daaraan);
- isomerasen (ruimtelijke of structurele omzettingen binnen een molecuul);
- ligasen of synthetasen (vorming van bindingen en gelijktijdige omzetting van ATP in ADP).

Enzymatisch gekatalyseerde reacties zijn in veel levensmiddelen uiterst belangrijk. Allerlei rijpingsprocessen zijn enzymatisch van aard. De enzymen kunnen uit de grondstoffen zelf afkomstig zijn, door aanwezige micro-organismen worden gevormd of als preparaat worden toegevoegd. Ook culturen van micro-organismen worden vaak toegevoegd om bepaalde gewenste omzettingen tot stand te brengen. Enzymen katalyseren ook ongewenste reacties, die tot kwaliteitsvermindering en/of bederf leiden.

Al deze reacties zijn mogelijk doordat de met elkaar reagerende verbindingen worden omgezet in verbindingen met een totale vrije energie die lager is dan die van de oorspronkelijke verbindingen. Enzymen laten deze reacties verlopen doordat ze de activeringsenergie van de reactie verlagen.

Het katalytisch vermogen van enzymen is enorm groot. Reacties worden doorgaans met een factor in de orde van 10^7, of nog groter, versneld.

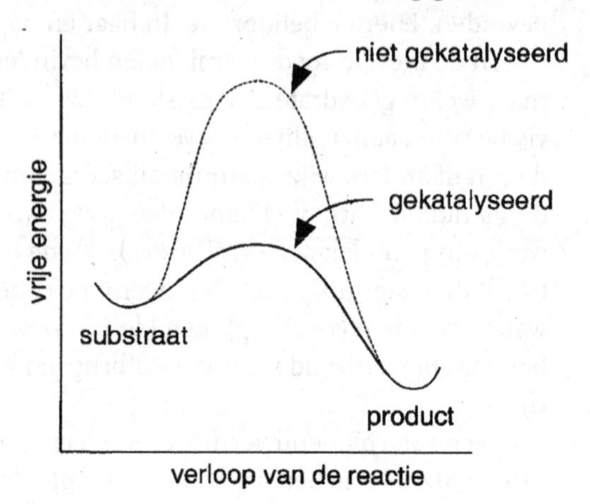

Figuur 1.16

In dit overzicht zal niet meer dan een globale beschrijving van enzymatische activiteiten in bepaalde levensmiddelen worden gegeven. Voor een diepgaander bespreking van enzymen kan men te rade gaan bij een biochemisch leerboek (zoals ook de schrijver van dit boek deed; ref. 4).

Structuur en werking

Een enzym-molecuul bevat een naar verhouding klein actief centrum, waar de eiwitketen zodanig is gevormd dat de om te zetten verbinding (het *substraat*) daar in past. Vaak is hierbij ook een laagmoleculaire component betrokken die niet uit aminozuren is opgebouwd en met het eiwit is verbonden. Daarbij maakt men onderscheid tussen *co-enzymen, prosthetische groepen* en *co-factoren.*

Het onderscheid tussen de eerste twee groepen is niet scherp. Co-enzymen zijn relatief los aan het eiwit gebonden en kunnen in verschillende enzymen voorkomen. Voorbeelden zijn $NAD^+/NADP^+$, ATP en co-enzym A (zie de pagina's 151 en 153). Prosthetische groepen zijn steviger gebonden en kunnen, in tegenstelling tot co-enzymen, niet door dialyse uit het eiwit worden verwijderd. Voorbeelden zijn flavine-nucleotiden, pyridoxalfosfaat en biotine (zie de pagina's 149, 151 en 155). Het is nuttig te weten dat veel van deze stoffen niet in het menselijk lichaam kunnen worden gesynthetiseerd en zich als vitamines in ons voedsel bevinden.

Co-factoren zijn vaak anorganische kationen, soms ook anionen, die in bepaalde gevallen actief bij de katalyse zijn betrokken (zoals ijzerionen) of de driedimensionale structuur stabiliseren (zoals zinkionen). Ze zijn ook wel betrokken bij de binding van het substraat aan het enzym of bij de verwijdering van het product daaruit. Naast ijzer- en zinkionen moeten de kationen K^+, Na^+, NH_4^+, Mg^{2+}, Mn^{2+}, Co^{2+}, Cu^{2+} en Mo^{2+} worden genoemd. In de zogenoemde metallo-enzymen zijn de metaalatomen stevig gebonden en bevat het enzymmolecuul een vast aantal metaalatomen. (Ook stoffen als hemo- en myoglobine zijn op deze wijze opgebouwd; zie pagina 172). Soms zijn anionen noodzakelijk (bijvoorbeeld Cl^- bij α-amylase).

De reactie zelf bestaat uit verschillende fasen. In eerste instantie wordt een enzym-substraatcomplex gevormd. Meestal verandert de conformatie van het enzym tijdens de binding van het substraat hieraan, en wel zodanig dat een optimale binding ontstaat. In de onderstaande tekening is dit schematisch weergegeven.

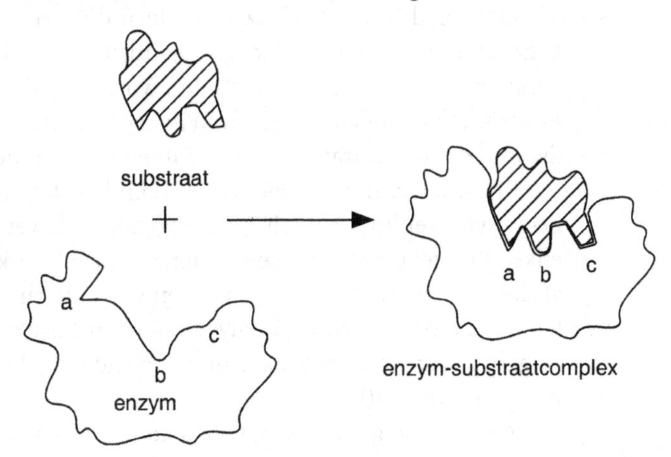

Figuur 1.17 Binding van een substraatmolecuul aan de actieve plaats van een enzym. In deze afbeelding is ook weergegeven dat de ruimtelijke structuur van het enzym tijdens het bindingsproces verandert, zodat een optimale 'mal' voor het substraat ontstaat.

Bij deze binding zijn Van der Waals-bindingen van meer belang dan men geneigd is te denken. De Van der Waals-binding is immers zwakker en minder specifiek dan elektrostatische bindingen en waterstofbruggen, maar in gevallen zoals deze, waar ruimtelijke interacties een sleutelpositie innemen, zeker niet minder belangrijk.

Van der Waals-bindingen berusten op het feit dat verdeling van de elektrische lading rondom een atoom verandert met de tijd, maar nooit precies symmetrisch is. Hierdoor wordt de ladingsverdeling in naburige atomen beïnvloed. Er treedt een aantrekkingskracht op, die groter wordt naarmate atomen elkaar naderen, totdat de buitenste elektronenschillen elkaar gaan overlappen en de afstoting, die daarvan het gevolg is, sterker wordt dan de aantrekkingskracht. In de volgende grafiek is dit in beeld gebracht.

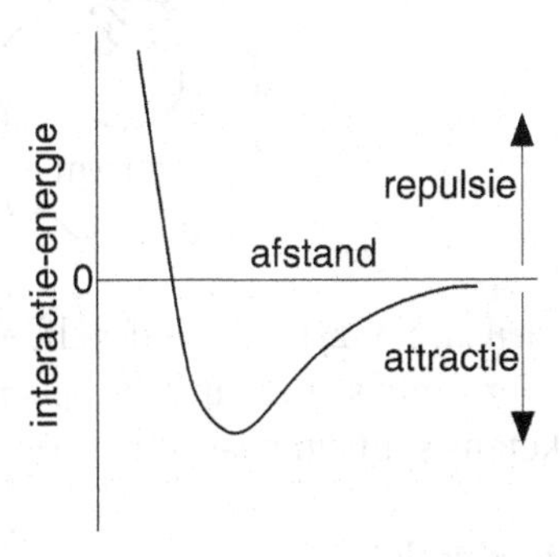

Figuur 1.18 Interactie tussen atomen bij de binding tussen substraat en enzym

Van der Waals-krachten gaan meespelen als veel afzonderlijke substraatatomen dicht bij veel enzymatomen komen. Dit gebeurt als de ruimtelijke vorm van het substraatmolecuul past op de uiteindelijke vorm van het enzym. Hierbij zijn de repulsiekrachten van even groot belang als de attractiekrachten.

In het enzym-substraatcomplex is de activeringsenergie van de reactie dusdanig verlaagd dat deze gemakkelijk kan verlopen. Er vormt zich dan een enzym-productcomplex, dat vervolgens weer uiteenvalt in het reactieproduct en het oorspronkelijke enzym.

Ook het deel van het enzym-molecuul dat niet direct tot het actieve centrum behoort, is verantwoordelijk voor de juiste conformatie van de actieve plaats. Het zorgt ervoor dat de juiste substraten worden herkend en vervolgens op de juiste plaats met het enzym reageren. (Het zal duidelijk zijn dat de enzymactiviteit verdwijnt door denaturatie van de eiwitketen, dus tijdens verhitten.)

Enzymen zijn zeer specifiek werkende katalysatoren, hetgeen natuurlijk alles heeft te maken met het feit dat alleen bepaalde verbindingen (vaak zelfs maar een enkele) in het enzym 'passen'. Hiermee is ook verklaard waarom enzymen meestal slechts één van de stereo-isomeren van optisch actieve stoffen kunnen omzetten. De meeste enzymen katalyseren ook maar één reactie, al zijn er uitzonderingen; malaatdehydrogenase bijvoorbeeld decarboxyleert én dehydreert L-appelzuur (tot pyruvaat).

Zojuist is al genoemd dat co-factoren vaak actief bij de enzymatische katalyse zijn betrokken en dat de enzym-activiteit dus tot op zekere hoogte afhangt van de concentratie van deze co-factoren. Er bestaan echter enzymen waarbij ook andere stoffen de katalyse kunnen activeren (of remmen). Deze enzymen bevatten daarvoor een regulatorisch centrum, dat niet samenvalt met de katalytisch actieve plaats ofwel het katalytisch centrum. Op deze wijze kan het verloop van een bepaalde enzymatisch gekatalyseerde reactie soms zeer fijn worden geregeld.

Allosterische enzymen bevatten altijd meerdere eenheden met elk hun katalytisch centrum (vergelijk in dit verband ook hemoglobine met myoglobine). Het katalytisch centrum van de ene eenheid dient dan als regulatorisch centrum voor een andere eenheid.

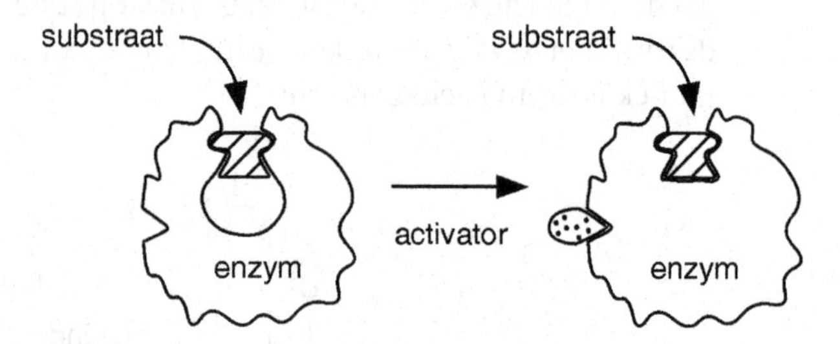

Figuur 1.19 Regeling van de enzymactiviteit door een regulatorisch centrum

Isozymen zijn enzymen die dezelfde reactie katalyseren. Deze hebben meestal een nauw verwante structuur. Een bekend voorbeeld vormen de serine-proteasen (die eiwitketens splitsen naast een serine-rest).

Reactiekinetiek

Door *Michaelis* en *Menten* is al in het begin van de vorige eeuw een kinetisch model voor enzymatisch gekatalyseerde reacties opgesteld. Uitgangspunt is de volgende formule:

$$E + S \leftrightarrows ES \rightarrow E + P \qquad 1$$

Hierin wordt weergegeven dat eerst een enzym-substraatcomplex (ES) ontstaat, dat vervolgens uiteenvalt in het enzym en het reactieproduct. (In werkelijkheid is het proces wat gecompliceerder.)

Beide reacties zijn in principe omkeerbaar, maar de omkeerbaarheid van de tweede reactie is verwaarloosbaar klein (hoewel hierop uitzonderingen bestaan). De reactiesnelheidsconstanten worden weergegeven met k_I ($E + S \rightarrow ES$), k_2 ($ES \rightarrow E + S$) en k_3 ($ES \rightarrow E + P$). De snelheid van de gekatalyseerde reactie is het product van k_3 en de concentratie van het enzym-substraatcomplex:

$$V = k_3 [ES] \qquad 2$$

Om de hoeveelheid ES te kwantificeren, worden de vormingssnelheid en de ontledingssnelheid respectievelijk als volgt geformuleerd:

$$V_{vorm} = k_1 [E] [S] \qquad 3a$$

en

$$V_{ontl} = (k_2 + k_3) [ES] \qquad 3b$$

Om het katalytisch vermogen van een enzym te bepalen, gaat men uit van een toestand waarbij de concentratie aan enzym-substraatcomplex (ES) constant is (de *steady state*). De vormingssnelheid en de afbraaksnelheid zijn dan aan elkaar gelijk:

$$[ES] = (k1/k2 + k3) [E] [S] \qquad 4$$

Deze vergelijking wordt vereenvoudigd door voor $(k_2 + k_3) / k_I$ een nieuwe constante in te voeren: de *Michaelis-constante* (K_M):

$$[ES] = \frac{[E] [S]}{K_M} \qquad 5$$

In enzymatische processen die zich in levensmiddelen afspelen (maar niet alleen daar) is de enzymconcentratie doorgaans veel lager dan de substraatconcentratie. [S] kan dan vrijwel worden beschouwd als de *totale* substraatconcentratie. Voor het enzym geldt dat [E] gelijk is aan de totale enzymconcentratie (E_T), verminderd met de concentratie aan gebonden enzym [ES]. Vergelijking 5 kan dus ook worden weergegeven:

$$[ES] = \frac{([E_T] - [ES])[S]}{K_M} \qquad 6$$

of, na enige omwerking:

$$[ES] = \frac{[E_T][S]}{[S] + K_M} \qquad 7$$

De snelheid van de gekatalyseerde reactie kan nu als volgt worden uitgedrukt:

$$V = k_3 [E_T] \frac{[S]}{[S] + K_M} \qquad 8$$

De maximale snelheid is bereikt als het enzym is verzadigd met substraat. [S] is dan veel groter dan de K_M en de breuk uit formule 8 benadert de waarde 1, zodat

$$V_{max} = k_3 [E_T] \qquad 9$$

Uit deze formule volgt dat de helft van V_{max} wordt bereikt als de substraatconcentratie gelijk is aan de K_M. Hiermee is ook de betekenis van de K_M-waarde aangegeven. De volgende figuur, de grafische voorstelling van vergelijking 8, toont het verband tussen substraatconcentratie en reactiesnelheid:

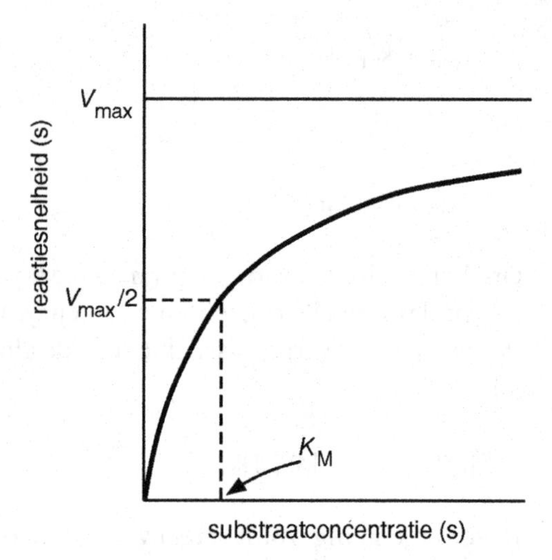

Figuur 1.20

Zoals ook uit deze grafiek is te zien, wordt de Michaelis-constante uitgedrukt als een concentratie. Ze ligt voor de meeste enzymen tussen 10^{-1} en 10^{-6} M. Waarden van omstreeks 10^{-4} M komen veel voor.

Intussen hangen deze waarden wel van de temperatuur af en ook van de pH, de ionensterkte, de wateractiviteit (a_w) en nog enkele andere grootheden zoals de viscositeit van de vloeibare fase. Enzymen zijn actiever naarmate de temperatuur stijgt, maar bij nog hogere temperatuur vindt, als gevolg van denaturatie, inactivering plaats (zie figuur 1.21).

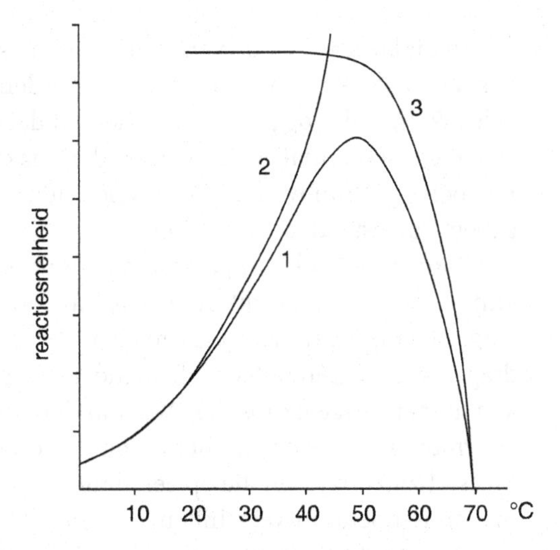

Figuur 1.21 Enzymactiviteit als functie van de temperatuur (naar Franzke) De enzymactiviteit (1) ondergaat de positieve invloed van temperatuurverhoging (2) en, bij hogere temperaturen, een negatieve invloed door de optredende denaturatie (3).

Verder kan een enzym door bepaalde stoffen worden geremd of geblokkeerd. De stof in kwestie kan de bindingsplaats blokkeren (competitieve inhibitie), maar ook de structuur van het enzym zodanig wijzigen dat de binding van het substraat aan het enzym wordt bemoeilijkt of verhinderd (niet-competitieve inhibitie).

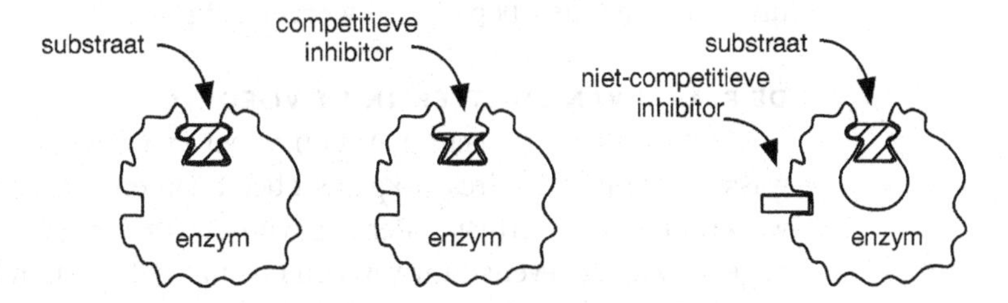

Figuur 1.22 Remming van de activiteit van sommige enzymen

De Michaelis-Menten-kinetiek is niet toepasbaar op allosterische enzymen, omdat daar de hoeveelheid reeds opgenomen substraat de affiniteit beïnvloedt. Het voert te ver, hier op de kinetiek van allosterische enzymen in te gaan.

Enzymen en levensmiddelen

Bij de bereiding van veel levensmiddelen spelen enzymen hun rol. Gistings- en rijpingsprocessen komen vanouds tot stand door enzymen die van nature in de grondstoffen aanwezig zijn (zoals bij de rijping van fruit, appels en peren) of via enzymen die door micro-organismen worden gevormd (zoals bij de alcoholische gisting). Tegenwoordig wordt in een aantal gevallen gebruikgemaakt van enzympreparaten om gewenste reacties tot stand te brengen (zoals de toepassing van amylasen in de zetmeel-verwerkende industrie).

Daarnaast verlopen in levensmiddelen, door de aanwezigheid van enzymen, ook ongewenste reacties. Hier geldt eveneens dat deze reacties kunnen verlopen door van nature aanwezige enzymen, zoals bij het zacht worden van appels en peren. Ook bruine verkleuringen in fruit ontstaan door reacties die voor een deel enzymatisch worden gekatalyseerd. Veel talrijker zijn ongewenste veranderingen door *microbiële* enzymen, waarbij allerlei ongewenste verbindingen ontstaan. (In de paragraaf Bederfcomponenten en biocontaminanten in hoofdstuk 8 zal op een aantal van deze verbindingen wat nader worden ingegaan.)

In dit boek zullen op verscheidene plaatsen enzymatisch gekatalyseerde reacties ter sprake komen. Mede daarom worden hier geen specifieke reacties behandeld. Wel wordt nog gewezen op het feit dat enzymen in principe deel van het reactiemengsel uitmaken. Ze komen dan vaak in het eindproduct terecht en kunnen ook daar hun werking uitoefenen, tenzij deze wordt tenietgedaan. Dit laatste gebeurt meestal door verhitting.

Soms is het ook een probleem dat (dure) enzympreparaten maar éénmaal kunnen worden gebruikt. In een aantal gevallen is immobilisatie dan de oplossing. Ze kunnen daartoe via een chemische of fysisch-chemische reactie op een drager worden gemonteerd. Een andere mogelijkheid is encapsulatie, het 'verpakken' in permeabele capsules. Weer andere mogelijkheden berusten hierop, dat de enzymen na de reactie uit het mengsel worden verwijderd (en opnieuw gebruikt). Meestal zijn enzymen die op een drager zijn gefixeerd ook minder gevoelig voor pH- en temperatuurverschillen.

Dan moet tot slot nog de *enzymatische analyse* worden genoemd. Sinds de jaren zestig van de vorige eeuw worden enzympreparaten gebruikt om de te bepalen verbinding specifiek om te zetten in een andere. Deze reactie wordt doorgaans aan een andere gekoppeld, waardoor een stof ontstaat die (meestal) spectrofotometrisch kan worden bepaald. Langs deze weg kunnen in een routinelaboratorium grote aantallen bepalingen worden uitgevoerd.

DE PLAATS VAN EIWITTEN IN DE VOEDING

Het menselijk lichaam bevat ongeveer 17% eiwit, hetgeen inhoudt dat een volwassene gemiddeld circa 11 kg eiwit bezit. Dit eiwit is voortdurend aan afbraak en wederopbouw onderhevig. Per dag wordt circa 100 g eiwit afgebroken en opnieuw opgebouwd. De levensduur van een eiwit in het lichaam hangt af van zijn functie: enkele dagen voor bloedeiwitten, een maand voor spiereiwitten.

Het lichaam verliest stikstof met de feces (onder andere afgestoten darmcellen), de haren, de nagels en het zweet, ook als men geen stikstof via het voedsel toevoert. Voor een volwassen man van 70 kg bedraagt dit endogeen verlies aan stikstof 2,8 tot 3,0 g per dag. Dit komt overeen met 17 tot 19 g eiwit.

Zeer veel stikstof wordt via de nieren als ureum uitgescheiden; de dagelijkse ureumproductie van een volwassene kan circa 20 gram bedragen, hetgeen overeenkomt met 9 gram stikstof.

De mens beschikt niet over een echte eiwitreserve, zoals dat wel het geval is met vet of met bepaalde vitamines. In de lever, de spieren en andere eiwitrijke weefsels is echter een zogenoemde labiele eiwitreserve opgeslagen, die in noodgevallen wordt gemobiliseerd. Men schat deze hoeveelheid op circa 800 gram.

Rose heeft door middel van experimenten met proefpersonen vastgesteld dat bij een dagelijkse eiwitopname van 22 gram de stikstofbalans nog juist positief is. De minimale eiwitbehoefte wordt thans op 0,3 tot 0,4 g per kg lichaamsgewicht per dag gesteld. Voor een goede functionering van het lichaam is natuurlijk wat meer nodig.

Uitspraken met betrekking tot de gewenste eiwitopname zijn in de loop der jaren nogal eens gewijzigd. Nadat het FAO/WHO-advies uit 1973 (0,57 g per kg lichaamsgewicht per dag) in experimenten te laag was gebleken (5), is door de WHO in 1985 een hoeveelheid van 0,75 g per kg lichaamsgewicht per dag als veilig niveau vastgesteld (6). Dit betreft dan eiwitten met een uitstekende aminozuursamenstelling en verteerbaarheid. Omdat dit niet met alle eiwitten het geval is, zal de dagelijkse opname nog wat hoger moeten liggen dan deze 0,75 g per kg lichaamsgewicht.

Hieronder zijn de eiwitgehalten van enkele voedingsmiddelen weergegeven.

Tabel 1.2 Eiwitgehalten van enkele voedingsmiddelen (in procenten van het eetbare deel)

Aardappelen	2
Groenten	1 – 5
Peulvruchten (droog)	20
Brood	8 – 9
Melk	3 – 3½
Vlees	tot 20
Vis	16 – 18
Eieren	10 – 15

De Food and Agricultural Organisation (FAO) heeft ooit voor het gemiddelde eiwitverbruik van de wereldbevolking 68,5 gram per hoofd per dag opgegeven. Hiervan was 24 gram van dierlijke en 44,5 gram van plantaardige herkomst. In het algemeen zijn dierlijke eiwitten aanzienlijk duurder dan plantaardige eiwitten. Dit geldt in het bijzonder voor vleeseiwit. Het verbruik van *dierlijk* eiwit vertoont dan ook een zeer duidelijk verband met de welvaart; voor de rijke landen is het gemiddeld verbruik per hoofd per dag 55 à 60 gram (met uitschieters tot 70 gram in landen zoals de V.S. en Australië); in de ontwikkelingslanden is dit gemiddeld 19 gram.

In Nederland en België bedraagt het gemiddelde dagelijkse eiwitgebruik 85 tot 90 gram per persoon; hiervan is ongeveer 60 gram van dierlijke oorsprong. Onderstaande figuur toont de ontwikkeling van dit eiwitgebruik gedurende een periode waarin grote veranderingen in het voedingspatroon optraden. Hieruit blijkt dat de totale eiwitconsumptie nauwelijks is gestegen, maar dat een opvallende verschuiving van plantaardige naar dierlijke eiwitten heeft plaatsgevonden.

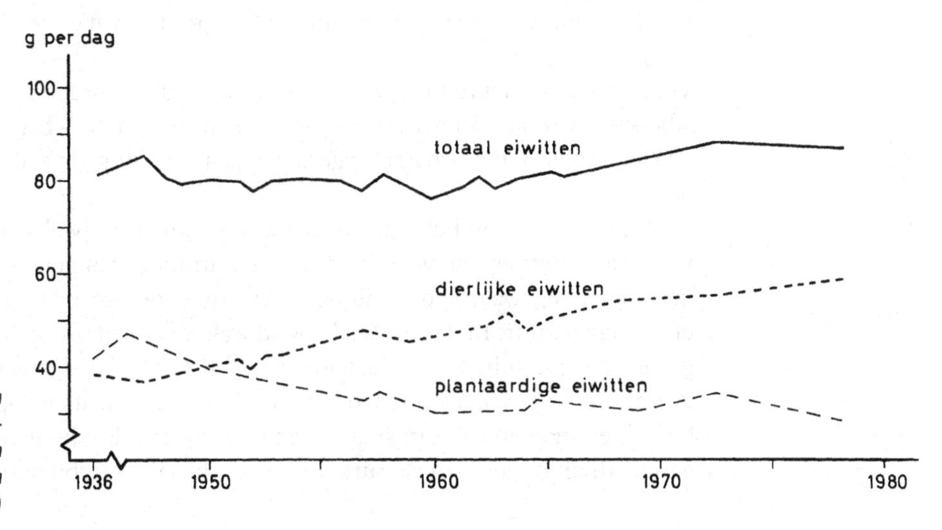

Figuur 1.23 Verloop van het gemiddeld eiwitgebruik in Nederland van 1936 tot 1978 (naar Den Hartog)

De eiwitstofwisseling

De eiwitten uit voedsel worden door proteolytische enzymen (proteasen) gehydrolyseerd. Deze tot de hydrolasen behorende enzymen verbreken de peptidebinding.

In de maag worden de eiwitten in polypeptiden gesplitst, waarna in de dunne darm verdere afbraak tot aminozuren plaatsvindt. Na absorptie bereiken de aminozuren via de poortader de lever en worden daar gebruikt voor de opbouw van levereiwit en plasma-eiwit. Een ander deel wordt door het bloed naar organen en spieren getransporteerd en daar betrokken in de eiwitsynthese. De eiwitafbraak treedt ook in organen op.

Men kan de proteasen in *endo-* en *exo*proteasen onderscheiden. De eerste splitsen eiwitmoleculen in kleinere ketens. Exoproteasen werken vanaf het uiteinde van een peptideketen en splitsen daarvan aminozuren af. Endoproteasen grijpen niet op elke willekeurige plaats in de peptideketen aan, maar hydrolyseren de peptidebinding van bepaalde aminozuren. Vaak gebeurt dit aan de carboxy-kant van lysine, arginine, asparaginezuur of glutaminezuur.

Endoproteasen komen voor in de maag (pepsine) en in de dunne darm (trypsine, chymotrypsine). De pH-optima van deze enzymen zijn aangepast aan het milieu waarin zij voorkomen. Pepsine bezit een optimale pH-waarde van 1,5 à 2,5; voor trypsine en chymotrypsine bedraagt deze waarde 7,5 à 8,5. Deze enzymen worden in een inactieve vorm in de spijsverteringsorganen geproduceerd en gaan pas daarna door autokatalyse in de actieve vorm over; hierdoor wordt voorkomen dat het eigen eiwit van de spijsverteringsenzymen wordt aangetast.

Kathepsine (optimale pH-waarde 5 à 6) is een endoprotease dat intracellulair in de spieren aanwezig is. Het is een voorbeeld van een protease dat de taak heeft, verouderde (chemisch beschadigde) eiwitten in een weefsel op te ruimen.

Exoproteasen komen vooral in de dunne darm voor. Deze enzymen worden door het darmslijmvlies geproduceerd, dit in tegenstelling tot trypsine en chymotrypsine, die uit de pancreas afkomstig zijn. Ze worden onderscheiden in:

- carboxyproteasen: deze splitsen aminozuren van eiwitketens af vanaf het uiteinde met de vrije carboxylgroep;
- aminoproteasen: deze doen hetzelfde aan het uiteinde met de vrije aminogroep;
- dipeptidasen: deze splitsen dipeptiden van de eiwitketen af.

Voorzover aminozuren niet in de lichaamseiwitten worden ingebouwd, vindt metabolisering in het lichaam plaats. Aminozuren worden – behalve bij bepaalde ziekten – niet in het lichaam opgeslagen; uitscheiding als zodanig treedt ook niet op.

De eerste stap in het aminozuurmetabolisme is vrijwel steeds de verwijdering van de aminogroep, hetgeen bij de meeste aminozuren gebeurt door middel van *transaminering*, waarbij de aminogroep wordt overgedragen op 2-ketoglutaarzuur of oxaalazijnzuur. Bij dit proces is pyridoxalfosfaat (vitamine B_6) van belang. Het gevormde glutaminezuur of asparaginezuur wordt vervolgens weer oxidatief gedeamineerd. De vrijgekomen ammoniumionen zijn zelfs in lage concentraties toxisch en moeten daarom snel worden verwijderd. Bij de mens en bij zoogdieren geschiedt dit in de vorm van ureum; de reacties die hierbij optreden worden gezamenlijk aangeduid als de *ureumcyclus*. Na de transaminering geschiedt de verdere afbraak van de aminozuren langs verschillende wegen.

Essentiële aminozuren

Aanvankelijk nam men aan dat de voedingswaarde van eiwitten evenredig is met het stikstofgehalte. *Rubner* toonde echter al in 1897 aan dat dit vaak niet het geval is. Ook werd duidelijk dat eiwitten in het lichaam moeten worden gehydrolyseerd tot aminozuren om te kunnen worden benut.

In 1920 bewezen *Osborne* en *Mendel* dat de rat wel glycine maar geen lysine en tryptofaan kan synthetiseren; deze laatste twee aminozuren moeten dus met het voedsel worden opgenomen.

Aminozuren die nodig zijn voor de opbouw van het eigen lichaamseiwit en die het organisme niet zelf kan synthetiseren, heeft men *essentiële aminozuren* genoemd. Als een van deze aminozuren in de voeding ontbreekt of in geringe hoeveelheden aanwezig is, wordt geen of te weinig lichaamseiwit opgebouwd. In planten worden de essentiële aminozuren uiteraard wel gesynthetiseerd; ook in sommige micro-organismen is dit het geval.

Vooral door het werk van *W.C. Rose* (van 1942 tot 1952 verricht) is vast komen te staan welke aminozuren voor de mens essentieel zijn. Rose verstrekte aan proefpersonen diëten waarin als enige stikstofbron afgewogen hoeveelheden aminozuren voorkwamen en waarbij één aminozuur ontbrak. Als de proefpersonen een negatieve stikstofbalans vertoonden, dat wil zeggen als zij meer stikstof uitscheidden dan opnamen, dan kon hieruit worden geconcludeerd dat meer eiwit werd afgebroken dan opgebouwd. In die gevallen was de eiwitsynthese gestoord door het ontbreken van een essentiële bouwsteen. Zodra deze bouwstenen aan het dieet werden toegevoegd, was de stikstofbalans weer positief. Ook met jonge ratten zijn zulke experimenten uitgevoerd, waarbij stilstand in de groei een belangrijk criterium was.

Voor de volwassen mens is de onmisbaarheid van de volgende acht aminozuren in de voeding aangetoond.

Tabel 1.3 De acht onmisbare aminozuren voor de mens

Valine	Threonine
Leucine	Methionine
Isoleucine	Fenylalanine
Lysine	Tryptofaan

Verder moet worden vermeld dat in het zeer jonge kind de synthese van enkele niet-essentiële aminozuren nog niet optimaal verloopt. Dit betreft met name histidine, zodat ook dit aminozuur in voldoende mate in de voeding van deze kinderen aanwezig moet zijn. Het geldt naar alle waarschijnlijkheid ook voor *taurine*. Taurine ($NH_2CH_2CH_2SO_3H$) is een metaboliet van cysteïne, die verscheidene functies in het lichaam vervult, waarvan die bij de hersenontwikkeling het best is onderzocht. In mosselen komt de verbinding in vrij hoge concentraties voor, evenals trouwens in de meeste ongewervelden.

Voor enkele jonge dieren (zoals kuikens) dient ook voldoende arginine aanwezig te zijn.

De aminozuurbehoefte hangt verder af van de fysiologische toestand van mens of dier en wordt vergroot door bijvoorbeeld zwangerschap en lactatie; ook bij bepaalde ziekten kan de behoefte aan essentiële aminozuren groter zijn.

Tyrosine en cysteïne kunnen worden gevormd uit fenylalanine respectievelijk methionine. Het belang van Tyr en Cys in eiwitten is het 'sparende' effect op fenylalanine en methionine. Deze aminozuren worden daarom wel als *semi-essentieel* aangeduid. In de praktijk blijkt de combinatie Tyr + Phe respectievelijk Met + Cys vrijwel altijd volledig benutbaar, zodat in de tabellen met één cijfer wordt volstaan.

Hieronder worden de gehalten aan essentiële aminozuren in enkele voedingseiwitten gegeven en vergeleken met de dagelijkse behoefte, die is gegeven in mg per gram eiwit *in de voeding*. Er worden dus geen absolute hoeveelheden gegeven. Indien het eiwit uit het dagelijks menu lagere gehalten aan een of meer van de essentiële aminozuren bevat, moet meer van dat eiwit worden opgenomen. De overschotten aan de andere aminozuren worden dan gemetaboliseerd. Een teveel aan overtollige aminozuren kan dit mechanisme echter te zwaar belasten. Intussen blijft het zo dat de mens een deel van zijn energie uit eiwitten betrekt. Eiwitten leveren daarbij ongeveer dezelfde hoeveelheid energie op als koolhydraten, zie hoofdstuk 3.

Voor het vaststellen van de kwaliteit van een eiwit met betrekking tot de voeding is het begrip 'chemical score' van belang. Dit begrip werd in 1947 door *Block* en *Mitchell* ingevoerd. Zij beschouwden het eiwit uit kippeneieren als ideaal voor wat betreft de aminozuur-samenstelling en gebruikten dit als standaard. Vervolgens vergeleken zij de gehalten aan essentiële aminozuren in een eiwit met die van de standaard en berekenden voor elk van deze aminozuren de 'chemical score' (CS):

$$CS = \frac{\text{mg aminozuur / g eiwit}}{\text{idem in standaard}} \times 100$$

Tabel 1.4 Gehalten aan essentiële aminozuren in eiwitten (in mg per g eiwit) en dagelijkse behoeften (FAO/WHO 1973; eveneens in mg per g eiwit)

Gehalte								Behoefte	
Aminozuur	Kippenei	Koemelk	Rundvlees	Vis	Bonen	Tarwe	Ongepelde rijst	Kind	Volwassene
Val	74	69	50	52	60	42	66	41	18
Leu	90	99	82	76	95	70	85	56	25
Ileu	68	64	52	50	53	42	51	37	18
Lys	63	78	93	97	74	20	37	75	22
Thr	50	46	47	45	48	28	38	44	13
Met + Cys	54	33	42	42	16	31	35	34	24
Phe + Tyr	104	100	86	62	107	79	92	34	25
Try	17	14	13	10	14	11	10	4,6	6,5

Het aminozuur met de laagste CS is limiterend; de CS van het eiwit wordt aan deze waarde gelijkgesteld. Omdat in de eiwitten lysine, methionine, cysteïne of tryptofaan de limiterende aminozuren zijn, wordt de CS als regel alleen voor deze aminozuren bepaald.

De voedingskwaliteit van een eiwit wordt ook wel uitgedrukt in het begrip 'biologische waarde'. Dit wordt gedefinieerd als het percentage van de geabsorbeerde stikstof dat voor de synthese van lichaamseiwit wordt benut. De bepaling van de biologische waarde is al in 1934 beschreven door *Mitchell* en komt neer op een balansmethode, waarbij men nagaat hoeveel stikstof in het voer van groeiende ratten in het lichaamseiwit wordt vastgelegd.

Naast de biologische waarde is de *verteerbaarheid* van het eiwit van belang. Onder de verteerbaarheid verstaat men het percentage van het ingenomen eiwit dat door het spijsverteringskanaal wordt geabsorbeerd.

Sommige eiwitten worden slecht door de darmwand opgenomen, andere (zoals collageen) in het geheel niet. De verteerbaarheid van goede voedingseiwitten kan soms ook matig zijn, bijvoorbeeld als het eiwit onvoldoende is gedenatureerd en daardoor weinig toegankelijk is voor proteolytische enzymen. Chemische reacties aan de zijketens hebben meestal ook tot gevolg dat een deel van het eiwit niet kan worden benut.

Combinaties van eiwitten in de voeding

Vele plantaardige eiwitten vertonen duidelijke tekorten aan enkele essentiële aminozuren. Graaneiwitten bijvoorbeeld zijn arm aan lysine en vrij arm aan tryptofaan. In peulvruchten zijn de zwavelhoudende aminozuren slecht vertegenwoordigd.

Door gevarieerde voeding kunnen eiwitten met een overschot aan bepaalde essentiële aminozuren andere eiwitten aanvullen die hierin een tekort vertonen. Bekend is de combinatie van graan- en peulvruchteneiwitten, waarbij het graaneiwit de methionine- en het peulvruchteneiwit de lysinevoorziening veilig stelt. Het eten van enkele sneden tarwe- of roggebrood bij de erwtensoep is een zinvol oud volksgebruik. (Het meekoken van een 'kluif' heeft een ander doel, namelijk het dikker maken van de soep. Het in het bot aanwezige collageen wordt tijdens het koken voor een deel in gelatine omgezet. Gelatine draagt overigens niet bij tot een evenwichtiger aminozuursamenstelling. Tryptofaan ontbreekt geheel en ook de andere essentiële aminozuren zijn slecht vertegenwoordigd.)

Gelijktijdige aanbieding van essentiële aminozuren in het voedsel is van belang, omdat aminozuren niet in het lichaam worden opgeslagen en voor de eiwitsynthese alle aminozuren aanwezig dienen te zijn. *Geiger* toonde in 1948 aan dat ratten niet goed groeien indien de essentiële aminozuren met enige uren verschil worden toegevoegd.

Het zal duidelijk zijn dat het gebruik van dierlijke eiwitten in de voeding niet beslist noodzakelijk is voor de opbouw van lichaamseiwit. De mens kan zich voor wat betreft de aminozuurbehoefte uitstekend voeden met een gevarieerd plantaardig dieet. Een uitsluitend plantaardige voeding kan evenwel vrij gemakkelijk tekorten aan andere nutriënten (cobalamine, calcium) veroorzaken. Dit gevaar is niet aanwezig indien bij het vegetarische dieet melk en eieren worden gebruikt (het *lacto-ovo-vegetarische* dieet). De voorziening met essentiële aminozuren is dan in elk geval gewaarborgd.

Eiwittekorten

Bij kinderen van 1 tot 4 jaar, die na borstvoeding op voedsel van inferieure kwaliteit moesten overgaan, kunnen ernstige deficiëntiesymptomen optreden. *Williams* vestigde in 1933 de aandacht op dit ziektebeeld: de kinderen lijden aan bloedarmoede, oedeem en diarree, zijn apathisch en blijven achter in de groei, ook mentaal. Het ziektebeeld was in feite al langer bekend en in Europa in 1925 door *Czerny en Keller* als 'Mehlnährschaden' (door voeding met uitsluitend zeer eiwitarme meelspijzen) beschreven. Later kreeg het syndroom de naam *kwashiorkor*. Dit uit Ghana afkomstige woord schijnt ongeveer te betekenen: 'De ziekte die een kind krijgt als het volgende is geboren'.

Indertijd was men algemeen van mening dat kwashiorkor ontstaat door een voeding arm aan (hoogwaardig) eiwit. In de literatuur wordt de ziekte dan ook vaak aangeduid als 'protein malnutrition'. De therapie bestaat uit het toedienen van eiwitpreparaten, vooral melkeiwit en planteneiwitmengsels. Kwashiorkor komt met name voor bij arme bevolkingsgroepen. Ook bij volwassenen komen eiwittekorten voor; deze manifesteren zich onder andere door verlaagde albuminegehalten van het bloedserum.

Een ander ziektebeeld, *marasmus*, is het gevolg van grote energietekorten in de voeding, ofwel algemene ondervoeding. De patiënten zijn uitgedroogd; onderhuids vet ontbreekt. Er bestaat een aantal overgangsvormen tussen kwashiorkor en marasmus (protein energy malnutrition; (7).

Eigenlijk kunnen *beide* ziektebeelden worden toegeschreven aan een energietekort. Het ontstaan van een van deze ziektebeelden zou worden bepaald door individuele verschillen in (of gebrek aan) adaptatie als gevolg van het energie- en eiwittekort. Van belang hierbij is ook dat de hoeveelheid voedsel vaak niet onaanzienlijk is, maar dat de energiedichtheid als gevolg van de aanwezigheid van grote hoeveelheden onverteerbaar materiaal laag is, waardoor het soms fysiek onmogelijk wordt voldoende te consumeren. Als de energetische behoefte onvoldoende wordt gedekt, gaat het lichaam het voedseleiwit als brandstof aanspreken. Dan kunnen wel degelijk eiwittekorten ontstaan, maar als secundair effect.

In een normale westerse voeding is 11 tot 13% van de energetische waarde afkomstig van de hierin aanwezige eiwitten. Volgens sommigen zou een voeding met slechts 5 energieprocent eiwit voldoende hiervan bevatten (behalve misschien voor de meest kwetsbare groepen zoals kinderen, zwangeren enzovoort). Het is overigens van belang, te vermelden dat het eiwit-energiepercentage van moedermelk slechts ongeveer 7 bedraagt. Anderen geven de voorkeur aan 8 tot 9% (hoogwaardig eiwit), hetgeen na correctie voor de eiwitkwaliteit neerkomt op 10 tot 12%.

De keus voor een van beide zienswijzen heeft grote gevolgen voor de wijze waarop het probleem van de ondervoeding in de wereld zal moeten worden benaderd: via de weg van voldoende voedsel dan wel via de weg van kwantitatief en kwalitatief met eiwit verrijkt voedsel.

In de jaren zestig heeft men overwogen, synthetisch lysine aan plantaardige eiwitten toe te voegen om protein malnutrition beter te kunnen bestrijden. Het nut van deze toevoeging is echter in de praktijk niet duidelijk gebleken; mede door de hoge kosten is de maatregel nooit op grote schaal ingevoerd.

CHEMISCHE VERANDERINGEN IN EIWITTEN

Tijdens het bewerken en bewaren van voedingsmiddelen kunnen eiwitten participeren in bepaalde reacties, die soms gewenst en soms ongewenst zijn. Vooral voor de levensmiddelentechnoloog zijn deze veranderingen van belang.

Hydrolyse

In veel voedingsmiddelen kan eiwithydrolyse optreden. Dit geschiedt dikwijls onder invloed van enzymen die van nature aanwezig zijn, in vlees bijvoorbeeld door de inwerking van kathepsine en calpaïnen, waarvan vermalsing het gevolg is. De rijping van maatjesharing berust in eerste instantie op partiële eiwithydrolyse onder invloed van enzymen uit de maagaanhangsels. Ook bacteriële enzymen kunnen eiwitten hydrolyseren.

In de levensmiddelentechnologie maakt men vaak bewust gebruik van proteolytische enzymen om bepaalde veranderingen tot stand te brengen (zoals bij de kaasbereiding).

Oxidatie

De vorming van zwavelbruggen kan als een (reversibele) oxidatie worden beschouwd. Een gevolg van het ontstaan van zwavelbruggen is dat de structuur van het eiwit wat minder flexibel wordt.

Een andere oxidatiereactie is die van cysteïne (en cystine) tot cysteïnezuur. Deze oxidatie kan plaatsvinden door peroxiden, die op hun beurt door oxidatie van lipiden ontstaan. Cysteïnezuur wordt niet teruggereduceerd en kan dus niet meer in de behoefte aan cysteïne voorzien.

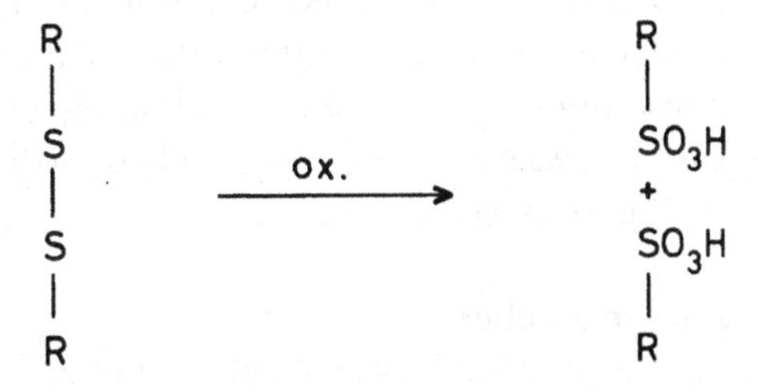

Figuur 1.24 Oxidatiereactie van cysteïne tot cysteïnezuur

Op analoge wijze kan methionine worden geoxideerd tot het (nog wel benutbare) methioninesulfoxide, dat vervolgens in het onbenutbare methioninesulfon wordt omgezet:

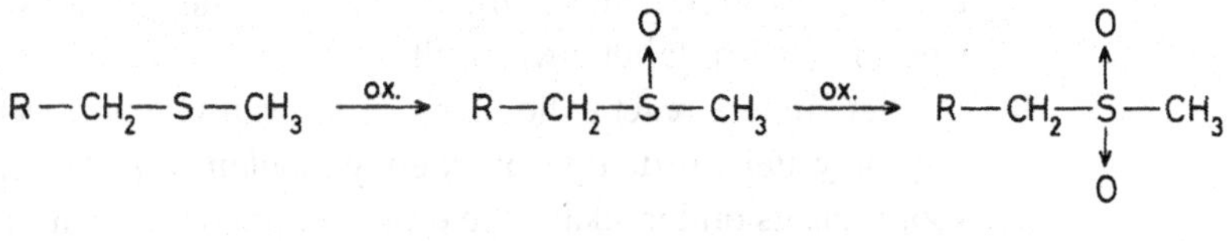

$$R-CH_2-S-CH_3 \xrightarrow{ox.} R-CH_2-\overset{\overset{O}{\uparrow}}{S}-CH_3 \xrightarrow{ox.} R-CH_2-\underset{\underset{O}{\downarrow}}{\overset{\overset{O}{\uparrow}}{S}}-CH_3$$

Figuur 1.25

In levensmiddelen *als zodanig* zijn deze reacties van minder belang, omdat de producten door de ook optredende vetoxidatie ongenietbaar zijn geworden. Bij de vervaardiging van eiwitpreparaten echter moet met deze reacties soms rekening worden gehouden.

De kleurverandering van vlees dat geruime tijd aan de lucht is blootgesteld, wordt veroorzaakt door oxidatie van het rode oxymyoglobine tot het bruine metmyoglobine; dit is dus geen eiwit- maar een ijzeroxidatie.

De Maillard-reactie

De vrije aminogroepen van eiwitten kunnen met reducerende suikers reageren, als gevolg waarvan gele tot bruine verkleuringen ontstaan. Het betreft hier een ingewikkeld proces, dat bekend staat als de *Maillard-reactie.*

De Maillard-reactie is vooral een degradatiereactie van suikers, waarbij de aminogroep weliswaar van veel belang is maar niet de hoofdrol vervult. Daarom wordt deze reactie uitvoeriger besproken in het hoofdstuk Koolhydraten.

Desalniettemin heeft het zin, ook hier enige aandacht aan de Maillard-reactie te besteden, met name omdat de voedingswaarde van eiwitten erdoor kan worden beïnvloed. Door blokkering van aminogroepen, hoofdzakelijk de vrije aminogroepen van lysine-eenheden, zal immers het gehalte aan benutbaar lysine dalen. In de eerste stadia van de reactie is de blokkering van de aminogroepen nog reversibel, maar al gauw is dit niet meer het geval. Wel kan door zure hydrolyse een aanzienlijk deel van het lysine weer worden vrijgemaakt, maar in het maagdarmkanaal is deze hydrolyse niet mogelijk. In ernstige gevallen kan meer dan 90% van de lysine-eenheden voor de voeding onbruikbaar worden. In latere stadia van de reactie participeren ook andere groepen, zoals de SH-groepen van cysteïne-eenheden.

Omdat in eerste instantie aminogroepen in de Maillard-reactie zijn betrokken, zullen ook vrije aminozuren – indien aanwezig – aan de reactie deelnemen. Daarbij worden vaak specifieke aroma's ontwikkeld. Alanine, valine, leucine en isoleucine produceren een moutaroma, methionine een koolaroma, cysteïne een vleesaroma en fenylalanine een honing- of chocoladearoma. Er bestaan nogal wat patenten waarin de vorming van bepaalde aroma's door middel van een Maillard-reactie wordt beschreven.

Andere reacties

Naast de reeds besproken reacties zijn nog vele andere mogelijk. Zo kunnen bij verhitting esters worden gevormd uit de OH-groepen van threonine- en serine-eenheden en de COOH-groepen van asparaginezuur- en glutaminezuureenheden. Deze COOH-groepen kunnen ook met de vrije aminogroep van lysine-eenheden een peptidebinding vormen, de zogenoemde *isopeptidebinding.* Hierdoor kunnen vooral in gedenatureerde eiwitten stevige netwerken van peptideketens worden gevormd: het eiwit 'stolt'.

Een andere reactie die hier kan worden vermeld, is die tussen lysine en serine waarbij water wordt afgesplitst en *lysinoalanine (LAL)* ontstaat. Deze reactie vindt vooral plaats onder alkalische omstandigheden, maar is ook als gevolg van verhitting in neutraal milieu in sommige producten merkbaar. De vorming van LAL verloopt aanmerkelijk sneller als de serine-eenheid met fosfaat is veresterd, zoals in caseïne grotendeels het geval is. Ook uit lysine en cysteïne of cystine kan LAL worden gevormd.

Van belang is ook de vorming van thio-ethers uit cysteïne-eenheden onder afsplitsing van H_2S. Ook deze reactie treedt op tijdens het verhitten van eiwitten:

$$RSH + HSR \rightarrow R\text{-}S\text{-}R + H_2S$$

Tot slot moet erop worden gewezen dat vrije aminozuren, die in kleinere of grotere hoeveelheden in voedingsmiddelen aanwezig kunnen zijn, eveneens aan allerlei reacties kunnen deelnemen. De Maillard-reactie is in dit verband al genoemd.

Een merkwaardige reactie van het aminozuur threonine is de omzetting tot 5-ethylfuranon (uit twee moleculen threonine). Deze verbinding bezit een sterk maggi-aroma. 'Maggi' is een eiwithydrolysaat waarin ook vrij threonine voorkomt, zodat deze reactie kan optreden.

Uiteraard zijn nog vele andere reacties van eiwitten en vrije aminozuren in voedingsmiddelen bekend. Deze zullen hier niet worden behandeld.

EIWITTEN IN VOEDINGSMIDDELEN

In deze paragraaf zullen enkele voedingsmiddelen worden besproken waarin eiwitten van veel belang zijn, en wel brood, melk en vlees. Daarnaast wordt aan *eiwitpreparaten*, zoals die veelvuldig bij de bereiding van voedingsmiddelen worden gebruikt, enige aandacht gegeven.

Brood

Na de Tweede Wereldoorlog is de broodconsumptie in deze streken afgenomen tot in de jaren tachtig, maar nu is de consumptie stabiel. De meeste broodsoorten worden bereid uit tarwemeel. De afbeelding hieronder toont een schematische doorsnede van een tarwekorrel. Deze bestaat voor circa 90% uit het zogenoemde *endosperm*, dat is opgebouwd uit het *meellichaam* (circa 82½%) met daar omheen een laag *aleuroncellen* (7½%). Verder is een *kiem* aanwezig (3% van het totale gewicht) en is de korrel bedekt met meerdere vliezen ter bescherming.

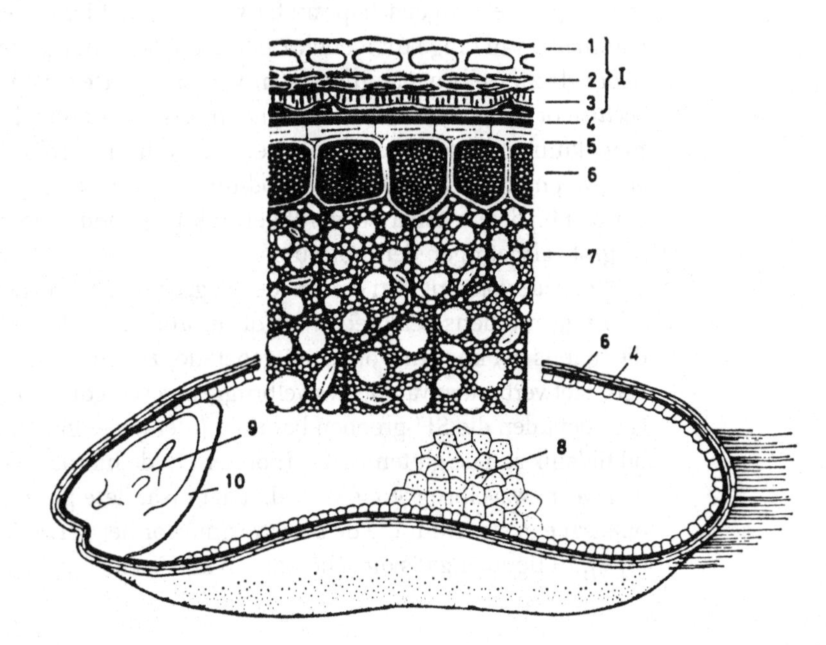

Figuur 1.26 Schematische doorsnede van een tarwekorrel (overgenomen uit Belitz en Grosch: Lehrbuch der Lebensmittelchemie). De vruchthuid (1) wordt gevormd door overlangse cellen (1), dwarscellen (2) en buiscellen (3). Betekenis van de andere cijfers: 4 = zaadhuid, 5 = rest van de nucellus, 6 = aleuroncellen, 7 = zetmeelcellen, 8 = meellichaam, 9 = kiem, 10 = scutellum.

Tijdens het malen wordt het meellichaam geheel of gedeeltelijk vrijgemaakt van de vliezen, de kiem en de aleuronlaag, samen aangeduid als *zemelen*. Om weer te geven in hoeverre deze zemelen uit het meel zijn verwijderd, hanteert men het begrip *uitmalingsgraad*, dat de hoeveelheid meel aangeeft die uit 100 gram tarwe wordt gewonnen. Als de uitmalingsgraad een waarde van 75 overschrijdt, neemt het gehalte aan (fijngemalen) kiemen en vliezen toe en wordt het meel donkerder van kleur. Volkorenmeel bezit een uitmalingsgraad van 100. Het brood dat van dit meel wordt gebakken, bevordert de darmperistaltiek; wit brood daarentegen kan obstipatie veroorzaken.

Het eiwitgehalte van tarwemeel is afhankelijk van de uitmalingsgraad en varieert van 12 tot 15%. In meel met een lage uitmalingsgraad is het lysinegehalte laag en daardoor ook de biologische waarde. Het eiwit uit zemelen bevat echter meer lysine, waardoor de biologische waarde van meeleiwit bij stijgende uitmalingsgraad toeneemt. (Het effect van de uitmalingsgraad op het gehalte aan B-vitamines, die in zemelen rijkelijk zijn vertegenwoordigd, is nog aanzienlijk groter.)

Bij de bereiding van brood zijn eiwitten als structuurcomponent van zeer veel belang. Tijdens het kneden van het deeg moet hierin een netwerkachtige structuur ontstaan, die kan expanderen door het tijdens de gisting gevormde CO_2. Als CO_2 en waterdamp tijdens het bakproces uitzetten, moet dit netwerk nog verder kunnen expanderen. Met andere woorden: het netwerk van eiwit- (en zetmeel-) moleculen moet een elastische wand om de gascellen vormen. Deze wand dient zo stevig te zijn dat het brood na het bakproces niet inzakt als gevolg van het verdwijnen van CO_2 door de enigszins poreus geworden wanden.

Een dergelijke structuur is mogelijk als in het deeg voldoende eiwitmoleculen van zeer grote afmetingen en met elastische eigenschappen aanwezig zijn, die samen met het aanwezige zetmeel het netwerk kunnen vormen. Ook moeten eiwitten met filmvormende en viskeuze eigenschappen beschikbaar zijn, die de ruimten in dit netwerk kunnen opvullen.

Het in grote hoeveelheden aanwezig zijn van zulke hoogmoleculaire eiwitten is een specifieke eigenschap van tarwe. Het gaat hier om eiwitten met een molecuulmassa van enige miljoenen Dalton, die bestaan uit meerdere peptideketens, door vele zwavelbruggen met elkaar verbonden. Deze worden aangeduid als *geleiwitten* of *gluteninen*. De eiwitten die in eerste instantie de netwerkstructuur vormen, kunnen worden gekarakteriseerd door hun onoplosbaarheid in een oplossing van natriumdodecylsulfaat (sodium dodecyl sulphate (SDS); een detergens dat veel bij de eiwitanalyse wordt gebruikt). Dit onoplosbaar zijn is een gevolg van de grote afmetingen der moleculen.

Voor de vorming van een goede deegconsistentie is nodig dat een aantal zwavelbruggen tijdens het kneden wordt verbroken. Onder invloed van de krachten die tijdens het kneden worden uitgeoefend, zullen de moleculen zich dan strekken. Het verbreken van de zwavelbruggen geschiedt door middel van laagmoleculaire peptiden die SH-groepen bevatten (met name glutathion); deze worden hierbij tijdelijk aan de gluteninen verbonden. In de hierna volgende rustperiode worden weer zwavelbruggen gevormd, maar op andere plaatsen. Alleen op deze wijze ontstaat een structuur die de basis vormt voor het netwerk van eiwit en zetmeel (8, 9). In figuur 1.27 is dit schematisch afgebeeld.

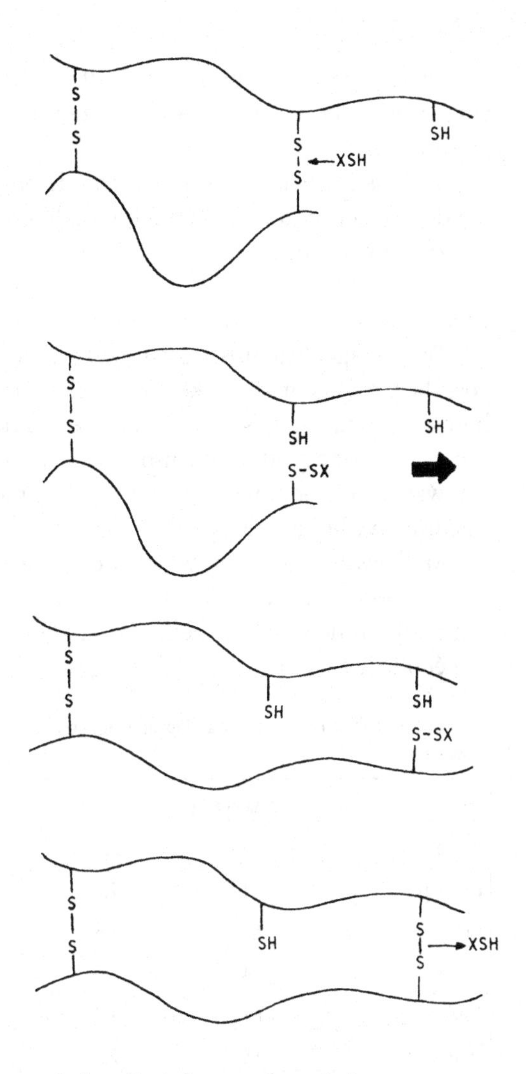

Figuur 1.27 Veranderingen in gel-eiwitten tijdens de deegbereiding. De dikke pijl symboliseert de mechanische krachten die tijdens het kneden optreden.

In tarwemeel van goede kwaliteit bestaat het eiwit voor ongeveer 30% uit gel-eiwitten die onoplosbaar zijn in SDS. In rogge is dit aandeel niet hoger dan 10% en in gerst nog lager. Daardoor is het niet mogelijk, van rogge of gerst een 'luchtig' brood te bakken.

In sommige slecht bakkende bloemsoorten is een betrekkelijk groot deel van de gluteninen in kleinere eenheden aanwezig doordat minder zwavelbruggen voorkomen. Dit komt onder meer tot uiting in het gedrag ten opzichte van SDS (wel oplosbaar). Ook na het kneden komen niet zoveel zwavelbruggen tot stand dat een optimaal eiwitnetwerk ontstaat. Door een oxidatiemiddel toe te voegen, kunnen de eigenschappen van het deeg worden verbeterd.

Naast de gluteninen zijn de *gliadinen* van veel belang voor de uiteindelijke structuur van brood. Deze dragen zelf niet bij tot de vorming van het elastische netwerk maar vullen dit netwerk op, waardoor een al te stugge structuur wordt voorkomen. Ze kunnen tot op zekere hoogte worden vergeleken met weekmakers in plastic. Visco-elastische eigenschappen zijn afwezig; in gehydrateerde toestand gaan deze eiwitten geen interacties aan met andere eiwitten. Het gehalte aan gliadinen is in de verschillende tarwerassen vrijwel constant. Gluteninen en gliadinen worden samen aangeduid als *gluten-eiwitten*.

In de zo ontstane structuur vindt ook het zetmeel zijn plaats. De gluteninen fungeren als 'cross-links' tussen de zetmeelkorrels. Hierbij ontstaan vele waterstofbruggen.

Tijdens het bakproces treden aan de buitenkant van het deeg Maillard-reacties op; de reactieproducten dragen bij tot de vorming van een donker gekleurde korst en ook tot het broodaroma.

Melk

De belangrijkste functie van melk in de natuur is de voeding van het jonge zoogdier. Afgezien van enkele spoorelementen – waarvan een depot in het pasgeboren dier aanwezig is – bevat melk alle nutriënten die het dier nodig heeft. Aangezien deze stoffen in ruime mate aanwezig zijn, is melk ook voor de mens een waardevol voedingsmiddel. Gewezen moet worden op de hoge gehalten aan calcium en riboflavine.

Melkeiwit bevat een uitstekende aminozuursamenstelling; alleen het gehalte aan zwavelhoudende aminozuren is niet buitengewoon hoog. Met uitzondering van methionine wordt de behoefte aan essentiële aminozuren door het drinken van één liter melk per dag volledig gedekt.

Tabel 1.5 Gehalten aan essentiële aminozuren in 1 liter volle melk (in grammen), vergeleken met de dagelijkse behoefte

	Aanwezig	Behoefte
Valine	2,9	1,6
Leucine	3,4	2,2
Isoleucine	2,5	1,6
Lysine	2,4	2,0
Threonine	1,5	1,0
Methionine	0,8	2,2
Fenylalanine	2,0	2,2
Tryptofaan	0,7	0,5

Het eiwitgehalte van koemelk is enigszins afhankelijk van het seizoen, van de voedersamenstelling en ook van het ras. Melk van Nederlandse runderen bevat gemiddeld ongeveer 33 gram eiwit per liter. Van deze 33 gram bestaat 27 gram uit caseïne en ruim 6 gram uit wei-eiwitten.

Verder komen in melk afweerstoffen voor: globulinen die bijdragen in de bescherming van het jonge dier tegen infecties. Bij de koe is dit vooral van belang gedurende de dagen vlak na de partus, waarin colostrum (biest) wordt geproduceerd. Voor de consument zijn deze afweerstoffen als zodanig niet van betekenis.

Het vet in melk is aanwezig als emulsie in de waterfase. De emulsie wordt gestabiliseerd door glycoproteïden, die zich aan het oppervlak van de vetbolletjes (doorsnede enige µm) bevinden (10).

Caseïne

Dit in kwantitatief opzicht belangrijkste melkeiwit is in koemelk in een tamelijk constant gehalte aanwezig. Het vertoont kleine schommelingen met het jaargetijde (in de orde van 0,1 à 0,2%) en is het laagst in de zomer.

Caseïne is een samengesteld eiwit. Met behulp van elektroforese of met de ultracentrifuge kan caseïne in verschillende componenten worden gescheiden.

Men onderscheidt de componenten α_{s1}, α_{s2}, β- en κ-caseïne. Het zijn alle fosfoproteïden, maar κ-caseïne bevat slechts één fosfaatgroep per molecuul. Dit caseïne bevat tevens wat koolhydraat en kan daarom ook als glucoproteïde worden aangeduid. De molecuulmassa's liggen voor alle caseïnen in de buurt van 20.000 Da.

Caseïnemoleculen kunnen niet in de α-helixconfiguratie voorkomen en hebben een ongeordende structuur; hierdoor treedt bij verwarming geen denaturatie op.

In oplossing associëren caseïnemoleculen als gevolg van hydrofobe interacties vrij sterk. In aanwezigheid van calciumionen vertonen α_{s1}, α_{s2} en β-caseïne sterke neiging tot precipitatie, doordat Ca^{++} zich aan de fosfaatgroepen bindt. κ-caseïne is er echter ongevoelig voor en beschermt bovendien de andere componenten van caseïne tegen de uitvlokkende werking van calciumionen. Deze eigenschap vindt zijn oorzaak in het feit dat de eerste 105 aminozuren van de peptideketen van κ-caseïne een voornamelijk hydrofoob karakter bezitten, terwijl de overige 64 aminozuren overwegend polair zijn. De apolaire delen associëren zich met de andere caseïnemoleculen; op deze wijze ontstaan de *caseïne-submicellen*, waarbij de polaire delen van κ-caseïne naar buiten steken.

De submicellen zijn tot micellen geaggregeerd via de fosfaatgroepen, die door calcium/fosfaatclusters, bestaande uit enkele calciumatomen en fosfaatgroepen, met elkaar zijn verbonden. Zo kan voldoende calcium en fosfaat aan het jonge dier, dat hiermee zijn beenderstelsel moet opbouwen, worden aangeboden. (Calcium- en fosfaationen zouden bij de pH van melk als calciumfosfaat neerslaan en dus niet kunnen worden opgenomen.) Ook hier zorgen de polaire uiteinden van κ-caseïne voor de stabilisatie.

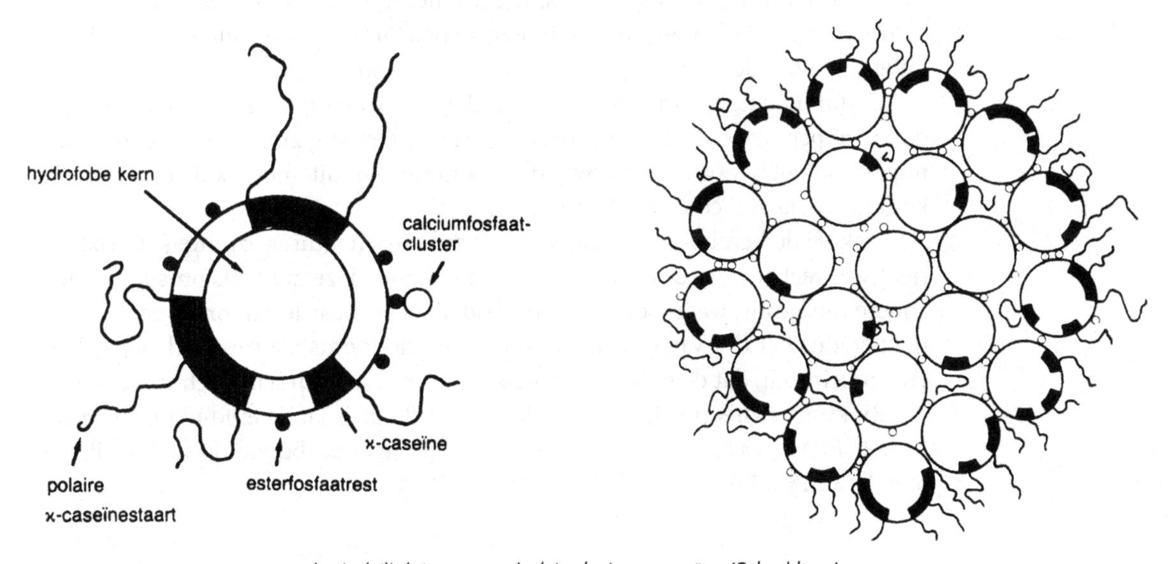

Figuur 1.28 Structuur van een submicel (links) en een micel (rechts) van caseïne (Schmidt, 11)

De kern van de submicellen (Ø 10-20 nm) bestaat uit de hydrofobe stukken van α_{s1}, α_{s2} en β-caseïne, terwijl het oppervlak bestaat uit κ-caseïne en de hydrofiele delen van de andere caseïnen, in het bijzonder de OH-groepen van serine, die voor een aanzienlijk deel met fosfaat zijn veresterd. De polaire delen van κ-caseïne steken in de waterfase.

De micellen bezitten een doorsnede van 50 tot 300 nm en bestaan uit submicellen die, via serine-eenheden, door middel van calcium/fosfaatclusters aan elkaar zijn gehecht. Bij het iso-elektrische punt van caseïne (pH = 4,6) vervalt de stabiliserende werking van κ-caseïne en vlokt het eiwit uit.

Caseïnemicellen bevatten ongeveer 12 procent κ-caseïne, 3 procent calcium en 3 procent fosfaat.

In 1 ml melk bevinden zich ongeveer 10^{13} micellen. Het zijn bijzonder stabiele structuren, die sterilisatie en droging zonder blijvende beschadiging doorstaan (melk kan gedurende een uur op 125 °C worden verhit zonder dat caseïne neerslaat).

In onverhitte melk kan men door dialyse of door complexering met EDTA de calciumionen verwijderen. De micellen vallen dan in submicellen uiteen, hetgeen zich onder andere uit in een vermindering van de lichtverstrooiing.

In κ-caseïne is de peptidebinding tussen de aminozuren 105 en 106 (fenylalanine respectievelijk methionine) van bijzonder belang. Deze binding is namelijk zeer gevoelig voor enzymatische hydrolyse. Onder invloed van *chymosine*, een enzym uit de lebmaag van jonge kalveren, wordt κ-caseïne gesplitst in para-κ-caseïne en een polair polypeptide. Omdat hierdoor de stabiliserende werking van κ-caseïne is verdwenen, slaat caseïne nu neer. De neerslag wordt *wrongel* genoemd; het is de eerste fase van de kaasbereiding. De wrongel bevat niet alleen caseïne maar ook een aanzienlijk deel van het melkvet en ook een deel van de andere eiwitten die eveneens in melk aanwezig zijn.

Door de sterk opgelopen prijs voor lebstremsel is men ertoe overgegaan, ook andere enzymen voor de melkstremming te gebruiken. Belangrijke stremselvervangers zijn runder- en varkenspepsine. Niet elk proteolytisch enzym is evenwel voor dit doel geschikt, omdat veel enzymen het caseïne verder hydrolyseren dan voor de stremming noodzakelijk is. Dit resulteert in eiwitverliezen – doordat oplosbare peptiden ontstaan – en in een slappe wrongel; bovendien kan de kaas bitter zijn door de aanwezigheid van kleinere apolaire peptiden.

Gedurende de kaasrijping zorgen andere enzymen (onder andere melkpeptidasen en peptidasen die van zuurselbacteriën afkomstig zijn) voor verdere omzettingen van het neergeslagen eiwit; hierdoor ontstaan uiteindelijk de karakteristieke geur, smaak en consistentie van kaas.

Ook bij de bereiding van yoghurt zijn zuursels (cultures van melkzuurbacteriën) van veel belang. Door beënting van melk met deze zuursels ontstaat onder andere melkzuur, waardoor de pH uiteindelijk een waarde van ongeveer 4,0 bereikt en dus het IEP van caseïne passeert. Hierdoor ontstaat een sterk gezwollen eiwitprecipitaat, dat de gewenste consistentie en structuur aan yoghurt verleent.

Bij kwark is het precipitaat minder waterrijk, doordat de eind-pH (4,55) vlak bij het IEP van caseïne ligt. Overigens vertoont de kwarkbereiding veel gelijkenis met die van yoghurt.

Wei-eiwitten

Deze eiwitten danken hun naam aan het feit dat ze bij de kaasbereiding in de bovenstaande vloeistof (de wei) achterblijven. Meestal verstaat men er alle niet-caseïne-eiwit onder; een deel slaat echter bij de kaasbereiding met de caseïne neer.

De wei-eiwitten bestaan uit een aantal albuminen en globulinen en voorts enige componenten die worden aangeduid als *proteose-pepton*. Deze bestaan uit een mengsel van fosfo-glycoproteïden. In kwantitatief opzicht het belangrijkst is het β-lactoglobuline, waarvan circa 3 gram in een liter melk aanwezig is. Een biologische functie anders dan die van voedingseiwit is niet bekend. Van veel belang voor het jonge dier zijn de *immunoglobulinen*, die in normale melk slechts in een concentratie van 0,6 gram per liter aanwezig zijn maar in colostrum kwantitatief gezien de belangrijkste eiwitgroep vormen.

De meeste wei-eiwitten zijn niet thermostabiel en coaguleren bij temperaturen boven 60 °C (bij verhitten van melk waar te nemen als de bekende aanslag in de melkkoker). Bij het pasteuriseren van melk is dit een hinderlijk verschijnsel, dat veelvuldige reiniging van de pasteurisatie-apparatuur noodzakelijk maakt.

De bij de kaasbereiding overgebleven wei is van oudsher als veevoer gebruikt. Vanwege de hoge biologische waarde, maar vooral vanwege de goede fysisch-chemische eigenschappen van de wei-eiwitten, bestaan thans allerlei procédés waarbij van deze gunstige eigenschappen gebruik wordt gemaakt (12).

Enzymen in melk

In koemelk komt van nature (dus niet door bacteriële verontreiniging) een aantal enzymen voor (10). Enkele zijn onder meer van belang doordat zij een controle op pasteurisatie mogelijk maken. Zo wordt de in melk aanwezige peroxidase tijdens de zogenoemde hoogpasteurisatie onwerkzaam gemaakt. Dit enzym katalyseert de oxidatie van een aantal verbindingen door waterstofperoxide, bijvoorbeeld de oxidatie van 1,4-diaminobenzeen tot blauw gekleurde verbindingen (reactie van *Storch*). Deze reactie wordt reeds sinds 1898 gebruikt als controle op het hoogpasteurisatieproces – het optreden van de blauwe kleur wijst dan op onvoldoende verhitting – en was waarschijnlijk de eerste enzymatische reactie die bij de controle van voedingsmiddelen werd toegepast.

Vlees

Het vleesverbruik in onze streken is tot halverwege de jaren zeventig voortdurend gestegen, hetgeen vooral op rekening van de toegenomen consumptie van varkensvlees komt.

Vlees *in de zin der Wet* (i.c. de Vleeskeuringswet) is de verzamelnaam voor onder andere spiervlees, organen, vetweefsel en eetbare slachtafvallen ('afvallen' in de betekenis van 'wat afvalt', namelijk van het karkas bij het slachten). Deze paragraaf beperkt zich tot het spiervlees.

Men onderscheidt spieren in *dwarsgestreepte* en *gladde*. De eerste soort betreft de zogenoemde willekeurige spieren, die meestal aan het skelet zijn gehecht. De gladde spieren verzorgen de niet-willekeurige bewegingen en zijn als voedsel van vrijwel geen betekenis.

Dwarsgestreepte spieren zijn opgebouwd uit spierbundels, die op hun beurt weer uit spiervezels zijn samengesteld. Spiervezels zijn langgerekte cellen met een diameter van 0,01 tot 0,1 mm. Elke spiercel is omgeven door een zeer dun laagje bindweefsel, het *endomysium*. Om een bundel spiercellen bevindt zich een dikkere laag bindweefsel, het *perimysium*, terwijl de gehele spier wordt omgeven door een nog dikkere bindweefsellaag, die *epimysium* wordt genoemd. De hoeveelheid bindweefsel neemt toe naar het uiteinde van de spier, waar deze tenslotte in de pees overgaat.

Het spiercelmembraan draagt de naam *sarcolemma*. In het cytoplasma, hier *sarcoplasma* genoemd (Gr. sarx = vlees), bevinden zich – naast deeltjes zoals de kern en de mitochondriën - ook de *myofibrillen*, de contractiele elementen van de spier.

De dwarse strepen en banden zijn zeer duidelijk te zien op geïsoleerde myofibrillen als deze onder een polarisatiemicroscoop worden bekeken. Myofibrillen kan men opgebouwd denken uit een groot aantal achter elkaar liggende delen die *sarcomeren* worden genoemd. Een sarcomeer is de kleinste contractiele eenheid van de spier. De volgende afbeelding toont de organisatie van contractiel spierweefsel en de opbouw van een sarcomeer uit dikke (circa 10 nm) en dunne (circa 5 nm) filamenten. Spiercontractie is het gevolg van het ineenschuiven van deze filamenten.

De dikke zwarte lijnen op de myofibril, de Z-lijnen, kunnen als de wanden van het sarcomeer worden beschouwd. De afstand tussen twee Z-lijnen bedraagt 2 à 2½ µm. De lichtere zone in het midden, de H-zone, wordt smaller als de spier

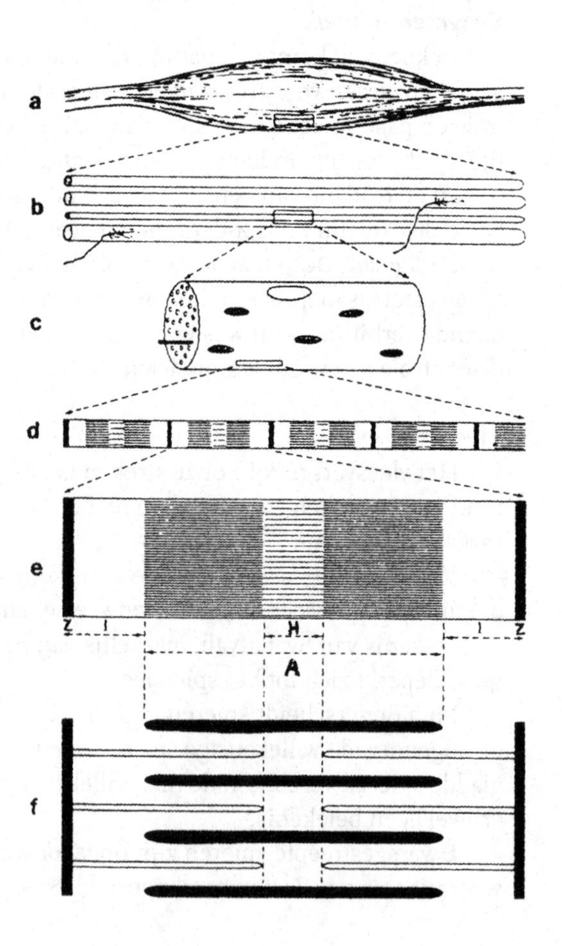

Figuur 1.29 Schema van de plaats van sarcomeren in een dwarsgestreepte spiercel a) spier, b) spiercellen, c) deel van een spiercel, d) myofibril, e) sarcomeer, f) opbouw van een sarcomeer. Naar Price en Schweigert (13).

contraheert. Het donkere deel aan weerszijden van de H-zone, de A- of anisotrope band, komt overeen met de lengte van de dikke filamenten; het overblijvende deel, de I- of isotrope band, is lichter.

Men onderscheidt rode en witte spiervezels c.q. spieren. Het kleurverschil wordt veroorzaakt door verschillende gehalten aan myoglobine, een gekleurd ijzerhoudend eiwit uit het sarcoplasma, dat een sleutelpositie inneemt bij de zuurstofoverdracht. Rode spiervezels raken minder snel vermoeid dan witte, omdat het hoge myoglobinegehalte een goede zuurstoftoevoer en daarmee een langdurige benutting van de energiebronnen mogelijk maakt. De witte spiervezels bevatten echter meer myofibrillen dan de rode en zijn daardoor tot meer snelle prestaties in staat.

Spiereiwitten

Het eiwitgehalte van vlees bedraagt ongeveer 20%. Vet vlees – zoals varkensvlees – bezit wat minder eiwit (circa 17%). In gevogelte is het doorgaans hoger (20-22%).

In het sarcoplasma, dat ruim een kwart van het vleeseiwit bevat, is het reeds genoemde myoglobine de belangrijkste eiwitcomponent. De kleurdragende heemgroep is verantwoordelijk voor de zuurstofoverdracht. Door middel van een complexe binding kan een molecuul zuurstof aan het ijzeratoom in de heemgroep worden gebonden. Dit atoom blijft hierbij in de tweewaardige vorm aanwezig. Zodra myoglobine zuurstof opneemt (bijvoorbeeld in vers aangesneden vlees) gaat de purperrode kleur van myoglobine over in de helderrode kleur van oxy*myoglobine*. Op den duur wordt het ijzer tot de driewaardige vorm geoxideerd en ontstaat het bruinrode *metmyoglobine*. Dit metmyoglobine ontstaat gemakkelijker uit myoglobine dan uit oxymyoglobine, omdat in deze laatste verbinding het ijzeratoom door het complex gebonden zuurstofmolecuul is gestabiliseerd.

Naast myoglobine zijn in het sarcoplasma nog verscheidene andere eiwitten aanwezig, voor een groot deel enzymen.

In de sarcomeren zijn *myosine en actine* de belangrijkste eiwitten. Samen vertegenwoordigen zij ongeveer de helft van de totale hoeveelheid spiereiwit.

Myosine bevindt zich in de dikke filamenten. Het bezit een molecuulmassa van circa 500.000 Da, heeft een IEP van 5,4 en bestaat uit twee ineengewonden peptideketens, die voor het grootste deel in de α-helixstructuur voorkomen. Aan het eind bevindt zich een globuline-achtige, sterk ineengewonden kop.

Figuur 1.30

In de dikke filamenten zijn de myosinemoleculen ongeveer geordend zoals hieronder is weergegeven.

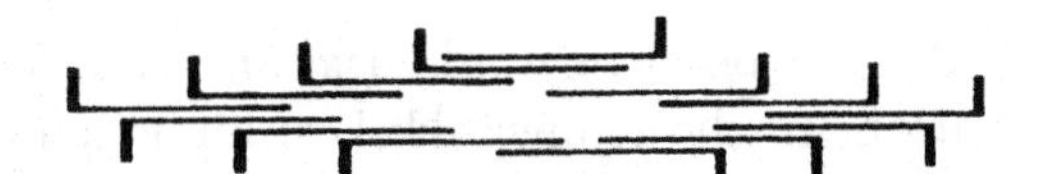

Figuur 1.31

De lange staarten vormen een streng, waaromheen de koppen spiraalvormig zijn gegroepeerd.

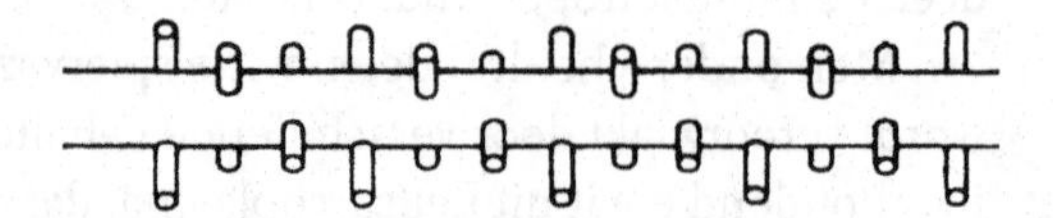

Figuur 1.32

In de dunne filamenten is actine het belangrijkste eiwit. Het bezit een veel lagere molecuulmassa (ongeveer 45.000 Da), heeft een IEP van 5,7 en is globulair van structuur. De totale hoeveelheid in de spier bedraagt ongeveer de helft van die van myosine. Het molecuul bestaat uit één peptideketen van 375 aminozuren. In tegenstelling tot myosine is de waterbinding van actine gering, hetgeen te maken heeft met de ineengevouwen structuur van het molecuul.

Het globulaire actine wordt meestal aangeduid als G-actine. Het bezit de eigenschap dat het ATP, de rechtstreekse energieleverancier bij allerlei processen in het lichaam en ook bij de spiercontractie, kan binden. In de dunne filamenten is actine aanwezig als een soort polymeer, het F-actine. De moleculen G-actine liggen hier als het ware als kralen in twee ineengedraaide kettingen.

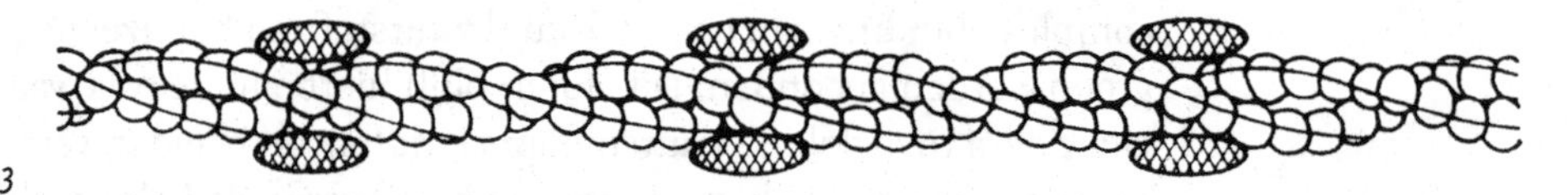

Figuur 1.33

De 'draden' van deze kettingen worden gevormd door *tropomyosine*, ook een eiwit met langgerekte structuur, dat bovendien gemakkelijk in de lengte polymeriseert. Ook in de Z-lijnen komt tropomyosine voor. In deze Z-lijnen is verder het eiwit α-actinine van veel belang.

Langs de dubbele ketting liggen nog moleculen van het eiwit *troponine*, dat calciumionen kan binden.

In het sarcomeer wordt, op de plaatsen waar de dikke en de dunne filamenten elkaar overlappen, elk dik filament omgeven door zes dunne en elk dun filament door drie dikke.

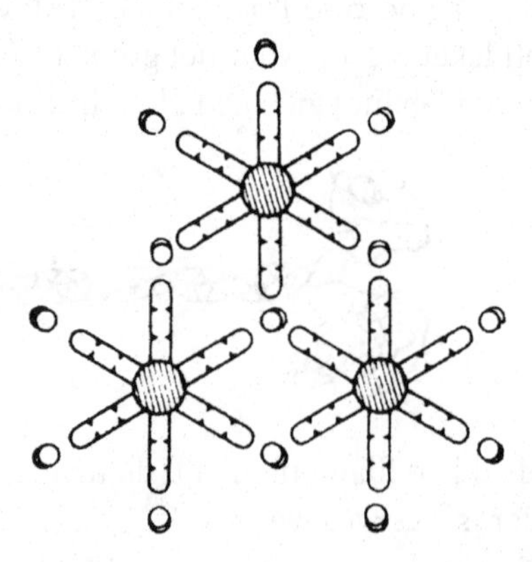

Figuur 1.34

De spiercontractie wordt, naar men aanneemt, geïnduceerd doordat na een elektrochemische zenuwprikkel calciumionen vrijkomen uit het netwerk van membranen om de myofibrillen. Deze binden zich vervolgens aan troponine. Het gevolg hiervan is een verschuiving van de dikke en de dunne filamenten over elkaar heen. De hiervoor benodigde energie wordt geleverd door het aan actine gebonden ATP. De globulaire kop van het myosinemolecuul bezit ATP-splitsende activiteit en zorgt voor de omzetting van ATP in ADP, fosfaat en energie, die hier dus wordt benut als kinetische energie. Het bij de spiercontractie gevormde complex van eiwitten wordt *actomyosine* genoemd.

Zodra de calciumionen weer door de membranen zijn geabsorbeerd, treedt spierverslapping of relaxatie op. Dit proces, waarbij de dikke en de dunne filamenten weer uiteenschuiven, vergt iets meer energie dan de contractie. (Contractie levert daardoor een kleine hoeveelheid energie op.)

In het bindweefsel bevindt zich vooral collageen en soms ook *elastine*. Dit laatste eiwit heeft, in tegenstelling tot collageen, elastische eigenschappen en denatureert niet bij verhitting. Vlees dat veel elastine bevat, blijft na verhitting vrij moeilijk te consumeren (klapstuk). Het bevat minder hydroxyproline-eenheden dan collageen en geen hydroxylysine-eenheden.

Postmortale veranderingen in spiervlees

Spiercontractie is een reversibel proces, mits voldoende ATP aanwezig is en blijft. Hiervoor is een ruime zuurstoftoevoer nodig, anders wordt het uit glucose c.q. glycogeen ontstane acetyl-co-enzym A niet verder geoxideerd maar in melkzuur omgezet. Dit proces, *glycolyse* genoemd, levert per mol glucose slechts 3 mol ATP (de volledige verbranding 36 mol). Na de dood van het dier, als de bloedcirculatie – en de zuurstofvoorziening – tot stilstand is gekomen, worden de energiereserves in de spiercel snel verbruikt, doordat biochemische processen niet ophouden bij de dood van het dier en doordat, als gevolg van de nu optredende glycolyse, slechts weinig ATP wordt gevormd. Als vrijwel alle ATP is verbruikt, zal de spiercel een laatste rest energie vrijmaken door te contraheren. Dit resulteert in hard, stijf spierweefsel: het stadium van de *rigor mortis* of *lijkstijfheid* is ingetreden.

Een andere postmortale verandering van vlees is de pH-daling (van ongeveer 7 tot 5,7 à 5,9) als gevolg van de omzetting van koolhydraten in melkzuur. Doordat de pH dichter bij de IEP-waarden van de belangrijkste vleeseiwitten komt te liggen, neemt het waterbindend vermogen af. Belangrijker in dit opzicht is echter de reactie van het sterk waterbindende myosine met actine – en andere eiwitten uit de dunne filamenten – tot *actomyosine*, dat een veel geringer waterbindend vermogen bezit dan myosine.

De rigor mortis zou voor de verwerking van vlees veel problemen opleveren; het is dan taai en ook het lage waterbindend vermogen is niet gunstig. Na enkele dagen echter wordt het vlees weer malser door hydrolyse van enkele specifieke eiwitten uit de Z-lijnen, zoals het α-actinine. Hierdoor wordt de structuur van de sarcomeren – en dus van de myofibrillen – aangetast. Dit proces (dat dus niet neerkomt op het weer uiteenschuiven van de filamenten!) wordt doorgaans rijping (Eng.: ageing) genoemd. De hydrolyse komt tot stand door eiwitsplitsende enzymen uit het sarcoplasma.

In dit verband moet ook nog de rol van kreatinefosfaat worden genoemd, een stof die als buffervoorraad voor energierijk fosfaat dient en die ADP omzet in ATP.

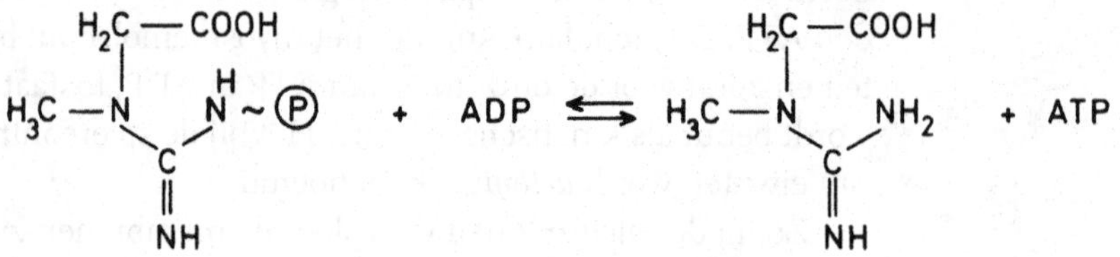

$$H_3C{-}N(CH_2{-}COOH){-}C({=}NH){-}NH{\sim}\text{(P)} \;+\; ADP \;\rightleftarrows\; H_3C{-}N(CH_2{-}COOH){-}C({=}NH){-}NH_2 \;+\; ATP$$

Figuur 1.35

Kreatine splitst onder fysiologische condities langzaam water af en gaat daarbij over in kreatinine. De guanidinogroep is hierin via een soort peptidebinding met de carboxylgroep verbonden, zodat een ring is ontstaan.

Kreatinine is een voor vlees en vleesproducten karakteristieke verbinding, die wordt gebruikt als indicator voor het gehalte aan vleesbestanddelen in vleesextracten en bouillons (Warenwet).

Bereiding van vlees en vleeswaren: enige aspecten

Door verhitting (braden, koken) wordt vlees eetbaar gemaakt. De eiwitten gaan denatureren zodra de temperatuur boven 50 °C komt; het bindweefsel wordt zacht doordat collageen boven 60 °C zijn structuur verliest, waardoor het gaat krimpen en gedeeltelijk wordt omgezet in gelatine. De denaturatie van collageen vereist enige tijd en wel des te meer naarmate het aantal bindingen tussen de drie peptideketens van collageen groter is (zoals bij oudere dieren het geval is). Langdurig verhitten van vlees is ongewenst doordat dan grote eiwitagglomeraten worden gevormd, die het vlees taai maken.

Ook de kleur verandert en wel van rood naar grijsgrauw. Deze kleurverandering wordt veroorzaakt door denaturatie van myoglobine en oxidatie van het ijzeratoom hierin. Gedenatureerd en geoxideerd myoglobine wordt *metmyochromogeen* genoemd. Voorts treden Maillard-reacties op, die zowel de kleur als het aroma beïnvloeden.

Bij de bereiding van vleeswaren wordt een roze kleur verkregen door toevoeging van een geringe hoeveelheid nitriet. Als gevolg hiervan wordt een NO-groep complex aan het ijzeratoom van myoglobine gebonden. Het gedenatureerde rozerode eiwit draagt de naam *nitrosomyochromogeen*. In rauwe vleesproducten denatureert het myoglobine niet en ontstaat nitrosomyoglobine.

In veel vleesproducten (zoals allerlei worstsoorten) is het reeds aan de orde gekomen waterbindend vermogen van veel belang. Door toevoeging van keukenzout (20 tot 25 g per kg product; gehalte gewoonlijk beperkt door de smaak) kan een betere ladingsverdeling over de eiwitmoleculen en daardoor een groter waterbindend vermogen worden verkregen.

Een ander hulpmiddel bij de vleeswarenbereiding is *polyfosfaat*, met als werkzame bestanddelen pyrofosfaat en tripolyfosfaat. Deze verbindingen bevorderen, evenals ATP, de terugvorming van myosine uit actomyosine. Polyfosfaat wordt meestal in hoeveelheden van 5 g per kg (uitgedrukt als P_2O_5) toegevoegd. Vooral de combinatie met zout is gunstig, omdat het gevormde myosine door NaCl uit de opgiet wordt geëxtraheerd, waardoor het waterbindend vermogen beter tot zijn recht komt. Door deze additieven ontstaat bovendien een steviger eiwitnetwerk.

Het bindweefselcollageen kan ook vocht opnemen, dat dan als in een spons wordt vastgehouden. De boven 60 °C optredende denaturatie en krimp heeft echter tot gevolg dat het waterbindend vermogen weer kleiner wordt. Pas bij temperaturen boven 80 °C neemt dit vermogen weer toe, omdat dan de afbraak van collageen tot gelatine op gang komt. In de praktijk verbetert men het waterbindend vermogen van vleeswaren wel door toevoeging van voorgekookt zwoerd, waarin zich veel gelatine bevindt.

Naast het waterbindend vermogen zijn de emulgerende eigenschappen van vleeseiwitten van belang. Bij de bereiding van vleeswaren is beschadiging van vetcellen niet geheel te voorkomen, met als gevolg dat wat vet uittreedt. Om te verhinderen dat dit vet zich afscheidt, moet het zeer fijn worden verdeeld. Het door denaturatie ontstane eiwitnetwerk houdt de kleine vetbolletjes van elkaar gescheiden en voorkomt dus het samensmelten tot grote conglomeraten. Ook voor deze taak is het myosine uitermate geschikt. De toevoeging van NaCl en polyfosfaten zal dus – via de vorming van myosine – ook de emulgerende eigenschappen van worstdeeg verbeteren.

Soms is het van belang, stukjes vlees aaneen te hechten. Hiervoor kan het eiwit *fibrinogeen* uit bloedplasma worden gebruikt. Een enzym dat ook in bloedplasma aanwezig is (transglutaminase) kan het fibrinogeen, mede door de aanwezigheid van trombine, omzetten in een fibrinegel. Door stukken vlees te vermengen met een bloedplasmapreparaat worden de stukken 'aaneengeplakt'. De ontstane hechting is bijna even sterk als de samenhang van spiervezels. Zo kunnen uit kleine en onregelmatig gevormde stukken vlees grotere stukken worden gemaakt, die zich uitstekend lenen voor de vervaardiging van gelijkgevormde producten (14).

Eiwitpreparaten

Het toevoegen van eiwitten aan voedingsmiddelen gaat meestal om verbetering van de functionele eigenschappen. Hierbij moet men denken aan waterbindend, emulgerend of schuimvormend vermogen, aan gelerende eigenschappen en aan viscositeit (zie hoofdstuk 7). Ook vervanging van dure door goedkope eiwitten kan een reden zijn.

Melkeiwitten

Een van de oudste vormen van eiwittoevoeging aan voedsel is ongetwijfeld die van melkeiwitten in de vorm van melk. Bij de bereiding van allerlei bakwaren (inclusief brood), in soepen, sauzen en vele andere producten en gerechten is melk een belangrijk ingrediënt. Caseïne neemt daarbij een sleutelpositie in. Men zondert dit eiwit in grote hoeveelheden uit melk af, meestal door iso-elektrische precipitatie. Door de neerslag op de oorspronkelijke pH van melk (6,6 – 6,8) te brengen, lost de caseïne weer op. Deze oplossing levert na droging (met behulp van wals- of sproeidrogers) een eiwit dat bekend staat als *caseïnaat.*

De met behulp van NaOH of KOH bereide caseïnaten zijn volledig colloïdaal oplosbaar en hebben dankzij de gunstige verdeling van polaire en apolaire groepen over de moleculen, maar ook door hun relatief ongeordende ruimtelijke structuur, een groot emulgerend vermogen. Dit blijft ook bij verhitting behouden; pas bij extreem hoge temperaturen treden ingrijpende structuurveranderingen op.

Bovendien vormen de moleculen een mechanisch sterke grensvlakfilm, waardoor de emulsies zeer stabiel zijn.

Caseïnaten die aan vleeswaren worden toegevoegd (in hoeveelheden van 5 tot 15 gram per kg product), werken in sterke mate structuurverbeterend; de vleeseiwitten zelf blijven beschikbaar om water te binden.

Een andere nuttige eigenschap van caseïnaten is het schuimvormend vermogen, een eigenschap die ook de wei-eiwitten bezitten. Deze laatste eiwitten worden gebruikt om de structuur van bijvoorbeeld toffees te verbeteren, doordat zij ervoor zorgen dat in deze producten het vocht beter wordt vastgehouden.

Collageen en gelatine

Ook deze eiwitten worden bij de bereiding van vele voedingsmiddelen gebruikt (15). Als grondstof dienen huiden en beenderen, waarin veel bindweefsel en dus veel collageen aanwezig is.

Collageen is een goede emulgator. Het wordt ook gebruikt als 'eetbare verpakking', zoals de collageendarm (als worstomhulsel).

Gelatine vindt uiteraard toepassing vanwege de gelerende eigenschappen maar ook vanwege het waterbindend en emulgerend vermogen over een breed pH-gebied.

Sojaeiwit

Onder de plantaardige eiwitten die toepassing vinden in de voedingsmiddelenindustrie, neemt sojaeiwit verreweg de belangrijkste plaats in. Eiwitten uit de sojaboon zijn bij neutrale pH oplosbaar en bezitten goede waterbindende en emulgerende eigenschappen. Hierdoor kunnen ze worden toegepast bij de bereiding van vleeswaren. Sojaeiwitpreparaten worden ook in de bakkerij gebruikt, waar zij door hun vochtbindende eigenschappen het oudbakken worden tegengaan.

Ruwe sojaeiwitpreparaten zijn voor deze doeleinden ongeschikt, met name door de karakteristieke onaangename geur. Deze wordt voornamelijk veroorzaakt door de aanwezigheid van lignine-achtige componenten, waaruit bij verwarming verbindingen met een zeer geprononceerd aroma vrijkomen. Andere ongewenste bestanddelen zijn de oligosachariden raffinose en stachyose, en voorts de zogenoemde trypsin inhibiting factor (TIF), die de spijsvertering verstoort. Door ontvet sojameel te wassen, kunnen veel ongewenste stoffen worden verwijderd, terwijl de TIF door een warmtebehandeling wordt geïnactiveerd. Het wassen gebeurt bij het IEP van sojaeiwit (4,2) teneinde te voorkomen dat dit in oplossing gaat. Op deze wijze verkrijgt men *sojaeiwitconcentraat.*

Een zuiverder product wordt verkregen door ontvet sojameel bij een pH van 7,5 à 8 op te lossen, de onoplosbare bestanddelen (voornamelijk polysachariden) af te scheiden en de oplossing vervolgens op een pH van 4,2 te brengen, zodat het eiwit neerslaat. Droging van dit precipitaat levert *sojaeiwitisolaat op.*

Door middel van extrusie is het mogelijk sojaeiwitten te textureren. De aldus behandelde eiwitten zijn de basis van preparaten die als vervanging van vlees dienen: textured vegetable protein (TVP). Ook andere toepassingen zijn mogelijk. Sojaeiwit kan, althans in de tropen, in enorme hoeveelheden worden geproduceerd: de eiwitopbrengst per ha is ongeveer tweeënhalf maal zo groot als bij verbouwing van tarwe. In koelere streken is de verbouwing van soja vaak moeilijker of niet mogelijk. De wereldproductie van sojaeiwit bedraagt thans de helft van die van tarwe-eiwit en is iets groter dan die van mais- of rijsteiwit. Een groot deel van de productie is bestemd als diervoeder.

In bepaalde ontwikkelingslanden zijn sojapreparaten op de markt gebracht als goedkoop eiwitrijk voedsel. Het sojaeiwit bezit, afgezien van een tekort aan zwavelhoudende aminozuren, een goede samenstelling. Niet altijd heeft het introduceren van deze preparaten tot succes geleid, omdat nog een onaangename geur aanwezig was. Bij vele sojaproducten is dit probleem nu overwonnen.

Andere eiwitpreparaten

In de tweede helft van de twintigste eeuw zijn eiwitpreparaten ontwikkeld die vaak werden gepropageerd als goedkope producten waarmee eiwittekorten in de wereld zouden kunnen worden bestreden. Hieronder behoren eiwitten uit gisten en andere micro-organismen (*single cell protein, SCP*) of uit bladeren (*leaf protein*). Het gehalte aan zwavelhoudende aminozuren is in deze eiwitten doorgaans zeer matig. Daarom acht(te) men suppletie met methionine gewenst.

In ruw SCP is bovendien een hoog gehalte aan nucleïnezuren aanwezig, hetgeen niet gunstig is omdat daardoor in het lichaam veel urinezuur wordt gevormd, dat tot nierbeschadigingen aanleiding kan geven. Het is dus gewenst, deze nucleïnezuren althans grotendeels te verwijderen.

De oplosbaarheid en daarmee de functionele eigenschappen van deze preparaten zijn vaak slecht. Dat geldt ook voor *viseiwitpreparaten*, die bereid zijn door ontwatering en extractie van vishomogenaat met een oplosmiddel als bijvoorbeeld isopropanol. Intermoleculaire aggregatie is hierbij een belangrijke oorzaak. Viseiwitpreparaten bezitten een hoog lysinegehalte, maar zijn toch nauwelijks in gebruik als middel om *protein malnutrition* te bestrijden.

Gemodificeerde eiwitten

Door chemische modificatie van eiwitten kan men hun functionele eigenschappen verbeteren. De meest voor de hand liggende methode is een partiële hydrolyse, waardoor kleinere eenheden ontstaan die beter oplosbaar zijn. De hydrolyse kan met zuur, met loog of langs enzymatische weg worden uitgevoerd.

Verwarming van eiwitten in zuur of alkalisch milieu leidt echter bijna altijd tot ongewenste nevenreacties. Bij de zure hydrolyse treden verkleuringen op, die vooral het gevolg zijn van ontleding van de indolgroep uit tryptofaan. Bleken met een oxidatiemiddel (H_2O_2) leidt tot methionineverliezen door oxidatie tot 2,2-methioninesulfon. In alkalisch milieu zullen, in aanwezigheid van kleine hoeveelheden suikers, Maillard-reacties optreden en wordt ook lysinoalanine gevormd.

Deze en dergelijke problemen doen zich niet voor bij de enzymatische hydrolyse, die onder veel mildere condities plaatsvindt. Voor dit doel worden proteasen van verschillende herkomst gebruikt, met name uit schimmels en micro-organismen, maar ook pancreasproteasen. Een bezwaar van de enzymatische eiwithydrolyse is dat vaak bitter smakende peptiden worden gevormd, waardoor het verkregen hydrolysaat voor de voedselbereiding waardeloos is geworden.

Eiwitten kunnen ook beter oplosbaar worden gemaakt door ze te acyleren. Reagentia hiervoor zijn azijnzuuranhydride en barnsteenzuuranhydride. Hierdoor worden NH_2-, OH- en SH-groepen geacetyleerd respectievelijk gesuccinyleerd. Door deze derivatisering wordt de lading van het eiwitmolecuul veranderd, vooral bij de succinylgroep waar een positieve door een negatieve lading wordt vervangen. Het gevolg hiervan is dat elektrostatische krachten die de molecuulaggregaten bijeenhouden kleiner worden, waardoor de oplosbaarheid toeneemt. Hiermee samenhangend verschuift het IEP naar lagere pH-waarden.

De geacetyleerde lysine-eenheden zijn voor 50 tot 70 procent nog biologisch benutbaar; de gesuccinyleerde niet meer. Vooral in het laatste geval daalt de biologische waarde dus sterk. Indien het gaat om toevoeging van een kleine hoeveelheid gemodificeerd eiwit aan een levensmiddel met het doel, de functionele eigenschappen hiervan te verbeteren, is deze verlaging van de biologische waarde natuurlijk nauwelijks van belang.

Tot slot moet nog worden vermeld dat eiwitten in sommige gevallen juist onoplosbaar moeten worden gemaakt of dat een bepaalde structuur moet worden vastgelegd. De vorming van intermoleculaire zwavelbruggen, waardoor grotere moleculen ontstaan, kan hieraan in aanzienlijke mate bijdragen.

Een andere mogelijkheid is het verbinden van lysine-eenheden door aldehyden. Ook arginine-, histidine-, tyrosine- en cysteïne-eenheden kunnen aan de reactie deelnemen. Het klassieke voorbeeld is het looien van huiden met behulp van formaldehyde. In de levensmiddelentechnologie wordt het modificeren van eiwitten met behulp van aldehyden toegepast om reeds ontstane structuren vast te leggen, bijvoorbeeld bij de bereiding van kunstdarm voor worst met collageen als grondstof. Op dit gebied zijn veel mogelijkheden aanwezig en bestaan ook veel patenten; zo is een werkwijze vastgelegd waarbij glutaardialdehyde lysine-eenheden als volgt aaneenknoopt:

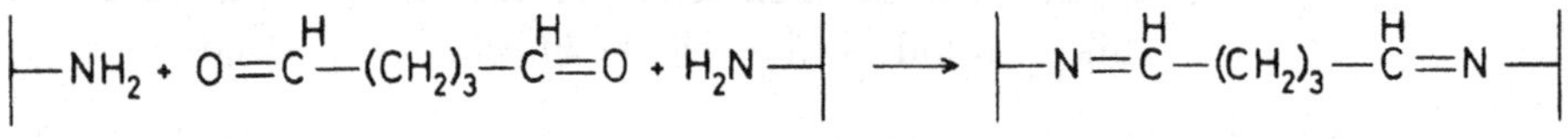

$$\vdash NH_2 + O{=}\overset{H}{C}{-}(CH_2)_3{-}\overset{H}{C}{=}O + H_2N\dashv \longrightarrow \vdash N{=}\overset{H}{C}{-}(CH_2)_3{-}\overset{H}{C}{=}N\dashv$$

Figuur 1.36

ANALYSE

Vaak is het noodzakelijk, van een voedingsmiddel of grondstof daarvan het eiwitgehalte te weten. Daarnaast zijn tal van eiwitbepalingen in gebruik ten behoeve van biochemisch en biologisch onderzoek. Ook identificatie en analyse van afzonderlijke eiwitcomponenten is in een aantal gevallen van belang. De bepaling van de aminozuursamenstelling van eiwitten is nodig als men de chemical score van eiwitten wenst te kennen. Verder worden specifieke bepalingen (van bepaalde aminozuren of bepaalde functionele groepen) regelmatig uitgevoerd.

Niet al deze bepalingen zullen hier worden besproken, maar enkele van de meest gebruikte worden behandeld.

Bepaling van het totale eiwitgehalte

Het eiwitgehalte van een voedingsmiddel – of van wat ook – kan om voor de hand liggende redenen niet als zodanig worden bepaald. De bouwstenen van eiwitten (aminozuren) verschillen nogal van elkaar. Mede daardoor vormen eiwitten, wat eigenschappen en (fysisch-)chemisch gedrag betreft, een uiterst heterogene groep. Omdat alle eiwitten, in tegenstelling tot koolhydraten en vetten, stikstof bevatten, ligt een bepaling van het stikstofgehalte voor de hand.

Het resultaat moet vervolgens worden herleid tot het eiwitgehalte. Het gehalte aan stikstof in een eiwit is echter nogal variabel. Indien het eiwit veel glycine, lysine en/of arginine bevat, is het stikstofgehalte verhoudingsgewijs hoog. Als veel asparaginezuur en glutaminezuur aanwezig zijn, is het laag. Daarom wordt gebruikgemaakt van *eiwitfactoren*, die zijn gebaseerd op het stikstofgehalte van het eiwit in een voedingsmiddel of groep van voedingsmiddelen. Deze factoren zijn ooit vastgesteld door het eiwitgehalte van deze voedingsmiddelen langs een (omslachtige) weg te bepalen en vervolgens het stikstofgehalte. De eiwitfactor kan dus worden gedefinieerd als de massa van de hoeveelheid eiwit, gedeeld door de massa van de hierin aanwezige stikstof. Hieronder zijn enkele waarden vermeld.

Tabel 1.6 Eiwitfactoren voor enkele voedingsmiddelen

Eiwit uit:	Tarwe (endosperm)	5,70
	id. (zemelen)	6,31
	id. (gehele korrel)	5,83
	Rijst	5,95
	Mais	6,25
	Peulvruchten	6,25
	Vlees, vis, kippeneieren	6,25
	Melk	6,38

Bepaling van het stikstofgehalte volgens Kjeldahl

De stikstofbepaling volgens Kjeldahl stamt uit 1883 en bestaat uit een drietal bewerkingen:

1 *Destructie*. Het monster wordt geruime tijd (1 à 2 uur) verhit met geconcentreerd zwavelzuur, waarbij de organisch gebonden stikstof wordt omgezet in ammoniumionen. De destructie wordt versneld door toevoeging van kaliumsulfaat (kookpuntsverhoging) en een katalysator. Kwikverbindingen zijn hiervoor het meest geschikt, maar om milieutechnische redenen wordt momenteel vooral kopersulfaat gebruikt.

2 *Destillatie*. Na afkoeling van het destruaat wordt hieraan een overmaat natronloog toegevoegd en de vrijgekomen ammoniak kwantitatief overgedestilleerd.

3 *Titratie*. Het destillaat wordt opgevangen in een hoeveelheid boorzuuroplossing, waarna met een oplossing van HCl wordt getitreerd.

Met de Kjeldahl-methode wordt ook stikstof bepaald die niet uit eiwit afkomstig is (bijvoorbeeld van aminozuren, ureum, nucleïnezuren, ammoniumzouten enzovoort). Ook nitraat wordt voor een deel meebepaald. Hiermee moet in vele gevallen rekening worden gehouden. Om deze redenen spreekt men dan ook van 'ruw' eiwit.

De Kjeldahl-bepaling is tijdrovend, maar levert voor de meeste voedingsmiddelen betrouwbare resultaten, al moet worden vermeld dat het gebruik van koperionen als katalysator iets lagere waarden oplevert dan de bepaling met gebruik van kwikionen. De bepaling wordt internationaal als referentiemethode gebruikt. Voor het snel bepalen van stikstof in grote aantallen monsters is de methode niet de meest geschikte. Wel bestaan systemen waarin langs automatische weg 20 monsters per uur kunnen worden geanalyseerd.

Een variant is de bepaling waarin destillatie en titratie zijn vervangen door een spectrofotometrische ammoniakbepaling met behulp van fenolaat (of salicylaat) en hypochloriet; hierbij wordt natriumnitroprusside ($Na_2Fe(CN)_5NO$) als katalysator gebruikt. Deze bepaling kan op eenvoudige wijze worden geautomatiseerd en is daardoor geschikt voor seriewerk. Een destructie blijft natuurlijk nodig.

Bepaling van het stikstofgehalte volgens Dumas

De Dumas-bepaling is nog veel ouder dan de Kjeldahl-bepaling. De eerste beschrijving dateert van 1831. De methode berust op het mengen van het te onderzoeken materiaal met koperoxide, gevolgd door voorzichtige verhitting in een CO_2-atmosfeer. Door de hoge temperatuur (circa 1000 °C) staat het koperoxide zuurstof af, waardoor het monster niet alleen wordt ontleed maar ook verbrand, en komt de aanwezige stikstof als N_2 vrij. Het monster plus fijn verdeeld CuO wordt in een verbrandingsbuis gebracht. Door deze buis wordt CO_2 (tegenwoordig helium) geleid, dat de ontwikkelde stikstof meevoert. In de buis bevindt zich nog een extra hoeveelheid koperoxide en bovendien aan het eind een koperspiraal die tot doel heeft, eventueel ontstane stikstofoxiden te reduceren.

De gassen worden door kaliloog geleid om CO_2 te binden en daarnaast ook de eventueel ontwikkelde zwaveloxiden, halogenen enzovoort. Het overblijvende stikstofgas wordt met helium door een warmtegeleidbaarheidsdetector gevoerd; stikstofgas manifesteert zich door een verandering in de warmtegeleidbaarheid van de heliumstroom.

De moderne Dumas-bepaling is een zeer accurate en ook vrij snelle methode, die universeler is dan de Kjeldahl-bepaling en daarom ook veel wordt gebruikt voor de bepaling van het stikstofgehalte in andere organische verbindingen, vooral nu apparatuur bestaat waarmee de bepaling automatisch kan worden uitgevoerd (16). Ook als referentiemethode is de Dumas-bepaling geschikt. Nitraat en nitriet worden volledig meebepaald.

Eiwitbepaling door kleurstofbinding

Negatief geladen sulfonzuurgroepen van kleurstofmoleculen kunnen zich via ionbindingen hechten aan positief geladen groepen van eiwitten, waardoor de meeste eiwitten onoplosbaar worden. Hierop kan een eiwitbepaling worden gebaseerd. Omdat het aantal positieve ladingen op een eiwitmolecuul afhangt van de eiwitsoort, is calibratie voor ieder afzonderlijk product noodzakelijk.

De bepaling wordt gebruikt voor de eiwitbepaling in melk; als kleurstof wordt dikwijls Amidozwart 10 B toegepast.

Het eiwit/kleurstofcomplex komt alleen tot stand indien het eiwit positief is geladen, dus bij een pH beneden het IEP. In melk verloopt de reactie kwantitatief beneden een pH van 3,5. Omdat het kleurstofmolecuul beneden pH = 1,9 wordt ontladen – hetgeen de binding eveneens onmogelijk maakt – wordt de oplossing gebufferd op een pH van 2,5. Het melkmonster wordt gemengd met een overmaat kleurstof. Nadat de binding tot stand is gekomen, wordt de vloeistof afgecentrifugeerd en de kleurintensiteit gemeten. De vermindering van de extinctie van de kleurstofoplossing is een maat voor het eiwitgehalte.

Deze bepaling is geen absolute methode, maar moet eerst worden geijkt op monsters van bekend gehalte.

Directe absorptiemetingen

Een bepaling van het eiwitgehalte kan ook geschieden op basis van een meting in het infrarode deel van het spectrum. De N-H-vibratieband (met een absorptie bij 6,4 μm) is hiervoor geschikt. Andere bestanddelen van voedingsmiddelen absorberen echter ook bij deze golflengte. Door ook bij andere golflengten te meten, kan de bijdrage van deze andere bestanddelen aan de absorptie bij 6,4 μm mathematisch worden geëlimineerd en tevens het gehalte aan enkele andere bestanddelen worden bepaald. In de praktijk is de toepassing van infraroodmetingen beperkt tot enkele voedingsmiddelen, zoals melk. Met een speciaal voor dit doel aangepaste infraroodspectrometer kunnen in korte tijd zeer veel melkmonsters worden onderzocht op hun eiwitgehalte (en tegelijkertijd op het vet- en lactosegehalte), hetgeen voor de melkcontrole van groot belang is. Spreiding en nauwkeurigheid doen niet onder voor die van de conventionele analysemethoden.

Niet alleen vloeibare producten kunnen op deze wijze worden geanalyseerd. Er bestaan instrumenten waarmee de reflectie van infrarode stralen van diverse golflengten wordt gemeten en die onder andere worden gebruikt om het eiwitgehalte van granen te bepalen. Deze metingen zijn wat minder nauwkeurig dan die in melk.

Soms kan het eiwitgehalte van vloeistoffen worden gemeten op basis van de ultraviolet- of infraroodabsorptie. De eiwitbouwstenen fenylalanine, tyrosine en tryptofaan vertonen sterke UV-absorptie bij 280 nm, zodat absorptiemeting bij deze golflengte een snelle, eenvoudige en niet-destructieve methode is om het eiwitgehalte in een oplossing te bepalen.

Meestal echter is de methode niet uitvoerbaar, omdat de eliminatie van storende bestanddelen te bewerkelijk is. Een veelvoorkomende toepassing is die bij de *kolomchromatografie* van eiwitten, waarbij het eluaat een UV-detector doorloopt die op 280 nm is ingesteld. Men kan dan enige eiwitten afzonderlijk bepalen.

Identificatie en analyse van afzonderlijke eiwitten

Bij de controle van levensmiddelen is het soms nodig, bepaalde eiwitten af te zonderen en te identificeren c.q. het gehalte ervan te bepalen. Deze situatie doet zich voor als men wenst te weten of bepaalde eiwitten aan levensmiddelen zijn toegevoegd en in welke hoeveelheden. Het onderscheiden van eiwitten die specifiek zijn voor de (dier)soort is een andere toepassing, die onder andere van belang is indien men moet vaststellen van welk dier een bepaald vleesproduct afkomstig is, of tot welke species een bepaalde vis behoort. Ook bij het onderzoek van voedingsmiddelen is de analyse van afzonderlijke eiwitten in veel gevallen noodzakelijk.

Oplossen van eiwitten

Voordat een scheidingstechniek kan worden toegepast, moeten de eiwitten in oplossing worden gebracht. Veel eiwitten zijn oplosbaar in verdunde zoutoplossingen. Met gedenatureerde eiwitten is dit doorgaans niet het geval, omdat intermoleculaire waterstofbruggen en hydrofobe interacties het in oplossing gaan verhinderen. Vaak lossen deze gedenatureerde eiwitten wel op in geconcentreerde oplossingen van ureum, omdat deze stof fysisch-chemische bindingen tussen de eiwitmoleculen (zoals waterstofbruggen) kan opheffen. Een andere methode is de toevoeging van detergentia, zoals het eerdergenoemde SDS. Moleculen van deze stof hechten zich aan de positief geladen groepen van eiwitten. De apolaire groep gaat interacties aan met andere apolaire groepen van andere SDS-moleculen, waardoor het geheel een negatieve lading verkrijgt.

Het verbreken van intramoleculaire zwavelbruggen kan in sommige gevallen aanzienlijk bijdragen tot het oplosbaar maken. Door toevoeging van bepaalde thiolen (zoals 2-mercapto-ethanol) lukt het vaak, S-S-bindingen te reduceren en daardoor grote moleculen in kleinere uiteen te laten vallen.

Elektroforese

Indien over een oplossing van eiwitten een elektrisch spanningsverschil wordt aangelegd, zullen de eiwitmoleculen zich door hun lading naar een van de polen verplaatsen. De snelheid waarmee dit gebeurt, hangt af van de nettolading van het molecuul en van de molecuulgrootte. Hierop kan een scheidingsmethode voor eiwitten worden gebaseerd.

Men kan de eiwitbanden na elektroforetische scheiding kleuren door de gel te drenken in een oplossing van een kleurstof. Aan deze oplossing worden ook ingrediënten toegevoegd die ervoor zorgen dat de eiwitten door denaturatie worden gefixeerd, zodat ze op hun plaats blijven. Azijnzuur is hier zeer geschikt voor, maar ook de kleurstof draagt eraan bij. Na uitspoelen van de overmaat kleurstof worden de eiwitbanden zichtbaar en kan hun positie worden vergeleken met een ijkpatroon, samengesteld uit bekende eiwitten, waardoor identificatie kan plaatsvinden.

Een veelvoorkomende variant is de *SDS-elektroforese*. Hierbij wordt de eiwitoplossing vooraf behandeld met een oplossing van natriumdodecylsulfaat (SDS). Door de negatieve lading is de migratiesnelheid nu alleen afhankelijk van de massa der deeltjes.

Bij *iso-electric focusing* doorlopen de eiwitten een gel waarin een pH-gradiënt is aangebracht. Zodra een eiwitmolecuul zijn iso-elektrische punt bereikt, vindt geen verdere migratie meer plaats omdat de nettolading daar nul is. Met behulp van deze techniek zijn scherpe scheidingen te verkrijgen.

Immunochemische technieken

Alle hogere diersoorten bezitten het vermogen, antistoffen te ontwikkelen tegen macro-moleculaire verbindingen die in hun bloed zijn opgenomen en die zij niet zelf hebben gevormd. Het doel hiervan is de bescherming van het individu tegen ziekteverwekkende micro-organismen. Omdat de antistoffen in grote overmaat worden geproduceerd, zal doorgaans bij een tweede contact met het antigeen direct een reactie plaatsvinden. Virussen of bacteriën worden dan onmiddellijk onschadelijk gemaakt: er is immuniteit opgetreden.

Antistoffen worden aangeduid met de naam *antilichamen* en stoffen die tot de vorming van deze antilichamen aanleiding geven, heten *antigenen*. Deze antigenen hebben een molecuulmassa van minstens 5.000 Da. Het kunnen eiwitten zijn of grote polypeptiden, maar ook polysachariden of allerlei andere macromoleculaire verbindingen. Essentieel is dat antigeenmoleculen herkenningspunten voor antilichamen bezitten, de zogenoemde *antigene determinanten*, ook wel *epitopen* genoemd. Van deze determinanten, die worden gevormd door bepaalde ruimtelijke structuren en ladingsverdelingen binnen het antigeenmolecuul, zijn verschillende typen aanwezig, die in één molecuul soms een aantal malen zijn vertegenwoordigd.

Antilichamen zijn globulinen, die op vele plaatsen in het lichaam voorkomen. In bloedserum zijn ze aanwezig in gehalten van 12 – 15 mg/ml, ofwel bijna 20 procent van de totale serumeiwitconcentratie.

De immunoglobulinen worden onderverdeeld in zeven klassen. In bloed maakt immunoglobuline G (IgG) het grootste deel uit: ongeveer 70 procent.

De interactie tussen antigenen (Ag) en antilichamen (Al) berust op krachten die voor een aanzienlijk deel overeenkomen met de krachten welke bij de interactie tussen enzym en substraat optreden (zie figuren 1.17 t/m 1.19).
De antigeen/antilichaamreactie is omkeerbaar en kan dus op eenvoudige wijze worden omschreven met de formule:

$$K_A = \frac{[A_g \cdot A_l]}{[A_g][A_l]}$$

De affiniteitsconstante K_A kan variëren tussen 10^4 en 10^{12} mol^{-1}.

IgG-globulinen zijn opgebouwd uit eiwitketens, die door een aantal zwavelbruggen aan elkaar zijn gebonden. De totale molecuulmassa bedraagt circa 160 kDa. De Y-vormige structuur is te zien in figuur 1.37. In deze afbeelding zijn twee lange H-ketens (H = heavy) en twee korte L-ketens (L = light) duidelijk te zien. De H-ketens zijn identiek en de L-ketens ook.

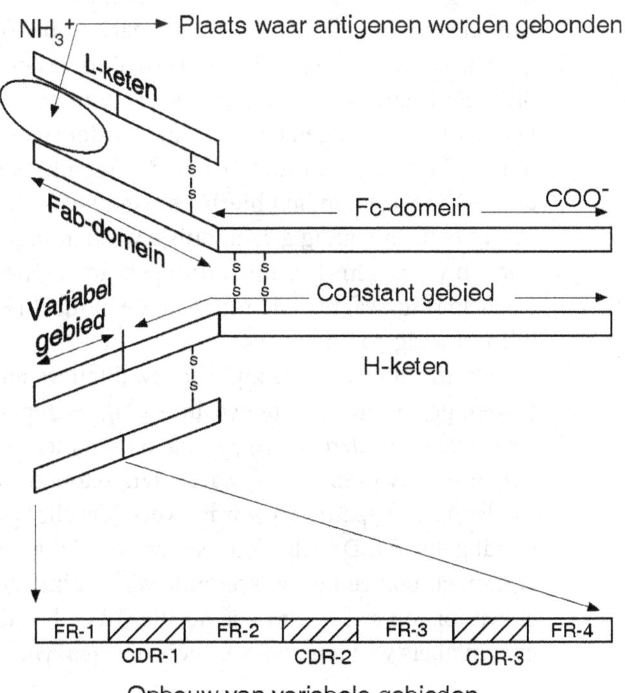

Figuur 1.37 Schema van de opbouw van een immunoglobuline G-molecuul (naar Haasnoot en Schilt, 17)

Verder kunnen een drietal *domeinen* worden onderscheiden, die met de afkortingen Fab en Fc worden aangeduid. Fab staat voor "*f*ragment that carries the *a*ntigen-*b*inding site" en Fc voor "*f*ragment that *c*ristallyzes". Er zijn twee Fab-fragmenten en één Fc-fragment.

De Fab-fragmenten bevatten gebieden waar de aminozuursequentie niet constant is (de V-gebieden; V staat voor 'variabel'). Deze bestaan uit drie hypervariabele gebieden (complementary determining regions, CDR), die van elkaar zijn gescheiden door een raamwerk van vier gebieden (framework regions, FR). In het onderste deel van de figuur is dit vergroot weergegeven. De bindingsplek voor het antigeen wordt gevormd door de gezamenlijke CDR-gebieden, drie uit de H-ketens en drie uit de L-ketens. In zoogdieren kunnen 10^5 tot 10^6 verschillende antilichamen voorkomen, die elk een ander antigeen kunnen binden.

Een immuunreactie kan ook *in vitro* worden uitgevoerd indien men over antilichamen tegen het betreffende antigeen beschikt. Deze antilichamen kunnen worden verkregen door een oplossing van het antigeen bij een dier (doorgaans een konijn) in te spuiten en na enige tijd bloed van dit dier te verzamelen. Hieruit wordt een *antiserum* gewonnen, waaruit de antilichamen kunnen worden geïsoleerd. De vorming van antilichamen kan worden geïnitieerd en bevorderd door een stof toe te voegen die zich covalent aan het antigeen bindt (een zogenoemd *adjuvans*).

Doordat een antigeen meerdere herkenningspunten voor antilichamen bezit, én doordat zich aan een antilichaam twee antigeenmoleculen kunnen binden (zie figuur), vormt zich een netwerk en treedt agglutinatie op als antigenen en de bijbehorende antilichamen in de geschikte concentraties aanwezig zijn.

Een antilichaam kan slechts met één bepaald eiwit reageren. Bij sterk aan elkaar verwante antigenen zijn wel zogenoemde kruisreacties mogelijk. Dit neemt niet weg dat wij met deze antilichamen over uiterst specifieke reagentia beschikken, die ook in de levensmiddelenanalyse op vele manieren kunnen worden toegepast. Van deze mogelijkheid werd al in de eerste helft van de vorige eeuw gebruikgemaakt. Zo werd paardenvlees in rauwe worst aangetoond door een konijn te immuniseren tegen eiwitten uit paardenvlees. Uit het bloed kan dan na enige tijd een antiserum worden bereid dat agglutineert met een extract van de te onderzoeken worst, indien hierin minstens 1% paardenvlees is verwerkt. De reactie kan in een eenvoudig glazen buisje worden uitgevoerd. Hierin wordt eerst het extract en vervolgens het antiserum gebracht. Op het scheidingsvlak ontstaat een troebele ring, waarvan de intensiteit een maat is voor de hoeveelheid oorspronkelijk aanwezig paardenvlees.

Op immuunreacties zijn vele kwalitatieve en semi-kwantitatieve analysemethoden gebaseerd. Een reeds sinds lang toegepaste techniek is de immunodiffusietest van *Ouchterlony* (1949), die onder andere kan worden gebruikt om caseïnaten en sojaeiwitten in vleeswaren aan te tonen.

Immunobepalingen worden veel gevoeliger (en nauwkeuriger!) als een label wordt gebruikt. Dit label kan een radioactief isotoop van een bepaald element zijn, maar ook een fluorescerende verbinding, gekleurde colloïdale deeltjes, een enzym of een andere stof die deeltjes in de bepaling meetbaar maakt. Met name enzymlabels worden zeer veel gebruikt *(enzyme immuno assays* of *EIA's*).

Oorspronkelijk werd het label door middel van een chemische reactie aan antilichamen gebonden. In latere modificaties – zoals er nu een zal worden besproken – wordt het label aan het antigeen bevestigd. Deze gelabelde antigeenmoleculen worden dan toegevoegd aan de oplossing die de onbekende hoeveelheid (vrij) antigeen bevat. In de meetopstelling zullen de antilichaammoleculen zich zowel aan vrije als aan gelabelde antigeenmoleculen binden. Om een bepaling mogelijk te maken kan een heterogeen systeem worden toegepast, waarbij het antilichaam aan een drager is gebonden. Dit gebeurt bij de ELISA-tests of -bepalingen (ELISA staat voor *e*nzyme-*l*inked *i*mmuno*s*orbent *a*ssay.) De specifieke antilichamen zijn hier geïmmobiliseerd door gebruik te maken van de eigenschap van polystyreen om eiwitten fysisch-chemisch te binden. De hechting vindt plaats aan de wanden van polystyreen buisjes of aan de putjes ('wells') in een microtiterplaat.

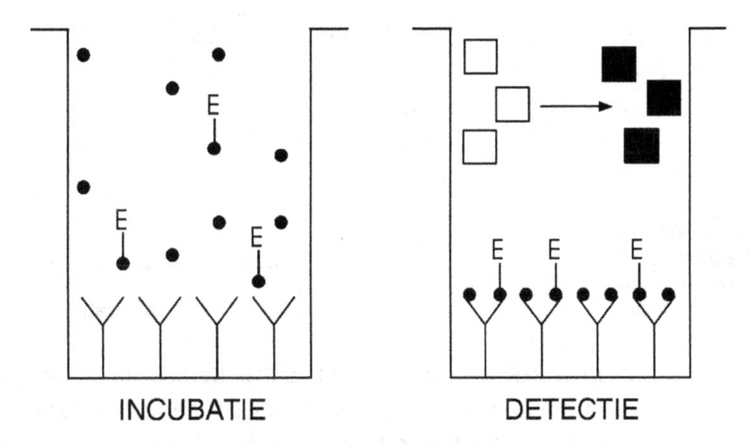

Figuur 1.38 Schema van een ELISA-opstelling (naar Haasnoot en Schilt)

Tijdens de incubatieperiode binden antigeenmoleculen zich aan de geïmmobiliseerde antilichamen, waarbij een competitie optreedt tussen de gelabelde en de niet-gelabelde antigeenmoleculen (figuur links). Daarna wordt de vloeistof verwijderd en een enzymsubstraat toegevoegd, dat in een gemakkelijk te detecteren stof (bijvoorbeeld een gekleurde verbinding) wordt omgezet (figuur rechts). De mate waarin dit gebeurt, hangt af van de hoeveelheid enzym die via het gelabelde antigeen aan de antilichamen is gehecht. De kleurontwikkeling is dus sterker naarmate minder antigeen in de onderzochte oplossing aanwezig was. De maximale kleurontwikkeling wordt bereikt als geen ongelabeld antigeen aanwezig was. Het verband tussen antigeenconcentratie en kleurontwikkeling (extinctie bij een bepaalde golflengte) wordt lineair weergegeven in de bovenste grafiek op pagina 72. Meestal wordt de concentratie logaritmisch uitgezet (onderste grafiek).

In de loop der jaren zijn veel meer modificaties van deze methode bedacht. Zo worden de putjes van een microtiterplaat vaak vooraf bedekt met een tweede antilichaam (bijvoorbeeld gewonnen uit een geit en gericht tegen konijnen-IgG), waarbij het eerste antilichaam dus de functie van antigeen heeft (sandwich-ELISA). Het voordeel van deze dubbele antilichaamtechniek is, dat uit het ruwe antiserum alleen de IgG-fractie in de putjes overblijft. De reproduceerbaarheid van de methode wordt hierdoor sterk verbeterd.

Een geheel nieuwe ontwikkeling binnen de immuno-analyse is die waarbij *biosensoren* worden gebruikt. Deze biosensoren kunnen worden gedefinieerd als

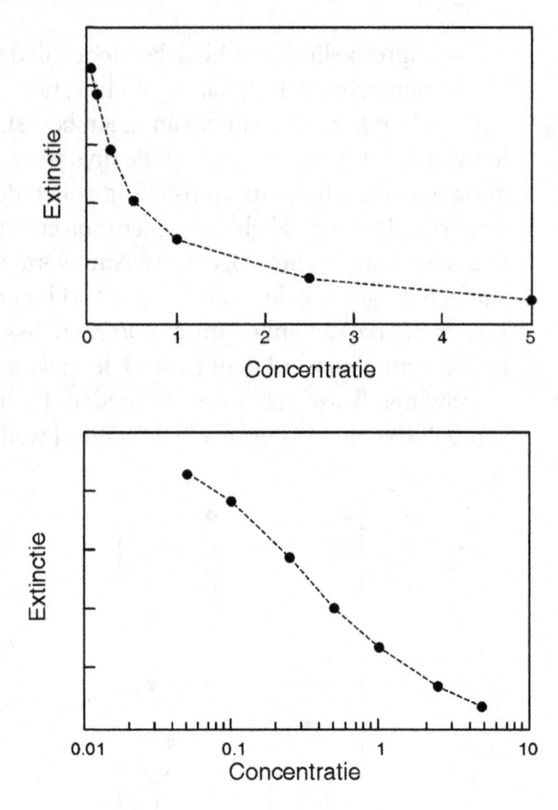

Figuur 1.39 Verband tussen concentratie en extinctie in een ELISA-bepaling

instrumenten die een biologische herkenningsreactie in een meetbaar signaal kunnen omzetten. Het signaal geeft de concentratie aan van een molecuul dat in deze reactie is betrokken. Door het signaal continu te meten, kan het reactieverloop worden gevolgd. Daardoor kan direct een uitspraak worden gedaan over de concentratie van de stof in kwestie, maar ook over de wijze waarop deze wordt omgezet en die vaak karakteristiek is voor een bepaalde stof of voor groepen van stoffen. Men spreekt in dit verband van 'real time'-analyse. Hiermee bedoelt men dat de gewenste informatie beschikbaar is op het moment dat de meting plaatsvindt.

Als de biosensor een immunoreactie detecteert, spreekt men van een *immunosensor*. Dit is een biosensor die een antigeen of een antilichaam bevat en die is gekoppeld aan een signaalomvormer die de antigeen-antilichaambinding registreert. Hierdoor is het gebruik van labels niet nodig.

Biosensoren berusten op optische, thermische of elektrische meetprincipes; verder kent men biosensoren die massa's kunnen detecteren. Immunosensoren zijn meestal optisch van aard.

In het systeem van BIACORE (18) wordt een bundel monochromatische en gepolariseerde ultraviolette straling (golflengte 300 nm) op een prisma gericht en wel zodanig dat totale reflectie plaatsvindt. Toch dringt een component van het elektromagnetisch veld van deze straling, de zogenoemde verdwijnende golf (Eng.: evanescent wave) in het medium onder het prisma, tot een afstand in de orde van één golflengte (dus 0,3 μm; zie de bovenste tekening van figuur 1.40). Als deze onderliggende laag een kleinere brekingsindex bezit dan het prisma, en daarvan wordt gescheiden door een zeer dunne metaalfolie (in dit geval goud),

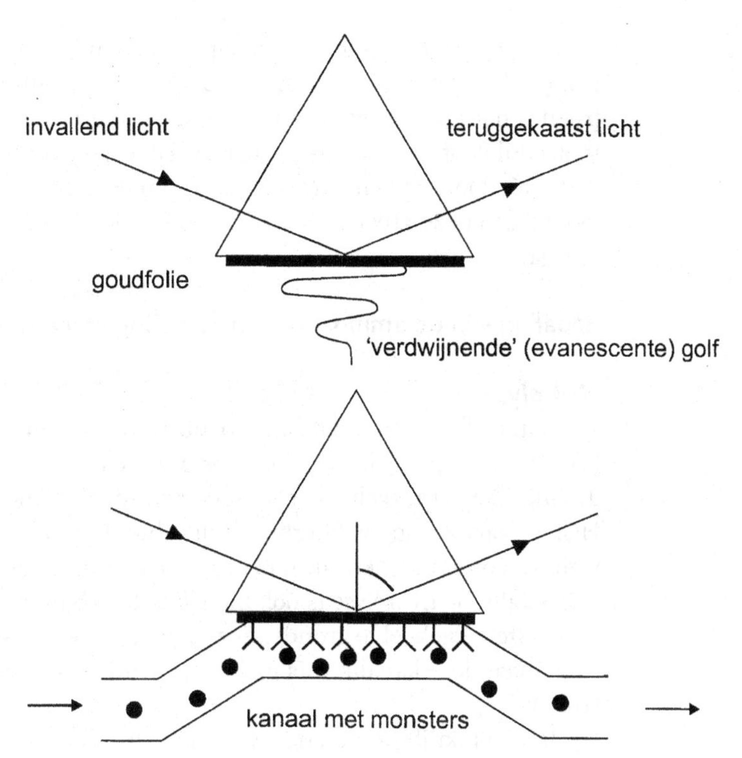

Figuur 1.40 Principe van een op SPR gebaseerde immunosensor (naar tekeningen uit het BIAtechnology Handbook)

blijkt dat bij een specifieke invalshoek veel minder licht wordt gereflecteerd en een schaduw om de lichtstraal optreedt. Dit verschijnsel staat bekend onder de Engelstalige aanduiding surface plasmon resonance (SPR). De SPR-hoek is de hoek waarbij de schaduw (hier niet aangegeven) en de verminderde reflectie wordt waargenomen.

De SPR-hoek hangt af van de brekingsindex van de onderste laag. Als dit een dunne buis met vloeistof is, wordt de brekingsindex beïnvloed door concentratieverschillen in die vloeistof. Een reactie die in de vloeistof optreedt, kan dus worden waargenomen door continue meting van de SPR-hoek. Uiteraard is dit van groot analytisch belang.

In de BIACORE bevinden zich enkele kanaaltjes onder de goudfolie, waarin met behulp van een laagje dextraangel antilichamen zijn gefixeerd. Door de kanaaltjes stromen elkaar opvolgende monstervloeistoffen, die het bijbehorende antigeen bevatten (zie de onderste tekening). De hoeveelheid antilichamen in de meetcel is groot genoeg om vele monsters te verwerken. Real-time informatie wordt verkregen door de veranderingen van de SPR-hoek continu te registreren. Doordat meerdere kanaaltjes aanwezig zijn, kunnen gelijktijdig meerdere immuunreacties worden gemeten.

De grote voordelen van deze techniek zijn: de *zichtbaarheid*: men ziet wat er gebeurt, het 'black box'-effect dat de oudere immunotechnieken aankleeft, is niet meer aanwezig; de grote *precisie*, de *snelheid* en de *betrouwbaarheid*.

Een recent voorbeeld van een bepaling met een immunosensor is die van sojaeiwit in melkproducten (19). De gevoeligheid van deze methode is niet zoveel groter dan die van de Ouchterlony-test, maar de analyse is nu een kwestie van minuten en kan bovendien in grote aantallen worden uitgevoerd.

Hoewel antilichamen in principe alleen macromoleculen kunnen onderscheiden (onderste grens ongeveer 5.000 Da), heeft de immunoanalyse juist bij het bepalen van laagmoleculaire verbindingen een grote vlucht genomen. Als een klein molecuul door een chemische reactie aan een eiwitmolecuul wordt gekoppeld, wordt dit door antilichamen als een vreemde groep herkend en zullen deze zich (ook) tegen deze groep richten. In hoofdstuk 8 wordt in het kort op deze zaak ingegaan.

Bepaling van de aminozuursamenstelling van eiwitten

Hydrolyse

Aan de bepaling van de aminozuursamenstelling van eiwitten dient natuurlijk een volledige hydrolyse vooraf te gaan. Het probleem daarbij is, dat de peptideband niet gemakkelijk kan worden verbroken. Langdurig verhitten met 6M HCl is daarvoor nodig. Hierbij wordt echter tryptofaan vernietigd en treden ook verliezen op aan andere aminozuren, met name de zwavelhoudende.

Alkalische hydrolyse is ook mogelijk. Dan blijft tryptofaan behouden, maar gaat cysteïne geheel te gronde. Enzymatische hydrolyse lijkt een elegante oplossing, maar deze kan dikwijls niet zover worden voortgezet dat alle aminozuren vrijkomen.

In de praktijk worden de zwavelhoudende aminozuren meestal tevoren geoxideerd door het eiwit met permierenzuur te behandelen. Na de hydrolyse komen cysteïne- en cystine-eenheden vrij als cysteïnezuur en methionine-eenheden als methioninesulfon. Ze worden dan als zodanig gemeten.

Voor de bepaling van een compleet aminozuurpatroon zal men steeds gebruik moeten maken van een combinatie van verschillende methoden. Door toepassing van correctiefactoren kunnen verliezen aan bepaalde aminozuren worden geëlimineerd.

De aminozuuranalysator

In de aminozuuranalysator vindt scheiding van aminozuren plaats over een kationenwisselaar. Het principe van deze scheidingsmethode is ontwikkeld door *Moore* en *Stein* (1951) en berust op verschillen in dissociatieconstanten van ioniseerbare groepen. Men elueert met buffers waarvan de pH achtereenvolgens steeds hoger ligt. De elutiesnelheid van de afzonderlijke aminozuren wordt met mengsels van bekende samenstelling vastgesteld.

In het eluaat wordt het aminozuurgehalte met behulp van de zogenoemde *ninhydrinereactie* continu gemeten. Eigenlijk is hier sprake van verschillende reacties. Veruit de belangrijkste echter is die waarbij een paars gekleurde verbinding ontstaat *(Ruhemann's purper)*. Waarschijnlijk komt deze verbinding tot stand doordat de aminozuren met behulp van het ninhydrine een Strecker-afbraak ondergaan (zie hoofdstuk 3) en de aminogroep naar het ninhydrinemolecuul verhuist. Dit reageert vervolgens met een tweede ninhydrinemolecuul tot de paars gekleurde verbinding. Proline en hydroxyproline worden als zodanig aan ninhydrine gekoppeld; hierbij wordt een gele kleurstof gevormd.

Aangezien de methode vrij traag is, vindt de scheiding van de aminozuren tegenwoordig vaak onder verhoogde druk plaats (MPLC, HPLC).

Bepaling van functionele groepen en van afzonderlijke aminozuren

De aminogroep

De bepaling van vrije aminogroepen wordt veel gebruikt om een maat te verkrijgen voor de eiwithydrolyse die bij verscheidene processen optreedt. Deze hydrolyse kan op verschillende manieren worden gevolgd. Een ervan is de zogenoemde formoltitratie. Hierbij wordt de (niet-geprotoneerde) aminogroep geblokkeerd met formaldehyde. Door het elektronenzuigende karakter van de CH_2OH-groep is het reactieproduct een veel zwakkere base dan het oorspronkelijke amine. Door aliquote hoeveelheden van de te onderzoeken oplossing met c.q. zonder toevoeging van formaldehyde naar dezelfde pH-waarde te titreren, worden als gevolg hiervan twee verschillende getallen verkregen; het verschil van deze waarden is een maat voor de hoeveelheid aminogroepen die door formaldehyde zijn geblokkeerd.

Behalve α-aminogroepen van vrije aminozuren en peptiden reageren ook de vrije eindstandige aminogroepen van lysine-eenheden. (De amidogroepen van asparagine en glutamine en de guanidinogroep van arginine gedragen zich niet als aminogroepen en vertonen ook niet de typische reacties van de aminogroep.)

Verscheidene andere reacties op de aminogroep moeten hier onbesproken worden gelaten. Eén methode moet echter nog worden behandeld en wel die van de bepaling van vrije aminogroepen van lysine-eenheden.

Eerder werd reeds vermeld dat lysine-eenheden die door de Maillard-reactie zijn geblokkeerd, tijdens de zure hydrolyse voor een deel weer vrijkomen. Toch is dit lysine voor de stofwisseling niet meer beschikbaar. Om de hoeveelheid ***beschikbaar lysine*** (Eng.: available lysine) te bepalen, kan men de vrije ε-aminogroepen onder milde condities laten reageren met 1-fluor-2,4-dinitrobenzeen (FDNB), waarbij dinitrofenyl-(DNP-)lysine-eenheden ontstaan.

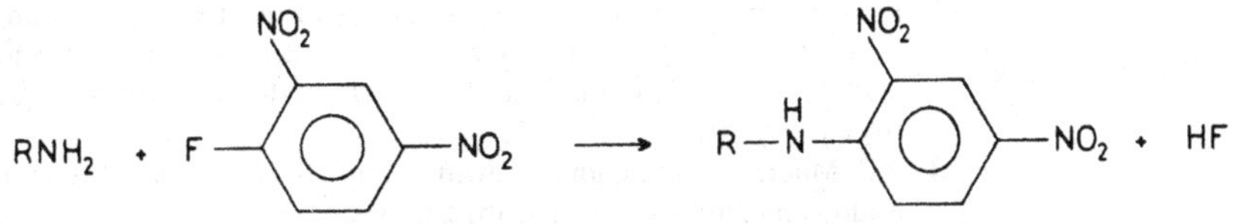

$$RNH_2 + F{-}C_6H_3(NO_2)_2 \longrightarrow R{-}NH{-}C_6H_3(NO_2)_2 + HF$$

Figuur 1.41

Na hydrolyse in zuur milieu worden eerst andere reactieproducten (zoals α-DNP-derivaten van vrije aminozuren) met ether geëxtraheerd. Daarna laat men de vrije α-aminogroep van het ε-DNP-lysine reageren met methylchloorformiaat, waardoor een in ether oplosbaar derivaat ontstaat dat op zijn beurt wordt geëxtraheerd. Deze vrij bewerkelijke methode is omstreeks 1960 door *Carpenter* uitgewerkt. Er bestaan inmiddels alternatieven die eenvoudiger zijn uit te voeren.

Hydroxyproline

Hydroxyproline komt in een hoog en vrij constant gehalte voor in collageen en ontbreekt in andere eiwitten (afgezien van een kleine hoeveelheid in elastine). Door het gehalte aan dit aminozuur te bepalen, kan men in bijvoorbeeld vlees het collageengehalte berekenen.

Hydroxyproline wordt met een oxidatiemiddel (chlooramine T) omgezet in pyrrol. Deze stof reageert met p-dimethylaminobenzaldehyde tot een paarsrood gekleurde verbinding.

Enzymatische methoden

Al eerder is gewezen op de mogelijkheid om, met behulp van een enzym, een specifieke reactie op bepaalde aminozuren uit te voeren en wel zodanig dat hun gehalte op eenvoudige wijze kan worden gemeten. Een bekend voorbeeld is de oxidatieve deaminering van glutaminezuur door middel van glutaminezuurdeaminase en met NAD^+ als waterstofacceptor. Het gevormde NADH bezit een sterke UV-absorptie en is daardoor een maat voor de oorspronkelijke hoeveelheid glutaminezuur c.q. glutaminaat.

LITERATUUR

1 K.H. Ney, Bitterness of peptides: amino acid composition and chain length. In: 'Food taste chemistry', ACS Symposium Series, No. 115. Ed. J.C. Boudreau, American Chemical Society 1979, pp. 149-173; K.H. Ney, Z. Lebensm. Unters. Forsch. 149 (1972) 321-323.
2 G.S.D. Weir, Protein hydrolysates as flavourings. In: 'Developments in Food Proteins', vol. 4. Ed. B.J.F. Hudson. Elsevier Applied Science Publishers 1986, pp. 175-217.
3 W.F. Harrington en N.V. Rao, Collagen structure in solution. I. Kinetics of helix regeneration in single-chain gelatins. Biochemistry 9 (1980) 3714-3724.
4 Lubert Stryer, Biochemistry. 4e druk. W.H. Freeman & Cy., New York 2001. 1100 pp. ISBN 071673687X.
5 Anon., Veilige niveaus van eiwitopname terecht verhoogd: interview met N.S. Scrimshaw. MelkEiwit Magazine 1986/2, pp. 1-3.
6 World Health Organization, Energy and protein requirement. Report of a joint FAO/WHO/UNU Expert Consultation. WHO Techn. Report Ser. 724, Genève 1985.
7 H.W.A. Voorhoeve, Zestig jaar kwashiorkor en het Nederlands onderzoek daarover. Voeding 56 (1995) 16-18.
8 A. Graveland, Wheat gluten structure. Industrial Proteins 3 (1996)(1) 3-4.
9 P. Kolster en J.M. Vereijken, De eiwitten in tarwebloem bepalen de toepassingen. Voedingsmiddelentechnologie 25 (1992)(13) 32-35.
10 P. Walstra, On the stability of milk. 14th Hannah lecture. Hannah Res. 1984, 67-76.
11 D.G. Schmidt, De structuur van caseïne in melk. Chemisch Magazine, december 1985, pp. 798-799.
12 B. Klarenbeek, Functionaliteit wei-eiwitten: structuur van invloed, maar bereiding nog sterker. Voedingsmiddelentechnologie 30 (1997)(22) 21-24.
13 J.F. Price en B.S. Schweigert, The science of meat and meat products, 2e druk. Food and Nutrition Press, Westport, Conn. 1984; ref.: T.R. Dutson en A. Carter, Microstructure and biochemistry of avian muscle and its relevance to meat processing industries. Poultry Sci. 64 (1985) 1577-1590.
14 P.C. Moerman, Functionele eiwitten onmisbaar in vleeswaren en vleesvervangers. Voedingsmiddelentechnologie 29 (1996)(23) 45-57.
15 A.H. Grobben en A. Visser, Collagen and gelatin related proteins used in food products. Industrial proteins 4 (1997)(1) 7-8.
16 G. Ellen en G.G. Mahulette, Stikstof in zuivelproducten: Dumas evenaart Kjeldahl. Voedingsmiddelentechnologie 30 (1997)(3) 25-29.
17 W. Haasnoot en R. Schilt, Immunochemical and receptor technologies. In: Residue analysis in food: principles and application, ed. M. O'Keeffe, pp. 107-144. Overseas Publishers Association, Amsterdam 2000 (published by licence of Harwood Academic Publishers). ISBN 90-5702-441-1.
18 De BIAweb home page: http://www.biacore.com
19 W. Haasnoot, K. Olieman, G. Cazemier en R. Verheijen, Direct biosensor immunoassays for the detection of nonmilk proteins in milk powder. J. Agr. Food Chem. 49 (2001) 5201-5206.

2 *Lipiden*

Ook lipiden zijn belangrijke bestanddelen van onze voeding. Deze bestanddelen kunnen onzichtbaar aanwezig zijn, maar vaak ook zichtbaar als oliën en vetten.

Het onderscheid tussen oliën en vetten is niet principieel en heeft uitsluitend te maken met het smeltpunt. Doorgaans spreekt men van een olie als deze bij de in het land van herkomst heersende temperaturen vloeibaar is.

De oliën en vetten in onze voedingsmiddelen bestaan grotendeels uit triglyceriden: esters van glycerol met – al dan niet verzadigde – vetzuren. Dierlijke en plantaardige vetten bestaan meestal voor 98 à 99% uit deze triglyceriden. Daarnaast komen echter vele andere vetachtige verbindingen voor. Daarom hanteert men vaak de verzamelnaam *lipiden*.

INDELING

Oliën en vetten kunnen door uitpersen, uitsmelten, extractie of anderszins uit een grondstof of voedingsmiddel worden afgezonderd. Het aldus geïsoleerde materiaal bevat verschillende componenten, waarvan de belangrijkste hieronder worden opgesomd.

A Esters van glycerol met vetzuren. Behalve triglyceriden kunnen dit mono- en diglyceriden zijn. Reuzel bevat 0,5% van deze mono- en diglyceriden; cacaoboter tot 10%. Daarnaast komen ook vrije vetzuren voor.

B Vetachtige stoffen waarin zich een fosforzuurrest bevindt, de *fosfolipiden*.

C *Sterolen*, met als bekendste vertegenwoordiger het cholesterol. Sterolen komen vrij en ook in veresterde vorm voor.

D In enkele vetachtige substanties vindt men *vetalcoholen* zoals cetyl-, ceryl- en myricylalcohol. Deze alcoholen bezitten zeer lange koolstofketens (myricylalcohol = $C_{31}H_{63}OH$). De esters van deze alcoholen met vetzuren noemt men *wassen*.

E Vaak bevatten vetten *vitamines*: vitamine A (retinol), de vitamine D-groep (de calciferolen) en de vitamine E-groep (de tocoferolen).

F Voorts kunnen vetten talloze andere verbindingen bevatten zoals kleurstoffen of gekleurde stoffen (carotenoïden, chlorofyl), reukstoffen, koolwaterstoffen (zoals squaleen in haaientraan) enzovoort.

De hier genoemde componenten zullen nu achtereenvolgens worden besproken, waarbij eerst de vetzuren als zodanig aan de orde komen.

Vetzuren

De in natuurlijke vetten aanwezige vetzuren zijn op enkele uitzonderingen na monocarbonzuren met onvertakte koolstofketens. De wijze waarop deze door plant en dier worden gesynthetiseerd brengt met zich mee dat het aantal koolstofatomen doorgaans even is. Vetzuren met een oneven aantal C-atomen komen in sommige vetten wel voor, maar steeds in kleine hoeveelheden. Vetzuren kunnen verzadigd of onverzadigd zijn; de groep van onverzadigde vetzuren valt weer in diverse klassen uiteen.

Verzadigde vetzuren zijn er in allerlei ketenlengten. Dikwijls wordt voor verzadigde en onverzadigde vetzuren een aanduiding gebruikt waarin, al dan niet na een hoofdletter C, het aantal koolstofatomen wordt aangegeven, gevolgd door een dubbele punt en het aantal dubbele bindingen in het molecuul. Palmitinezuur ($C_{15}H_{31}COOH$), het verzadigde vetzuur dat in voedingsmiddelen het meest voorkomt, wordt dus weergegeven als C16:0 of 16:0.

Palmitinezuur komt in vetten voor in hoeveelheden die soms bijna de helft van de totale hoeveelheid vetzuurresten bedragen. Er zijn maar weinig vetten bekend waarin het ontbreekt (of liever: waarin het gehalte zeer laag is).

Een eveneens zeer algemeen verbreid vetzuur is stearinezuur, C18:0. Het wordt vooral in dierlijke vetten gevonden. In plantaardige vetten komt het in aanzienlijk kleinere hoeveelheden voor, met uitzondering van cacaoboter, waarin het overvloedig aanwezig is.

Myristinezuur, C14:0, wordt in betrekkelijk kleine hoeveelheden gevonden in dierlijke vetten, met name visolie. Verder is het in kokos- en palmpitolie aanwezig.

Botervet (melkvet), kokosvet en palmpitolie onderscheiden zich van andere vetten door de aanwezigheid van vetzuren met korte koolstofketens (minder dan 14 C-atomen); in de laatste twee oliën vanaf acht en in botervet zelfs vanaf vier C-atomen (boterzuur). Vetzuren met meer dan 18 koolstofatomen zoals arachinezuur (C20:0), beheenzuur (C22:0) en lignocerinezuur (C24:0) vindt men vooral in arachide-olie en raapolie. In wassen komen vetzuurresten met nog langere ketens voor (bijvoorbeeld C26:0, cerotinezuur). De benamingen van deze en ook van andere vetzuren, die vaak als 'triviale namen' worden aangeduid, beginnen langzamerhand wat in onbruik te geraken.

Dierlijke vetten bevatten dikwijls kleine hoeveelheden C17-vetzuren en voorts vertakte vetzuren, waarbij zich een methylgroep aan het tweede of derde koolstofatoom – gerekend vanaf de eindstandige methylgroep – bevindt. Men spreekt dan van *iso*- respectievelijk *ante iso*-vetzuren. Ook komen zuren voor die aan het eind de configuratie $-C(CH_3)_3$ bezitten. Deze worden *neo*-vetzuren genoemd.

De onverzadigde vetzuren worden onderscheiden in *enkelvoudig* en *meervoudig* onverzadigde vetzuren. In de meervoudig onverzadigde vetzuren zijn de dubbele banden vrijwel steeds gescheiden door een CH_2-groep (isoleenzuren). Vetzuren met geconjugeerde dubbele bindingen komen echter ook voor. Deze laatste zijn in bijna alle oliën en vetten in lage gehalten aanwezig (samen minder dan 1%).

De algemene formule kan worden weergegeven door:

$$CH_3 - (CH_2)_a - [CH = CH - CH_2]_b - [CH_2]_c - COOH$$

Ook enkelvoudig onverzadigde en verzadigde vetzuren voldoen aan deze formule; b is dan gelijk aan 1 respectievelijk 0.

In de door planten en dieren gesynthetiseerde onverzadigde vetzuren komen doorgaans slechts cis-configuraties voor. Bij de hydrogenering van onverzadigde vetten ontstaan echter niet onaanzienlijke hoeveelheden trans-vetzuren.

Als gevolg van de cis-cis configuratie bij dubbele banden zullen meervoudig onverzadigde vetzuren een 'kromme' structuur bezitten. Hieronder is dat schematisch weergegeven voor een vetzuur met 22 koolstofatomen en 6 dubbele bindingen (DHA, cervonzuur):

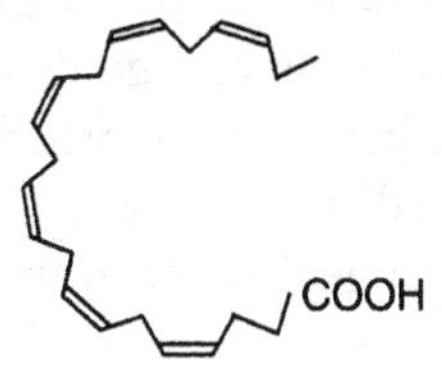

Figuur 2.1

Het hydrogeneren kan kunstmatig geschieden, maar ook door bacteriën (bijvoorbeeld in de pens van herkauwers; hierdoor bevatten rundvet en botervet een hoog gehalte aan verzadigde vetzuren).

Het smeltpunt van oliën en vetten wordt hoofdzakelijk bepaald door de smeltpunten van de vetzuren waaruit deze zijn samengesteld. Het smeltpunt neemt toe met de ketenlengte van het vetzuur en neemt af met de mate van onverzadigdheid. Onverzadigde vetzuren met *cis*-dubbele bindingen hebben lagere smeltpunten dan onverzadigde vetzuren met *trans*-dubbele bindingen.

Overeenkomstig de IUPAC-nomenclatuur kan men de dubbele bindingen tellen vanaf de carboxylgroep; men gebruikt dan vaak het teken Δ en vermeldt vervolgens de koolstofatomen die achter de dubbele bindingen aanwezig zijn. In dit geval is de notatie voor bijvoorbeeld arachidonzuur, met 20 koolstofatomen en 4 dubbele banden, dus C20:4Δ5,8,11,14.

De voedingsdeskundige telt liever vanaf de eindstandige methylgroep. Het blijkt namelijk dat vanuit fysiologisch gezichtspunt verschillende groepen van vetzuren kunnen worden onderscheiden, waarbij de eerste dubbele band, gerekend vanaf de methylgroep aan het einde, steeds op dezelfde plaats aanwezig is. De aanduiding voor deze telling maakt gebruik van het teken ω – de laatste letter van het Griekse alfabet – of van de letter n. Arachidonzuur kan dus worden aangeduid met C20:4ω6,9,12,15. Omdat de dubbele bindingen doorgaans steeds drie C-atomen verder zijn gelegen (zie de algemene formule) wordt meestal volstaan met het noemen van de eerste dubbele band, dus: C20:4ω6. (Men ziet ook wel C20:4ω-6, of C20:4n-6.) De a uit de formule op pagina 78 heeft dan de waarde 4.

Arachidonzuur behoort tot de ω6- of linolzuurfamilie, met linolzuur (C18:2ω6) als de bekendste vertegenwoordiger. Andere belangrijke groepen zijn de ω9- of oliezuurfamilie (met als representant oliezuur, C18:1ω9) en de ω3- of linoleenzuurfamilie (genoemd naar α-linoleenzuur, C18:3ω3). De letter a uit de formule bezit de waarde 7 respectievelijk 1. In de laatste familie behoren de zeer sterk onverzadigde vetzuren uit visolie thuis: timnodonzuur (C20:5ω3), clupanodonzuur (C22:5ω3) en het reeds genoemde cervonzuur (C22:6ω3). Timnodonzuur en cervonzuur worden tegenwoordig meestal aangeduid als *EPA* en *DHA* (eicosapentaenoic respectievelijk docosahexaenoic acid; eicosa = 20, docosa = 22, penta = 5 en hexa = 6).

Oliezuur is in nagenoeg alle vetten aanwezig in meestal grote hoeveelheden. Het is nog meer verbreid dan palmitinezuur. Linolzuur komt in aanzienlijke hoeveelheden in de meeste plantenzaden voor en dus ook in de uit deze zaden geperste plantaardige oliën (tot 80% in sommige oliën zoals saffloer- en zonnebloemolie, hoewel dit hoge gehalte niet altijd aanwezig is). Arachidonzuur is slechts in geringe mate in ons voedsel aanwezig; in hoofdzaak in dierlijke organen zoals lever.

Plantaardige oliën bevatten meestal ook kleine hoeveelheden α-linoleenzuur. In lijnolie bestaan de vetzuren voor meer dan de helft uit dit zuur (naam!). Linoleenzuur is voorts vertegenwoordigd in het vet van groene plantendelen. Ook paardenvet bevat enkele procenten C18:3ω3, waardoor het zich onderscheidt van vele andere dierlijke vetten.

Tabel 2.1 geeft de vetzuursamenstelling van enkele oliën en vetten.

Tabel 2.1 Vetzuren in oliën en vetten

De vetzuursamenstelling van melkvet (M), rundvet of talk (T), reuzel of varkensvet (R), haringolie (H), kabeljauwleverolie (K), olijfolie (O), zonnebloemolie (Z) en sojaolie (S). De gehalten zijn gegeven in procenten van de totale hoeveelheid vetzuren.

	M	T	R	H	K	O	Z	S
C4:0	4							
C6:0	2							
C8:0	2							
C10:0	3							
C12:0	4							
C14:0	9	3	2	8	5			
C16:0	27	25	27	18	11	11	7	10
C18:0	10	15	13	1	2	2	4	4
C18:1ω9	26	42	41	14	25	75	27	21
C20:1ω9				10	10			
C22:1ω9/11				16	5			
C18:2ω6	3	2	10	3	2	9	60	56
C18:3ω3	2	1	1	1	1	1		8
C18:4ω3				2	3			
C20:5ω3				8	12			
C22:5ω3				1	1			
C22:6ω3				6	12			
Overige	8	12	6	12	11	2		1

Triglyceriden

Bij de triglyceriden onderscheidt men *enkelvoudige* triglyceriden (alle vetzuurresten aan elkaar gelijk) en *gemengde* triglyceriden (vetzuurresten niet gelijk). Indien de primaire hydroxylgroepen van glycerol met verschillende vetzuren zijn veresterd, is het triglyceridenmolecuul in principe optisch actief, maar deze optische activiteit is alleen meetbaar als het verschil in vetzuurresten groot is, bijvoorbeeld als een van de primaire hydroxylgroepen met een kort vetzuur is veresterd en het andere met een vetzuur van normale lengte.

Enkelvoudige triglyceriden worden aangeduid als tripalmitine, trioleïne enzovoort; namen die voor zichzelf spreken.

Bijna altijd is het triglyceridenmengsel ingewikkeld van samenstelling, maar zijn wel bepaalde patronen te herkennen. Men kan het mengsel op eenvoudige wijze omesteren, waarbij de vetzuren zich volgens een toevalsspreiding aan de glycerolmoleculen verbinden (*random distribution*). Bij plantaardige oliën blijken na zo'n omestering sommige fysische eigenschappen, zoals het smelttraject, sterk te zijn veranderd. Dit komt omdat de verdeling vóór de omestering genetisch bepaald was en niet het gevolg was van random distribution.

Ook bij een dierlijk vet als reuzel echter heeft omestering invloed op fysische eigenschappen. Ondanks het feit dat de samenstelling van de vetzuren in het vet door de afhankelijkheid van de voedersamenstelling niet vastligt, is wel degelijk een bepaalde regelmaat aanwezig. Zo bevinden zich alle palmitinezuurresten op de 2-positie van het glycerol. Door omestering ontstaat een willekeurige verdeling, waardoor de kristallisatie resulteert in een minder regelmatig patroon en daardoor een gladdere en romiger structuur.

Een gevolg van de genetisch bepaalde vetzuursamenstelling van plantaardige oliën is nog dat het aantal verschillende vetzuren betrekkelijk klein is (soms niet meer dan tien), terwijl dit aantal voor dierlijke vetten veel groter is (soms zelfs boven 100, zoals bij visolie).

De positie van het vetzuur in het triglyceridemolecuul kan van belang zijn bij de verteerbaarheid van dat vetzuur. Bij de hydrolyse van triglyceriden door pancreaslipase worden de vetzuren van de 1- en 3-posities van het glycerol afgesplitst, terwijl het vetzuur op de middenplaats gebonden blijft. Het ontstane monoglyceride heeft een minder uitgesproken lipofiel karakter dan het triglyceride en wordt daarom gemakkelijker geabsorbeerd.

Sommige moeilijk opneembare vetzuren (zoals verzadigde vetzuren met lange ketens) worden toch goed geabsorbeerd als deze zich in de triglyceriden op de 2-plaats bevinden. In plantaardige oliën, waar de verzadigde vetzuren zich doorgaans op de 1- en 3-plaatsen in het triglyceridemolecuul bevinden, neemt de verteerbaarheid dan ook toe na omestering van de olie.

Fosfolipiden of fosfatiden

In de groep van de fosfolipiden verdienen vooral de *fosfoglyceriden* de aandacht. Deze verbindingen, die van zeer groot belang zijn bij de opbouw van celmembranen, kunnen worden beschouwd als di-esters van fosforzuur; het fosforzuur is aan de ene zijde veresterd met een 1,2-diglyceride en aan de andere zijde met een aminoalcohol (ethanolamine, choline), een hydroxyaminozuur (serine) of een polyol (inositol). Figuur 2.2 laat de algemene formule voor de fosfoglyceriden zien (X staat voor een van bovengenoemde groepen).

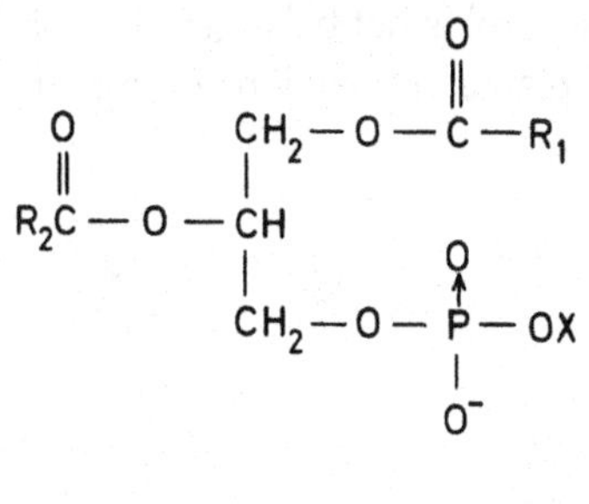

```
                              O
                              ||
      O         CH2 — O — C — R1
      ||          |
R2C — O — CH
                  |           O
                  |           ↑
                CH2 — O — P — OX
                              |
                              O⁻
```

Figuur 2.2 Algemene formule van een fosfoglyceride

Lecithine bestaat in hoofdzaak uit een mengsel van fosfoglyceriden. Het wordt op grote schaal gewonnen uit ruwe sojaolie (sojalecithine). Deze olie wordt daartoe met water en eventueel zout behandeld, waardoor de lecithine aan de vetlaag wordt onttrokken en door centrifugeren kan worden afgescheiden.

Lecithine wordt aan vele levensmiddelen toegevoegd als emulgator. Behalve als emulgator vinden lecithinen onder andere toepassing als antispatmiddel in margarine.

De volgende cijfers geven een indruk van de gehalten aan fosfolipiden in verschillende biologische materialen (in procenten en betrokken op de droge stof).

Tabel 2.2 Gehalten aan fosfolipiden in verschillende biologische materialen, in procenten

Tarwe	2
Sojabonen	2-3
Lever	10
Eigeel	20
Hersenen	30

Sterolen

In vetten komen verbindingen voor die niet-verzeepbaar zijn met alcoholische loog en uit het na verzeping ontstane mengsel met ether of petroleumether kunnen worden geëxtraheerd. De belangrijkste groep van deze onverzeepbare bestanddelen is die van de sterolen.

De sterolen zijn gekenmerkt door een skelet van drie zesringen en een vijfring. De ringen worden doorgaans met letters aangeduid, de koolstofatomen zoals ook in andere gevallen met nummers.

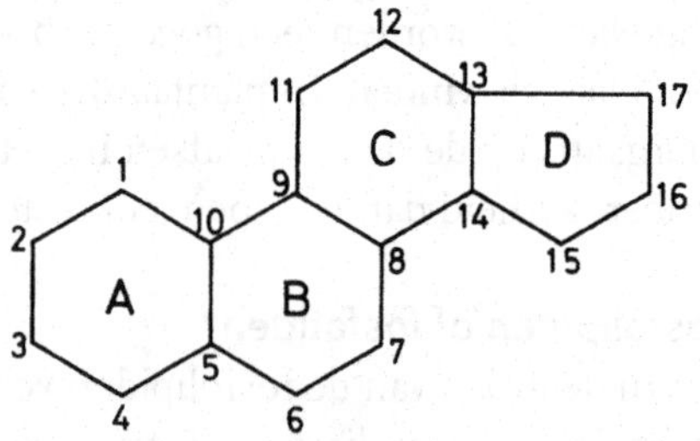

Figuur 2.3

De sterolen kunnen worden ingedeeld in

- zoösterolen (in dierlijk weefsel): cholesterol, 7-dehydrocholesterol;
- fytosterolen (in plantaardig weefsel): sitosterol;
- mycosterolen (geproduceerd door gisten en schimmels): ergosterol.

Cholesterol is het belangrijkste zoösterol, maar komt bij uitzondering ook in sommige plantaardige oliën voor (palmolie). De structuur wordt weergegeven in figuur 2.4.

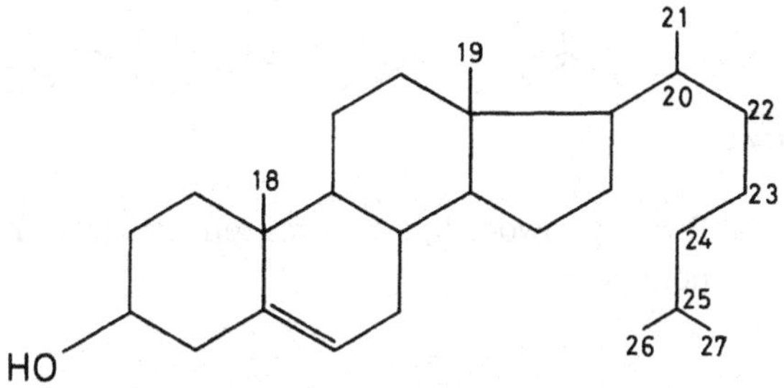

Figuur 2.4 Cholesterol

De OH-groep is dikwijls veresterd met een vetzuur.

Cholesterol is in voedingsmiddelen van dierlijke oorsprong in zeer wisselende hoeveelheden aanwezig, zoals uit tabel 2.3 blijkt (gehalten in procenten).

Tabel 2.3 Cholesterol in voedingsmiddelen van dierlijke oorsprong

Rund- en varkensvlees	0,05 – 0,1
Melk	0,01 – 0,03
Boter	0,25
Lever (rund)	0,3
Kuit (haring)	0,3
Eigeel	2
Hersenen (rund)	1,5 – 2

De verbinding is, evenals de fosfolipiden, nodig bij de opbouw van celmembranen, waarbij de vlakke structuur van het molecuul van belang is. Voorts dient het als elektrisch isolatiemateriaal van zenuwbanen en hersenweefsel. Van belang is ook de oxidatie tot galzuren, die via de gal worden afgescheiden met het doel, de via het maagdarmkanaal aangevoerde vetten te emulgeren en zo de biochemische afbraak gemakkelijker te maken. Kleine hoeveelheden cholesterol worden omgezet in bijnierschors- en geslachtshormonen en in 7-dehydrocholesterol, dat op zijn beurt kan overgaan in cholecalciferol of vitamine D_3.

Zowel de synthese als de afvoer van cholesterol worden door vele factoren beïnvloed, bijvoorbeeld de opname van cholesterol met het voedsel. Ook de vetzuursamenstelling van voedingsvet kan een rol spelen.

Ergosterol is van belang als grondstof voor het synthetisch bereide ergocalciferol of vitamine D_2.

Vitamines

De in vet aanwezige vitamines worden in hoofdstuk 5 behandeld. Wel moet hier worden vermeld dat voedingsvet de opname van deze vitamines (A, D, E en K) bevordert.

In vet oplosbare kleurstoffen

De belangrijkste verbindingen uit deze groep zijn de carotenoïden, gele tot paarsrode pigmenten die zijn opgebouwd uit isopreeneenheden op zodanige wijze dat het centrale deel van het molecuul de structuur bezit zoals in figuur 2.5 is te zien.

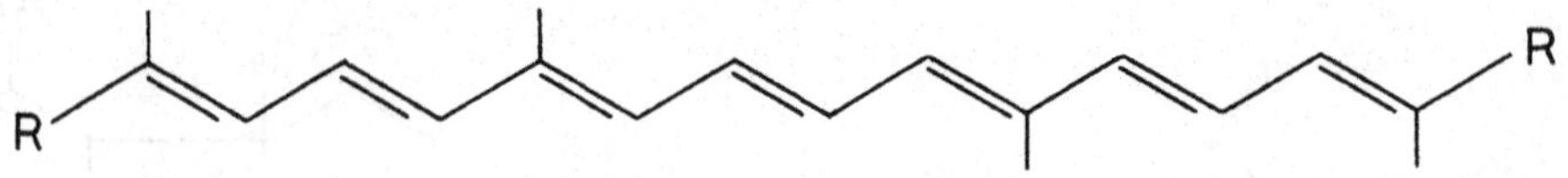

Figuur 2.5

R vertegenwoordigt meestal een structuur die een ring bevat. Vaak is dat een β-iononrest.

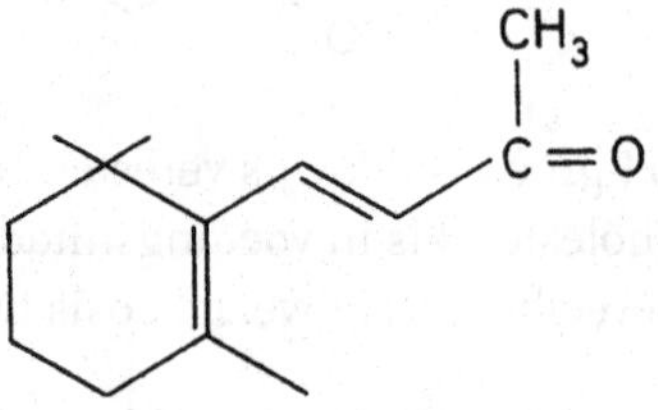

Figuur 2.6

Sommige carotenoïden bevatten suikerresten (en zijn daardoor redelijk oplosbaar in water); ook komen carotenoïde-eiwitcomplexen voor.

Wassen

Vele bladeren en vruchten zijn omgeven door een beschermend waslaagje, dat onder meer dient om vochtuitwisseling met de omgeving tegen te gaan; zowel opzwellen als uitdrogen wordt hiermee voorkomen. Door consumptie van groene groente en van vruchten die met omhulsel en al worden gegeten, komt een kleine hoeveelheid was in ons spijsverteringskanaal terecht. Van veel belang is deze opname niet, omdat de mens niet in staat is, deze esters van vetalcoholen hydrolytisch te splitsen.

Lanoline, het wolvet van schapen, bevat een aanzienlijke hoeveelheid wassen.

Reukstoffen

De tot nu toe opgesomde vetbestanddelen hebben alle een zeer lage dampspanning en zijn praktisch reukloos. Afgezien van enkele oliën die van nature sterk geurende bestanddelen bevatten (zoals mosterdolie) bezitten oliën en vetten weinig aroma. Oliën en vetten dragen echter wel bij tot de smaak en de textuur van voedsel. Vette spijzen zijn zachter en daardoor gemakkelijker te kauwen. Ze voelen ook vochtiger aan in de mond. Olijfolie is geliefd omdat het de smaak van een aantal gerechten zoveel aangenamer maakt.

Al bezitten oliën en vetten weinig aroma, ze hebben wel een belangrijke functie als drager van aromacomponenten die bij de bereiding van levensmiddelen kunnen ontstaan. Vetrijke levensmiddelen zijn ook smakelijke levensmiddelen, omdat aromatische stoffen door het aanwezige vet worden vastgehouden en verzameld. Misschien heeft de mens om deze reden altijd naar vette spijzen gegrepen en langs deze weg zijn energiebehoefte op instinctieve wijze veilig gesteld.

Een opsomming van aromadragers die in de vetfase van levensmiddelen aanwezig kunnen zijn, valt buiten het bestek van dit boek. Daarom wordt hier volstaan met een voorbeeld en wel dat van gerookte levensmiddelen.

Het roken van vlees en vis is een sinds onheuglijke tijden toegepaste conserveringstechniek, waarbij ook organoleptische aspecten van belang zijn. Gaandeweg is men deze organoleptische eigenschappen van gerookte producten zodanig gaan waarderen dat het roken nog steeds wordt beoefend, ook nu verlenging van de houdbaarheid op tal van andere manieren kan worden bereikt. Houtrook bevat een aantal verbindingen die, opgenomen in vet, aan het vetrijke levensmiddel een aangenaam aroma geven. Het betreft vooral een groep fenolische verbindingen, op een of op beide orthoplaatsen gesubstitueerd door een methoxygroep en op de paraplaats door een andere substituent. Verder zijn in rook carbonylverbindingen aanwezig (met name enige cyclische carbonylverbindingen zijn voor het aroma van belang) en lagere vetzuren. Het roken van vetarme levensmiddelen leidt doorgaans niet tot producten waarin het rookaroma volledig tot zijn recht komt, omdat te weinig van deze aromastoffen worden opgenomen.

Vermeldenswaard is dat de lagere vetzuren uit rook (waaronder C5 en C6, dus verbindingen die bekend staan om hun onaangename geur) niet kunnen worden gemist in het totaal van stoffen die het gewenste aroma opleveren. Ofschoon de fenolische componenten in hoofdzaak het karakter van dit aroma bepalen, zijn het de vetzuren die dit karakter zodanig accentueren en verstevigen dat het door de consument als aangenaam wordt ervaren.

Ongewenste stoffen

Het ligt voor de hand, bij ongewenste stoffen in vet te denken aan residuen van pesticiden en aan polychloorbifenylen (PCB's), die zich in de lichaamsvetten ophopen. Naast deze verontreinigingen, die in hoofdstuk 8 worden besproken, zijn evenwel ook enkele stoffen van belang die van nature in oliën of vetten voorkomen en daaruit dienen te worden verwijderd indien deze olie of dit vet voor menselijke consumptie bestemd is. Een bekend voorbeeld is het *gossypol* in katoenzaadolie. Deze verbinding heeft in katoenzaad een functie als antioxidans. Het is een aldehydisch polyfenol met tamelijk ingewikkelde structuur. Bij het uitpersen van katoenzaad komt een deel van het gossypol in de olie terecht, hetgeen ongewenst is omdat de stof toxische eigenschappen bezit (waarschijnlijk door de grote affiniteit tot vrije aminogroepen, zoals de aminogroep in de zijketen van lysine). Gossypol kan echter worden vernietigd door de olie te verhitten of beter met stoom te behandelen. Overigens is men erin geslaagd, variëteiten van de katoenplant te kweken waarvan de zaden weinig of geen gossypol bevatten.

VET IN DE VOEDING

De in de voeding aanwezige oliën en vetten zijn in de eerste plaats een bron van energie. De energiedichtheid is groot: één gram vet levert bij volledige verbranding 39 kJ (9 kcal) tegenover iets minder dan de helft hiervan voor eiwitten of koolhydraten. De functie van vetafzettingen in dierlijke organismen is hiermee duidelijk: een in tijden van overvloed gevormde 'spaarpot' met zo laag mogelijk gewicht.

Vetweefsel, vooral het onderhuidse, heeft ook een belangrijke isolerende functie, terwijl het elders als 'kussen' fungeert, bijvoorbeeld voor de oogbollen in de oogkassen en voor de nieren en andere inwendige organen. Van buitengewoon veel belang zijn lipiden als structurele componenten van alle celmembranen, waar zij onder andere sommige voedingsstoffen helpen opnemen. Tenslotte is voedingsvet de drager van de in vet oplosbare vitamines. Om al deze redenen is een bepaalde hoeveelheid vet in de voeding nodig.

Na inname van lipiden met het voedsel vindt in de dunne darm gedeeltelijke hydrolyse plaats, waarna de vetzuren door de darmwand worden opgenomen. In de darmwand ontstaan opnieuw triglyceriden. Deze nieuw gevormde triglyceriden worden via lymfe en bloedbaan naar de lever gevoerd. Korte vetzuren (C4 – C12) worden via de poortader eveneens naar de lever getransporteerd.

In de lever worden vetten oxidatief afgebroken of in de vorm van lipoproteïden naar elders afgevoerd. Ze worden vervolgens opgeslagen, of direct in een orgaan afgebroken. Via de zogenoemde β-oxidatie kunnen vetzuren geheel tot CO_2 en H_2O worden afgebroken. Hierbij worden aan de zijde van de carboxylgroep steeds twee koolstofatomen afgesplitst. Dit geschiedt onder invloed van co-enzym A. De twee afgesplitste koolstofatomen, die worden teruggevonden als actief acetaat of *acetyl-co-enzym A*, kunnen in de citroenzuurcyclus verder worden geoxideerd tot CO_2. De vetzuurafbraak gaat op deze wijze door tot boterzuur (4 koolstofatomen) wordt bereikt. Ook deze verbinding wordt, als butyryl-co-enzym A, op dezelfde manier geoxideerd, met dien verstande dat de laatste stap grotendeels in andere organen dan de lever plaatsvindt. Uiteraard vindt dan eerst transport via het bloed plaats.

Bij sterke vetverbranding (bijvoorbeeld in het geval dat geen glucose meer voor energielevering beschikbaar is of hiervoor niet kan worden gebruikt, zoals bij suikerziekte) komt veel acetylazijnzuur (CH_3COCH_2COOH) vrij. Uit het acetylazijnzuur ontstaat door reductie 2-hydroxyboterzuur en door decarboxylatie aceton. Deze verbindingen, die vaak worden aangeduid als *ketonlichamen*, worden via de nieren en de longen uitgescheiden en kunnen dan in de urine worden gevonden of in de adem worden waargenomen.

Het eten van vette spijzen is van oudsher verbonden aan een zekere mate van welvaart. Ook nu nog is de vetinname in welvarende landen veel groter dan in arme gebieden.

De dagelijkse vetconsumptie in het noordwesten van Europa bedraagt circa 130-140 g per persoon per dag, ofwel ongeveer 40% van de totale energie (waarbij men volledige benutting veronderstelt). Men is van mening dat dit percentage te hoog is en beschouwt 30 à 35% als het maximum van hetgeen gewenst is. Het blijkt echter uiterst moeilijk, een dergelijke vermindering op basis van vrijwilligheid te realiseren.

Door het gebruik van geschikte emulgatoren kan het vetgehalte van margarine zonder problemen tot 40% worden verlaagd en zijn zelfs lagere gehalten haalbaar. Een andere mogelijkheid om de hoeveelheid vet in de voeding te verminderen is het gebruik van 'vetvervangers', onverteerbare verbindingen die aan vet verwant zijn (zie hoofdstuk 7).

Lichaamsvetten zijn niet noodzakelijkerwijze uit voedingsvet afkomstig. Zoals vetten worden afgebroken, kunnen ze ook worden opgebouwd, namelijk via acetyl-co-enzym A. Vanuit actief acetaat worden de vetzuurmoleculen gevormd, waarmee ook is verklaard dat een vetzuurmolecuul normaliter een even aantal koolstofatomen bezit.

Tot het eind van de jaren twintig was men van mening dat lipiden in de voeding hoofdzakelijk dienden voor de energievoorziening, al zal men de functie van vetten als vitaminedrager wel hebben opgemerkt. De proeven van *Burr* en *Burr* met ratten (1929) brachten hierin verandering; men ging inzien dat ook de vetzuursamenstelling van belang is en dat sommige onverzadigde vetzuren in onze voeding niet kunnen worden gemist. Weer later ging men verband leggen tussen de vetzuursamenstelling van voedingsvetten en het optreden van hart- en vaatziekten. Thans staat de vraag naar de vetzuursamenstelling bij de beoordeling van vethoudende levensmiddelen zeer in de belangstelling. Daarom zal hier aan de betekenis van de afzonderlijke vetzuren in de voeding enige aandacht worden besteed.

Vetzuren in de voeding

Zoals al werd opgemerkt, hebben niet alle vetzuren in ons voedsel dezelfde waarde. Het ontbreken van vetzuren uit de ω6-groep (de linolzuurgroep) in het voer van ratten leidt, zoals door Burr en Burr werd ontdekt, bij deze dieren tot huidafwijkingen, achterblijven van de groei en vele andere stoornissen. Men kan de dieren genezen door toediening van linol- of arachidonzuur. Ook α-linoleenzuur, een ω3-vetzuur dus, heft de storing op, zij het dat hiervan veel grotere hoeveelheden nodig zijn dan van de zojuist genoemde ω6-vetzuren.

Zoogdieren zijn in staat, het aantal dubbele bindingen in een vetzuurmolecuul te vergroten (dus sterker onverzadigd te maken), maar niet tussen de eindstandige methylgroep en de eerste dubbele band. De ω6-vetzuren kunnen dus niet uit bijvoorbeeld ω9-vetzuren (zoals oliezuur) worden gevormd en moeten derhalve in het voedsel aanwezig zijn. Men denkt dat enkele grammen linolzuur per dag voor een volwassen mens voldoende zijn om deficiëntieverschijnselen te voorkomen.

Langs statistische weg is gebleken dat het cholesterolgehalte van het bloedserum correleert met de kans op hart- en vaatziekten. Verder is bekend dat de vettige afzettingen ('plaques') in slagaderen – waardoor deze verstopt kunnen raken – voor een aanzienlijk deel uit esters van cholesterol bestaan. Na lipolyse van de opgenomen vetten vormt de lever uit de vetzuren nieuwe triglyceriden. Deze worden vervolgens aan eiwitten gekoppeld en in de bloedbaan afgegeven. Gedurende het transport naar de spieren of naar opslagweefsels kan een spoor van vettige deeltjes (low density lipoproteins, LDL) achterblijven. Andere bloedserumeiwitten, die cholesterol uit de bloedbaan afvoeren (high density lipoproteins, HDL) kunnen cholesterolesters naar deze deeltjes overdragen, een proces dat resulteert in een verhoogd bloedserumcholesterolgehalte.

Aan meervoudig onverzadigde vetzuren wordt een gunstige invloed toegeschreven met betrekking tot het voorkomen van hart- en vaatziekten. Deze vetzuren bleken in vele experimenten een verlaging van het cholesterolgehalte in het bloedserum te bewerkstelligen. Volgens *Beynen* en *Katan* (1) moet dit effect worden verklaard doordat meervoudig onverzadigde vetzuren in de lever bij voorkeur in ketonlichamen worden omgezet in plaats van te worden ingebouwd tot nieuwe triglyceriden. Er zal dan minder LDL-cholesterol in het bloed achterblijven, met als uiteindelijk effect een lager serumcholesterolgehalte.

Op grond hiervan heeft men dikwijls linolzuurrijke diëten (dus diëten met een hoog gehalte aan plantaardige oliën) gepropageerd om door middel van een verlaging van het serumcholesterolgehalte de kans op hart- en vaatziekten te verkleinen. Bij een dergelijk dieet daalt het serumcholesterolgehalte niet bij iedereen en ook verlaagde serumcholesterolgehalten leiden niet altijd tot een kleinere kans op verstopping van bloedvaten. Daarom valt meer te zeggen voor een evenwichtige voeding, waarin het vetgehalte *als zodanig* wordt beperkt, dan voor eenzijdige diëten met grote hoeveelheden linolzuur.

De gemiddelde voeding in onze streken bevat ongeveer ½ gram cholesterol per dag. De lever produceert in dezelfde tijd ongeveer driemaal zo veel cholesterol. Het ligt dan ook voor de hand dat thans wat minder aandacht wordt geschonken aan het cholesterolgehalte van de voeding, al is langs epidemiologische weg wel een statistisch verband afgeleid tussen de hoeveelheid cholesterol in de voeding en het gehalte in het bloedserum (1).

Oxidatieproducten van cholesterol zijn meer in de belangstelling komen te staan (2). Door bewerking en bereiding van bepaalde voedingsmiddelen van dierlijke oorsprong kunnen deze oxysterolen worden gevormd. Van sommige van deze verbindingen is een nadelige werking op de bloedvaten bekend, of verhoogde neiging tot de vorming van atheromen (vettige proppen in slagaderen, zoals kransslagaderen). Atherosclerose en trombose zou dan dus door enkele van deze stoffen worden bevorderd. Met name cholestaantriol en 25-hydroxycholesterol worden in dit verband genoemd. Geoxydeerde onverzadigde vetzuren zouden de oxydatie van cholesterol versnellen. Droging van cholesterolrijke producten in aanwezigheid van lucht, vooral bij verhoogde temperatuur, wordt ook gezien als een omstandigheid waarbij oxysterolen ontstaan. Het is echter nog onduidelijk welke hoeveelheden in staat zijn schadelijke effecten op te roepen, en ook of zulke hoeveelheden in bepaalde bewerkte voedingsmiddelen aanwezig zijn.

De betekenis van linolzuur als essentieel vetzuur berust op een ander principe dan het verlagen van het serumcholesterolgehalte. Een deel van het opgenomen linolzuur wordt in de lever omgezet tot arachidonzuur (C20:4ω6), hetgeen geschiedt door vorming van nieuwe dubbele bindingen en ketenverlenging. Uit arachidonzuur kan langs enzymatische weg (cyclo-oxygenase) een zogenoemd endoperoxide worden gevormd, waaruit vervolgens verscheidene fysiologisch actieve verbindingen kunnen ontstaan, zoals *prostaglandinen* en *leukotriënen*.

Tabel 2.4

Linolzuur	C 18:2ω6
	↓
γ-linoleenzuur	C18:3ω6
	↓
Dihomo-γ-linoleenzuur	C20:3ω6
	↓
Arachidonzuur	C20:4ω6

De prostaglandinen bezitten verscheidene regulerende functies in het lichaam. Zij veroorzaken contracties van de gladde musculatuur, verlagen de bloeddruk, beïnvloeden het centrale zenuwstelsel, regelen de bloedvoorziening van de hartspier en de mobilisatie van vet uit het vetweefsel. Leukotriënen zijn onder meer van belang bij ontstekingsreacties.

De meeste prostaglandinen worden aangeduid door de letters PG, gevolgd door een letter (E,F,G enzovoort) die de specifieke verbinding aangeeft en ten slotte een index die informatie verschaft over de herkomst van de stof. Een index 1 betekent dat het prostaglandine is gevormd uit het C20:3ω6-zuur, de 2-groep ontstaat uit arachidonzuur. De 1-groep komt hier verder niet aan de orde.

Onder de prostaglandinen uit C20:4ω6 bevindt zich het *prostacycline*, PGI_2. Deze stof wordt gevormd in de binnenste laag van bloedvaten en remt de bloedstolling. In de bloedplaatjes wordt uit C20:4ω6 een stof gevormd die de bloedstolling juist bevordert, het *thromboxaan* (TxA_2). Beide stoffen zijn betrokken bij het regelen van de bloedstolling. In de bloedvaten behoort dit niet te gebeuren, maar na een verwonding wel. In het uitgetreden bloed wordt wel TxA_2 gevormd maar uiteraard geen PGI_2.

Ook uit C20:5ω3 kunnen prostaglandinen worden gevormd. Deze serie, die met de index 3 wordt aangeduid, vertoont andere eigenschappen dan de 2-serie. Zo bezit het thromboxaan A_3 nauwelijks aggregerende eigenschappen. Ook wordt de synthese van prostaglandinen van de 2-groep door C20:5ω3-zuur afgeremd. Beide verschijnselen verklaren het feit dat, door opname van aanzienlijke hoeveelheden visolie, de trombocytenaggregatie wordt afgeremd.

Voor de leukotriënen geldt iets dergelijks. Ze worden uit EPA-verbindingen met iets andere werking gevormd dan uit arachidonzuur. Het uit EPA ontstane leukotrieen B_5 leidt tot minder heftige ontstekingsreacties dan het uit arachidonzuur gevormde leukotrieen B_4 (3).

Behalve als precursor van prostaglandinen zijn ω6- en ω3-vetzuren van belang bij de opbouw van celmembranen. De door Burr en Burr waargenomen deficiëntieverschijnselen hadden vooral te maken met een gemis aan ω6-vetzuren in de fosfolipiden van deze membranen, waar deze vetzuren onmisbaar zijn als structuurelement. Zo wordt de membraanvloeibaarheid er in hoge mate door beïnvloed. Een te star membraan bemoeilijkt het transport van allerlei belangrijke verbindingen naar en uit de cel.

Hoewel α-linoleenzuur, als ω3-vetzuur, de door linolzuurgebrek veroorzaakte deficiëntieverschijnselen veel minder goed kan voorkomen of genezen, zijn ook ω3-vetzuren van belang bij de opbouw van bepaalde celmembranen. Sinds het begin van de jaren tachtig zijn aanwijzingen verkregen dat het C22:6ω3-vetzuur (DHA) ook als essentieel vetzuur kan worden beschouwd. Het wordt met name ingebouwd in fosfolipiden van de cellen uit hersenweefsel en van het netvlies (de triviale naam *cervonzuur* is afgeleid van Fr. cerveaux: hersenen). Evenals EPA kan het uit linoleenzuur worden gevormd (wel met EPA als tussenstap). Het kan echter ook rechtstreeks uit vislipiden worden betrokken.

De verhouding tussen ω6- en ω3-vetzuren in de voeding is van veel groter belang dan tot nu toe werd aangenomen. In het westerse voedingspatroon is het aanbod van linolzuur zo overvloedig dat synthese van EPA en DHA uit α-linoleenzuur (via dezelfde enzymen) in het gedrang komt. Regelmatige consumptie van vette vis kan een correctie opleveren. Niettemin lijkt het erop dat de ω3/ω6-verhouding in onze voeding niet correspondeert met de werkelijke behoefte. Een interessant overzichtsartikel van *Simopoulos*, dat in 1991 is verschenen, behandelt deze materie (4).

Omdat ω3-vetzuren, evenmin als ω6-vetzuren, niet in het lichaam kunnen worden gevormd, moet aanvoer van buitenaf plaatsvinden. Echte deficiëntieverschijnselen zijn bij de mens of bij zoogdieren nog niet waargenomen, wel bij enkele zoetwatervissen.

De Europese Commissie doet de volgende aanbevelingen (in percentages van de energie-inname van het totale dieet): ω6-vetzuren 2 procent, ω3-vetzuren 0,5 procent (5).

Door het eten van een gevarieerd menu is de toevoer van onmisbare vetzuren waarschijnlijk voldoende gegarandeerd. Met betrekking tot de verzadigde vetzuren is het verstandig, de totale opname niet te groot te laten worden, hetgeen een beperking inhoudt ten aanzien van de consumptie van dierlijk vet. Ook de – overigens niet in grote hoeveelheden aanwezige – *trans*-vetzuren worden als ongunstig beschouwd. Oliezuur daarentegen heeft een positief effect. (De vetzuren uit olijfolie bestaan voor ongeveer 80% uit oliezuur.)

Voor wat betreft de vetzuren uit andere plantaardige oliën bestaan bedenkingen tegen erucazuur (22:1ω9) uit raapolie. Bij ratten die veel van dit vetzuur kregen toegediend, zijn vettige infiltraties en degeneratie van de hartspier en andere gladde spieren waargenomen en bij jonge dieren groeivertraging. Voor margarine, waarin vaak raapolie wordt verwerkt, gelden dan ook eisen ten aanzien van het erucazuurgehalte. In het algemeen is men van mening dat de opname van lange monoeenzuren uit vislipiden, ook bij regelmatige consumptie van vette vis, niet hoog genoeg is om nadelige effecten te veroorzaken.

VERANDERINGEN IN VETTEN

De chemische veranderingen die in oliën en vetten kunnen optreden, zijn van grote praktische betekenis. Geur en smaak worden er doorgaans sterk door beïnvloed.

Enkele van de meest voorkomende verschijnselen worden hier besproken.

Hydrolyse

In aanwezigheid van water kunnen oliën en vetten voor een deel worden gehydrolyseerd tot glycerol en vetzuren. In sommige levensmiddelen wordt deze hydrolyse gekatalyseerd door vetsplitsende enzymen of *lipasen*. Deze komen voor in alle weefsels die vet bevatten en zijn vaak opmerkelijk bestand tegen verhitting. Ook als gevolg van bacterie- of schimmelgroei kunnen lipasen aanwezig zijn.

Vethydrolyse wordt al in een vroeg stadium waargenomen bij vetten met een hoog gehalte aan lagere vetzuren (botervet, palmpit- en kokosolie). Bekend is het 'sterk' worden van boter (ook wel als 'ranzig' aangeduid; rondom dit begrip heerst enige verwarring, daar ook andere vormen van vetbederf wel eens als ransheid worden betiteld). Hydrolyse van palmpit- en kokosvet veroorzaakt een zeepsmaak.

Ook indien de vetsplitsing als zodanig niet organoleptisch wordt waargenomen, kan dit verschijnsel de oorzaak van geurafwijkingen worden: vrije onverzadigde vetzuren oxideren gemakkelijker tot verbindingen met een lage geurdrempel dan dezelfde vetzuren indien deze aan glycerol zijn gebonden.

Oxidatie

Vetzuuroxidatie is een proces dat sneller verloopt naarmate de aanwezige vetzuren of vetzuurresten meer dubbele bindingen bevatten. In de reeks C18:1 – C18:2 – C18:3 – C20:4 verhoudt de oxidatiesnelheid zich ongeveer als 1: 12: 25: 50 (5).

Hieruit blijkt dat vooral de aanwezigheid van een tweede dubbele band deze snelheid verhoogt.

Het proces begint met de vorming van vrije radicalen door onttrekking van H-atomen (de initiatie), een reactie die onder invloed van ultraviolette en ook wel zichtbare straling, warmte en metaalsporen – met name koper maar ook ijzer – op gang komt:

$$R\text{-}CH_2\text{-}CH{=}CH\text{-}CH_2\text{-}R' \rightarrow R\text{-}CH^{\bullet}\text{-}CH{=}CH\text{-}CH_2\text{-}R' \quad (1)$$

Het waterstofatoom wordt onttrokken aan een methyleengroep die naast een dubbele band ligt (een α-methyleengroep). Bij deze radicaalvorming treedt altijd isomerisatie op (2), met als gevolg dat, bij aanwezigheid van meerdere dubbele bindingen in het molecuul, geconjugeerde verbindingen ontstaan. Ook cis/trans-omleggingen vinden plaats.

$$R\text{-}CH^{\bullet}\text{-}CH{=}CH\text{-}CH_2\text{-}R' \rightarrow R\text{-}CH{=}CH\text{-}CH^{\bullet}\text{-}CH_2\text{-}R' \quad (2)$$

Deze radicalen kunnen door de luchtzuurstof worden geoxydeerd. In zuurstof komt een zeer reactieve vorm voor (singletzuurstof) die ze omzet in peroxy-radicalen:

$$R\text{-}CH^{\bullet}\text{-}CH{=}CH\text{-}CH_2\text{-}R' + {}^{\bullet}O\text{-}O^{\bullet} \rightarrow R\text{-}\underset{\substack{|\\ O\text{-}O^{\bullet}}}{CH}\text{-}CH{=}CH\text{-}CH_2\text{-}R' \quad (3)$$

Het peroxy-radicaal reageert vervolgens met een ander onverzadigd vetzuur, dat op zijn beurt in een radicaal wordt omgezet, terwijl het peroxy-radicaal zelf overgaat in een hydroperoxide:

$$R\text{-}\underset{\substack{|\\ O\text{-}O^{\bullet}}}{CH}\text{-}CH{=}CH\text{-}CH_2\text{-}R' + R''\text{-}CH_2\text{-}CH{=}CH\text{-}R' \rightarrow R\text{-}\underset{\substack{|\\ O\text{-}OH}}{CH}\text{-}CH{=}CH\text{-}CH_2\text{-}R' + R''\text{-}{}^{\bullet}CH\text{-}CH{=}CH\text{-}R' \quad (4)$$

Het nieuw gevormde radicaal reageert weer met singletzuurstof volgens reactie (3), zodat een kettingreactie ontstaat. Men noemt deze fase de *propagatie*.

De hydroperoxiden worden vaak aangeduid als primaire afbraakproducten. Ze kunnen enige tijd als zodanig blijven bestaan, maar ontleden op de duur toch ook. Deze ontleding wordt eveneens door zware metalen gekatalyseerd.

Als gevolg van de vetontleding ontstaan allerlei verbindingen, waarvan onverzadigde aldehyden de belangrijkste zijn. Isomerisatie van radicalen treedt ook op, waardoor het aantal verbindingen dat uiteindelijk ontstaat zeer groot is. Als in een vetzuurmolecuul meerdere dubbele bindingen aanwezig zijn, wordt dit aantal nog veel groter.

De vrijkomende hydroxylradicalen zijn zeer reactief en onttrekken gemakkelijk waterstof aan vetzuurmoleculen, waardoor opnieuw vetzuurradicalen ontstaan:

$$R\text{-}CH_2\text{-}CH{=}CH\text{-}CH_2R' + {}^{\bullet}OH \rightarrow R\text{-}{}^{\bullet}CH\text{-}CH{=}CH\text{-}CH_2\text{-}R' + H_2O \quad (5)$$

Uiteraard gaan de kettingreacties niet eindeloos door. Men spreekt van terminatie als het aantal radicalen zo groot wordt dat deze met elkaar gaan reageren in plaats van met nieuwe vetzuurmoleculen. Verscheidene terminatiereacties kunnen optreden, bijvoorbeeld tussen twee vetzuurmoleculen:

$$R^{\bullet} + {}^{\bullet}R' \rightarrow R\text{-}R' \qquad (6a)$$

of tussen een vetzuur- en een peroxyradicaal:

$$ROO^{\bullet} + {}^{\bullet}R' \rightarrow ROOR' \qquad (6b)$$

Ook tussen twee peroxy-radicalen is een terminatiereactie mogelijk:

$$ROO^{\bullet} + R'OO^{\bullet} \rightarrow ROO\text{-}OOR' \rightarrow ROOR' + O_2 \qquad (6c)$$

Naast de hier genoemde terminatiereacties kunnen ook nog andere reacties optreden.

De hydroperoxiden worden vaak aangeduid als *primaire* afbraakproducten. Ze kunnen enige tijd als zodanig blijven bestaan, maar zullen toch ontleden. Deze ontleding wordt ook door zware metalen gekatalyseerd; de ontstane verbindingen noemt men *secundaire* afbraakproducten.

De ontleding begint weer met radicaalvorming:

$$R_1\text{-}\underset{\displaystyle OOH}{\underset{|}{CH}}\text{-}R_2 \rightarrow R_1\text{-}\underset{\displaystyle O^{\bullet}}{\underset{|}{CH}}\text{-}R_2 + {}^{\bullet}OH \qquad (7)$$

Het gevormde radicaal kan met diverse andere radicalen reageren, maar valt doorgaans uiteen in een aldehyde en een alkylradicaal, bijvoorbeeld als volgt:

$$R_1\text{-}\underset{\displaystyle O^{\bullet}}{\underset{|}{CH}}\text{-}R_2 \rightarrow R_1 + R_2CH{=}O \qquad (8)$$

De vetzuurketen valt dus in twee stukken uiteen. Indien het vetzuur meervoudig onverzadigd was, zullen onverzadigde aldehyden ontstaan. Door omleggingen in het molecuul is de C=C band meestal geconjugeerd met de aldehydische C=O band. Deze conjugatie betreft ook vaak een tweede dubbele band – indien aanwezig – in de koolstofketen.

Met name meervoudig onverzadigde aldehyden bezitten een buitengewoon lage geurdrempel en worden beschouwd als rechtstreeks verantwoordelijk voor de onaangename geur van geoxideerde plantaardige oliën en de tranigheid van visolie. Ook het verschijnsel *reversie* (flavour reversion), waarbij de voor een bepaalde ruwe olie karakteristieke geur en smaak na de raffinage opnieuw ontstaat, kan op het ontstaan van dergelijke verbindingen worden teruggevoerd. Deze geur doet vaak denken aan die van rauwe bonen.

Sommige geoxideerde vetten bezitten een muffe geur en andere ruiken wat men noemt 'metaalachtig'. Vreemd is dit laatste niet, omdat sommige metalen (vooral koper) de vetoxidatie sterk katalyseren. De typische 'kopergeur' zal ook wel het gevolg zijn van katalytische oxidatie van het huidvet. Dat deze geur niet bij alle vetten dezelfde is, hangt uiteraard samen met de verschillende samenstelling van deze vetten.

Naast de al genoemde factoren die de vetoxidatie bevorderen (zichtbare en UV-straling, zuurstof, ionen van zware metalen) zijn sommige bestanddelen van levensmiddelen van invloed. Zo versnellen metaalporfyrinen (chlorofyl, de heemgroep) de oxidatiereacties. In sommige (onverhitte) levensmiddelen kan de vorming van hydroperoxiden aanzienlijk worden versneld door de aanwezigheid van *lipoxygenasen*, enzymen waarin ijzeratomen voor radicaalvorming en zuurstofoverdracht zorgen. Lipoxygenasen komen vooral in plantaardige weefsels voor; het lipoxygenase uit de sojaboon is een bekend voorbeeld, maar ook in andere bonen en in groenten komen lipoxygenasen voor. Het blancheren van groenten (een verhittingsproces) is dan ook nodig om deze te inactiveren. Bij bevroren erwten die niet vooraf zijn geblancheerd, kunnen lipoxygenasen tot een afwijkende geur leiden. Verder moet in dit verband de vetoxidatie door lipoxygenasen van *micro-organismen* worden genoemd.

Anderzijds kan het oxidatieproces worden tegengegaan door stoffen die de kettingreacties stoppen (*antioxidantia* of *antioxidanten*). Vele plantaardige oliën en vetten bezitten een hoog gehalte aan natuurlijke antioxidanten (waaronder de vitamines A en E). Het gossypol in katoenzaadolie werd al genoemd. Van meer algemeen belang zijn de tocoferolen, die veelvuldig voorkomen, met name in het dierenrijk. Ook daar zijn deze verbindingen van belang als antioxidans.

De op commerciële schaal toegepaste antioxidanten zijn synthetische verbindingen. Bekend zijn de esters van galluszuur (propyl-, octyl- en dodecylgallaat), BHA(butylhydroxyanisol) en BHT (butylhydroxytolueen). Een uitstekend antioxidans is het TBHQ (*tertiary butyl hydroquinone*), in het Nederlands: tertiair butylhydrochinon. Opgemerkt dient te worden dat ook in BHA en BHT de butylgroepen tertiair zijn. BHA kent twee isomeren.

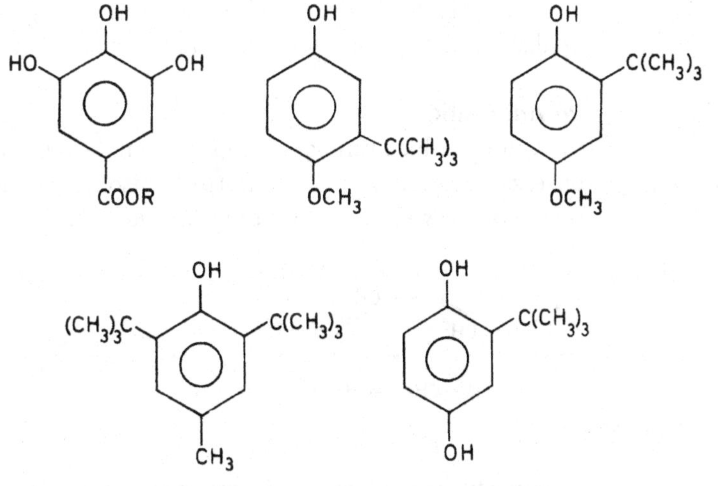

Figuur 2.7 Enkele antioxidantia voor vetten. Boven van links naar rechts: galluszure esters; de twee isomeren van BHA. Onder: BHT en TBHQ.

Antioxidanten zijn radicaalvangers. De reactie tussen radicalen en antioxidanten verloopt in het algemeen door overdracht van een waterstofatoom op het radicaal:

$$R^{\bullet} + AO\text{-}H \rightarrow RH + AO^{\bullet}, \quad \text{of} \quad ROO^{\bullet} + AO\text{-}H \rightarrow ROOH + AO^{\bullet}$$

Wel ontstaat hierbij een nieuw radicaal, maar antioxidans-radicalen participeren niet in kettingreacties. In plaats hiervan reageren zij met andere radicalen:

$$R^{\bullet} + AO^{\bullet} \rightarrow AOR$$

of met elkaar, waarbij zij stabiele dimeren vormen (dit doen BHA, BHT en TBHQ).

Een andere mogelijkheid is disproportionering. Het gallaatradicaal bijvoorbeeld disproportioneert in het oorspronkelijke molecuul en een verbinding met een chinoïde structuur.

Van belang is dat mengsels van antioxidanten doorgaans krachtiger werken dan op grond van de eigenschappen der afzonderlijke componenten zou worden verwacht. De totale hoeveelheid antioxidantia die aan een olie of vet wordt toegevoegd, hangt af van de mate van onverzadigdheid maar ligt doorgaans tussen 50 en 100 mg/kg.

Naast de hier genoemde antioxidanten worden in de praktijk verbindingen toegepast die door complexvorming zware metaalionen binden en zo hun katalytisch effect teniet doen (citroenzuur, EDTA). Reductiemiddelen zoals ascorbinezuur kunnen het oxidatieve vetbederf eveneens tegengaan, doordat deze stoffen zuurstof wegnemen. Vooral voor plantaardige oliën is deze stabilisering met complexvormers en reductiemiddelen zeer belangrijk. Radicaalvangers stoppen kettingreacties, maar kunnen niet geheel voorkomen dat toch oxidatieproducten met een lage geurdrempel worden gevormd. Bovendien worden ze snel verbruikt als nieuwe radicaalreacties optreden.

Enzymatische oxidatie kan worden voorkomen door het product te verhitten, terwijl microbiële vetoxidatie wordt tegengegaan door toevoeging van conserveermiddelen aan het voedingsmiddel (benzoëzuur, sorbinezuur).

Zeer belangrijk is een koele en donkere opslag van onverzadigde en reactieve lipiden, omdat op deze wijze de initiatiereactie wordt belemmerd.

Polymerisatie

Onder invloed van hoge temperaturen (boven 200 °C) kunnen meervoudig onverzadigde vetzuren of vetzuurresten isomeriseren tot geconjugeerde vetzuren, waardoor *Diels-Alder*-reacties mogelijk worden:

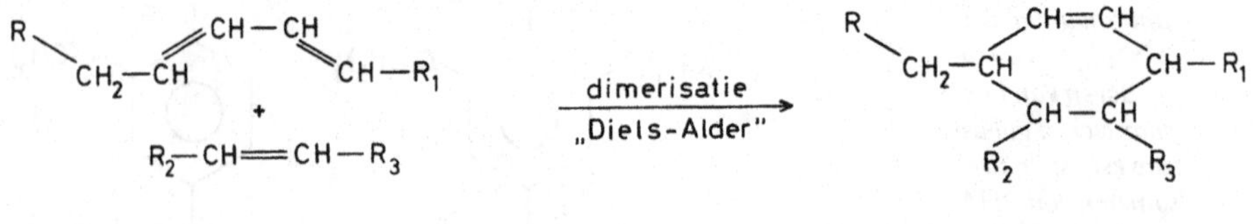

$$R\text{-}CH_2\text{-}CH{=}CH\text{-}CH{=}CH\text{-}R_1 + R_2\text{-}CH{=}CH\text{-}R_3 \xrightarrow[\text{„Diels-Alder"}]{\text{dimerisatie}} \text{cyclohexeenring: } R\text{-}CH_2\text{-}CH\text{-}CH{=}CH\text{-}CH(R_1)\text{-}CH(R_3)\text{-}CH(R_2)$$

Figuur 2.8

Dimerisatie kan ook op andere manieren optreden (bijvoorbeeld tussen twee vetzuur-radicalen; zie reactie 6a). De reacties kunnen plaatsvinden tussen vetzuurresten van één triglyceridemolecuul (intramoleculair) of tussen vetzuren van twee verschillende triglyceridemoleculen (intermoleculair). Het zal duidelijk zijn dat ook na de hier beschreven reacties nog omzettingen zullen plaatsvinden en adducten zullen worden gevormd, met als uiteindelijk resultaat een gecompliceerd netwerk van aaneengeknoopte triglyceridemoleculen die zich manifesteren door een donkere kleur en een toenemende viscositeit van de olie. Ook deze polymerisatiereacties worden gekatalyseerd door zware metaalionen.

Volledigheidshalve zij hier nog vermeld dat, na isomerisatie, ook inwendige cyclisatie van vetzuren kan optreden; men spreekt dan van cyclische monomeren.

In aanwezigheid van zuurstof wordt het mechanisme nog veel gecompliceerder. Moeilijk definieerbare zuurstofbevattende reactieproducten worden gevormd. Deze bevatten naast zuurstofbruggen ook hydroperoxide-, carbonyl-, hydroxyl- en epoxygroepen. Men spreekt in dit verband wel van oxyzuren. In het algemeen worden bij verhitting van sterk onverzadigde vetzuren naar verhouding meer oxyzuren gevormd. Verder ontstaan enkele vluchtige afbraakproducten.

De hier vermelde reacties treden – afhankelijk van de omstandigheden – in meerdere of mindere mate op tijdens het bakken en frituren. Factoren zoals baktemperatuur, bakfrequentie en uiteraard het type frituurvet zijn hierbij van belang.

Het zuurgetal van de olie (zie later) neemt tijdens het gebruik toe. Naast de verkleuring van de olie biedt dit zuurgetal in een aantal gevallen een mogelijkheid om snel een indruk te verkrijgen van de toestand van de bakolie.

Bakolie dient bij meermalig gebruik tijdig te worden ververst. Afgezien van ongewenste smaakveranderingen is inname vanuit gezondheidsstandpunt niet geheel onbedenkelijk. Toediening van (aanzienlijke) hoeveelheden langdurig en sterk verhitte oliën en vetten aan proefdieren leidde tot groeivertraging, daling van het hemoglobinegehalte in het bloed, vergroting van lever en nieren. Aanbevolen wordt, de temperatuur van de olie tijdens het bakken of frituren niet hoger dan 185 °C te laten worden.

ENKELE ASPECTEN VAN DE VERWERKING VAN VETTEN

Raffinage van oliën en vetten

Het doel van de raffinage is het verkrijgen van een schoon, aantrekkelijk uitziend en eetbaar product door het verwijderen van alle onzuiverheden die de olie of het vet een onaantrekkelijke kleur, geur en smaak geven of die het bederf bevorderen, en die de olie of het vet ongeschikt maken voor menselijke consumptie.

De onzuiverheden kunnen bestaan uit: weefseldelen (met daarin eventueel vetsplitsende enzymen), eiwitten en hun ontledingsproducten, koolhydraten, chlorofyl, carotenoïden en andere kleurstoffen, vrije vetzuren en verbindingen die zijn ontstaan door vetoxidatie.

Het raffinageproces bestaat in het algemeen uit de volgende stappen:

- voorbehandeling (ontslijmen);
- ontzuren (verwijderen van vrije vetzuren);
- bleken (verwijderen van kleurstoffen en afbraakproducten);
- desodoriseren (verwijderen van geur- en smaakstoffen).

De ontslijming vindt plaats als een aparte stap indien het gehalte aan slijmstoffen zo hoog is dat winning zin heeft (lecithine) of als de ontzuring door de aanwezigheid van slijmstoffen wordt bemoeilijkt. Bij de ontzuring vindt naast de verwijdering van vetzuren, onder invloed van de gebruikte loog, eveneens ontslijming en bleking plaats. De eigenlijke bleking geschiedt door toevoeging van adsorberende bleekaarde. De deodorisatie wordt uitgevoerd in gesloten ketels met oververhitte stoom, bij lage druk en bij temperaturen die kunnen varieren van 160 tot 180 °C en soms hoger. Tijdens de desodorisatie worden de relatief vluchtige bestanddelen door middel van de stoom verwijderd.

Naast de verwijdering van de geurstoffen zullen ook de nog aanwezige vetzuren en peroxiden, die na het ontzuren en bleken zijn achtergebleven of gevormd, worden verwijderd. Omdat de desodorisatie plaatsvindt onder volledige uitsluiting van de luchtzuurstof zullen, ondanks de hoge temperatuur, slechts kleine hoeveelheden dimeren worden gevormd. De desodorisatie is de laatste stap van het raffinageproces. Teneinde reversie te voorkomen, wordt vaak aan het einde van het desodorisatieproces citroenzuur toegevoegd.

Naast batchgewijze raffinage bestaan systemen voor continue raffinage. Bij de continue ontzuring wordt de olie stromend met loog behandeld, waarna de gevormde zeep door centrifugeren wordt verwijderd. Een dergelijke werkwijze geeft minder olieverlies.

Het is ook mogelijk, vrije vetzuren door destillatie te verwijderen. Deze methode wordt vooral toegepast bij ruwe oliën en vetten met een hoog zuurgehalte.

Harding van oliën

Het principe van de katalytische hydrogenering van onverzadigde koolwaterstoffen, door *Sabatier* en *Senderens* ontwikkeld, werd door *Wilhelm Normann* in 1899 toegepast op oliën en vetten. Sinds 1906 wordt dit proces op commerciële schaal uitgevoerd, met als eerste doel verhoging van het smeltpunt (harding) van de behandelde olie. Daarnaast is verbetering van de houdbaarheid van belang: door omzetting van sterk onverzadigde vetzuurresten in minder sterk onverzadigde wordt de neiging tot oxidatief vetbederf aanzienlijk verminderd.

De hydrogenering wordt bevorderd door metaalkatalysatoren, meestal nikkel op een kiezelgoer-drager. Belangrijk voor de werking van deze katalysatoren is de afwezigheid van 'katalysator-vergiften' zoals arseen- en zwavelverbindingen. Vetten die zwavelhoudende verbindingen bevatten (bijvoorbeeld raapolie) kunnen de activiteit van de katalysator zeer nadelig beïnvloeden.

Bij de harding wordt het vet slechts zelden volledig gehydrogeneerd. Volledig geharde vetten, met smeltpunten boven 50 °C, worden door de darmwand moeilijk opgenomen en zijn daarom als voedingsvet ongeschikt. Gewoonlijk wordt gehydrogeneerd tot een smelttraject van 28 – 45 °C. Hierbij treedt vooral hydrogenering van de sterk onverzadigde vetzuren op. Indien men uitgaat van sojaolie zal dus vooral linoleenzuur worden gehydrogeneerd en in wat mindere mate linolzuur. Dit is gunstig, omdat linoleenzuur sneller oxidatief vetbederf ondergaat dan linolzuur. Toch blijkt bij harding van sojaolie ook een aanzienlijk deel van het aanwezige linolzuur te verdwijnen. De mate waarin dit gebeurt hangt echter af van de gebruikte katalysator. Zo is met een nikkelkatalysator de verhouding gehydrogeneerd linoleenzuur/gehydrogeneerd linolzuur kleiner dan bij gebruik van een koperkatalysator. Anders gezegd: een koperkatalysator heeft een grotere selectiviteit ten opzichte van linoleenzuur. (Dat toch een nikkelkatalysator de voorkeur verdient vindt zijn oorzaak in het feit dat sporen koper, die in het vet zijn achtergebleven, het oxidatieve vetbederf in sterke mate bevorderen.)

De hydrogenering van een dubbele binding verloopt in twee stappen: eerst wordt één waterstofatoom geaddeerd, daarna het andere. In de half gehydrogeneerde tussentoestand kan ook weer een waterstofatoom worden afgestaan, hetgeen vooral gebeurt bij een relatief kleine hoeveelheid waterstof aan het katalysatoroppervlak. Dit behoeft niet het zojuist geaddeerde waterstofatoom te zijn, dus zullen op deze wijze isomeren ontstaan. Verlies van het andere waterstofatoom aan hetzelfde koolstofatoom levert een *trans*-isomeer op; verlies van een waterstofatoom aan het naburige C-atoom leidt tot verschuiving van de dubbele band, waarbij zowel de *cis*- als de *trans*-configuratie kan optreden. Met name de H-atomen van de reactieve CH_2-groep tussen twee dubbele bindingen kunnen in deze reactie participeren, met als gevolg het optreden van geconjugeerde dubbele bindingen.

Cis/trans-verschuivingen verhogen eveneens het smeltpunt van het vet omdat een trans-vetzuur een hoger smeltpunt bezit dan het overeenkomstige cis-vetzuur.

Isomerisatiereacties zoals deze treden ook in de natuur op, bijvoorbeeld bij de hydrogenering van onverzadigde vetten door de pensflora van herkauwers. Daardoor komen geïsomeriseerde vetzuren ook in kleine hoeveelheden voor in het lichaamsvet en in de melk van deze dieren.

Bereiding van margarine

Margarine is de voornaamste vetbron in ons voedsel. Het heeft daarom zin, op deze plaats enige regels te wijden aan de margarinevervaardiging.

Margarine is evenals boter een emulsie van water in olie. Smeltgedrag, consistentie, smeerbaarheid en de weerstand tegen oxidatie zijn de voornaamste factoren die de kwaliteit en houdbaarheid bepalen. De smeerbaarheid van een tafelmargarine hangt voornamelijk af van het percentage vast vet in de vloeibare vetfase, smeltpunt en afmetingen van de ‘vetkristallen’, de wijze van emulsiebereiding en uiteraard de temperatuur.

In het algemeen verlangt men een goede smeerbaarheid over een lang temperatuurtraject. Met name door toepassing van geharde vetten kan op grote schaal aan deze eisen worden voldaan. Daarbij is van belang dat het mengsel een groot aantal verschillende vetzuren bevat. De triglyceriden die uit deze vetzuren zijn opgebouwd, hebben alle hun eigen smeltpunt. Met name *geharde visolie* bestaat uit een mengsel dat, door zijn grote verscheidenheid aan triglyceriden, over een lang temperatuurtraject smeerbaar is. Geharde visolie wordt dan ook veelvuldig voor de margarinebereiding gebruikt.

Voor de waterfase van margarine kan water, maar ook volle of magere melk worden gebruikt. Het is deze waterfase die in sterke mate het aroma van de margarine bepaalt. Gedurende de verzuring van melk met behulp van organismen als *Streptococcus lactis, S. cremoris* en *S. citrovorus* worden aromatische verbindingen gevormd die, samen met andere additieven, verantwoordelijk zijn voor de geur en smaak van de margarine. Bij de productie van margarine kunnen onder andere worden gebruikt: lactose, melkzuur en zetmeel, aromastoffen (diacetyl), zout (niet alleen voor de smaak maar ook voor de conservering), emulgatoren, antispatmiddelen, kleurstoffen en de vitamines A en D.

De productie van margarine vindt thans geheel continu plaats. Het maken van de emulsie, het koelen en het kneden geschieden in een gesloten systeem. De apparatuur bestaat voornamelijk uit een aantal achter elkaar geplaatste warmtewisselaars (votators). De hygiënische omstandigheden waaronder kan worden gewerkt, vormen een belangrijk voordeel van de continue margarinebereiding.

EMULGATOREN, SURFACTANTS

Emulgatoren zijn stoffen die de grensvlakspanning tussen twee niet-mengbare fasen (bijvoorbeeld water en olie) verminderen en daardoor de fijne verdeling (dispersie) van de ene in de andere fase vergemakkelijken. Ze behoren daarmee tot de *surfactants*, die zich in grenslagen ophopen. (De Nederlandse benaming 'oppervlakte-actieve stoffen' wordt zelden gebruikt.) Karakteristiek voor deze stoffen is dat ze uit een hydrofiel en een lipofiel gedeelte bestaan. De fosfoglyceriden, die al op pagina 81 werden genoemd, zijn daar een karakteristiek voorbeeld van.

Met een stof als lecithine kan men gemakkelijk een emulsie van olie in water maken. Deze stof kan evenwel niet verhinderen dat de kleine oliedruppeltjes, door onderlinge aantrekking, na enige tijd toch weer samenvloeien en de olie zich als een laagje bovenop de vloeistof afscheidt. Om dit te voorkomen is het nodig dat de druppeltjes elkaar niet gemakkelijk kunnen benaderen. Men kan dit bijvoorbeeld bereiken door een negatief geladen surfactant toe te voegen, waardoor ook de druppeltjes een negatieve lading krijgen en elkaar dus afstoten. Een dergelijke stabilisatie werkt echter niet als de ionensterkte van de waterfase te hoog is of, met andere woorden, te veel zout bevat, en dat is al spoedig het geval.

Een andere vorm van stabilisatie is mogelijk door surfactants met een grote hydrofiele groep toe te voegen. Dat kan bijvoorbeeld een monoglyceride zijn waar op een andere plaats een polyoxyethyleen-keten is aangehecht, $H(OCH_2CH_2)_n$-O-. De oliedruppeltjes raken dan omgeven door een laagje hydratatiewater dat contact verhindert. Een dergelijke stabilisatie is relatief ongevoelig voor een wat hogere ionensterkte, maar wel zeer gevoelig voor hoge temperaturen.

Stabilisatie van een emulsie kan ook worden verkregen door emulgatoren die een vast laagje vormen op het grensvlak tussen olie en water. Deze film maakt samenvloeiing van kleinere druppeltjes fysisch onmogelijk. Een voorbeeld van een dergelijke stof is het mono-stearaat van propyleenglycol (PGMS). Deze verbinding bezit een wasachtig kristallijne structuur en heeft een zeer duidelijke voorkeur voor de grenslaag.

Stabilisatie van een emulsie heeft dus *geen* direct verband met het vermogen van de stabilisator om de grensvlakspanning te verlagen, zoals dat wel met lecithine het geval is.

Sojalecithine, dat wordt verkregen als bijproduct van sojaolie, bestaat uit ongeveer gelijke delen fosfatidylethanolamine (PE), fosfatidylcholine (PC) en fosfatidylinositol (PI). Deze verbindingen hebben enigszins verschillende eigenschappen. Met PE en vooral PC kunnen vooral olie-in-water-emulsies worden bereid, terwijl PI een goede stabilisator is voor water-in-olie-emulsies. Door middel van ethanol kan lecithine in twee fracties worden verdeeld, een oplosbare en een die niet oplost. De fractie die in ethanol oplost, bevat vrijwel alle PC en de fractie die niet oplost vrijwel alle PI. PE verdeelt zich over de beide fracties.

ANALYSE VAN VETTEN

Kwantitatieve bepaling van lipiden in levensmiddelen

Het vetgehalte van levensmiddelen wordt vaak bepaald door extractie met een organisch oplosmiddel. Daarna wordt het oplosmiddel verdampt en de hoeveelheid achtergebleven vet door weging bepaald. Zeer algemeen verbreid is de methode volgens *Soxhlet,* waarbij het tevoren gedroogde materiaal in een papieren huls wordt gebracht en het geheel in een speciale opzet wordt geplaatst, die op een kookkolf wordt aangesloten. In de kolf bevindt zich het oplosmiddel, meestal petroleumether. De inhoud van de huls wordt gedrenkt in het vanuit een koeler condenserende oplosmiddel, dat van tijd tot tijd via een overloopproces in de kookkolf terugvloeit. Hoewel de opstelling tijdens de extractie weinig aandacht vraagt, is de lange extractietijd (4 tot 8 uur) soms een bezwaar. Er bestaan echter technieken waarbij deze tijd kan worden bekort.

Tijdens de procedure wordt het geëxtraheerde vet lange tijd aan verwarming blootgesteld, hetgeen bij labiele vetten tot ongewenste reacties aanleiding kan geven. Dit geldt vooral bij het drogen van het ingedampte extract. Soms worden om die reden antioxidanten toegevoegd, die dan uiteraard niet vluchtig mogen zijn.

Varianten op deze gravimetrische bepalingen zijn technieken waarbij het vet wordt opgelost in een oplosmiddel waarvan de brekingsindex of het soortelijk gewicht sterk van die van het vet verschilt (monochloornaftaleen respectievelijk gechloreerde alkanen). Door bepaling van brekingsindex of soortelijk gewicht van het extract kan het vetgehalte worden berekend. In de *Foss-Let*-methode wordt het soortelijk gewicht van het extract bepaald met een drijver waarin zich een ijzeren kern bevindt. De opwaartse kracht die deze drijver ondervindt, wordt door middel van een elektromagneet gecompenseerd; de hiervoor benodigde stroomsterkte is een maat voor het vetgehalte.

Door extractie met petroleumether worden niet alle lipiden meebepaald. Fosfolipiden lossen er bijvoorbeeld vrijwel niet in op en moeten met een meer polair oplosmiddel worden geëxtraheerd. Verder zijn de fosfolipiden vaak complex aan eiwitten gebonden. Deze complexen kunnen niet door petroleumether worden verbroken, maar meestal wel door methanol of ethanol. Ook eiwitten op zichzelf kunnen storen, doordat veel lipiden in de eiwitmassa zijn ingesloten en daardoor niet goed kunnen worden geëxtraheerd. Door vooraf drogen van het materiaal bij verhoogde temperatuur wordt de extraheerbaarheid beter. Het vet kan echter veel sneller worden geïsoleerd door het monster te ontsluiten via afbraak en/of oplossen van de eiwitten. Dit kan geschieden met zuur (vetbepalingen volgens *Weibull, Berntrop* of *Gerber)* of met ammonia (bepaling van vet in melk volgens *Röse-Gottlieb).*

Indien het vet – na isolatie – verder moet worden onderzocht, is geen van de genoemde technieken geschikt, omdat verhitting voor en tijdens de extractie veranderingen in de lipiden kan veroorzaken. Het te onderzoeken monster wordt dan direct gehomogeniseerd in een mengsel van chloroform en methanol; vervolgens wordt water toegevoegd en, na scheiding van de vloeistoffasen, een deel van de chloroformlaag (die de lipiden bevat) voor verder onderzoek benut. Vaak is het noodzakelijk de extractietemperatuur laag te houden en zuurstof zoveel mogelijk uit te sluiten.

Bepaling van afzonderlijke bestanddelen van lipiden

Het vetzuurpatroon

De vrije vetzuren die door verzeping uit een lipide worden verkregen, kunnen via capillaire gas/vloeistofchromatografie worden gescheiden, nadat deze in hun methylesters zijn omgezet.

Bij zeer gecompliceerde mengsels, of in gevallen waarbij het nodig is om sporen van bepaalde vetzuren ondubbelzinnig te bepalen, kunnen voorscheidingen worden toegepast, waarbij diverse chromatografische technieken ter beschikking staan. Ook kan men klassieke werkwijzen zoals gefractioneerde destillatie of kristallisatie toepassen. Een bijzondere vorm van gefractioneerde kristallisatie is de werkwijze waarbij met behulp van ureum bepaalde adducten worden gevormd. Ureumkristallen bevatten kanalen waarin vetzuurmoleculen passen, mits deze niet gekromd zijn zoals meervoudig onverzadigde *cis-cis* vetzuren. Op deze wijze kan een scheiding in verschillende vetzuurtypen worden uitgevoerd.

Cholesterol kan gaschromatografisch worden bepaald, maar er bestaan ook enzymatische methoden.

Triglyceriden

Naast de scheiding van vetzuren bestaat de mogelijkheid, de triglyceriden als zodanig aan gaschromatografische analyse te onderwerpen. Men maakt gebruik van een korte kolom; als stationaire fase dient een siliconenolie met een hoge polymerisatiegraad, terwijl de kolom wordt geprogrammeerd tussen 200 en 350 °C. De scheiding tussen de verschillende triglyceriden vindt vrijwel geheel plaats op grond van het aantal koolstofatomen. Deze techniek vindt haar toepassing bij het identificeren van vetten en mengsels van vetten, bijvoorbeeld voor de controle op het vervalsen van botervet. Vaak worden de triglyceriden eerst geïsoleerd, waarna een voorscheiding op de dunne laag (bijvoorbeeld tussen verzadigde en onverzadigde triglyceriden) wordt uitgevoerd. Scheiding naar verzadigingsgraad is mogelijk op kiezelgelplaten die tevoren met zilvernitraat zijn geïmpregneerd.

Kengetallen

Van oudsher heeft men zich in de vetanalyse bediend van zogenoemde *kengetallen*: dimensieloze grootheden, die kenmerkend zijn voor de identiteit van oliën, vetten of mengsels daarvan. Hoewel de identiteit van een lipide of de samenstelling van een mengsel van lipiden tegenwoordig zeer nauwkeurig kan worden vastgesteld, worden nog steeds kengetallen bepaald en niet bij wijze van uitzondering. Deze klassieke methoden zijn namelijk eenvoudig en vaak ook snel uit te voeren; in vele gevallen is de verkregen informatie voldoende om te weten of een olie of vet aan bepaalde eisen voldoet, hetgeen met name in de handel van belang is. Enkele van de meest gebruikelijke kengetallen zullen nu worden besproken en wel het joodadditiegetal, het verzepingsgetal en het hydroxylgetal.

Het joodadditiegetal, ook wel *joodgetal* genoemd, is een veel gebruikt kengetal voor oliën en vetten. Het duidt de mate van onverzadigdheid aan: hoe onverzadigder een vet is, des te meer halogeen zal het via een additiereactie kunnen opnemen. Hoewel dit additievermogen wordt uitgedrukt in grammen jood per 100 gram vet, wordt de reactie toch niet met jood uitgevoerd omdat dit halogeen slechts langzaam en onvolledig wordt geaddeerd. Doorgaans wordt een oplossing van joodmonochloride in ijsazijn (oplossing van *Wijs)* voor dit doel gebruikt. De aard van de geaddeerde halogeenatomen (chloor of jood) is niet van belang, omdat de hoeveelheid geaddeerd halogeen door terugtitratie van de overmaat joodmonochloride wordt vastgesteld – dus in mgeq wordt gemeten – en daarna wordt berekend als jood.

Een cis- dan wel trans-configuratie rond een dubbele band heeft geen invloed op het joodgetal.

Tabel 2.5 Joodadditiegetallen van enkele lipiden

Olie of vet	Joodadditiegetal
Cocosolie	7-12
Melkvet (botervet)	28-36
Talk (rundvet)	42
Reuzel (varkensvet)	50-70
Olijfolie	80
Arachide-olie (uit grondnoten)	95
Sojaolie	120-140
Zonnebloempitolie	140
Levertraan	200
Oliezuur	90
Linolzuur	181
Linoleenzuur	272

Het *verzepingsgetal* is het aantal millimolen KOH, benodigd om 1 gram vet te verzepen. Het geeft dus een indruk van het 'equivalentgewicht' en derhalve van de gemiddelde molmassa van de vetzuren. Vetten waarin veel vetzuren met korte ketens voorkomen, bezitten een hoog verzepingsgetal; bij vetten met uitsluitend lange vetzuurketens is het verzepingsgetal laag.

Het hydroxylgetal is een maat voor het gehalte aan vrije hydroxylgroepen in een olie of vet. Deze zijn meestal afkomstig van mono- en diglyceriden. Het is gedefinieerd als het aantal mg KOH, equivalent aan de hoeveelheid azijnzuur die benodigd is om 1 gram vet te acetyleren.

Het *zuurgetal* geeft aan hoeveel vrij vetzuur in een vet aanwezig is en wordt gedefinieerd als het aantal mg KOH, nodig om 1 g vet te neutraliseren. Hiernaast hanteert men de begrippen zuurgraad (het aantal mg KOH, benodigd om 100 g vet te neutraliseren) en zuurgehalte (het percentage vrij vetzuur, uitgedrukt als oliezuur of een ander veel voorkomend vetzuur).

Het zuurgetal is geen echt kengetal maar een toestandskenmerk. Het geeft immers geen informatie over de identiteit van een olie of vet, maar over de kwaliteit.

Zuurgetallen worden veelvuldig bepaald bij de raffinage van vetten, teneinde te kunnen berekenen hoeveel loog bij de ontzuring dient te worden toegevoegd.

Het verschil tussen verzepingsgetal en zuurgetal (in mgeq) noemt men het *estergetal*, een term die geen nadere uitleg behoeft.

Fysische metingen

Bij het onderzoek van oliën en vetten kunnen ook de fysische eigenschappen zoals smeltgedrag, brekingsindex, kleur of viscositeit van belang zijn.

De bepaling van de *brekingsindex* van een vet levert zeer snel een nauwkeurige waarde op waardoor het bijvoorbeeld mogelijk is, een hardingsproces te volgen. Zoals bekend is, wordt de brekingsindex sterk beïnvloed door de hoeveelheid dubbele bindingen in de moleculen; er bestaat dan ook een correlatie tussen de brekingsindex van een olie of vet en het joodadditiegetal. Voor identificatiedoeleinden is deze grootheid natuurlijk niet geschikt.

Voor de meting van de kleur van een vet worden nog steeds subjectieve methoden gebruikt. Een bekend apparaat is de *Lovibond-tintometer*, waarin men de kleur van het (gesmolten) vet- of oliemonster kan vergelijken met de kleur van doorzichtige wiggen die over elkaar worden geschoven. De kleurmeting is bruikbaar als controle op het bleekproces bij de raffinage van vet en voorts bij het op eenvoudige wijze constateren van de kwaliteitsachteruitgang van vet door verhitting, waarbij de kleurverdieping in een getalwaarde kan worden vastgelegd. De kwaliteitsvermindering van olie of vet gedurende het bakken kan eveneens worden vastgesteld door de viscositeit te meten. Voor dit doel wordt ook wel de temperatuur bepaald waarbij de olie gaat walmen (rookpunt) of schuimen.

Geurveranderingen als gevolg van verhitting kunnen zeer gevoelig langs organoleptische weg worden waargenomen. De bepaling van het zuurgehalte in dit verband is al aan de orde gekomen.

Bepaling van oxidatief vetbederf

Zoals is uiteengezet, begint vetoxidatie met het optreden van geconjugeerde dubbele bindingen en het ontstaan van hydroperoxiden. Zowel het ene als het andere verschijnsel kan door middel van eenvoudige technieken worden vervolgd.

Geconjugeerde dubbele bindingen vertonen een sterke absorptie in het ultraviolet; de dieënconfiguratie bij 232 nm en de trieënconfiguratie bij 270 nm. Meting bij deze golflengten levert derhalve informatie op omtrent de mate waarin deze componenten zijn gevormd.

De hydroperoxiden zijn in staat, jodide tot jood te oxideren; hiervan wordt gebruikgemaakt bij de bepaling van het peroxidegetal. Dit getal is gedefinieerd als de hoeveelheid meq peroxide-zuurstof per kg vet. Het monster wordt opgelost in een mengsel van ijsazijn en chloroform, waarna een jodide-oplossing wordt toegevoegd. Na enige tijd wordt het vrijgekomen jood getitreerd met thiosulfaat. Een acceptabel, dat wil zeggen weinig geoxideerd vet, heeft een peroxidegetal dat lager ligt dan 3.

Het peroxidegehalte van een vet wordt ook wel opgegeven als de hoeveelheid m*mol* peroxide-zuurstof, d.i. de halve hoeveelheid per kg vet; vaak wordt deze grootheid aangeduid als *'Lea-getal'*. Hierdoor ontstaat wel eens verwarring.

De bepaling van het peroxidegetal geeft informatie over de eerste stadia van vetoxidatie. Op zich zijn de peroxiden reuk- en smaakloos; afbraakproducten van deze peroxiden (vooral onverzadigde aldehyden) zijn echter verantwoordelijk voor de sensorische eigenschappen van geoxideerd vet.

Verscheidene methoden zijn ontworpen om de ontwikkeling van oxidatieproducten te correleren met het organoleptisch waargenomen oxidatieve vetbederf. De correlatie met het peroxidegetal is slechts bij beginnende vetoxidatie aanwezig. Er komt namelijk bij oxidatie van de meeste vetten een moment dat de peroxiden sneller worden afgebroken dan gevormd. Het peroxidegetal daalt dus, terwijl de hoeveelheid secundaire afbraakproducten blijft stijgen.

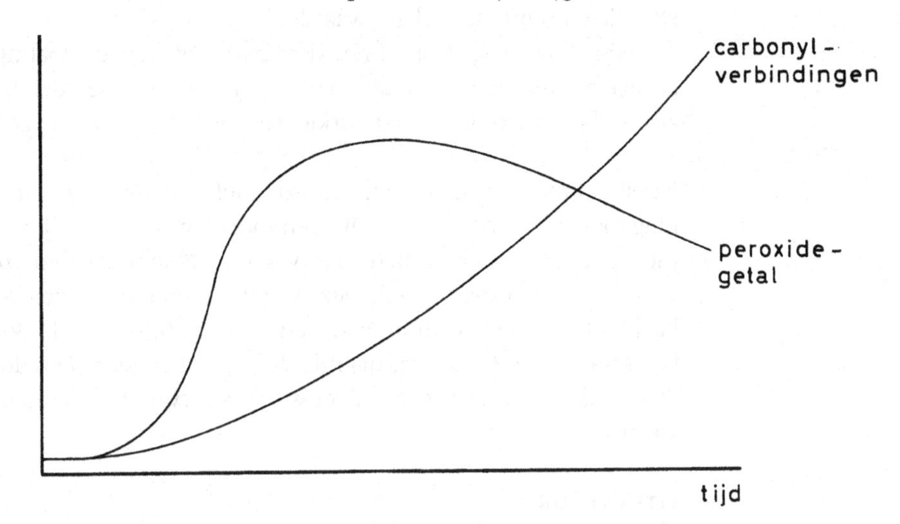

Figuur 2.9 Verloop van het peroxidegetal en van de hoeveelheid carbonylverbindingen in een oxiderend vet

Voor de bepaling van oxidatief vetbederf in een vet *als zodanig* is anisidine een gevoelig reagens. Deze stof koppelt zich gemakkelijk aan onverzadigde aldehyden, vooral aan meervoudig onverzadigde. De definiëring van het anisidinegetal wordt hier buiten beschouwing gelaten.

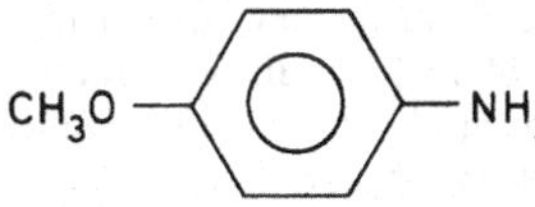

$$CH_3O - C_6H_4 - NH_2$$

Figuur 2.10

Vaak wordt voor het vastleggen van de mate van vetoxidatie de *TOTOX-waarde* gebruikt. Hieronder verstaat men het getal dat wordt verkregen door bij het anisidinegetal tweemaal het peroxidegetal op te tellen.

Voor het bepalen van oxidatief vetbederf in voedingsmiddelen die veel vet bevatten (maar ook in oliën en vetten als zodanig) is de *thiobarbituurzuurmethode* zeer bruikbaar. Thiobarbituurzuur (veel gebruikte Engelse afkorting: TBA) is een reagens op malondialdehyde, dat tijdens de oxidatie van meervoudig onverzadigde vetzuren zou worden gevormd. Bij de reactie van malondialdehyde met TBA ontstaat een verbinding met een roze kleur, waarvan de intensiteit spectrofotometrisch kan worden bepaald.

Het is niet zeker dat malondialdehyde in geoxideerde vetten inderdaad als zodanig aanwezig is. In elk geval kan het door verhitting uit andere oxidatieproducten ontstaan. Mogelijk is de kleurontwikkeling het gevolg van ontleding van deze groep van verbindingen tijdens de verwarming met het reagens.

Een ander probleem is dat tijdens het verwarmen van levensmiddelen die sterk onverzadigde vetten bevatten, in verhoogde mate oxidatieproducten uit deze vetten worden gevormd, hetgeen de betrouwbaarheid van de bepaling in die levensmiddelen uiteraard in ongunstige zin beïnvloedt. Het is evenwel mogelijk, een waterig extract van de waar te maken (bijvoorbeeld met behulp van trichloorazijnzuur) en in dit extract de bepaling uit te voeren. Deze procedure leidt wel tot stabiele en reproduceerbare waarden.

Een eenvoudige test op vetoxidatie tenslotte is de bepaling van het *verzepingskleurgetal*. Deze berust op de waarneming dat geoxideerde oliën en vetten tijdens alkalische verzeping donker verkleuren als gevolg van polycondensatiereacties.

Naast het meten van de *mate* van oxidatief vetbederf is de *stabiliteit* met betrekking tot oxidatie belangrijk. Om een indruk van deze stabiliteit te verkrijgen, leidt men meestal lucht door hete olie. Vervolgend bepaalt men op gezette tijden bijvoorbeeld het peroxidegetal. Deze wijze van meten is tegenwoordig wat achterhaald. Men meet nu automatisch en continu, bijvoorbeeld door een van de afbraakproducten (mierenzuur) met de lucht af te voeren en door een meetcel te leiden. In de cel bevindt zich zuiver water, waarvan de geleidbaarheid wordt geregistreerd.

LITERATUUR

1 A.C. Beynen en M.B. Katan, Impact of dietary cholesterol and fatty acids on serum lipids and lipoproteins in man. In: A.J. Vergroesen en M. Crawford, The role of fats in human nutrition, 2e druk, pp. 237-286. Academic Press 1989.
2 F. Guardiola, R. Codony, P.B. Addis, M. Rafecas en J. Boatella, Biological effects of oxysterols: current status. Food Chemistry and Toxicology 34 (1996) 193-211.
3 W.E.M. Lands, Fish and human health, pp. 121-125. Academic Press 1986.
4 A.P. Simopoulos, Omega-3 fatty acids in health and disease and in growth and development. American Journal of Clinical Nutrition 54 (1991) 438-463.
5 Report of the Scientific Commission for Food on nutrient and energy intakes for the European Community. CEC Directorate-General Internal market and Industrial Affairs, 111/C/1. Brussel, 22 februari 1993.
6 Clyde E. Stauffer, Fats and oils: practical guides for the food industry. Egan Press, St. Paul, Minnesota, USA 1996. 149 pp.

3 Koolhydraten

Koolhydraten zijn in grote hoeveelheden in ons voedsel aanwezig. De naam is het gevolg van de waarneming dat bij verhitting van suikers water(damp) ontwijkt en een zwarte massa achterblijft, dus analoog aan de verhitting van bijvoorbeeld het blauwe hydraat van kopersulfaat, $CuSO_4 . 5 H_2O$, waarbij wit anhydrisch kopersulfaat overblijft en water verdwijnt. De gedachte dat men hier met hydraten van kool(stof) heeft te maken, werd bevestigd toen de bruto formule van deze verbindingen als $C_m(H_2O)_n$ kon worden vastgesteld. Al spoedig moet men hebben ingezien dat in deze gevallen geen sprake is van hydratatiewater. De naam 'koolhydraten' was inmiddels echter ingeburgerd en wordt tot op de dag van vandaag gehandhaafd.

Thans worden ook andere verbindingen, die niet aan deze formule voldoen, tot de koolhydraten gerekend; een voorbeeld is de suiker rhamnose ($C_6H_{12}O_5$), waarin een methylgroep voorkomt. In het algemeen verstaat men onder koolhydraten verbindingen die aan een koolstofketen waterstof- en zuurstofatomen in de vorm van hydroxy-, aldehyde- en ketogroepen en uiteraard ook waterstof als zodanig dragen. Verwante verbindingen met zure groepen, zoals aldonzuren en uronzuren, worden eveneens als koolhydraten beschouwd. Dit geldt ook voor chitine, de bouwstof van het insectenpantser, opgebouwd uit acetylglucosamine-eenheden. Na cellulose is dit de meest voorkomende organische verbinding. Telt men alle koolhydraten bijeen, dan bestaat ongeveer dertig procent van de biomassa op aarde uit koolhydraten. Voor het leven op aarde is de fotosynthese, de opslag van zonne-energie door omzetting van CO_2 in koolhydraten, essentieel.

In het plantenrijk domineren suikers (mono- en disachariden), zetmeel, cellulose, hemicellulose, pectinen en gommen. Als belangrijk dierlijk koolhydraat moet nog het glycogeen worden genoemd, het dierlijk equivalent van zetmeel.

Voor een juist begrip van de koolhydraten als bestanddeel van ons voedsel heeft het zin, enige basiskennis hier samen te vatten. Daarom zullen nu bouw en nomenclatuur van sachariden, de stereo-isomerie, het verschijnsel mutarotatie en de glycosidische binding nog eens de revue passeren.

Nomenclatuur

De enkelvoudige suikers, monosachariden of monosen genaamd, zijn polyalcoholen met doorgaans aan elk koolstofatoom op één na een hydroxylgroep. Het overblijvende C-atoom maakt deel uit van een carbonylgroep. Door deze groep bezitten de monosen reducerende eigenschappen. De koolstofatomen worden genummerd vanaf de zijde waar zich de carbonylgroep bevindt, of naar analogie daarvan. Is deze carbonylgroep eindstandig, dan bezit de suiker een aldehydgroep en spreekt men van een *aldose*; bevindt de carbonylgroep zich op een andere plaats (doorgaans de 2-plaats) dan noemt men deze suiker een *ketose*. Vaak wordt in deze namen tevens het aantal C-atomen aangegeven (aldopentose; ketohexose enzovoort). De aanduidingen pentose, hexose enzovoort geven dus het aantal C-atomen in de keten weer. Op deze regel zijn uitzonderingen: rhamnose, met zes koolstofatomen, wordt als methylpentose aangeduid.

Samengestelde koolhydraten onderscheidt men in *oligo-* en *polysachariden*. Meestal gaat het om een aaneenschakeling van hexose-eenheden, waarbij elke condensatie een molecuul water oplevert. Onder oligosachariden verstaat men verbindingen die uit twee tot tien monosacharide-eenheden zijn opgebouwd (di-, tri-, tetra- enzovoort tot decasachariden); polysachariden bevatten meer van deze eenheden.

Stereo-isomerie

Elke CHOH-groep in een sacharidemolecuul bevat een asymmetrisch C-atoom. Het eenvoudigste aldose waarbij stereo-isomerie optreedt, is de triose *glyceraldehyde*:

```
 H                        H
  C=O                      C=O
  |                        |
HO—C—H                  H—C—OH
  |                        |
 CH2OH                    CH2OH
```

Figuur 3.1

Vanuit deze beide stereo-isomeren is de onderscheiding in D- en L-suikers afgeleid. De CHOH-groep die het verst van de carbonylgroep is verwijderd, bepaalt of men met een D- dan wel met een L-vorm heeft te maken. Is in de op deze wijze geprojecteerde formule de onderste CHOH-groep gericht als in D-glyceraldehyde dan spreekt men van een D-suiker; wijst de OH-groep naar links dan is de stof een L-suiker. *Dit betekent niet noodzakelijkerwijs dat de suiker zelf ook rechts- of linksdraaiend is.* De optische draaiing wordt aangegeven door het teken (+) of (-): D(+)-glucose is dus rechtsdraaiend, D(-)fructose linksdraaiend.

Mutarotatie

De carbonylgroep in een suiker heeft de neiging, met een van de verder afgelegen OH-groepen tot een halfacetaal te reageren. In de suiker ontstaat dan een cyclische structuur. Omdat nu een nieuw asymmetrisch C-atoom optreedt (het *anomere centrum*), zijn twee cyclo-halfacetaalvormen mogelijk, die met α en β worden aangeduid. De vorm waarin de 'nieuwe' OH-groep zich aan dezelfde zijde van het molecuul bevindt als de OH-groep aan het hoogst genummerde asymmetrische C-atoom (ook al is dit in de halfacetaalvorming betrokken) krijgt de aanduiding α. Voor L-suikers geldt de omgekeerde redenering.

Mutarotatie treedt op zodra een suiker in water wordt opgelost; het verschijnsel kenmerkt zich door een geleidelijke verandering in de optische draaiing tot een bepaalde waarde is bereikt. De evenwichten liggen sterk naar rechts: glucose

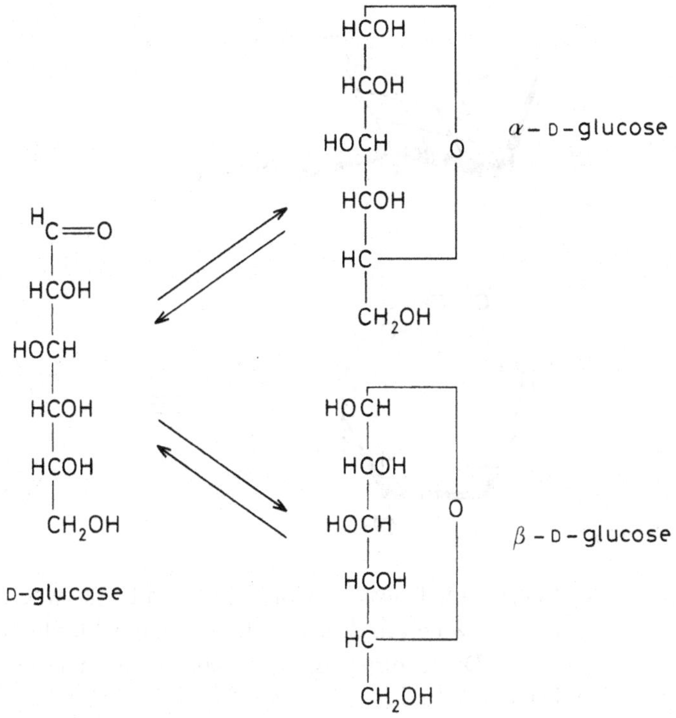

HCOH
HCOH
HOCH O
HCOH
HC
CH_2OH
α-D-glucose

H C=O
HCOH
HOCH
HCOH
HCOH
CH_2OH
D-glucose

HOCH
HCOH
HOCH O
HCOH
HC
CH_2OH
β-D-glucose

Figuur 3.2

is in waterige oplossing voor 36% in de α-, voor 64% in de β- en voor 0,02% in de open vorm aanwezig.

Bij deze cyclisaties ontstaan meestal pyranose-ringen. Dit zijn zesringen met één zuurstofatoom in de ring; de naam is afgeleid van de heterocyclische verbinding pyraan. Ook furanose-ringen (vijfringen; naam afgeleid van furaan) zijn mogelijk, bijvoorbeeld bij fructose. De gecycliseerde suikers noemt men pyranosen respectievelijk furanosen. Indien bij één suiker deze verschillende vormen gelijktijdig optreden, spreekt men van *anomerie.*

Doordat suikers vrijwel geheel in de gecycliseerde vorm voorkomen, is hun carbonylfunctie niet zo duidelijk aanwezig. Toch bezitten suikers enige karakteristieke eigenschappen van carbonylverbindingen, zoals de vorming van derivaten met gesubstitueerde hydrazinen, met name fenylhydrazine. (Door vorming van deze verbindingen verschuift het evenwicht natuurlijk.) Ook het reducerend vermogen blijft aanwezig.

Voor het weergeven van monosachariden in de cyclische vorm wordt dikwijls een andere schrijfwijze gevolgd dan de reeds gebruikte, die bekend staat als de Fischer-projectie. Bij de in dit boek ook gebruikte *Haworth*-projectie kijkt men schuin tegen de zes- of vijfring aan, hetgeen vaak wordt verduidelijkt door de lijnen aan de voorzijde van de ring wat te verdikken.

Thans wordt in toenemende mate de uit 1950 daterende ruimtelijke voorstelling van *Reeves* gebruikt. Men kan hierbij denken aan de ruimtelijke weergave van het cyclohexaanmolecuul als een 'boot-' of een 'stoel-vorm'. De stoelvorm is in energetisch opzicht de gunstigste configuratie en dient dan ook als basis voor de weergave van pyranoseringen.

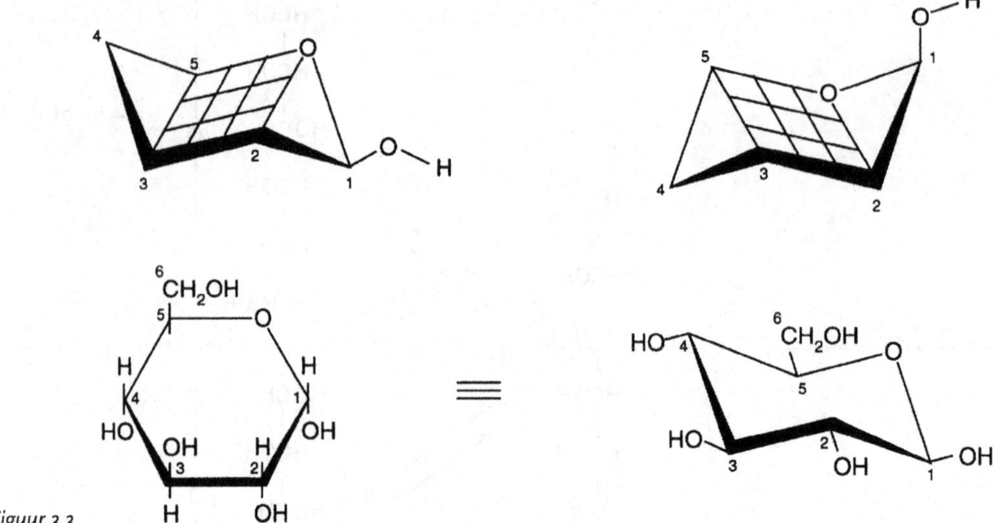

Figuur 3.3

In een aantal gevallen vindt deze ruimtelijke weergave duidelijk de voorkeur, maar terwille van de overzichtelijkheid is hier toch voor de *Haworth*-projectie gekozen. De nummering van de koolstofatomen gebeurt meestal rechtsom, maar kan ook linksom geschieden.

Ook bij vijfringen (zoals in fructose) kan de structuur ruimtelijk worden weergegeven. De zaak ligt hier wat gecompliceerder omdat niet één vorm met een starre structuur overheerst, maar een evenwicht bestaat tussen vormen met vrijwel dezelfde energie-inhoud. In hoofdzaak gaat het hier om de E- en de T-vorm (E van envelop, T van twisted, gedraaid).

Figuur 3.4

De glycosidische binding

De vorming van halfacetalen levert een reactieve hydroxylgroep op, die bekend staat als de glycosidische OH-groep. Een veelvoorkomende reactie is die met nog een OH-groep tot een acetaal. Op deze wijze kan het ene monosacharide-molecuul aan het andere worden gekoppeld:

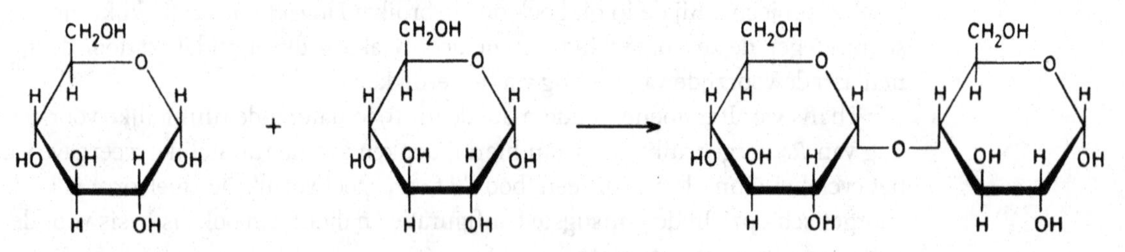

Figuur 3.5

Maltose kan met een derde glucosemolecuul maltotriose vormen, enzovoort. In waterige oplossing verlopen deze reacties, in tegenstelling tot de cyclohalfacetaalvorming, niet spontaan: dan zou glucose immers gaandeweg tot een macromolecuul condenseren. Wel treedt deze reactie in de levende natuur op, met name in planten, onder invloed van bepaalde enzymen.

In de reactie van glucose tot maltose wordt het eerste C-atoom van het ene glucosemolecuul via een zuurstofatoom aan het vierde C-atoom van het andere glucosemolecuul gebonden. Men spreekt hierbij van een *1,4-glycosidische binding.* In deze binding kan de α- zowel als de β-vorm van glucose zijn betrokken.

Amylose, een hoofdbestanddeel van zetmeel, bestaat uit glucose-eenheden die in hoofdzaak door α-1,4-glycosidische bindingen zijn verbonden. Als gevolg hiervan wijzen alle CH_2OH-groepen naar eenzelfde kant.

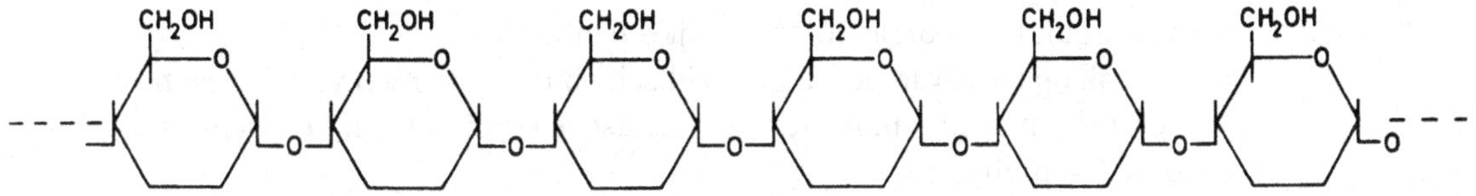

Figuur 3.6

Cellulose daarentegen is opgebouwd via β-glycosidische bindingen. Hierdoor ontstaat een keten waarbij de CH_2OH-groepen afwisselend naar de ene of de andere zijde wijzen.

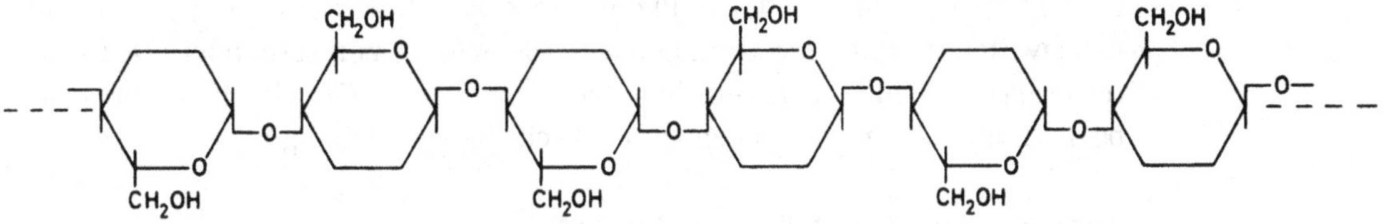

Figuur 3.7

Deze verschillende opbouw heeft vrij grote gevolgen voor de eigenschappen van beide polysachariden. De glucoseketens van amylose zijn gebogen en bezitten een helix-configuratie. Deze helix lijkt qua vorm op de α-helix die in eiwitten voorkomt, maar is een stuk groter. Per winding zijn ruim zes glycosidische eenheden aanwezig. De helix kan kleine of lange moleculen insluiten; dit zal verderop nog aan de orde komen.

Cellulose daarentegen heeft vlakke, gestrekte ketens. Daardoor zijn de mogelijkheden tot interactie tussen de ketens groot; talloze waterstofbruggen verbinden de ketens tot een zeer hechte structuur. Het gevolg is dat een langgerekte, min of meer kristallijne structuur ontstaat, waardoor fibrillen kunnen worden gevormd die uitermate geschikt zijn als opbouwmateriaal (plantaardige vezels). Bovendien is cellulose, in tegenstelling tot zetmeel, onoplosbaar.

In zetmeel is, naast de 1,4-glycosidische binding, de *1,6-glycosidische binding* van belang. Hierin is de OH-groep aan koolstofatoom 6 (dus van de buiten de ring liggende CH_2OH-groep) betrokken. Op deze wijze kunnen vertakkingen in de macromoleculen ontstaan: aan dezelfde monosacharide-eenheid zijn natuurlijk ook nog 1,4-glycosidische bindingen mogelijk. De 1,6-glycosidische binding komt veelvuldig voor bij amylopectine, het andere hoofdbestanddeel van zetmeel.

In tegenstelling tot de cyclohalfacetalen, die het reducerend vermogen van de 'open' suiker hebben behouden, bezitten acetalen geen reducerende eigenschappen. Een molecuul maltose bezit dus in principe de helft van het reducerend vermogen van twee moleculen glucose. Bij macromoleculen zoals zetmeel en cellulose hebben alleen de eindstandige glucose-eenheden reducerend vermogen. Omdat hun aantal in het niet valt bij het totale aantal glucose-eenheden, is reducerend vermogen hier niet aantoonbaar.

Indien twee OH-groepen van de anomere centra met elkaar zijn verbonden, is het reducerend vermogen geheel verdwenen. Deze situatie doet zich voor bij sacharose. Hier zijn de bouwstenen glucose en fructose via hun reducerende groepen aan elkaar gekoppeld. Aangezien deze groep zich bij fructose op de 2-plaats bevindt, is hier sprake van een *1,2-glycosidische binding.* Een ander gevolg van de koppeling van twee reducerende groepen is het ontbreken van mutarotatie, hetgeen uit het voorgaande duidelijk zal zijn.

Ook op basis van de 1,2-glycosidische binding komen vertakkingen voor, bijvoorbeeld in pectinen. Andere glycosidische bindingen zijn eveneens mogelijk, zoals 1,3-bindingen.

De glycosidische OH-groep kan ook met andere groepen reageren, bijvoorbeeld met de fenolische OH-groep, de NH_2-groep, de SH-groep enzovoort. De koppelingsproducten worden *glycosiden* genoemd. Het molecuul dat de suikereenheid niet bevat, noemt men het *aglycon.* Bijzonder belangrijk zijn de N-glycosiden (waarbij de OH-groep, onder waterafsplitsing, met een aminogroep is verbonden). Hiertoe behoren ATP (ADP) en de (des-oxy)ribonucleïnezuren. Verder kunnen eiwitten via hun vrije aminogroepen met suikers zijn verbonden. Deze *glycoproteïden* komen in de natuur in allerlei soorten voor. Ook de Maillard-reactie begint met de vorming van een glycosidische binding (zie figuur 3.26).

ENKELE BELANGRIJKE KOOLHYDRATEN

Monosachariden

D(+)-glucose, dextrose of druivensuiker is het meest voorkomende monosacharide. Het komt voor als zodanig en als bouwsteen van onder andere sacharose, zetmeel, cellulose en glycogeen.

De oplossing van deze aldohexose in water is rechtsdraaiend (specifieke draaiing +53°; de draaiing van de α-vorm bedraagt +113° en die van de β-vorm +19°), vandaar de oude naam dextrose. De naam druivensuiker is ontleend aan het voorkomen in druiven. Het handelsproduct ('Dextropur') bestaat voornamelijk uit α-D-glucose.

D(-)-fructose, levulose of vruchtensuiker is een sterk linksdraaiende (-93°) ketohexose. De verbinding smaakt zoeter dan glucose. Verder is de cariogeniteit (de eigenschap om cariës te kunnen veroorzaken) lager. Bovendien is deze suiker eventueel geschikt als dieetsuiker voor diabetici, omdat voor het metabolisme minder insuline is vereist dan voor het glucosemetabolisme. Dit alles verklaart de belangstelling voor fructose.

De door hydrolyse van zetmeel verkregen *glucosestroop* (vroeger ook als zetmeelstroop aangeduid) kan men met behulp van het enzym *isomerase* omzetten in een mengsel van glucose en fructose *(isomerose)*, dat een grotere zoetkracht heeft.

Van de zestien aldohexosen die wij kennen zijn voor ons nog van belang: *galactose* (zowel de D- als de L-vorm) en *mannose*. Galactose is een bouwsteen van lactose (melksuiker), raffinose en stachyose (beide voorkomend in peulvruchten) en van verscheidene gommen. Het is ook in betrekkelijk grote hoeveelheden in zenuwweefsel aanwezig als onderdeel van samengestelde lipiden (cerebrosiden). Naast de D- en de L-vorm komen 3,6-anhydrovormen voor, die men als inwendige ethers kan beschouwen. D-mannose is de bouwsteen van het polysacharide *mannaan*, een hoofdbestanddeel van de koffieboon.

Van de aldopentosen moeten *L-arabinose*, *D-xylose* en *D-ribose* worden genoemd.

L-arabinose is een bouwsteen van hemicellulose, pentosanen en verschillende gommen. D-xylose of houtsuiker vindt toepassing als zoetstof voor diabetici; het wordt bereid uit xylaan, een polysacharide dat in grote hoeveelheden in hout en stro voorkomt. D-ribose maakt deel uit van verscheidene enzymen, van de adenosinefosfaten, van ribonucleïnezuren en van riboflavine (vitamine B_2).

Naast ribose moet hier ook het *2-desoxy-D-ribose* worden genoemd, een bouwsteen van het desoxyribonucleïnezuur (DNA), dat in de chromosomen voorkomt.

Als laatste monosacharide wordt hier nog *L-rhamnose* vermeld. Deze methylpentose komt als bouwsteen voor in onder andere arabische gom, pectinen en in vele glycosiden zoals natuurlijke kleurstoffen (anthocyanen).

Aan monosachariden verwante verbindingen

Suikeralcoholen of polyolen

De polyolen (polyalcoholen) kan men zich van aldosen of ketosen afgeleid denken door de carbonylgroep in de open vorm te vervangen door CHOH. De naam is ook van het betreffende monosacharide afgeleid: xyliet of xylitol van xylose, manniet of mannitol van mannose. De polyolen smaken doorgaans vrij zoet. Omdat ze vrijwel onafhankelijk van insuline worden gemetaboliseerd, worden ze toegepast in diëten voor diabetici (xylitol, *sorbitol*). Doordat polyolen veel water kunnen binden, worden ze als zodanig aan verscheidene producten toegevoegd. Een andere toepassing is verbetering van de wateropname van gedroogde producten. Mannitol wordt ook gebruikt als vulmiddel voor diverse geneesmiddelen.

De naam sorbitol is van de ketose *sorbose* afgeleid. In de praktijk echter wordt de stof uit glucose bereid. Het is een tussenproduct bij de synthese van L-ascorbinezuur. Het komt ook in sommige vruchten voor (appels, peren, pruimen). Ook andere suikeralcoholen worden door reductie uit suikers bereid.

Aldonzuren

De carbonylgroep van aldosen kan ook worden geoxideerd, waardoor een carboxyzuur ontstaat; zo wordt uit glucose gluconzuur gevormd.

Het δ-lacton van gluconzuur, *glucono-delta-lacton (GDL)*, is een belangrijke hulpstof voor de vleeswarenindustrie. Het is een neutraal reagerende stof, die echter in contact met water langzaam tot gluconzuur hydrolyseert, waardoor een geleidelijke pH-daling wordt bewerkstelligd die voor de bereiding van enkele worstsoorten vereist is. Het ongedissocieerde gluconzuur blijkt bovendien een goede remstof voor bepaalde ongewenste micro-organismen.

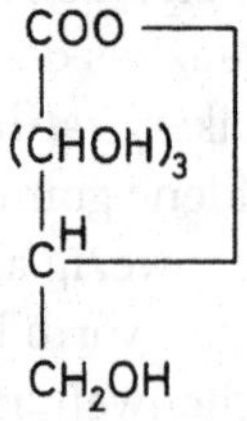

COO
$(CHOH)_3$
CH
CH_2OH

Figuur 3.8 Glucono-delta-lacton (GDL)

Veel aërobe bacteriën oxideren glucose tot gluconzuur; sommige, zoals enkele azijnzuurbacteriën, zetten het oxidatieproces nog verder voort, waardoor 2-ketogluconzuur en soms ook 2,5-diketogluconzuur kunnen ontstaan.

α- en γ-diketoverbindingen, waartoe dus ook het 2,5-diketogluconzuur behoort, kunnen aanleiding geven tot bruine verkleuringen met stoffen die NH_2-groepen bevatten. Een bekend voorbeeld van een α-diketozuur is een oxidatieproduct van ascorbinezuur, het 2,3-diketogulonzuur.

Uronzuren

Behalve de eindstandige carbonylgroep kan ook de eindstandige CH_2OH-groep tot een carboxylgroep worden geoxideerd. Op deze wijze ontstaan *uronzuren*. Het vermogen om cyclohalfacetalen te vormen blijft behouden, terwijl uronzuren ook glycosidische bindingen kunnen aangaan. Daardoor zijn deze verbindingen, evenals aldosen, belangrijke bouwstenen van polysachariden. Zo is pectine uit D-galacturonzuur-eenheden opgebouwd.

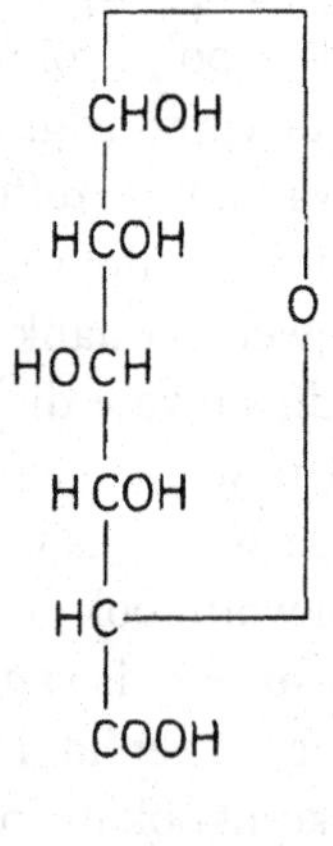

CHOH
HCOH
O
HOCH
HCOH
HC
COOH

Figuur 3.9 Galacturonzuur

In het dierlijk organisme is glucuronzuur van belang doordat het – met name in de lever – verbindingen aangaat met vele schadelijke stoffen die door voedselopname in het lichaam kunnen raken, of die bij de stofwisseling ontstaan. De binding kan berusten op acetaalvorming met alcoholische of fenolische OH-groepen of op estervorming met zure groepen. De gevormde verbindingen noemt men *glucuroniden*. De aldus onschadelijk gemaakte stoffen kunnen via de urine worden uitgescheiden.

Voorts komen uronzuren in het lichaam gebonden aan eiwit voor.

Disachariden

Sacharose of rietsuiker (Am.: sucrose) is de 'gewone' suiker uit het suikerriet of de suikerbiet. De systematische naam luidt: O-α-glucopyranosyl-1,2-β-D-fructofuranose of O-β-D-fructofuranosyl-2,1-α-D-glucopyranose (de O duidt de binding via een zuurstofbrug aan). De verbinding is rechtsdraaiend (specifieke draaiing +66,5°).

Door verwarming van een oplossing van sacharose in zwak zuur milieu vindt hydrolyse tot glucose en fructose plaats. Fructose draait sterker links dan glucose rechts, zodat de draaiing van het polarisatievlak na hydrolyse omkeert; het verschijnsel wordt daarom *inversie* genoemd. Het mengsel van gelijke delen glucose en fructose heet *invertsuiker.*

Maltose of moutsuiker bestaat uit twee D-glucose-eenheden die α-1,4-glycosidisch met elkaar zijn verbonden. Het ontstaat door inwerking van β-amylase op zetmeel en is een bestanddeel van zetmeelstroop. Dit gebeurt in de mond, doordat β-amylase in speeksel aanwezig is. Indien twee glucose-eenheden via een β-1,4-glycosidische binding zijn gekoppeld, heeft men te maken met *cellobiose*, een afbraakproduct van cellulose.

Lactose of melksuiker is opgebouwd uit α-D-glucose en β-D-galactose, ook via een 1,4-glycosidische binding (C_1 van galactose en C_4 van glucose). De specifieke draaiing bedraagt +137°. Het komt voor in de melk van alle zoogdieren en van de mens, maar verder vrijwel nergens in de natuur.

Lactose wordt gevormd in de melkklier. De hoeveelheden in de melk wisselen van diersoort tot diersoort (koemelk 4,6%); binnen een soort zijn de variaties gering. De zoetkracht is niet groot. Daarom smaakt melk ook niet uitgesproken zoet. Toch geeft lactose een belangrijke bijdrage aan de melksmaak.

Lactose kan in gekristalliseerde vorm uit melk worden gewonnen. In de farmaceutische industrie wordt de verbinding veelvuldig als vulstof gebruikt.

In tegenstelling tot sacharose beschikken maltose, cellobiose en lactose wél over een reducerende groep en vertonen ze ook mutarotatie.

Hogere oligosachariden

Tot de oligosachariden behoren de door gedeeltelijke zure hydrolyse van zetmeel verkregen producten (dextrinen) en voorts tri- en tetrasachariden zoals *raffinose* en *stachyose*. Deze laatste bestaan uit respectievelijk galactose-glucose-fructose en galactose-galactose-glucose-fructose (en worden daarom wel als galactosylsachariden aangeduid). Ze komen voor in knollen, zaden en peulvruchten, met name sojabonen. Reducerend vermogen is afwezig. De verbindingen kunnen niet normaal door het lichaam worden verteerd; wel kunnen ze door bacteriële gisting in de dikke darm worden omgezet, hetgeen in normale gevallen tot verhoogde flatusproductie en in ernstige gevallen tot spijsverteringsstoornissen aanleiding geeft.

Inuline is de verzamelnaam van een reeks oligomeren van fructose, met meestal sacharose als basisbouwsteen. Aan de fructose-kant van het sacharosemolecuul bevinden zich dan nog een aantal fructose-eenheden, die door een β-2,1-glycosidische binding zijn verbonden. De ketenlengte kan oplopen tot ongeveer 60 fructose-eenheden, maar de gemiddelde lengte is niet veel groter dan 10 eenheden. De stof is dus nauwelijks als polysacharide te beschouwen.

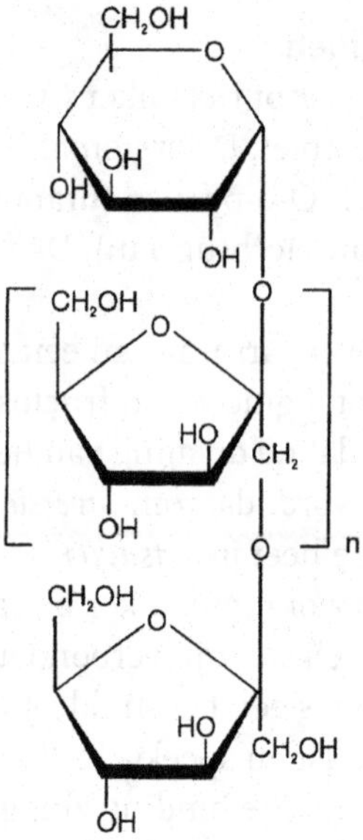

Figuur 3.10

Inuline en hydrolyseproducten hiervan kunnen als *prebiotica* aan voedingsmiddelen worden toegevoegd (zie hoofdstuk 7). Inuline wordt onder andere gewonnen uit de wortel van de cichoreiplant, die in Nederland en België wordt verbouwd.

Polysachariden

Polysachariden of *glycanen* zijn polymoleculair. Dit wil zeggen dat voor een bepaald polysacharide geen uniform molecuulgewicht bestaat, zoals dat bij eiwitten het geval is. Een uitspraak over het molecuulgewicht van polysachariden is altijd een uitspraak op statistische gronden en moet worden omschreven volgens de regels van de colloïdchemie. Polysachariden die uit verschillende soorten monosachariden zijn opgebouwd (heteroglycanen) zijn bovendien polydispers, hetgeen betekent dat samenstelling en structuur van molecuul tot molecuul (iets) kan verschillen. Hiertegenover staan de *homoglycanen*, die uit één monosacharide zijn samengesteld (maar waarbij wel enig verschil kan optreden in de vertakkingen binnen het molecuul).

Homoglycanen die uit glucose zijn opgebouwd (zetmeel, glycogeen, cellulose) noemt men glucanen of *glucosanen*. Deze behoren op hun beurt weer tot de *hexo*sanen. Polysachariden die uit pentosen zijn opgebouwd (xylaan) noemt men *pentos*anen.

De polysachariden worden vaak in de volgende groepen onderscheiden:

- structuurvormende stoffen: cellulose, hemicellulose, pectine, chitine;
- reservestoffen: zetmeel, glycogeen;
- aan andere macromoleculen gekoppelde sacharideketens: glycoproteïden;
- waterbindende stoffen: agar, pectine, alginaten, mucopolysachariden.

De laatste groep overlapt de andere enigszins. Alle polysachariden bezitten waterbindend vermogen, maar niet altijd treedt deze eigenschap op de voorgrond.

ZETMEEL

Zetmeel is de plantaardige reservestof bij uitstek. Grote hoeveelheden bevinden zich in wortels, knollen en zaden (aardappelen, granen). De stof wordt veelal gewonnen uit aardappelen (aardappelzetmeel) en uit maïs (maizena).

Zetmeel is opgebouwd uit een tweetal polysachariden, *amylose* en *amylopectine*. Beide zijn homoglycanen van D-glucose.

Amylose bestaat uit onvertakte ketens; amylopectine is sterk vertakt. De polymerisatiegraad ligt voor amylose tussen 5.000 en 50.000 en voor amylopectine tussen 50.000 en 500.000. In de laatste component komt per 20 à 25 glucose-eenheden een eindgroep voor. (Het begrip 'polymerisatiegraad' is overigens niet geheel juist: de reactie tussen de glucosemoleculen is een poly*condensatie* en niet een polymerisatie.)

In zetmeelkorrels zijn amylose en amylopectine gerangschikt in concentrische lagen. Hierin zijn de moleculen door middel van waterstofbruggen in radiale richting geassocieerd tot min of meer kristallijne bundels of *micellen*, die dubbele breking vertonen en die een sterke onderlinge samenhang bezitten. In de korrel komen ook amorfe gebieden voor; deze bestaan uit amylopectine.

Door de sterke samenhang van de moleculen is zetmeel in koud water onoplosbaar. Wel nemen de zetmeelkorrels water op als men zetmeel hierin suspendeert; het vochtgehalte neemt daarbij toe van circa 12 tot circa 30%. Het water dringt in de amorfe delen van de korrel, maar verstoort de onderlinge samenhang van de moleculen verder niet. Pas bij verhoogde temperatuur en roeren ziet men de korrels vrij plotseling opzwellen en de suspensie veel helderder worden. Er wordt veel water gebonden en de amyloseketens komen los van elkaar. Men noemt dit proces *verstijfselen* en de temperatuur waarbij dit begint de verstijfselingstemperatuur. De oorzaak is het verbreken van waterstofbruggen tussen de moleculen, waardoor de micelstructuur (en ook de dubbele breking) verdwijnt en een los netwerk van moleculen ontstaat. Meestal blijft een bepaalde structuur bestaan: de moleculen komen niet volledig vrij van elkaar in oplossing.

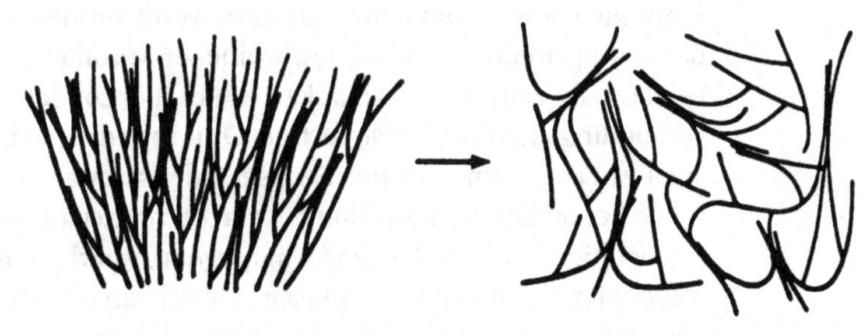

Figuur 3.11 Verandering in de ligging van zetmeelmoleculen ten opzichte van elkaar als gevolg van het verwarmen van een zetmeelsuspensie in water

Doordat de waterstofbruggen tussen de ketens niet alle van gelijke sterkte zijn, is de hoeveelheid energie die nodig is om deze te verbreken niet in alle gevallen dezelfde. Daardoor beslaat het verstijfselingsproces een temperatuurtraject, dat 10 °C kan belopen. Desondanks wordt voor verschillende soorten zetmeel vaak een bepaalde verstijfselingstemperatuur opgegeven: aardappelzetmeel 55 °C, maïszetmeel 64 °C. Deze temperatuur hangt enigszins af van het amylosegehalte in het zetmeel. Aardappelzetmeel bestaat voor 21% uit amylose en voor 79% uit amylopectine; voor maïszetmeel (in de handel doorgaans maizena genoemd) is deze verhouding 28: 72.

Bij afkoeling van een zetmeeloplossing ontstaan opnieuw waterstofbruggen, hetgeen in geconcentreerde oplossingen tot gelvorming leidt en in verdunde oplossingen na enige tijd tot het ontstaan van een neerslag. Dit verschijnsel wordt *retrogradatie* ('teruggang') genoemd. Omdat hierbij watermoleculen uit de netwerken worden gedreven, is het verschijnsel te vergelijken met de bij vele hydrocolloïden optredende *synerese*. Bij hoge zetmeelconcentraties ontstaat bij verdere retrogradatie een gel.

Retrogradatie kan ook optreden in zetmeelhoudende voedingsmiddelen zoals brood. Toch is hiermee niet het hele verouderingsproces verklaard. Ook de vervormbaarheid van de korrels vermindert, omdat met name de amylopectineketens in de korrels zich opnieuw gaan ordenen. Daardoor zal het gel bij het uitoefenen van druk eerder breken; het wordt dus ook brozer (1).

Door de helixstructuur van amylose kunnen, zoals al werd opgemerkt, bepaalde moleculen worden ingesloten. Ze moeten dan passen in de spiraal (diameter ca ½ nm). Zeer bekend is het blauwe insluitcomplex van amylose met jood, waarbij men zich moet voorstellen dat binnen het spiraalvormig gewonden amylosemolecuul een lange reeks van joodmoleculen aanwezig is. Overigens vormt ook amylopectine een complex met jood. Dit complex is rood gekleurd; de kleur van het jood/zetmeelcomplex neigt daarom naar paars.

Voor ons van belang is de insluiting van emulgatoren zoals glycerolmonostearaat, waardoor de retrogradatie en daarmee het oudbakken worden van brood kan worden vertraagd.

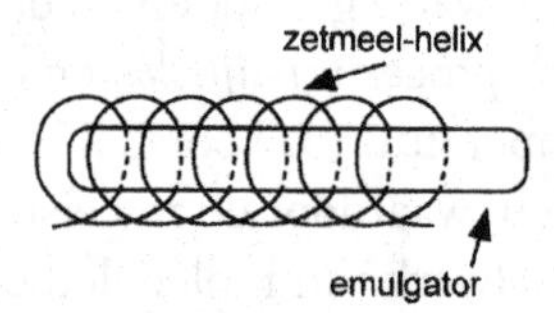

Figuur 3.12

Vanwege het waterbindend vermogen wordt zetmeel op grote schaal toegepast in de voedingsmiddelenindustrie als bind- en verdikkingsmiddel. Het gedrag van een bepaald zetmeelpreparaat kan echter niet zonder meer worden afgeleid uit de verhouding amylose/amylopectine. Om dit gedrag te bepalen meet men de viscositeit van een zetmeel/watermengsel tijdens opwarmen en afkoelen en ook gedurende het op temperatuur houden van de zetmeeloplossing. Een veelgebruikt middel hiervoor is de *Brabender amylograaf*, waarbij ook in het mengsel wordt geroerd. Met dit (of een vergelijkbaar) toestel kan een zogenoemde amylogram worden gemaakt, waarvan hieronder enkele voorbeelden zijn gegeven.

Afgebeeld zijn amylogrammen van onder meer aardappel-, maïs- en tarwezetmeel. Het meel wordt bij kamertemperatuur met water gemengd, vervolgens verhit en daarna gedurende enige tijd op een bepaalde temperatuur gehouden.

Tijdens het verstijfselen neemt de viscositeit sterk toe, althans bij aardappelmeel. Bij maizena is dat veel minder en bij tarwezetmeel nauwelijks het geval, dit ondanks het feit dat de amylose/amylopectineverhouding in dezelfde orde van grootte ligt. Deze verschillen hebben onder andere te maken met de samenhang binnen de korrel, die bij tarwemeel veel groter is dan bij aardappelmeel.

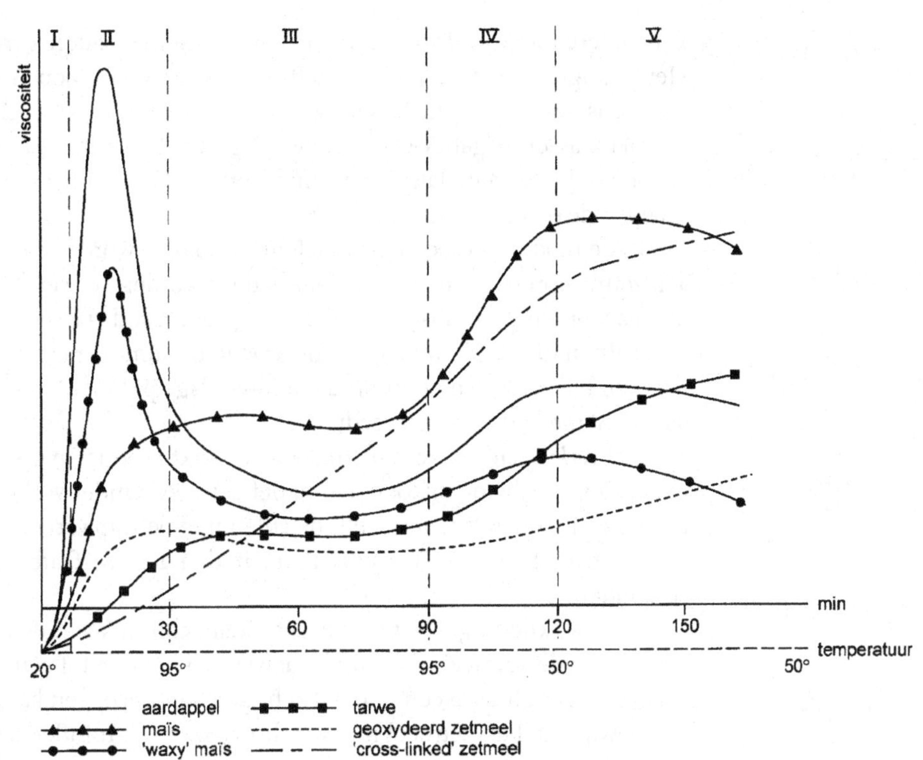

Figuur 3.13 Amylogrammen van enkele zetmeelsoorten

'Waxy' maïs is een variëteit waarbij het zetmeel bijna geheel uit amylopectine bestaat. De term slaat op het wasachtige (lees: doorschijnende) uiterlijk van een zetmeelsuspensie. Grote hoeveelheden slecht oplosbaar materiaal, zoals bij andere zetmelen soms het geval is, komen hier niet voor. Omdat natuurlijk wel waterstofbruggen optreden, vindt bij het oplossen ook hier verstijfseling plaats, maar door de toch vrij geringe samenhang binnen de korrels neemt de viscositeit tijdens het verwarmen ook hier sterk toe.

Het op 95 °C houden van de verstijfselde zetmeeloplossing doet de viscositeit bij de *natieve* zetmelen weinig veranderen. Dit is anders met zetmelen die met een kleine hoeveelheid zuur zijn behandeld, waardoor een beperkte hydrolyse is verkregen. Hierdoor is de oplosbaarheid toegenomen (en wordt geen hoge piekviscositeit bereikt). Ook de retrogradatie is nu veel sterker en al duidelijk waarneembaar bij hoge temperaturen; zie het amylogram. Dit komt vooral doordat het amylopectine tijdens de hydrolyse veel onvertakte stukken heeft opgeleverd, die gemakkelijk door waterstofbruggen worden verbonden. Deze gehydrolyseerde zetmelen (ook wel 'dunkokende' zetmelen genoemd, maar deze aanduiding slaat eveneens op andere preparaten) vinden hun toepassing in producten waar een stevige structuur nodig is (snoepgoed, puddingpoeder).

Afkoeling naar 50 °C leidt ertoe dat ook in natieve zetmelen weer waterstofbruggen worden gevormd, behalve in waxy maïs, waar dit nauwelijks het geval is.

Verder leert het amylogram ons dat gedurende het op 50° houden niet veel meer verandert aan de viscositeit van natieve zetmelen. De retrogradatie is dus al tijdens het afkoelen totstandgekomen.

Een andere modificatie van zetmeel bestaat uit het oxideren met hypochloriet. Het belangrijkste effect is de omzetting van CH_2OH-groepen (op de 6-positie van de glucose-eenheden) in COOH-groepen. Daardoor bezitten deze moleculen boven pH = 4 een negatieve lading, die tot gevolg heeft dat deze elkaar enigszins afstoten en dat retrogradatie nauwelijks optreedt. Verder bevorderen de carboxylgroepen de oplosbaarheid in water.

In de moderne voedingsmiddelentechnologie worden vaak nog hogere eisen aan zetmeelpreparaten gesteld (2). Als deze worden verwerkt in producten die daarna worden gesteriliseerd, zal de eis gelden dat de viscositeit door geruime tijd te verhitten niet daalt. Mechanische krachten (homogeniseren!) dienen het systeem niet te verstoren en in producten met lage pH dient te worden voorkomen dat spontane hydrolyse optreedt.

Het *verknopen* van zetmeelmoleculen blijkt producten op te leveren die aan deze eisen veel beter voldoen dan natief zetmeel. Onder verknopen verstaat men het aaneenknopen van zetmeelmoleculen met behulp van bepaalde stoffen zoals natriumtrimetafosfaat. De moleculen zijn dan door fosfaatbruggen met elkaar verbonden.

Deze verknopingsreacties, die zeer waarschijnlijk aan de niet-reducerende uiteinden van de zetmeelmoleculen plaatsvinden, leiden tot één brug per 200 tot 1000 of meer glucose-eenheden. De hoeveelheid bruggen kan naar believen worden gewijzigd. Een zetmeel met veel bruggen zwelt minder dan een zetmeel met weinig bruggen.

De neiging tot gelering wordt door deze verknopingsreacties echter niet verminderd. Indien gelering moet worden voorkomen, is de invoering van substituenten via ester- of etherbindingen een methode die een uitstekend alternatief vormt voor het oxideren met hypochloriet. Door de substitutie wordt de afstand tussen de moleculen vergroot en associatie verhinderd. Reeds bij toepassing van lage concentraties van veresterings- of veretheringsmiddelen wordt de stabiliteit van zetmeeloplossingen zeer verbeterd.

Amylose kan ook uit verdunde zetmeeloplossingen worden verwijderd door het neer te slaan met hiervoor geschikte zouten (zoals magnesiumsulfaat). Het achterblijvende amylopectine kan uiteraard nog chemisch worden gemodificeerd.

Bij de bereiding van *brood* wordt een deel van het tarwezetmeel enzymatisch tot maltose afgebroken, waaruit de toegevoegde gist alcohol en CO_2 vormt. Bij de bierbereiding gebeurt ongeveer hetzelfde. In het geval van brood doet het zich ontwikkelende CO_2 het deeg rijzen. De alcohol verdwijnt tijdens het bakproces.

Uit zetmeel kan voorts nog *glucosestroop* worden bereid. Glucosestroop is de gezuiverde geconcentreerde oplossing van hydrolyseproducten van zetmeel met een drogestofgehalte van minstens 70% en een reductievermogen dat overeenkomt met 20% glucose. Als de hydrolyse ver is doorgevoerd, kan glucosestroop dienen als grondstof voor isomerose, waarvan de droge stof voor 50% uit glucose, voor 42% uit fructose en voor 8% uit oligosachariden bestaat.

Dextrine kan worden verkregen door een kortdurende afbraak met zuur, gevolgd door een thermische repolymerisatie. Er ontstaan moleculen met vele korte 'takken'. Het mengsel bezit kleefkracht en wordt als papierlijm gebruikt.

Glycogeen

Glycogeen of 'dierlijk zetmeel' is het reservekoolhydraat van het dierenrijk. Het komt in de lever voor en in de spieren (meestal een paar tienden procent; in paardenvlees echter tot 1 procent), waar het de energie voor spierarbeid levert. Een volwassen mens bezit circa 350 g spierglycogeen, terwijl ongeveer 150 g in de lever aanwezig is.

Schelpdieren bevatten zeer veel glycogeen (tot 7%), dat in producten zoals zure mosselen aan een blauwige opalescentie van de opgiet herkenbaar is.

Ook glycogeen is opgebouwd uit α-D-glucose. De structuur lijkt op die van amylopectine, maar de polymerisatiegraad is hoger (tot 100.000) en de moleculen zijn ongeveer tweemaal zo sterk vertakt (één 1,6-glycosidische binding op circa 10 glucose-eenheden). Door deze structuur is micelvorming uitgesloten. Glycogeen dispergeert dan ook onmiddellijk in water en bezit geen gelvormend vermogen.

Cellulose

Samen met andere polysachariden zoals pentosanen, hemicellulose, pectinen en met lignine maakt cellulose deel uit van de plantaardige celwand. Het behoort tot de onverteerbare bestanddelen van ons voedsel. De stof is in onze voeding toch van belang, omdat de darmperistaltiek erdoor wordt bevorderd. Bovendien hebben deze stoffen een aanzienlijk waterbindend vermogen, waardoor niet alleen het totale volume van de darminhoud wordt vergroot, maar waardoor deze ook weker blijft en obstipatie wordt voorkomen. Groenten, fruit (vooral de schil), peulvruchten en volkorenbrood bevatten veel cellulose en hemicellulose.

Door derivatisering kan ook cellulose oplosbaar worden gemaakt. De ontstane derivaten vinden toepassing als verdikkingsmiddelen. Zo wordt methylcellulose (bereid door de natriumverbinding van cellulose met methylchloride te laten reageren) als niet-verteerbaar verdikkingsmiddel gebruikt bij de bereiding van consumptie-ijs. Vooral *carboxymethylcellulose* (CMC), dat met behulp van monochlooracetaat op analoge wijze als methylcellulose wordt bereid en waarbij CH_2COOH-groepen worden ingevoerd, wordt veel toegepast.

Hemicellulose is de verzamelnaam voor een nogal heterogene groep van complexe polysachariden die in de celwand voorkomen en die ook een functie als reservestof voor de plant bezitten. Naast glucose-eenheden komen mannose en galactose voor. Behalve de hydrolyse door plantaardige enzymen kent men ook een enzymatische afbraak van hemicellulose in het maagdarmkanaal van ongewervelden.

Andere waterbindende stoffen

Pectinen vormen het hoofdbestanddeel van de primaire celwand en van de middenlamel in de plantaardige cel. Het pectinegehalte in plantaardig materiaal bedraagt 0,2 tot 1%. Het wordt commercieel gewonnen door zure extractie van schillen van citrusvruchten en van de gedroogde perskoek van appels. Deze verbindingen vinden belangrijke toepassing in de levensmiddelenindustrie (bereiding van jams, confituren, vruchtengeleien, puddingen) door hun grote geleervermogen.

De hoofdketen van pectinemoleculen bestaat uit α-1,4-glycosidisch gebonden D-galacturonzuureenheden; een deel van de zure groepen is met methanol veresterd. In de keten bevinden zich ook rhamnose-eenheden. Andere suikers (L-arabinose, D-galactose, D-xylose e.a.) zijn hier en daar via 1,2- of 1,3-glycosidische bindingen aan de hoofdketen bevestigd. Ze kunnen als enkele eenheid of als langere ketens aanwezig zijn.

In de zuivelindustrie worden als geleermiddelen vooral *agar* en *carrageen* toegepast, omdat deze verbindingen bij sterilisatietemperaturen en de hoge pH van melk bestendiger zijn dan pectine. Agar is opgebouwd uit D-galactose en 3,6-anhydro-L-galactose; *carrageen* uit D- en L-galactose, 3,6-anhydro-D-galactose en D-xylose, terwijl enkele hydroxylgroepen zijn veresterd met zwavelzuur. (Anhydrosuikers kan men zich gevormd denken doordat twee hydroxylgroepen – hier op de 3- en de 6-plaats – samen een watermolecuul afsplitsen en een intramoleculaire etherbrug ontstaat.)

Alginaten zijn afkomstig uit bruinwieren, waaruit ze met alkalische oplossingen kunnen worden geëxtraheerd. De bouwstenen zijn β-D-mannuronzuur en α-L-guluronzuur, die 1,4-glycosidisch met elkaar zijn verbonden. Het zijn uitstekende gelvormers, die ook veelvuldig als verdikkingsmiddel worden gebruikt.

Gommen zijn eveneens van plantaardige herkomst. Soms zijn de moleculen in hoge mate vertakt, waardoor ze weinig of geen gelerend vermogen bezitten. Ze hebben echter altijd een sterk waterbindend vermogen en zijn daarom goed bruikbaar als verdikkingsmiddelen.

DE ROL VAN KOOLHYDRATEN IN DE VOEDING

Voor de mens vormen koolhydraten de belangrijkste energiebron. De verteerbare koolhydraten worden in het lichaam bijna volledig omgezet in benutbare energie (opbrengst 16 kJ per gram of 99% van de verbrandingswaarde). Voor de vetten is dit 95% (zie pagina 87) en voor de eiwitten 92%. Bij de eiwitten komt nog een correctie voor de energetische waarde van stikstofhoudende verbindingen die met de urine worden uitgescheiden (ureum, urinezuur, kreatinine); uiteindelijk blijft toch nog 17 kJ aan benutbare energie per gram over.

De spieren maar ook organen (vooral de hersenen) vragen energie, waarvoor koolhydraten onmisbaar zijn. Bij onvoldoende aanbod worden vetten gebruikt om de nodige energie te leveren. Bepaalde enzymsystemen raken hierdoor echter overbelast, zodat de vetzuurafbraak onvolledig verloopt en ernstige storingen in de stofwisseling kunnen ontstaan. Er worden ook ketonlichamen gevormd, die in de urine en de adem kunnen worden aangetoond. Deze abnormale vetafbraak blijft achterwege als meer dan 10% van de dagelijkse energiebehoefte door koolhydraten wordt gedekt. Normaliter is dit percentage veel hoger (circa 50%).

Eigenlijk zou niet meer dan ongeveer 10% van de totale energiebehoefte uit mono- en disachariden moeten worden betrokken, hetgeen bij 11000 kJ op maximaal 65 g suiker per dag – met inbegrip van de suikers uit vruchten en melk – neerkomt. (In werkelijkheid is deze consumptie veel hoger: alleen al aan sacharose, met name door het veelvuldige gebruik van frisdranken, 115 g per dag. Ten dele is dit het gevolg van de lage prijs waartegen sacharose uit suikerbieten kan worden geproduceerd.) Hoge gehalten aan mono- en disachariden in de voeding betekenen een sterke belasting van de stofwisseling. Zo kan de voorziening met bepaalde vitamines in gevaar komen. Zetmeel is de koolhydraatleverancier bij uitstek, ook omdat dit (met glycogeen) het enige polysacharide is dat door de mens kan worden benut. Bij de hydrolyse ontstaat uiteindelijk ook glucose, maar doordat dit geleidelijk geschiedt, worden de absorptie- en stofwisselingssystemen minder belast. Bovendien bevatten zetmeelrijke producten van nature ruime hoeveelheden vitamines.

In dit verband spreekt men wel van 'snelle' en 'trage' koolhydraten en men drukt deze 'snelheid' uit in de *glykemische index*. Dit is de relatieve snelheid waarmee glucose in het bloed verschijnt als gevolg van de opname van koolhydraatrijke voedingsmiddelen. Men vergeleek deze voedingsmiddelen vroeger met glucose, nu met een broodmaaltijd.

De voornaamste zetmeelhoudende voedingsmiddelen zijn in de industrielanden tarwe, rogge en aardappelen en in de niet-geïndustrialiseerde landen rijst, maïs, cassave, sorghum, yams, bataten en sojabonen.

In de volgende tabel zijn de gehalten aan zetmeel in deze voedingsmiddelen weergegeven. Opvallend is dat de gehalten aan zetmeel in de droge stof bijna alle in dezelfde orde van grootte liggen; alleen de vet- en eiwitrijke sojaboon valt hier buiten.

Zetmeel uit tarwe komt men, behalve in brood, veelvuldig tegen in producten zoals macaroni, spaghetti en vermicelli. Deze worden bereid door het deeg van tarwebloem en water door een vorm te persen en vervolgens te drogen. Puddingpoeder en custard bestaan grotendeels uit aardappel- of maïszetmeel.

Di- en monosachariden dragen vooral tegenwoordig in belangrijke mate bij aan de totale koolhydraatopname. In vruchten bevinden zich suikers, voornamelijk glucose en fructose, in hoeveelheden van 5 tot 15%. Veel frisdranken bevatten circa 5% suiker. De lactose in melk (en zuivelproducten) is al genoemd.

Tabel 3.1 Zetmeelgehalte van enkele voedingsmiddelen, in procenten

	Zetmeel	Water	Zetmeelgehalte (in droge stof)
Tarwemeel (volkoren)	62	15	73
Id. (patentbloem)	70	15	82
Roggemeel	65	13	75
Aardappelen	19	77	83
Rijst (half geslepen)	75	13	86
Maïs	74	12	84
Cassave	32	60	80
Sorghum	71	12	81
Yams	20	75	80
Bataten	22	68	69
Sojabonen	36	9	38

Sommige andere hexosen uit de voeding (fructose, galactose) worden in de darm en de lever geïsomeriseerd tot glucose. Glucose wordt óf aan de lever afgestaan, ofwel via het bloed aan de lichaamscellen afgedragen die de stof verbranden, opslaan als glycogeen of, indien het vetcellen betreft, omzetten in vet.

De omzetting van glucose in glycogeen vindt zowel in de lever als in het spierweefsel plaats. In tegenstelling tot het glycogeen in de lever is spierglycogeen niet beschikbaar voor het handhaven van de juiste glucosewaarde in het bloed.

In de lever kunnen, uitgaande van glucose, ook vetzuren en een aantal aminozuren worden gesynthetiseerd. Omgekeerd kan uit aminozuren en, bij onvoldoende toevoer van koolhydraten, ook uit vetten glucose worden gevormd *(glyconeogenese)*.

De energie die vrijkomt bij de biochemische oxidatie van glucose – en van andere energieleverende stoffen – wordt in het lichaam overgebracht naar adenosinedifosfaat (ADP), dat hierbij een fosfaatgroep opneemt en overgaat in adenosinetrifosfaat (ATP). Deze verbinding kan worden beschouwd als de universele energie-overdrager in biologische systemen. ATP levert de energie voor spierarbeid maar ook voor de synthese van alle verbindingen die in het lichaam van belang zijn. De energie komt vrij door verbreking van de energierijke binding tussen twee fosfaatgroepen, die met het teken ~ wordt weergegeven.

ATP kan zijn energie onmiddellijk afstaan, mits het molecuul is geactiveerd door een Mg^{2+}- of Mn^{2+}-ion. Het wordt in het lichaam in zeer grote hoeveelheden gevormd en weer afgebroken: een volwassen mens in ruste zet per etmaal ongeveer 40 kg (!) ATP om. Tijdens zware arbeid kan de omzettingssnelheid 0,5 kg per minuut bedragen.

Van fundamenteel belang in de stofwisseling is het *co-enzym A*, dat al bij de eiwit- en vetafbraak aan de orde is gekomen. Co-enzym A heeft als functie de overdracht van acylgroepen (hierop duidt de A), met name de acetylgroep.

De oxidatie van de acetylgroep tot twee moleculen CO_2 vindt plaats in een kringloop van reacties die bekend staat als de *Krebs-* of *citroenzuurcyclus*. *H.A. Krebs*, die het schema voor deze cyclus postuleerde, ontving in 1953 de Nobelprijs, samen met *F.A. Lipmann*, die als eerste het co-enzym A isoleerde.

Voedingsvezels

Cellulose en hemicellulose, beide onverteerbaar, zijn in de voeding van belang als vulstoffen, die de voortbeweging van de darminhoud bevorderen door prikkeling van de darmperistaltiek. Bovendien bezitten deze stoffen een aanzienlijk waterbindend vermogen, waardoor niet alleen het totale volume van de darminhoud wordt vergroot maar waardoor deze ook weker blijft en obstipatie wordt voorkomen. Groenten, fruit (vooral de schil), peulvruchten en 'volkoren'brood bevatten veel cellulose en hemicellulose. Bij een normale voeding waarbij bruin brood, fruit en rauwe groente wordt gegeten, is extra opname van onverteerbare koolhydraten of andere vezelbestanddelen vrijwel nooit nodig en soms zelfs ongewenst.

Tot de voedingsvezels behoren alle polysachariden die niet door enzymen in het menselijk maagdarmkanaal worden gehydrolyseerd. Pectinen, andere nietverteerbare geleer- en verdikkingsmiddelen en inuline moeten er dus ook bij worden gerekend. Verder moet *lignine* onder de voedingsvezels worden gerangschikt. Lignine wordt in het begin van hoofdstuk 6 kort besproken. Het is onverteerbaar voor mens en dier.

In dit verband nog een woord over resistent zetmeel (resistant starch). Dit is in principe zetmeel dat in de dunne darm niet enzymatisch wordt verteerd. Het zetmeel in koude gekookte aardappelen behoort er voor een deel toe, omdat het door retrogradatie (opnieuw) een min of meer onverteerbare structuur heeft aangenomen. Ook bananen zijn een mooi voorbeeld. Het zetmeel uit een rijpe banaan wordt enzymatisch verteerd in de dunne darm, maar het zetmeel uit een onrijpe banaan passeert de dunne darm en wordt door bacteriën in de dikke darm omgezet. Verscheidene andere voorbeelden zijn te bedenken.

Suiker als zoetstof

Voor het verlenen van een zoete smaak aan voedings- en genotmiddelen wordt voornamelijk sacharose gebruikt. Deze suiker wordt universeel als zoete stof gewaardeerd. De energetische waarde komt op de tweede plaats en is voor velen in de westerse landen een ongewenste bijkomstigheid. Sacharose wordt in zoetkracht slechts overtroffen door fructose (indien men althans kunstmatige zoetstoffen buiten beschouwing laat). De figuur hieronder geeft enige informatie omtrent de zoetkracht van een aantal verbindingen.

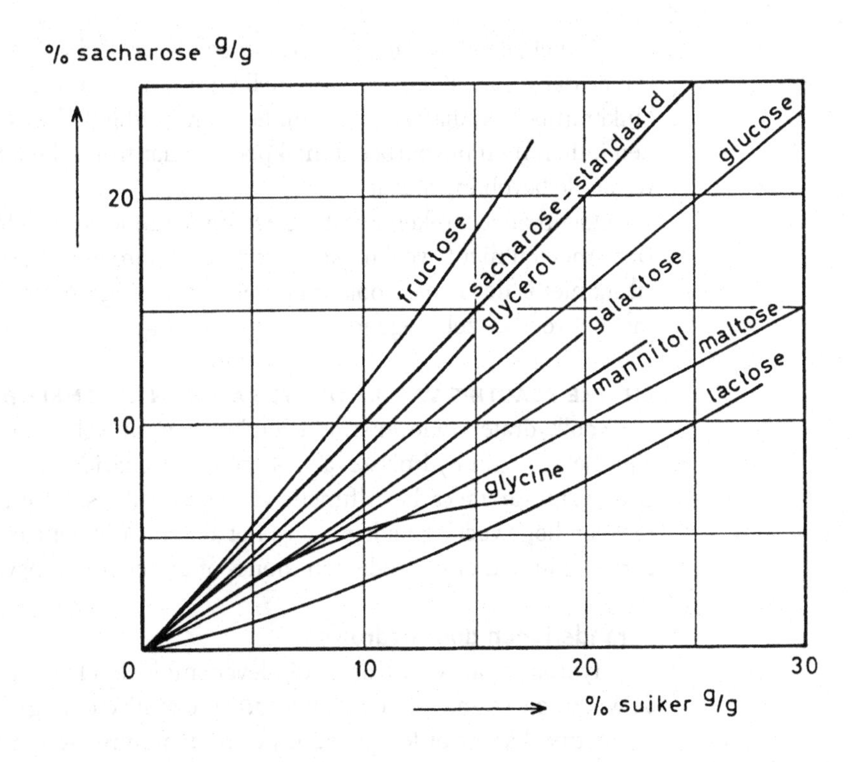

Figuur 3.14 Relatieve zoetheid van enkele verbindingen ten opzichte van sacharose (naar Cameron 1947)

Glucose smaakt duidelijk minder zoet dan sacharose. In invertsuiker wordt de geringere zoetkracht van glucose grotendeels gecompenseerd door de zeer zoete fructose, zodat invertsuiker minstens even zoet smaakt als sacharose. Ook isomerose, dat qua zoet smakende verbindingen ongeveer dezelfde samenstelling heeft als invertsuiker, heeft een vergelijkbare zoetkracht.

De bereiding van sacharose geschiedt als volgt: Het sap van de bieten (of het suikerriet) wordt, na zuivering met kalk en actieve kool, ingedampt en de gekristalliseerde suiker door centrifugeren van de aanhangende stroop bevrijd. Deze ruwe suiker wordt door herhaald oplossen en uitkristalliseren verder gezuiverd tot de zeer zuivere suiker zoals wij die kennen; de verkregen stroop wordt als zodanig verkocht of tot 'bruine suiker' verwerkt.

Voordat sacharose als zoetende stof bekend werd (in de Middeleeuwen), gebruikte men honing voor dit doel. Honing bestaat voor ongeveer driekwart uit gelijke hoeveelheden glucose en fructose, voorts uit enkele procenten sacharose en circa 20% water.

Lactose-intolerantie

De in melk aanwezige lactose wordt in de dunne darm, onder invloed van het enzym lactase, gesplitst in glucose en galactose. Bij veel menselijke rassen neemt deze lactase-activiteit na de zoogperiode geleidelijk af. In het algemeen is het slechts het Kaukasische ras dat ook op latere leeftijd grote hoeveelheden lactose ineens kan verdragen. Slechts een kwart van de niet-kaukasiërs bezit na de kleuterleeftijd nog een aanzienlijke lactase-activiteit in de darm. Dit zou een genetische maar ook een adaptatieve oorzaak kunnen hebben. Zeker is dat lactase niet weer opnieuw in het lichaam wordt aangemaakt als het enzym eenmaal is verdwenen.

De niet-gesplitste lactose wordt in een lager deel van de darm onder invloed van de darmflora afgebroken tot melkzuur. Hierdoor kunnen stoornissen zoals buikkrampen en diarree ontstaan. Een omstandigheid waarmee men moet rekenen indien men bijvoorbeeld melkpoeder naar tropische landen zendt ten behoeve van de bevolking aldaar.

Ook in onze streken komt lactose-intolerantie voor, zelfs bij jonge kinderen. Deze moeten niet te veel melkproducten consumeren. Karnemelk is wel toegestaan; hier is de lactose voor een groot deel al omgezet tot melkzuur dat – mits met het voedsel zelf opgenomen – geen problemen veroorzaakt.

ENKELE REACTIES VAN KOOLHYDRATEN IN LEVENSMIDDELEN

Koolhydraten in levensmiddelen kunnen aan vele veranderingen onderhevig zijn. Bekend zijn hydrolysereacties van polysachariden en veranderingen die het gevolg zijn van de carbonylfunctie van open suikers. Voorts zijn levensmiddelen met een hoge vochtigheidsgraad in het algemeen meer aan microbieel bederf onderhevig indien deze producten mono- of disachariden bevatten.

Veranderingen door hydrolyse

Hydrolyse van koolhydraten in levensmiddelen kan spontaan optreden door de werking van enzymen, of langs zuiver chemische weg plaatsvinden.

Zetmeel kan worden gehydrolyseerd door amylasen. Alfa-amylase is een endo-enzym dat de glycosidische ketens in stukken 'knipt' met als resultaat fragmenten die uit drie of meer glucose-eenheden bestaan. Het β-amylase is een exoenzym dat vanaf de reducerende uiteinden van de ketens maltose afsplitst. Voor verdere afbraak tot glucose zijn nog andere enzymen nodig, zoals maltase en oligo-1,6-glucosidase.

Alfa-amylasen komen in planten en dieren voor; β-amylasen alleen in planten. De lever beschikt over een enzym, amyloglucosidase, waarmee glycogeen (en ook zetmeel) zeer snel tot glucose kan worden afgebroken. In tegenstelling tot α- en β-amylase is het in staat, ook 1,6-glycosidische bindingen te verbreken.

De vorming van suikers uit zetmeel tijdens de narijping van fruit is een voorbeeld van enzymatische hydrolyse in een levensmiddel. Dergelijke verzoetingsprocessen zijn overigens niet altijd gewenst. Bekend is het zoet worden van aardappelen na bevriezing. Door beschadiging van de celstructuur komt amylase vrij, dat vervolgens op het zetmeel inwerkt.

Een ander voorbeeld van een enzymatische koolhydraathydrolyse is de vorming van invertsuiker uit sacharose tijdens de productie van honing. In het speeksel van bijen komt namelijk een invertase voor. De koolhydraten in honing bestaan hierdoor vrijwel geheel uit invertsuiker.

Bij de chemische hydrolyse is naast de temperatuur vooral de pH van belang: hoe lager de pH in het medium, des te sneller verloopt de hydrolyse. In alkalisch milieu (pH < 13) treedt geen merkbare hydrolyse op.

Van belang is voorts de aard van de glycosidische binding. De α-binding hydrolyseert gemakkelijker dan de β-binding. Verder wordt de hydrolysesnelheid als volgt door de plaats van de glycosidische binding beïnvloed: α-1,2 > α-1,3 > α-1,4 > α-1,6. Sacharose, met een α-1,2-glycosidische binding, wordt al merkbaar gehydrolyseerd in zure producten zoals jam tijdens het bewaren.

Degradatie

Als suikers droog of in geconcentreerde oplossing worden verhit, treden bruine verkleuringen op en ontstaat een specifiek aroma. Ook in verdunde suikeroplossingen treden reacties op indien langdurig wordt verhit.

De open vorm van reducerende suikers vormt altijd het uitgangspunt van deze reacties, waarbij moet worden opgemerkt dat door het verhitten de opening van de halfacetaalringen en ook de inversie van sacharose wordt bespoedigd. In deze beschouwing kan dus ook sacharose worden betrokken.

De eerste reactie die optreedt is een (reversibele) enolisatie, waarbij eveneens isomerisatie tot fructose kan optreden en die de *Lobry de Bruyn–Alberda van Ekenstein-omlegging* wordt genoemd.

HC=O / CHOH / R ⇌ HC–OH / ‖ C–OH / R ⇌ CH_2OH / C=O / R

Figuur 3.15 Lobry de Bruyn–Alberda van Ekenstein-omlegging

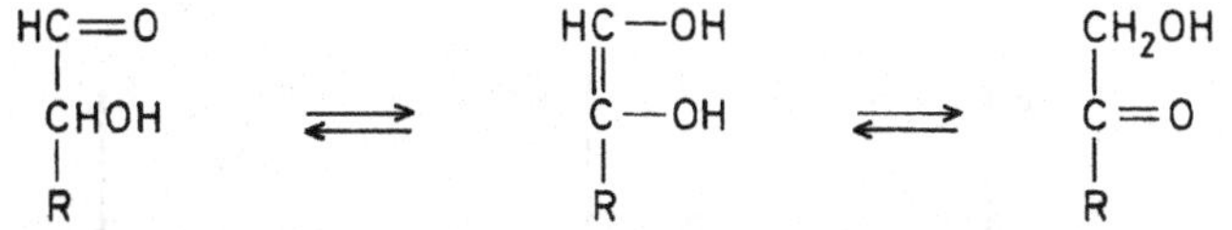

De 1,2-endiolvorm is nooit als zodanig geïsoleerd. Van groot belang is echter dat hierdoor een instabiliteit in het suikermolecuul wordt geïntroduceerd. Als gevolg daarvan kan het derde C-atoom gemakkelijk een OH-groep verliezen, hetgeen dehydratatie tot gevolg heeft.

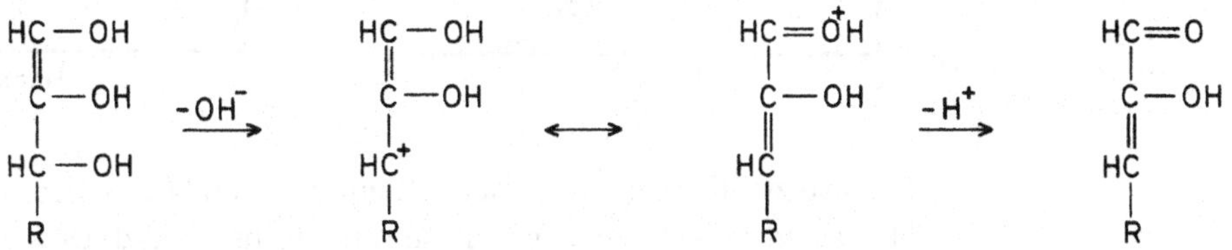

HC–OH / ‖ C–OH / HC–OH / R $\xrightarrow{-OH^-}$ HC–OH / ‖ C–OH / HC^+ / R ⟷ HC=$\overset{+}{O}$H / C–OH / ‖ HC / R $\xrightarrow{-H^+}$ HC=O / C–OH / ‖ HC / R

Figuur 3.16

Op dezelfde wijze wordt een tweede molecuul water afgesplitst.

HC=O		HC=O		HC=O		HC=O
C—OH		C—OH		$C{=}\overset{+}{O}H$		C=O
‖		‖		|		|
HC	$\xrightarrow{-OH^-}$	HC	$\longleftrightarrow$	HC	$\xrightarrow{-H^+}$	HC
|		|		‖		‖
HCOH		HC^+		HC		HC
HCOH		HCOH		HCOH		HCOH
CH_2OH		CH_2OH		CH_2OH		CH_2OH

Figuur 3.17

De ontstane verbinding participeert gemakkelijk in intermoleculaire reacties, waarbij een zeer gecompliceerd, donkerbruin gekleurd mengsel ontstaat van stoffen met veel onverzadigde bindingen en een hoog molecuulgewicht. Vanwege de donkere kleur spreekt men dikwijls van *melanoïdinen* (melas = donker).

N.B. De term 'melanoïdinen' wordt gebruikt voor de donker gekleurde stoffen die afkomstig zijn van *niet-enzymatische verbruiningen.* Dit ter onderscheid van de donkere producten die bij *enzymatische* verbruiningsreacties worden gevormd (zie hoofdstuk 6) en *melaninen* worden genoemd.

Het heeft zin, hier de vraag te stellen waardoor in het algemeen bruine verkleuringen kunnen worden veroorzaakt. In de eerste plaats is van belang dat bepaalde chemische structuren zoals de dubbele binding (tussen twee C-atomen of die in de carbonylgroep) absorptie in het ultraviolet veroorzaken. De absorptiecurve beslaat een bepaald gebied en vertoont een duidelijk maximum.

De UV-absorptie wordt veel sterker indien de stof twee geconjugeerde dubbele bindingen bevat; tevens verschuift het maximum naar het zichtbare gebied. Meer dubbele bindingen verschuiven dit maximum nog verder, tot ook een deel van het zichtbare licht wordt geabsorbeerd. Dit is hieronder weergegeven. Men neemt dan een gele kleur waar.

Of absorptie in het zichtbare gebied optreedt – en in welke mate – hangt niet alleen samen met de positie van het maximum maar ook van de breedte van de absorptiecurve.

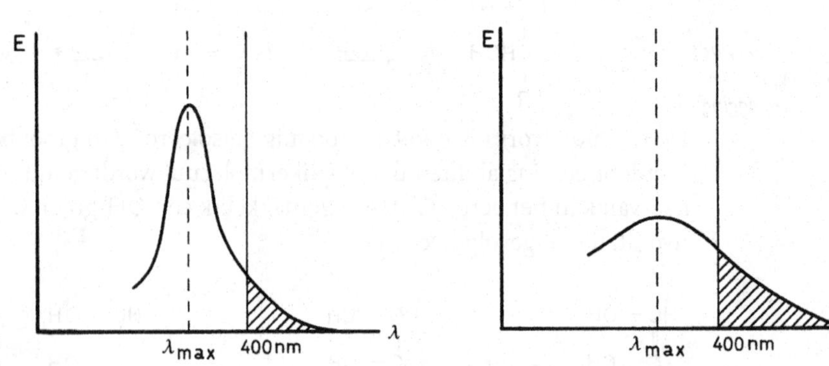

Figuur 3.18 Absorptiecurven van een gele en een bruine oplossing

Behalve zichtbare straling met golflengten even boven 400 nm wordt nu ook wat blauwe en wellicht zelfs groene straling geabsorbeerd. De kleur van het reactiemengsel is dan niet geel maar bruin. 'Bruin' moet spectraal worden opgevat als een absorptie die ergens in het zichtbare deel van het spectrum begint (en naar het ultraviolet toe geleidelijk hoger wordt). Als een maximum optreedt, ligt dit meestal buiten het zichtbare gebied.

Het hangt van verschillende factoren af of een absorptiecurve breed of smal is. Het zal duidelijk zijn dat een brede curve ontstaat indien een aantal smallere curven met verschillende maxima elkaar overlappen. Deze smallere curven kunnen op hun beurt worden veroorzaakt door een reeks van verwante maar toch van elkaar verschillende moleculen. Men moet dan denken aan verbindingen met vrij hoge molecuulgewichten die vele dubbele bindingen bevatten. Dergelijke mengsels ontstaan bij reacties zoals hier genoemd en ook bij de Maillard-reactie. Het is bijzonder moeilijk, deze mengsels chemisch te beschrijven.

Vervolgens is een verdere intramoleculaire dehydratie van belang. Daarbij ontstaat waarschijnlijk eerst een halfacetaalring uit de carbonylgroep aan het tweede en de hydroxylgroep aan het vijfde koolstofatoom. Vervolgens wordt hieruit een furaanderivaat gevormd.

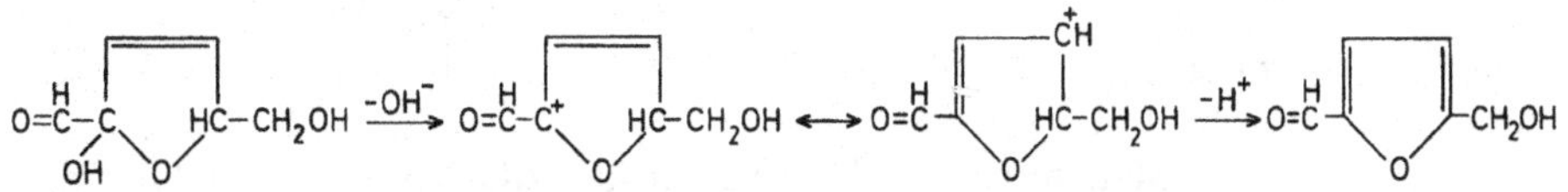

Figuur 3.19

Deze laatste verbinding, *5-hydroxymethylfurfural* (HMF), is een karakteristieke stof die altijd ontstaat bij de thermische afbraak van hexosen. Bij de analyse van suikers wordt wel gebruikgemaakt van de vorming van deze verbinding. Op analoge wijze ontstaat furfural bij de degradatie van pentosen. Ook andere cyclische verbindingen kunnen worden gevormd, bijvoorbeeld doordat, na isomerisatie tot fructose (of rechtstreeks vanuit fructose), een 2,3-endiol kan worden gevormd. Indien daarna het eerste C-atoom een OH-groep verliest, kan bijvoorbeeld isomaltol ontstaan. Dit verloopt weer via een dicarbonylverbinding.

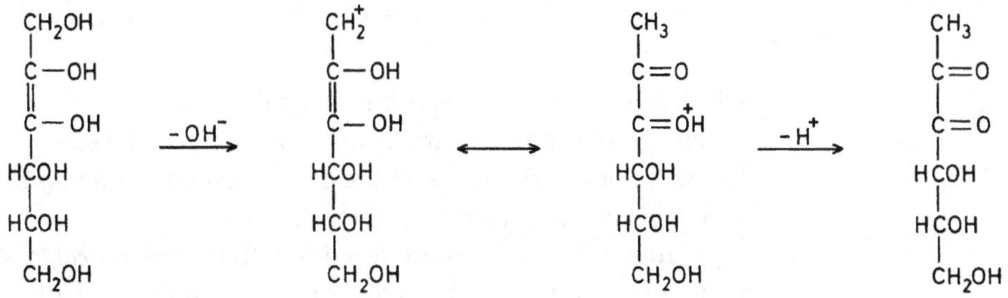

Figuur 3.20

Na halfacetaalvorming tussen de carbonylgroep van C3 en de hydroxylgroep van C6 en afsplitsing van twee moleculen water ontstaat isomaltol.

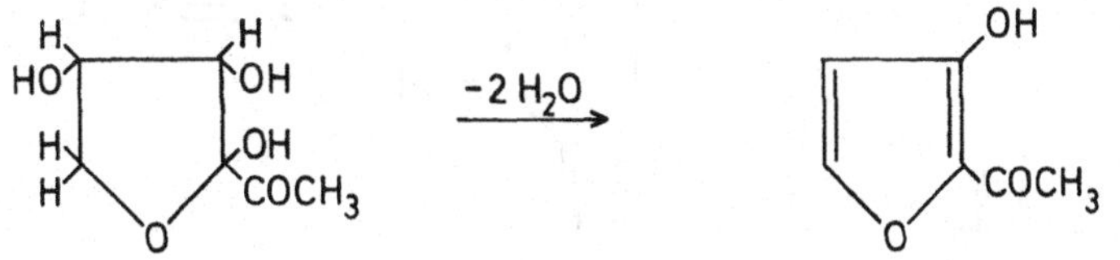

Figuur 3.21

Enolisatie en dehydratie zijn de belangrijkste degradatiereacties in (zwak) zuur milieu. In dit milieu verloopt de enolisatie langzaam en de dehydratie relatief snel. Onder zwak alkalische condities daarentegen verlopen enolisatiereacties veel sneller dan dehydratiereacties. Daardoor zal de hoeveelheid geënoliseerde verbindingen in het reactiemengsel groter zijn dan onder zwak zure condities.

Een kenmerk van deze zwak alkalische reactiemengsels, vooral in de beginstadia van de degradatie, is het sterk reducerende vermogen. De veelvuldig optredende endiolgroep is hiervoor verantwoordelijk, met name als deze groep is geconjugeerd met een tweede dubbele band, bijvoorbeeld van een carbonylgroep.

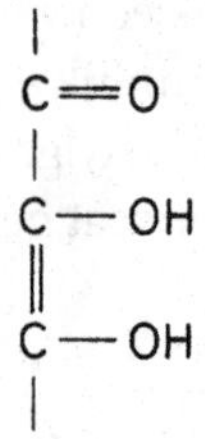

C=O
C—OH
C—OH

Figuur 3.22

Men spreekt in die gevallen van *reductonen*. Voor het optreden van deze stoffen is verlies van één watermolecuul in principe al voldoende. Ook uit een hydroxy-2,3-dicarbonylverbinding kan een 2,3-endiol ontstaan.

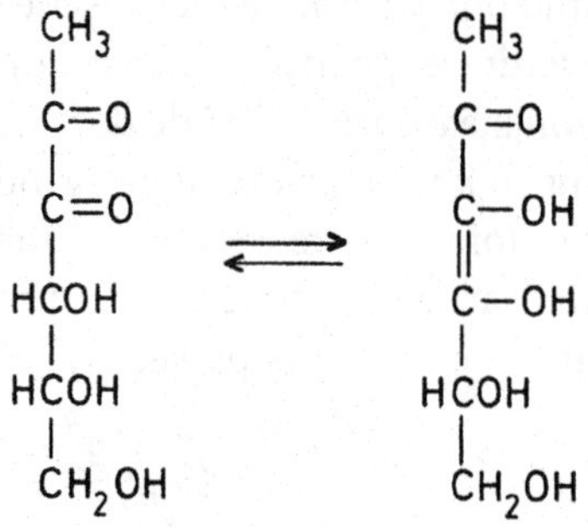

CH_3 / C=O / C=O / HCOH / HCOH / CH_2OH ⇄ CH_3 / C=O / C—OH / C—OH / HCOH / CH_2OH

Figuur 3.23

N.B. Ook ascorbinezuur is een reducton!

Het gevolg van de vorming van reductonen is dat oxidatiereacties gaan optreden, waardoor bijzonder reactieve componenten kunnen ontstaan, die snel tot donker gekleurde macromoleculen reageren.

Verder zullen ook andere reacties optreden zoals *dealdolisatiereacties*, waarbij fragmenten kunnen ontstaan die eveneens zeer reactief zijn. Daarnaast kunnen door hergroepering allerlei ringverbindingen worden gevormd, zoals methylcyclopentenolon en homologen hiervan.

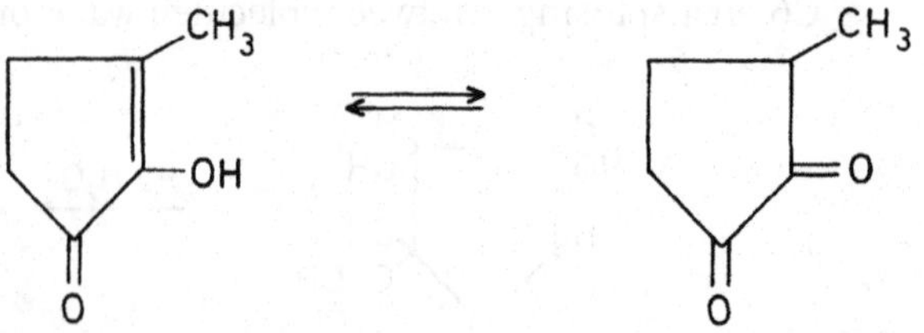

CH_3, OH, O ⇄ CH_3, O, O

Figuur 3.24 Methylcyclopentenolon

Sommige van deze stoffen bezitten een karamelaroma, een eigenschap die wordt toegeschreven aan een bepaalde structuur, die ook in isomaltol aanwezig is. Inderdaad draagt deze stof bij tot het aroma van een langdurig verhitte suikeroplossing of van gebrande suiker.

```
      CH3              CH3
      |                |
    —C                 C=O
      ||       of      |
      C—OH           —C
      |                ||
    —C=O             —C—OH
```

Figuur 3.25

Karamel wordt op industriële schaal bereid voor het aromatiseren of het kleuren van levensmiddelen en dranken. Hiertoe wordt een geconcentreerde suikeroplossing onder neutrale tot zwak alkalische omstandigheden verhit. Onder deze condities vindt de gewenste fragmentatie en de daarop volgende vorming van aromacomponenten optimaal plaats. Om de gewenste pH te handhaven, wordt de oplossing gebufferd en worden de gevormde zuren geneutraliseerd. Het proces kan overigens worden gestuurd in de richting van meer vorming van aromastoffen (door de pH te verlagen) of meer kleurvorming (bij wat hogere pH). Indien *karamelkleurstof* moet worden bereid, vindt de verwarming plaats in aanwezigheid van sulfiet. Hierdoor treden namelijk additiereacties op waardoor – sterk negatief geladen – sulfonzuurgroepen worden gevormd. De macromoleculen stoten elkaar daardoor af en blijven in oplossing. Ook de stabiliteit in zure oplossingen (coladranken!) wordt er sterk door verbeterd.

De Maillard-reactie

De degradatie van suikers verloopt veel sneller als verbindingen met vrije aminogroepen (aminozuren, peptiden, eiwitten enzovoort) aanwezig zijn. De vrije aminogroepen participeren al direct in de reactie door vorming van een glycosidische binding:

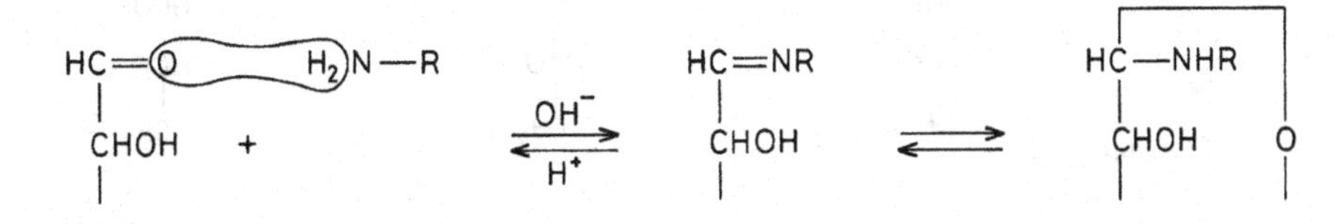

Figuur 3.26

Uit kinetische studies is gebleken dat de snelheid van deze Maillard-reactie evenredig is met de concentratie van de open vorm van de suiker en met de concentratie van de ongedissocieerde NH_2-groep. De condensatie verloopt in zwak alkalisch milieu dus sneller dan in zwak zuur milieu. De gevormde N-glycosiden worden in zuur milieu gemakkelijk gehydrolyseerd; deze eerste reactie is dus nog reversibel.

Vervolgens treedt een reactie op die sterke verwantschap vertoont met de Lobry de Bruyn-Alberda van Ekenstein-omlegging.

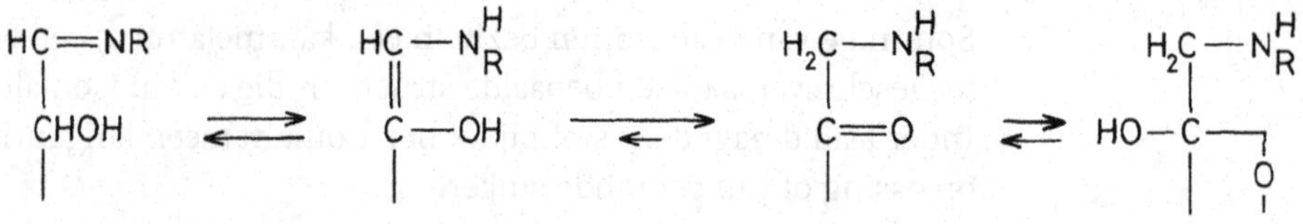

Figuur 3.27

Deze reactie, de *Amadori-omlegging*, wordt door H^+-ionen gekatalyseerd. Amadori-omleggingsproducten of ketose-aminen worden nog slechts onvolledig door zuur gehydrolyseerd tot suiker en amine. Reductievermogen is evenals bij suikers aanwezig.

Amadori-omleggingsproducten splitsen gemakkelijker H_2O af dan de producten van de Lobry de Bruyn-Alberda van Ekensteinomlegging. Ook de koolstofketen is minder stabiel. Daardoor vinden de eerdergenoemde dehydratatie- en fragmentatiereacties en ook reductonvorming in veel sterkere mate plaats.

Voor een deel wordt de stikstof weer afgesplitst (hoe groot dit deel is hangt onder meer af van de participerende aminoverbinding). Deze afsplitsing kan zowel vanuit het Amadori-omleggingsproduct als vanuit de enolvorm hiervan geschieden:

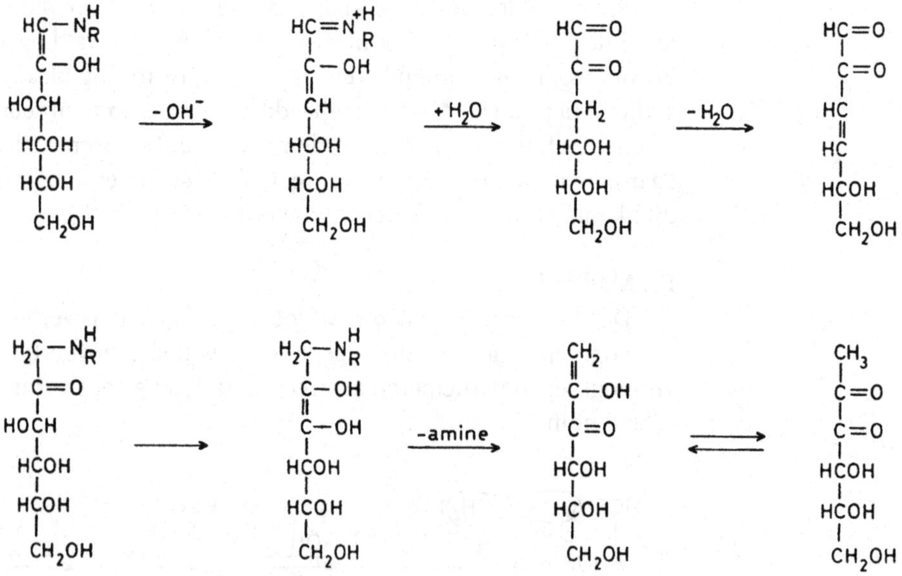

Figuur 3.28

De op deze wijze ontstane verbindingen zijn beide al beschreven als componenten die optreden tijdens de degradatie van suikers. De eerste verbinding, een onverzadigd osulose of *oson*, kan onder waterverlies overgaan in HMF (hetgeen ook in deze reactiemengsels gebeurt), maar tevens opnieuw met een aminogroep reageren en dan zeer snel in melanoïdinen worden omgezet.

Een typisch aspect van de Maillard-reactie is de *Strecker-afbraak* van aminozuren. Deze reactie treedt op met dicarbonylverbindingen die de volgende structuur bezitten:

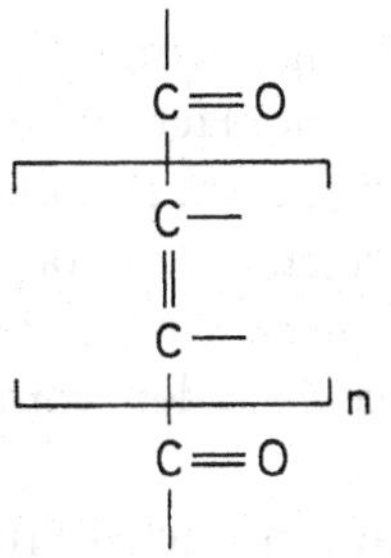

Figuur 3.29

Deze structuur treedt bij degradatie van suikers veelvuldig op (bijvoorbeeld door directe dehydratie of door oxidatie van reductonen). De waarde van n bedraagt meestal 0, soms 1. Bij een Strecker-afbraak ontstaat uit een aminozuur een aldehyde met één koolstofatoom minder, terwijl CO_2 ontwijkt.

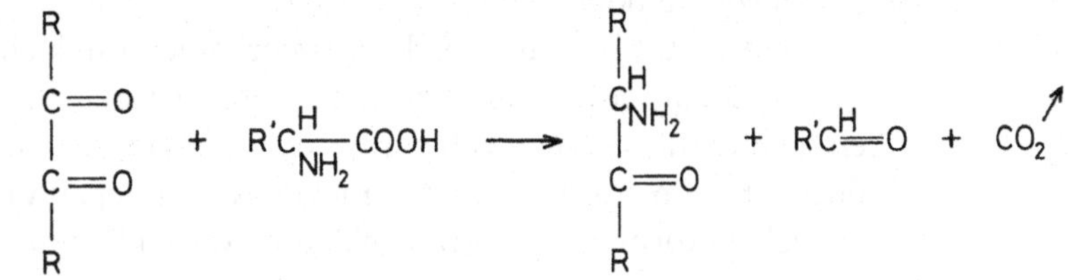

Figuur 3.30

De Streckerafbraak wordt op industriële schaal toegepast voor de bereiding van bepaalde aroma's (bakwaren, honing, chocolade).

Verder moet worden vermeld dat ook die stoffen tot de reductonen worden gerekend waarbij de C-OH-groepen door één of meer C=C-groepen zijn gescheiden.

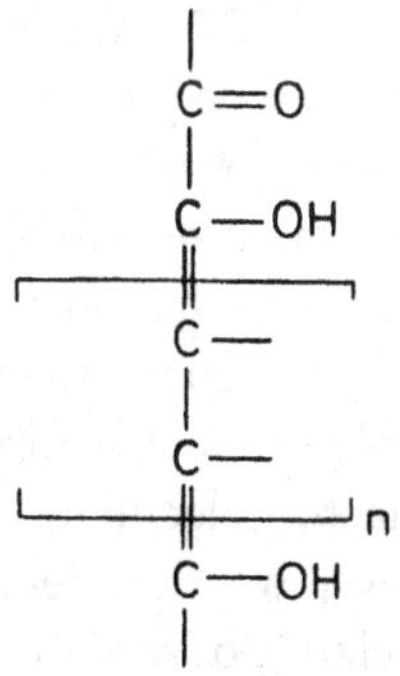

Figuur 3.31

Door dimerisatie van het gevormde ketoamine en daaropvolgende oxidatie ontstaan pyrazinederivaten. Uit bijvoorbeeld methylglyoxaal en een aminozuur kan langs deze weg 2,5-dimethylpyrazine ontstaan.

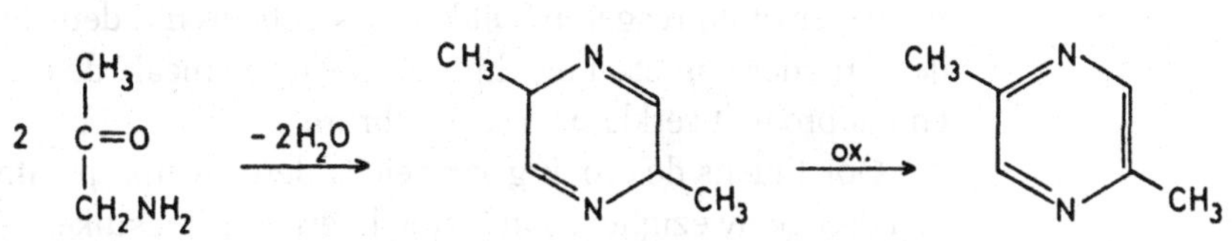

Figuur 3.32

Ook andere ringsystemen, zoals oxazolen en oxazolinen, kunnen bij deze reactie worden gevormd. Het uit het aminozuur gevormde aldehyde kan weer in andere reacties participeren. De aldehyden zelf, reactieproducten hiervan en de pyrazinederivaten dragen alle bij tot de vorming van een karakteristiek aroma, een kenmerkende eigenschap van de Maillard-reactie. Alkylpyrazinen bezitten een nootachtig aroma; de andere componenten kunnen zeer variërende aroma's bezitten.

Het ontstaan van reactieve fragmentatieproducten (zoals methylglyoxaal, CH_3COCHO) en van reductonen leidt uiteindelijk tot de vorming van melanoïdinen, het meest opvallende kenmerk van de Maillard-reactie. Men zou dit complex van reacties kunnen karakteriseren als het verbreken van koolstof-koolstofbanden en hergroepering van de ontstane fragmenten. Van veel belang is dat in dit proces opnieuw aminogroepen betrokken raken, zoals de vrije aminogroepen die in eiwitten voorkomen.

Interessant is in dit opzicht het voorkomen van kleine fragmentatieproducten in *houtrook* als gevolg van thermische afbraak van de houtbestanddelen cellulose en hemicellulose. Tijdens het roken van vlees en vis komen deze fragmentatieproducten hierop terecht, reageren met de NH_2-groepen van de eiwitten aan het oppervlak en vormen daar bruin gekleurde verbindingen.

Het hier beschreven complex van reacties dankt zijn naam aan de Franse chemicus *L.-C. Maillard*, die in 1912 de veranderingen beschreef die optreden door oplossingen van glucose en glycine te verhitten. Hij ontdekte dat deze reactie niet specifiek was voor het glucose/glycinesysteem, maar dat vele suikers de reactie vertoonden, terwijl glycine kon worden vervangen door andere aminozuren en ook door bepaalde eiwitten. Als kenmerken noemde hij: de bruine verkleuring, ontwikkeling van CO_2 en vorming van karakteristieke aroma's.

Al spoedig na de publicatie van Maillard zag men in dat het door hem beschreven reactietype een rol speelt bij de bierbereiding. De kleur- en smaakstoffen die tijdens het mouten van gerst ontstaan, zijn het resultaat van Maillard-omzettingen tussen aminozuren en suikers, die op hun beurt enzymatisch zijn afgesplitst uit eiwitten en zetmeel. Ook de schuimvormende eigenschappen van bier zijn het gevolg van de vorming van producten van de Maillard-reactie (oppervlakte-actieve macromoleculen).

Gaandeweg werd duidelijk hoe vaak deze reactie optreedt bij de bereiding van levensmiddelen. Zo worden ook de bruine bakkleur (broodkorst, beschuit, gebakken vis) of braadkleur (vlees) door de Maillard-reactie veroorzaakt.

Vaak is het optreden van Maillard-reacties ongewenst, bijvoorbeeld in glucosestroop, vruchtensappen, vleesextracten, droge soepen, gesteriliseerde melk, gedroogde aardappelen enzovoort. Tijdens het steriliseren van melk kan de lactose met de eiwitten reageren. Dit kan ook gebeuren tijdens het bewaren van melkpoeder. Hierdoor ontstaat een lijmige of kartonsmaak, de oplosbaarheid vermindert en het product verkleurt naar geelbruin.

Ook tijdens de droging van vele andere eiwitpreparaten kan verkleuring optreden door aanwezigheid van kleine hoeveelheden suikers. Men kan deze verkleuring voorkomen door de droging bij lage temperatuur uit te voeren. In veel gevallen is dit echter te kostbaar en bovendien kan later toch weer verbruining optreden als de relatieve vochtigheid van de lucht rondom het product tijdens het bewaren niet laag genoeg is. Soms kan de suiker worden verwijderd door vergisting. Deze wijze van verwijdering wordt toegepast bij de bereiding van eipoeder. Het vergistingsprocédé was al in het oude China bekend.

Ongewenst is ook het geelbruin worden van wit visvlees als gevolg van de reactie tussen het viseiwit en sporen ribose, en de verkleuring van ham en bacon waaraan glucose is toegevoegd. Verder wordt de 'hooismaak' en de vermindering van het wateropnemend vermogen van gedroogde groenten aan de Maillard-reactie toegeschreven.

Tot omstreeks 1940 is de chemie van de Maillard-omzettingen een slecht bekend terrein gebleven. Men wist echter dat alleen reducerende suikers de reactie vertoonden, dat aminozuren via de NH_2-groep reageren en dat verschillen bestaan tussen de reactiviteit van suikers en ook van aminozuren. Na de Tweede Wereldoorlog is het onderzoek naar de Maillard-reactie in tal van onderzoekcentra met kracht ter hand genomen. Daardoor was *Hodge* al in 1953 in staat, een uitvoerig overzicht met betrekking tot deze reactie te publiceren (3), waarbij hij een schema postuleerde dat ook nu nog wel wordt gehanteerd. In dit schema wordt aangegeven langs welke wegen melanoïdinen ontstaan.

Van veel praktisch belang is het werk van *Lea* en medewerkers (Low Temperature Research Station, Cambridge) geweest. Deze onderzoekers namen waar dat de Maillard-reactie tussen glucose en eiwitten zeer wordt bevorderd indien de vochtigheidsgraad van het systeem zodanig is dat het aanwezige water zich alleen nog bevindt rondom polaire groepen. Als maat voor deze vochtigheidsgraad hanteert men het begrip *wateractiviteit*, uitgedrukt als a_w, dat in hoofdstuk 9 wordt besproken. Het kritieke a_w-gebied heeft een waarde van 0,6 à 0,7, overeenkomend met een vochtgehalte van 10 tot 15 procent. De verklaring luidt dat de suikermoleculen zich bij deze vochtigheidsgraad in de hydratatiemantels rond de aminogroepen concentreren, hetgeen de reactie aanzienlijk bespoedigt. Bij de droging van eiwitrijke levensmiddelen moet het kritieke a_w-gebied dan ook snel worden doorlopen als temperatuursverlaging of voorafgaande verwijdering van de suikers niet mogelijk is. Verder moet het product bij lage relatieve vochtigheid worden bewaard.

Remming van de Maillard-reactie

In het voorgaande is aan de orde gekomen dat Maillard-reacties soms gewenste maar vaak ook ongewenste kleur- en aromaveranderingen in levensmiddelen teweegbrengen. Ook de voedingswaarde van een product kan worden aangetast. Stoffen met vrije aminogroepen, zoals thiamine, reageren met suikers of met producten van de Maillard-reactie en worden daardoor onwerkzaam. Lysine-eenheden in eiwitten worden in de reacties betrokken, hetgeen resulteert in een daling van de biologische waarde van deze eiwitten.

Het is dus in vele gevallen gewenst, Maillard-omzettingen tegen te gaan. Dit is mogelijk door:

- het zeer laag houden van de a_w van gedroogde producten;
- bewaring bij lage temperatuur (de snelheid van de Maillard-reactie neemt sterk af bij temperatuursverlaging);

- verwijdering van suikers uit het betreffende product (bijvoorbeeld glucose uit eipoeder). Dit kan geschieden door middel van de eerdergenoemde vergisting, maar ook door glucose enzymatisch tot gluconzuur te oxideren;
- pH-verlaging tijdens het bewaren. De Maillard-reactie is in hoge mate afhankelijk van de pH. Deze kan daarna met bijvoorbeeld bicarbonaat weer op de oorspronkelijke waarde worden ingesteld;
- chemische blokkering. Bisulfiet is een zeer effectief middel, ook in relatief kleine hoeveelheden, om de Maillard-reactie te remmen. De binding geschiedt niet aan het suikermolecuul maar aan reactieve tussenproducten, en vindt zowel aan carbonylgroepen als aan C=C-bindingen plaats. Het vermoeden bestaat overigens dat niet het bisulfietion maar het sulfietion als nucleofiel agens optreedt (4). Cysteïne en andere mercaptanen remmen de reactie ook, maar hierdoor treden vaak veranderingen in het aroma op.

ANALYSE VAN KOOLHYDRATEN

De analyse van oplosbare koolhydraten gebeurt bijna altijd in een extract van het levensmiddel, dat na toevoeging van water wordt gehomogeniseerd en vervolgens gefiltreerd. Voor sommige bepalingen (zoals polarimetrische suikerbepalingen) is het noodzakelijk, met een geklaard extract te werken. Voorwaarde voor een goede klaringsmethode is dat storende colloïdaal opgeloste stoffen, zoals eiwitten, geheel worden verwijderd zonder dat de te bepalen component(en) wordt (worden) geadsorbeerd of chemisch veranderd en zonder dat een overmaat klaringsvloeistof de bepaling stoort. Voor de suikeranalyse is de klaring volgens *Carrez* uitermate geschikt. Eerst wordt een oplossing van kaliumferrocyanide (Carrez I) en vervolgens een oplossing van zinkacetaat in azijnzuur (Carrez II) toegevoegd. Het gevormde neerslag van zinkferrocyanide bindt de aanwezige eiwitten, zodat een helder filtraat wordt verkregen. Omdat de zinkacetaatoplossing in overmaat wordt toegevoegd, bevat het filtraat zinkionen en azijnzuur, hetgeen echter voor deze bepalingen geen bezwaar vormt.

Vele onoplosbare polysachariden kunnen voor analytisch onderzoek toegankelijk worden gemaakt door koken met zuur, terwijl voorts de mogelijkheid van een enzymatische afbraak moet worden genoemd.

Zetmeel kan 'oplosbaar' worden gemaakt door een waterige suspensie van de waar (bijvoorbeeld meel) geruime tijd te verwarmen.

Aspecifieke analyse van koolhydraten

Meting van fysische grootheden

De oudste methoden voor de kwantitatieve bepaling van koolhydraten berusten op metingen van de dichtheid (het 'soortelijk gewicht') en de brekingsindex (refractie) van hun oplossingen. Ook de meting van de optische draaiing van dergelijke oplossingen kwam al vroeg in zwang.

Als een waterige oplossing (vrijwel) geen andere stoffen dan koolhydraten bevat, kan men het totale gehalte goed benaderen door meting van de refractie. Alle koolhydraten beantwoorden immers geheel of bij benadering aan de formule $(CH_2O)_n$, terwijl dubbele bindingen afwezig zijn. In het Duitse taalgebied spreekt men bij suikeroplossingen vaak over 'Extrakt', waarmee men dan de hoeveelheid sacharose in grammen per liter bedoelt. In het Engelse taalgebied gebruikt men meestal graden Brix, genoemd naar een op dit gebied actieve onderzoeker, die de concentratie in grammen sacharose per 100 gram oplossing aangeven. Het verdient aanbeveling, met gewichtseenheden en dus met ° Brix te werken om de moeilijkheden te voorkomen die optreden wanneer men werkt met volumina van verschillende dichtheid, die bij menging aan contractie onderhevig zijn.

De dichtheid kan onder andere worden bepaald met pyknometers of areometers. Deze laatste hebben met refractometers het voordeel gemeen dat de metingen snel en door iedereen kunnen worden uitgevoerd, hetgeen met name in een productieproces van belang is.

Het suikergehalte van een oplossing kan ook uit de draaiing van het polarisatievlak worden bepaald, waarbij normaliter als voorwaarde geldt dat slechts één suiker aanwezig mag zijn en ook andere verbindingen met meetbare optische activiteit niet in de oplossing mogen voorkomen. Op deze wijze wordt gecontroleerd of in de voor de consument beschikbare suikers inderdaad voldoende sacharose aanwezig is.

Indien men het gehalte van een vers bereide suikeroplossing door middel van polarisatie wil controleren, moet men rekening houden met eventueel optredende mutarotatie. Men kan de instelling van het mutarotatie-evenwicht bevorderen door enige tijd te koken of door toevoeging van een spoor ammonia.

Bepaling van het reducerend vermogen van suikers

Vele suikers kunnen met behulp van een alkalische koperoplossing worden geoxideerd. Van dit principe werd al in het midden van de negentiende eeuw gebruik gemaakt voor het aantonen van suikers. De te onderzoeken oplossing wordt gekookt met een alkalische koperoplossing, waarin het koper door middel van tartraat of citraat in oplossing wordt gehouden. Bij aanwezigheid van reducerende suikers ontstaat een rood neerslag van Cu_2O. Ook ferricyanide of complex opgeloste zilverionen kunnen suikers in alkalisch milieu oxideren. (De hierbij ontstane 'zilverspiegel' is de basis voor het maken van versiersels die hun plaats vinden in de kerstboom.)

Op de reductie van alkalische koperoplossingen is een kwantitatieve analysemethode gebaseerd, de suikerbepaling volgens *Luff-Schoorl*. De overmaat koperoplossing wordt dan weggenomen met jodide en het vrijgekomen jodium getitreerd met thiosulfaat. Zo zijn in het verleden miljoenen suikerbepalingen uitgevoerd.

Op zich is het reducerend vermogen van suikers klein. In alkalisch milieu echter vinden omleggingen plaats die snel tot de vorming van reductonen leiden. Deze reductonen zijn in staat, ook relatief zwakke oxidantia zoals de hierboven genoemde te reduceren.

Bepaling van suikers door middel van kleurreacties

Koolhydraten kunnen in sterk zuur milieu met een aantal stoffen (orcinol, resorcinol, α-naftol, carbazol, antron) tot intensief gekleurde verbindingen reageren. Deze reacties berusten op de vorming van HMF of furfural, dat vervolgens met een van de genoemde verbindingen condenseert tot een gekleurd molecuul. Vooral antron wordt nog wel toegepast. Ook zetmeel kan hiermee worden bepaald, doordat het in dit milieu hydrolyseert.

Bepaling van suikers afzonderlijk in aanwezigheid van andere suikers

In 1914 beschreef de grote Nederlandse microbioloog *Kluyver* in zijn proefschrift hoe hij bepaalde suikers specifiek kon vergisten en rechtstreeks kon bepalen door de ontwikkelde hoeveelheid CO_2 te meten. Van hieruit leidt een weg naar de enzymatische koolhydraatbepalingen, waarmee inderdaad één enkele suiker in een mengsel kan worden bepaald zonder voorafgaande scheiding.

De enzymatische suikeranalyse is niet alleen specifiek maar ook gevoelig. Een enzymatische omzetting wordt namelijk altijd gekoppeld aan het ontstaan of verdwijnen van een verbinding met een sterke absorptie van zichtbare of ultraviolette straling. Hiermee gaat de enzymatische suikerbepaling tot de spectrofotometrische analysemethoden behoren, hetgeen automatisering eenvoudig en aantrekkelijk maakt. Ook voorscheidingen zijn in de meeste gevallen niet nodig; wel moet vaak worden onteiwit.

Vaak berusten enzymatische suikerbepalingen op specifieke oxidatie na fosforylering met behulp van hexokinase en ATP. De waterstofacceptor is hier $NADP^+$ (nicotinamide-adenine-dinucleotidefosfaat). In het geval van glucose wordt de oxidatie gekatalyseerd door glucose-6-fosfaatdehydrogenase. De reacties kunnen als volgt worden weergegeven:

$$\text{glucose} + \text{ATP} \rightleftarrows \text{glucose-6-P} + \text{ADP}$$

$$\text{G-6-P} + \text{NADP}^+ + \text{H}_2\text{O} \rightleftarrows \text{gluconaat-6-P} + \text{NADPH} + \text{H}^+$$

Dit $NADP^+$ (of de niet-gefosforyleerde vorm NAD^+) kan in de enzymatische analyse als de universele waterstofacceptor worden beschouwd. Hierbij wordt de pyridine-ring van nicotinamide gereduceerd:

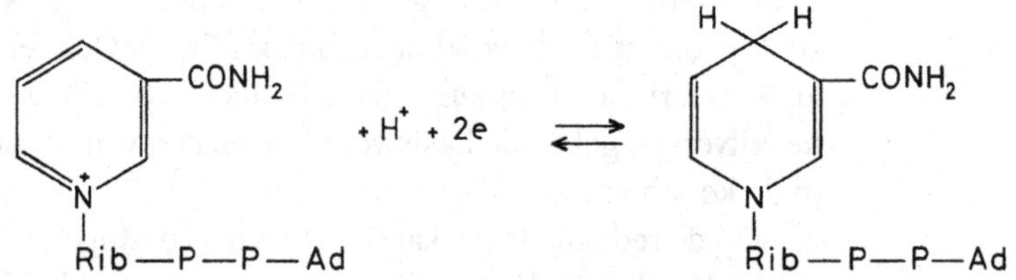

CONH$_2$ + H^+ + 2e ⇄ H H CONH$_2$
Rib—P—P—Ad   Rib—P—P—Ad

Figuur 3.33

Hierin staat Rib voor een ribose-eenheid, P voor een fosfaatgroep en Ad voor een adenosine-eenheid.

Of $NADP^+$ dan wel NAD^+ moet worden toegepast, hangt van het systeem af. Sommige reacties verlopen beter met $NADP^+$, terwijl voor andere juist NAD^+ moet worden gebruikt. Het is moeilijk, hierin regels te ontdekken.

NADH en NADPH bezitten een sterke UV-absorptie met een maximum bij 340 nm, terwijl NAD^+ en $NADP^+$ daar niet absorberen. Indien een zeer grote gevoeligheid is vereist, kan de fluorescentie van NAD(P)H worden gemeten.

Ook zetmeel kan uitstekend langs deze weg worden bepaald na voorafgaande hydrolyse met amyloglucosidase.

Overigens kan glucose ook enzymatisch worden bepaald met glucose-oxidase. Door middel van dit enzym wordt glucose rechtstreeks met behulp van de luchtzuurstof geoxideerd tot gluconaat, zonder voorafgaande fosforylering. De volgende reactie vindt plaats:

glucose + O_2 → gluconaat + H^+ + H_2O_2

Het enzym werkt alleen in op β-glucose. Dit levert geen probleem op, omdat in het enzympreparaat altijd wat α/β-mutarotase aanwezig is, zodat ook α-glucose wordt omgezet.

Met H_2O_2 kan een leukokleurstof Y onder invloed van het enzym peroxidase worden geoxideerd tot de gekleurde vorm Y^+ (of Y^{++}):

$$Y + H_2O_2 \rightarrow Y^{++} + 2\ OH^-$$

Dit analytische systeem is eenvoudiger dan de bepaling via hexokinase en $NADP^+$, maar minder specifiek. Glucose-oxidasepreparaten zijn moeilijk te zuiveren van sporen van enzymen die de oxidatie van andere suikers katalyseren. Reducerende stoffen (ascorbinezuur!) storen. Indien katalase aanwezig is, bijvoorbeeld door microbiologisch bederf, ontleedt H_2O_2 in water en zuurstof.

Het gemakkelijk optreden van storingen is een algemeen nadeel van enzymbepalingen. Daarnaast moet op de mogelijke aanwezigheid van enzymblokkerende stoffen worden gewezen. Voorts kan zowel de thermische als de microbiologische labiliteit een probleem vormen. Ook bij langdurige bewaring in de koelkast kan de activiteit teruglopen. De preparaten kunnen in microbiologisch opzicht stabieler worden gemaakt door deze af te leveren in een geconcentreerde ammoniumsulfaatoplossing.

Enzymatische koolhydraatbepalingen hebben de analytische mogelijkheden op dit gebied zeer sterk vergroot. Hun eenvoud en snelheid (en daardoor de arbeidsbesparing) doen het bezwaar dat enzympreparaten kostbaar zijn vrijwel geheel wegvallen.

Gecompliceerde mengsels van oplosbare koolhydraten kunnen in het algemeen uitstekend worden bepaald met technieken zoals HPLC. Een voorbeeld is de analyse van hydrolyseproducten van zetmeel, waarbij ook de afzonderlijke oligosachariden goed van elkaar kunnen worden onderscheiden. Een detectiemethode die hierbij goede diensten bewijst, is de continue meting van de brekingsindex van het eluaat. Deze methode is uitermate geschikt voor mengsels van stoffen die in niet te lage gehalten aanwezig zijn.

Sinds het begin van de jaren negentig wordt echter steeds meer gebruikgemaakt van ionenuitwisselingschromatografie met amperometrische detectie (HPAEC: high performance anion exchange chromatography / PAD: pulse amperometric detection; 5). Het mengsel wordt eerst op een hoge pH-waarde (12 à 13) gebracht, waarbij OH-groepen worden omgezet in het oxy-anion ($-O^-$). In welke mate dit gebeurt, hangt sterk af van de positie van de OH-groepen in het molecuul. Dit is een belangrijke factor bij de scheiding op een anionenwisselaar. Deze scheidingen zijn vaak bijzonder scherp (6). Omdat koolhydraten kunnen worden geoxideerd is een amperometrische detectie mogelijk. In het algemeen behoeven oplossingen of extracten die ter analyse worden aangeboden geen voorzuivering, hetgeen de aantrekkelijkheid van deze methodiek sterk verhoogt.

LITERATUUR

1 C.J.A.M. Keetels, T. van Vliet, A. Jurgens en P. Walstra, Amylopectine bepalend voor oudbakken worden van brood. Voedingsmiddelentechnologie 30 (1997)(21) 11-13.
2 A. Harsveldt en J.J. Swinkels, Producten van de zetmeelindustrie. Leergang "Voedingsmiddelen van grondstof tot consument", aflevering 23. Voedingsmiddelentechnologie 12 (1979)(20) 55-63.
3 J.E. Hodge, Chemistry of browning reactions in model systems. J. Agr. Food Chem. 1 (1953) 928-943.
4 A. Ruiter en A.G.J. Voragen (2002) Main functional food additives. In: Chemical and functional properties of food components (2^{e} druk, Hoofdstuk 12), ed. Z.E. Sikorski. CRC Press LLC, pp. 279-295.
5 R.W. Andrews en R.M. King, Selection of potentials for pulsed amperometeric detection of carbohydrates at gold elektrodes. Analytical Chemistry 62 (1990) 2130-2134.
6 C. Corradini, A. Cristalli en D. Corradini, High performance anion-exchange chromatography with pulsed amperometric detection of nutritionally significant carbohydrates. J. Liquid Chromatography 16 (1993) 3471-3485.

4 Vitamines

Vitamines vormen – in tegenstelling tot eiwitten, vetten en koolhydraten – een heterogene groep van verbindingen, zonder overeenkomst in chemische structuur. Toch worden de vitamines als één groep beschouwd, omdat al deze stoffen in geringe hoeveelheden onmisbaar zijn voor mens en/of dier. Vitamines bezitten in dat opzicht grote overeenkomst met hormonen; een belangrijk verschil is echter dat hormonen door het lichaam zelf worden gesynthetiseerd. Omdat dit met vitamines niet het geval is, moeten deze in het voedsel aanwezig zijn. Niettemin zijn enkele voorbeelden bekend waarbij vitamines althans voor een deel wel in het lichaam worden gevormd. De eerste mogelijkheid is dat verbindingen welke zelf geen vitamine-activiteit bezitten, in het lichaam in vitamines worden omgezet. Deze verbindingen worden *provitamines* genoemd. Bekende voorbeelden hiervan zijn β-caroteen en tryptofaan, die in het lichaam kunnen worden omgezet in respectievelijk retinol (vitamine A) en nicotinamide. Ook het dehydrocholesterol, dat in de huid aanwezig is en zelf geen vitaminewerking bezit, kan onder invloed van zonlicht worden omgezet in cholecalciferol (vitamine D_3). Een tweede mogelijkheid van vitaminevorming in het lichaam is de productie hiervan door bacteriën in het darmkanaal, gevolgd door absorptie. Deze doet zich voor in de vitamine K-groep en misschien ook bij enkele B-vitamines.

In het begin van de twintigste eeuw verdeelden *McCollum* en *Davis* de vitamines in twee groepen: de in vet en de in water oplosbare. Van deze indeling wordt nog steeds gebruikgemaakt. De naam 'vitamine' hangt samen met de veronderstelling van vroegere onderzoekers dat al deze stoffen aminen zouden zijn (*Funk* 1911). In 1920 echter werd, op voorstel van *Drummond*, de naam in Engelse wetenschappelijke tijdschriften als *vitamin* (zonder e) gespeld, omdat inmiddels was gebleken dat de meeste vitamines geen aminen waren. In 1925 bepleitte *Van Leersum* om dezelfde reden het gebruik van de meervoudsvorm *vitamines* in het Nederlands. Deze vorm wordt ook in dit boek gebruikt.

Om de hoeveelheid van een bepaald vitamine aan te geven, werden vroeger Internationale eenheden – afgekort als IE – gebruikt. Deze hebben betrekking op de biologische activiteit van een bepaalde, willekeurig vastgestelde hoeveelheid van het zuivere vitamine ten opzichte van een bepaald proefdier. Nu de chemische structuur van alle vitamines bekend is, kunnen in plaats hiervan gewichtseenheden worden gehanteerd.

DE FUNCTIE VAN DE IN VET OPLOSBARE VITAMINES

De retinolgroep

De naam retinol is afgeleid van het Latijnse woord voor netvlies (retina). De functie die retinol of vitamine A in het oog vervult, geniet grotere bekendheid dan de meer algemene functie: beschermen van epitheelweefsel tegen uitdroging. De verbinding bezit de volgende structuur:

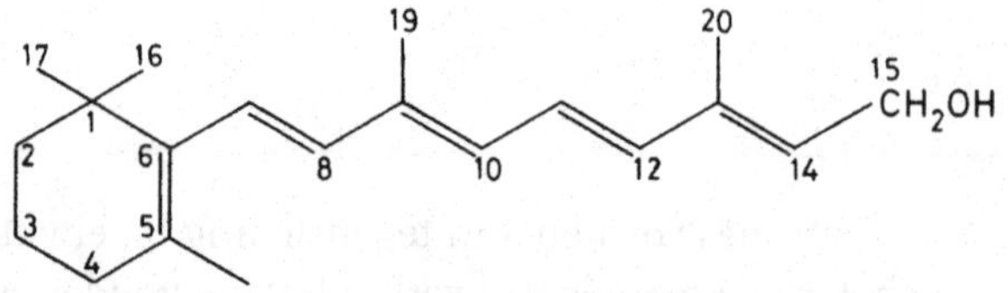

17 16 19 20 15 CH_2OH 1 2 6 8 10 12 14 3 5 4

Figuur 4.1

Voor het gezichtsvermogen is met name 15-cis-retinal (vitamine A-aldehyde) van belang. Deze stof vormt samen met het eiwit opsine het gezichtspurper in het netvlies, *rhodopsine.*

Retinol is betrokken bij de synthese van mucopolysachariden – belangrijke bestanddelen van slijmvliezen – en van het bijnierschorshormoon corticosteron. Verder bevordert het de stabiliteit van membranen. Het heeft een grote invloed op de groei van kinderen; alle vitamines vertonen natuurlijk deze eigenschap, maar retinol in sterke mate. Het werkingsmechanisme is gecompliceerd.

Tekorten komen tot uiting als aandoeningen van huid en slijmvliezen en veranderingen van epitheelweefsel, vooral van de ogen: hoornvlies en bindvliezen drogen uit *(xeroftalmie).* Een verminderd adaptatievermogen voor duisternis ('nachtblindheid') kan wijzen op een lichte retinoldeficiëntie. Niet alle nachtblindheid echter is het gevolg van een tekort aan retinol.

De absorptie van retinol vereist de aanwezigheid van galzure zouten en wordt door vet bevorderd. In het darmslijmvlies vindt verestering met palmitine- of stearinezuur plaats. In de voeding kan retinol al in veresterde vorm voorkomen.

Naast retinol (vitamine A_I) komen enkele cis-isomeren voor, die biologisch iets minder actief zijn. De β-iononring in het molecuul is essentieel voor de biologische activiteit. Er bestaat echter een verbinding met een extra dubbele band in de ring (3-dehydroretinol; vitamine A_2) die ongeveer de helft van de biologische activiteit bezit. Ook kwalitatief wijkt de biologische activiteit af van die van retinol; de rat blijft op vitamine A_2 en zonder vitamine A_I wel in leven maar plant zich niet voort.

Van belang zijn voorts de in sommige levensmiddelen voorkomende carotenoïden. Deze verbindingen kunnen in de darm worden geoxideerd, waarbij zij in twee helften uiteenvallen. Uit β-caroteen, met twee β-iononringen, kunnen zo twee moleculen retinol ontstaan:
Men noemt β-caroteen daarom wel *pro-vitamine A.*

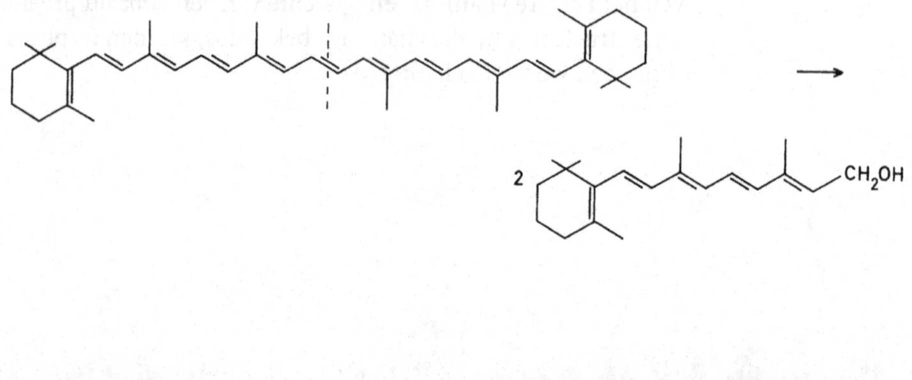

→ 2 CH_2OH

Figuur 4.2

De omzetting verloopt echter onvolledig. Ook de absorptie van carotenen is, in tegenstelling tot die van retinol, niet volledig, al wordt deze absorptie door de aanwezigheid van veel vet sterk verbeterd. Van belang is verder de mate waarin caroteen uit plantaardig celmateriaal kan vrijkomen. In het algemeen gebeurt dit gemakkelijker uit rauw dan uit gekookt materiaal (absorptie 35% respectievelijk 0 tot 15%). Door dit alles moet de activiteit van β-caroteen gemiddeld op niet meer dan een zesde van de activiteit van retinol worden gesteld. Men denkt zelfs dat de behoefte aan retinol niet volledig door β-caroteen kan worden gedekt.

Carotenoïden zoals α- en γ-caroteen, kryptoxanthine en β-zeacaroteen leveren bij oxidatieve splitsing één molecuul retinol, terwijl de meeste andere carotenoïden geen β-iononstructuur bevatten en dus ook geen provitamine A-activiteit vertonen.

De FAO/WHO beveelt een dagelijkse opname van 0,75 mg vitamine A aan, waarvan een derde uit retinol moet bestaan en de rest uit een equivalente hoeveelheid caroteen kan worden verkregen. De Nederlandse Voedingsmiddelentabel geeft als aanbevolen hoeveelheden 0,45 mg retinol + 2,4 mg β-caroteen per dag. Bij grotere opnamen wordt in de lever een depot gevormd, waarin een voorraad kan worden opgeslagen die voor meer dan een half jaar toereikend is. Overdoses retinol (tientallen milligrammen per dag), via vitaminepreparaten opgenomen, schaden de gezondheid.

Retinol komt van nature alleen in voedingsmiddelen van dierlijke oorsprong voor. Lever is een rijke bron (100 tot 300 mg/kg); eieren en melk zijn matige bronnen (1,4 respectievelijk 0,4 mg/kg; melk bevat echter ook β-caroteen).

In onze voeding is ook margarine in dit opzicht van belang, omdat hieraan een vitamine A/D-preparaat is toegevoegd (6 µg vitamine A en 0,075 µg vitamine D_3 per gram). Deze toevoeging stamt uit de tijd dat de margarine de boter op grote schaal verdrong en men vreesde dat, door het wegvallen van boter als vitamine A- en D-bron, deficiënties bij de bevolking zouden kunnen optreden.

Voor wat betreft de voorziening met β-caroteen zijn wortelen (20 mg/kg) en groene groenten (6 à 8 mg/kg) belangrijk.

Retinol zowel als carotenen doorstaan de meeste huishoudelijke voedselbereidingswijzen. De stoffen zijn echter gevoelig voor UV-straling, voor zuren en vooral voor zuurstof. In vetten is retinol vaak tegen oxidatie beschermd door de aanwezigheid van tocoferolen.

De calciferolgroep

Cholecalciferol of vitamine D_3, de in hogere diersoorten voorkomende representant van deze groep, behoort strikt genomen in de rij van de vitamines niet thuis, omdat de verbinding in het lichaam vanuit cholesterol kan worden gesynthetiseerd; bovendien zijn verdere omzettingen nodig om de werkzame vormen van de stof te verkrijgen (zie figuur 4.3).

De omzetting van 7-dehydrocholesterol naar cholecalciferol, die onder invloed van ultraviolette straling in de huid plaatsvindt, is echter de kwetsbare stap in deze reeks. Als de huid te weinig aan zonlicht wordt blootgesteld, vindt deze omzetting onvoldoende plaats en moet vitamine D van buitenaf, dus met het voedsel, worden aangevoerd.

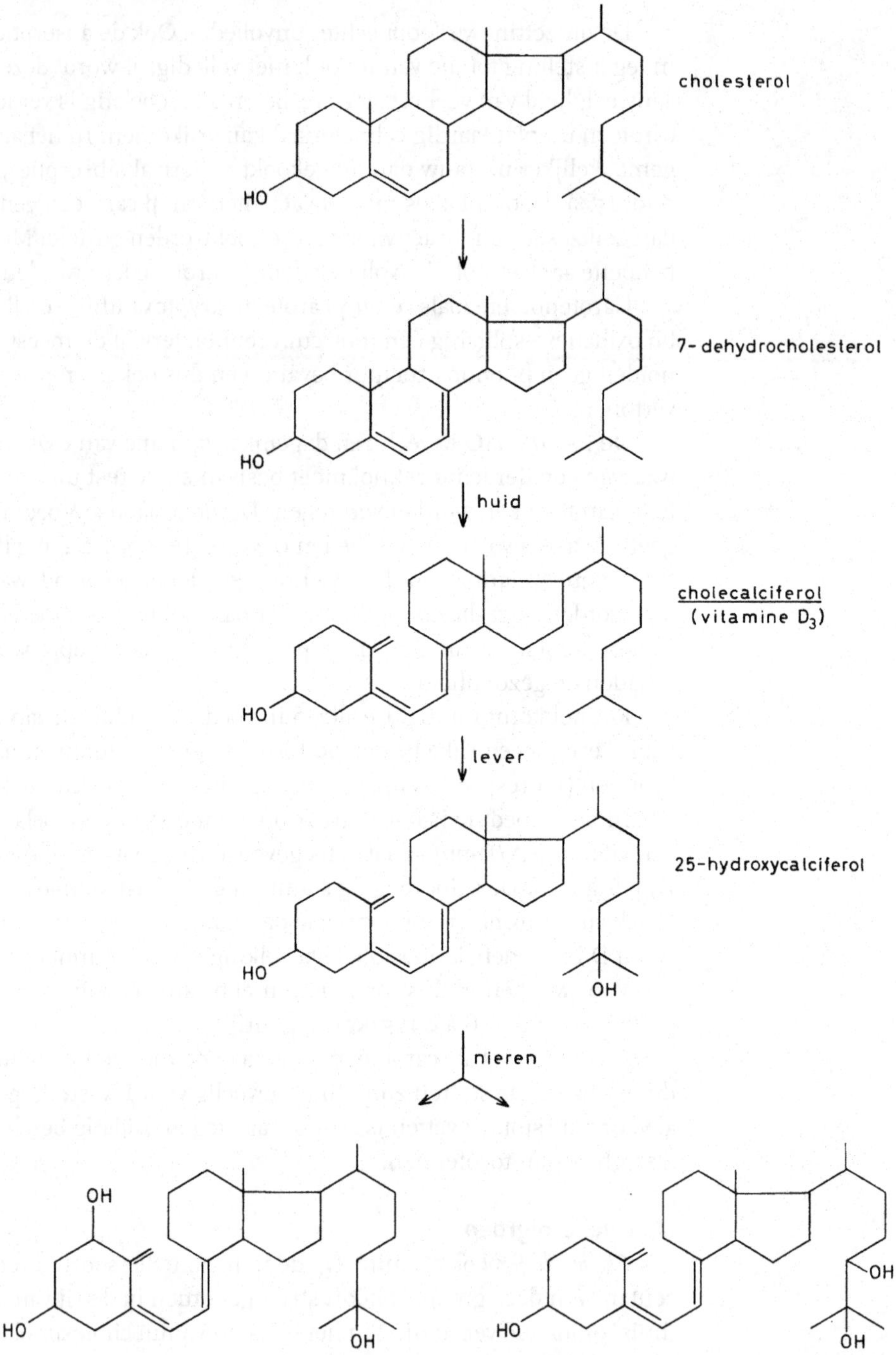

cholesterol

7-dehydrocholesterol

huid

cholecalciferol (vitamine D_3)

lever

25-hydroxycalciferol

nieren

Figuur 4.3

De verbindingen 1,25- en 24,25-dihydroxycholecalciferol kunnen als echte hormonen worden beschouwd. De productie van deze verbindingen in de nier wordt geregeld door het *parathyroïde hormoon* (ook wel aangeduid als *parathormoon* of *PTH)* uit de bijschildklier. Bij hoge calciumspiegels in het bloedplasma wordt vooral 24,25-DHC, bij lage calciumspiegels met name 1,25-DHC geproduceerd. 1,25-DHC bevordert de absorptie van calcium uit de darm en het oplossen van calcium uit de botten, die in dit opzicht een functie als calciumreservoir vervullen. Het 24,25-DHC remt dit laatste proces, evenals calcitonine, een hormoon uit de schildklier dat te hoge calciumwaarden in het bloedplasma corrigeert. Het systeem dient dus vooral om een bepaalde calciumspiegel in het bloedplasma te handhaven.

24,25-DHC bevordert bovendien de mineralisatie van de botmatrix. Bij een vitamine D-deficiëntie zal de aanmaak van 1,25-DHC zo lang mogelijk worden gehandhaafd teneinde absorptie van calcium (en fosfor) veilig te stellen en te voorkomen dat het calciumgehalte van het bloedplasma te laag wordt. Als 24,25-DHC dan niet in voldoende mate wordt gevormd, treedt een stoornis in de botmineralisatie op met als gevolg rachitis bij kinderen of osteoporose bij ouderen.

De hoeveelheden aan calcium en fosfor in de voeding, maar ook hun onderlinge verhouding, hebben invloed op de vitamine D-behoefte. De optimale Ca/P-verhouding is 1,5: 1 tot 2: 1 voor jonge kinderen en 1: 1 voor ouderen. Naarmate de werkelijke verhouding in het voedsel hier meer van afwijkt, wordt de vitamine D-behoefte groter. Omgekeerd is deze behoefte kleiner als Ca en P in het dieet in ruime hoeveelheden en in de goede verhouding voorkomen.

Uit dit alles zal duidelijk zijn dat het onmogelijk is, aan te geven hoeveel cholecalciferol met het voedsel dient te worden opgenomen. Een factor die ook een rol speelt, is dat overdosering van cholecalciferol gemakkelijk kan optreden: de marge tussen minimaal benodigd en maximaal toelaatbaar is smal. Wel heeft men uit ervaring kunnen vaststellen dat een opname van 10 μg per dag voldoende is om rachitis bij kinderen te voorkomen, terwijl bij deze dosis geen kans op een zogenoemde hypervitaminose bestaat. Een dagelijkse dosis van 50 μg, vijfmaal zoveel dus, kan echter al schadelijk zijn: aspecifieke symptomen zoals gebrek aan eetlust, misselijkheid en hoofdpijn worden hierbij waargenomen. Het gedurende langere tijd toedienen van relatief hoge doses kan leiden tot kalkafzettingen in aderen, niertubuli, hart, longen en eventueel in andere organen.

In melk kan, naast cholecalciferol, ook het vijfmaal actievere 25-hydroxycholecalciferol (25-HC) aanwezig zijn (5).

Visleverolie (levertraan) is bekend als rijke bron van cholecalciferol. Kabeljauwlevertraan bevat 2 tot 8 μg/ml, heilbotlevertraan zelfs 5 tot 100 μg/ml. In het gangbare voedingspatroon kunnen haring (met 0,08 tot 0,40 μg cholecalciferol per gram) en eidooier (0,02-0,10 μg/g) van belang zijn. Ook in melk zijn geringe hoeveelheden (tot 0,25 μg/l) aanwezig.

In 1924 ontdekte men dat een aantal levensmiddelen door bestraling antirachitische werking ging vertonen. De oorzaak van dit verschijnsel was de aanwezigheid van ergosterol, dat door bestraling overging in een stof met vitamine D-activiteit, vitamine D_2 *of ergocalciferol.*

Ergocalciferol, dat ten opzichte van cholecalciferol een dubbele band en een methylgroep extra bezit, heeft voor de mens dezelfde werking als cholecalciferol. Bij bestraling van ergosterol ontstaan echter ook andere verbindingen, waarvan enkele toxisch zijn, zodat een zorgvuldige zuivering van het reactiemengsel noodzakelijk is.

Nog enkele andere verbindingen die vitamine D-activiteit vertonen, blijven hier onbesproken. (Een ooit als vitamine D_1 aangeduide stof bleek uit een mengsel te bestaan.)

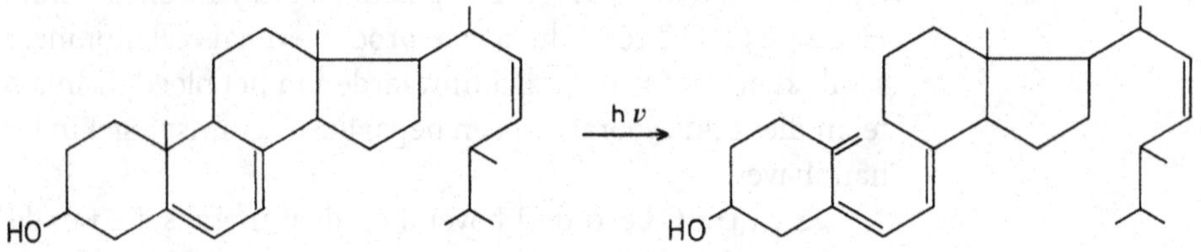

Figuur 4.4

De calciferolen zijn relatief stabiele verbindingen, die echter in zuur milieu vrij gemakkelijk worden geoxideerd. De absorptie is vergelijkbaar met die van retinol.

De tocoferolgroep

De tocoferolen zijn opgebouwd uit een chromaanskelet en een vertakte alifatische zijketen. De meest voorkomende en biologisch ook meest actieve verbinding uit deze groep is het α-tocoferol:

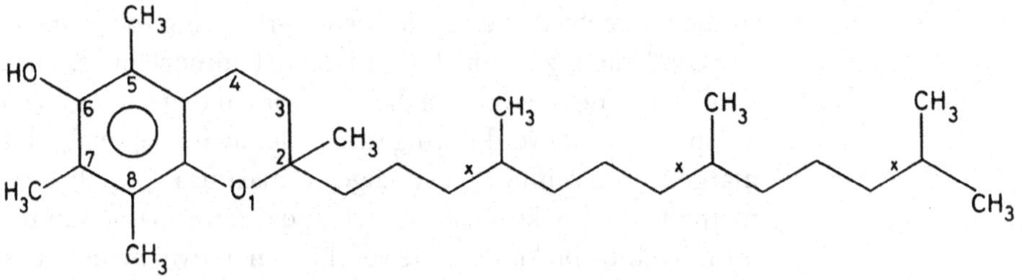

Figuur 4.5

β-, γ- en δ-tocoferol onderscheiden zich van α-tocoferol door het ontbreken van een of twee methylsubstituenten op de 5- of 7-plaats in het ringsysteem. Samen met α-tocoferol vormen zij de *tocolgroep.* Daarnaast kent men de *tocotriënolgroep,* waarin de zijketen drie dubbele bindingen bevat op de met x gemerkte plaatsen. De aanduiding 'vitamine E' wordt gebruikt voor de gehele groep van tocoferolen.

De tocoferolen zijn in zuur milieu redelijk stabiel, in alkalisch milieu veel minder. Tegen verhitten zijn zij redelijk goed bestand, mits zuurstof afwezig is; deze verbindingen worden namelijk gemakkelijk geoxideerd. Tocoferolen zijn ook gevoelig voor UV-straling.

In het lichaam is α-tocoferol aanwezig in alle celmembranen, waar het de functie van antioxidans vervult. Het voorkomt de oxidatie van meervoudig onverzadigde vetzuren tot hydroperoxiden, die celbeschadigingen veroorzaken doordat zij met cel-eiwitten reageren. Celverouderingsverschijnselen kunnen deels ook aan deze reacties worden toegeschreven.

Indien toch vetzuurperoxiden ontstaan, kunnen deze tot hydroxyvetzuren worden gereduceerd door het seleen bevattende enzym *glutathionperoxidase.* De opvatting dat seleen vitamine E in de voeding kan vervangen, is echter maar zeer ten dele juist, zoals ook uit experimenten met proefdieren blijkt.

De werking van tocoferol is die van een antioxidans, maar de vitamine heeft meer functies dan uitsluitend de bescherming van meervoudig onverzadigde vetzuren. Opvallend is bijvoorbeeld dat γ-tocoferol *in vitro* een beter antioxidans is dan α-tocoferol, terwijl de biologische activiteit slechts 10 à 15% van die van α-tocoferol bedraagt. Dit duidt erop dat bij de biologische werking meer factoren een rol spelen dan alleen de antioxidatieve eigenschappen. Men veronderstelt dat de beschermende werking mede totstandkomt door de ruimtelijke opstelling in de celmembranen, die blijkbaar voor de verschillende tocoferolen varieert.

Absorptie van vitamine E vindt vooral plaats in het duodenum en bedraagt normaliter ongeveer 65 à 70%; bij toediening van extra tocoferol in de vorm van een preparaat is dit percentage aanzienlijk lager (10 à 20%).

Vitamine E-deficiënties zijn bij de mens zeldzaam; de hemolytische anemie die soms bij prematuren optreedt, wordt echter met een tekort aan tocoferol in verband gebracht. Bij dieren zijn deficiënties beter bekend. Een experimentele deficiëntie is voor het eerst opgewekt bij ratten (*Evans* en *Bishop*, 1923). Hierbij werd vooral een vermindering van de vruchtbaarheid waargenomen. Vitamine E wordt nog wel aangeduid als de vruchtbaarheidsvitamine. Dit komt ook tot uitdrukking in de naam, waarin men het Griekse 'tokos', geboorte of voortbrenging, kan herkennen. De bij ratten waargenomen verminderde fertiliteit als gevolg van een tekort aan tocoferol is echter slechts een van de vele deficiëntieverschijnselen gebleken. Niettemin zijn over de rol van deze vitamine met betrekking tot de menselijke vruchtbaarheid vele fabels in omloop. Meermalen heeft men geprobeerd, verminderde fertiliteit of steriliteit op te heffen door toediening van hoge doses tocoferolen, maar zonder succes.

Opvallender is de *spierdystrofie* (slechte spierontwikkeling) bij vitamine E-tekorten. Ook hier geldt dat allerlei vormen van deze afwijking niet door gebrek aan tocoferolen worden veroorzaakt en dus ook niet door toediening van extra tocoferol worden genezen. Schadelijk is een dergelijke behandeling overigens ook niet, want nadelige effecten als gevolg van hoge doses tocoferolen zijn nooit waargenomen.

Andere verschijnselen van tocoferoldeficiënties zijn: afwijkingen in het skelet, het zenuwstelsel en de bloedsomloop, en vooral de algehele slechte lichamelijke conditie. Indirect kan ook de voorziening met retinol nadelig worden beïnvloed omdat de tocoferolen niet alleen onverzadigde vetzuren maar ook retinol en carotenen tegen oxidatie beschermen. In dit verband moet ook worden opgemerkt dat in het lichaam ook tussen tocoferol en ascorbinezuur een relatie bestaat, in die zin dat deze vitamines elkaar wederkerig kunnen beschermen tegen oxidatie.

Men schat dat de dagelijkse behoefte aan vitamine E 10 à 12 mg bedraagt. Een normale voeding bevat in elk geval voldoende om hieraan te voldoen. Aanbevolen wordt 0,67 mg per gram meervoudig onverzadigd vetzuur (zie echter hetgeen hierover al werd opgemerkt).

Er is meer tocoferol nodig als het gehalte aan meervoudig onverzadigde vetzuren in de voeding hoog is. In oliën die deze vetzuren in ruime mate bevatten (plantaardige oliën, visolie) is echter meestal ook veel α-tocoferol aanwezig. Sojaolie bezit een hoog gehalte aan γ-tocoferol. Goede tocoferolbronnen zijn voorts eieren, boter, volkorenbrood en chocolade.

De fyllochinongroep

In 1935 ontdekte *Dam* een factor in de voeding die voor een goede bloedstolling noodzakelijk is. Hij noemde deze factor 'Koagulations-Vitamin' of vitamine K. Later verkreeg deze verbinding de naam fyllochinon; ook de aanduiding 'vitamine K_1 wordt gebruikt. De stof bezit een naftochinonstructuur met een alifatische zijketen, die grotendeels dezelfde is als die van de tocoferolen. Fyllochinon is cofactor voor de synthese van enkele eiwitten in de lever (waaronder protrombine) die bij de bloedcoagulatie van belang zijn. Ook mangaan is hierbij betrokken. Voor de absorptie is zowel gal als pancreassap nodig.

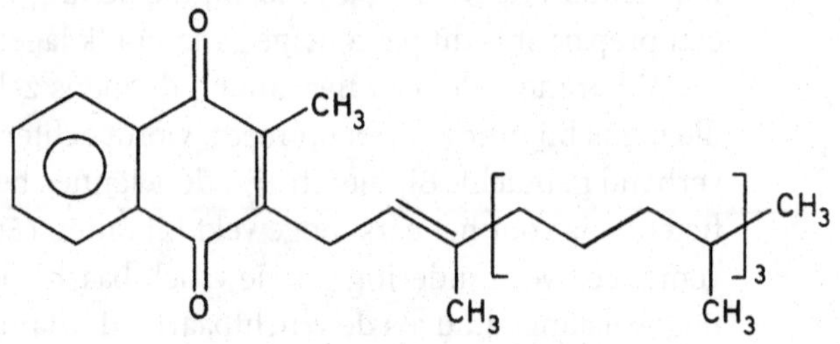

Figuur 4.6

In de voeding komt fyllochinon vooral voor in groene planten en tomaten. Aan de menselijke behoefte (circa 0,1 mg per dag) wordt ruimschoots voldaan.

Een deficiëntie als gevolg van verkeerde voeding is bij volwassenen tot nu toe slechts eenmaal waargenomen. Dat deze deficiëntie zo weinig voorkomt, vindt mede zijn oorzaak in de aanwezigheid van bacteriën in de dikke darm die stoffen vormen met vitamine K-werking, de zogenoemde polyprenylmenachinonen.

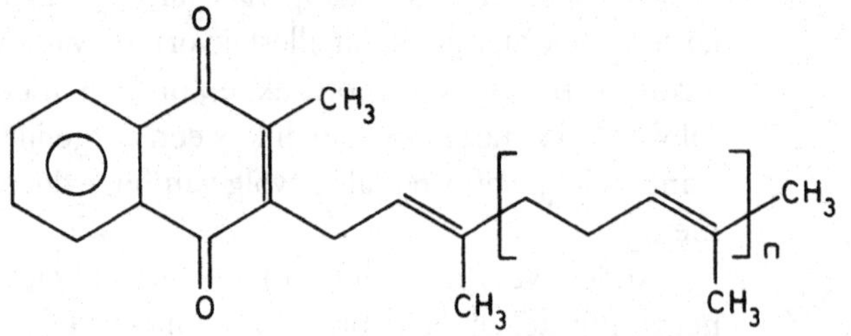

Figuur 4.7

Bij pasgeboren kinderen is de vitamine K-voorziening soms niet voldoende, enerzijds doordat moedermelk weinig fyllochinon bevat en anderzijds doordat de darmflora zich nog niet heeft ontwikkeld. Meestal verbetert de situatie na enkele dagen.

In de natuur komen ook stoffen met anti-vitamine K-werking voor zoals het *dicumarol*, dat vrij overvloedig in honingklaver aanwezig is. Bij grazend vee kan het nuttigen van grote hoeveelheden van deze honingklaver de dood ten gevolge hebben.

Volledigheidshalve dient hier nog het *menadion* te worden genoemd, een synthetische verbinding met vitamine K-werking:

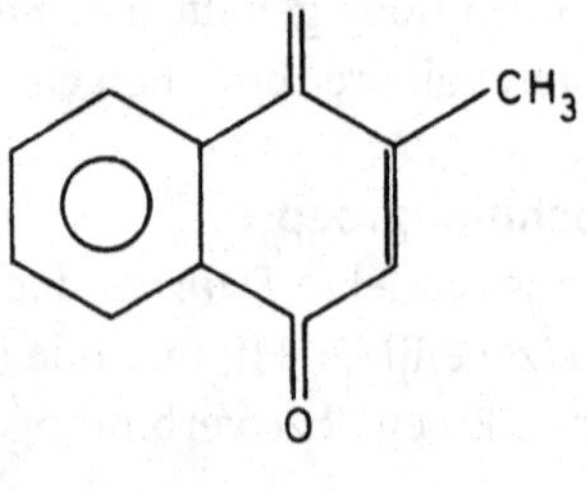

Figuur 4.8

DE FUNCTIE VAN DE IN WATER OPLOSBARE VITAMINES

Het vitamine B-complex

Alle B-vitamines zijn bouwstenen van co-enzymen, die in het lichaam belangrijke functies vervullen bij de celstofwisseling. Tot 1926 meende men met één vitamine B te doen te hebben; daarna ging men inzien dat in de onderzochte extracten meer dan één essentiële factor aanwezig was en vond de term 'vitamine B-complex' ingang.

De vitamines van het B-complex zijn chemisch niet aan elkaar verwant. In het algemeen zijn het niet al te stabiele stoffen; hiermee dient bij het bewerken en bewaren van voedingsmiddelen of van grondstoffen rekening te worden gehouden.

Een overzicht van de belangrijkste biochemische functies van deze vitamines is gegeven in de onderstaande tabel. Vervolgens worden de afzonderlijke verbindingen besproken.

Tabel 4.1 Vitamines van het B-complex, hieruit opgebouwde co-enzymen en biochemische functies

Vitamine	Betrokken bij opbouw van	Belangrijke functies
thiamine	thiaminepyrofosfaat	oxidatieve decarboxyleringvan ketozuren
riboflavine	flavine-mononucleotide (FMN) flavine-adenine-dinucleotide (FAD)	waterstofoverdracht
nicotinezuur	nicotinamide-adenine-dinucleotide(NAD^+) NAD-fosfaat ($NADP^+$)	waterstofoverdracht
pyridoxine	pyridoxalfosfaat (PLP)	aminozuurstofwisseling
pantotheenzuur	co-enzym A	overdracht acylgroepen (met name acetylgroepen)
foliumzuur	tetrahydrofoliumzuur (THF)	overdracht C_1- fragmenten
cobalamine	B_{12}-co-enzym	regeneratie THF
biotine		overdracht carboxylgroepen

Thiamine (vitamine B_1)

De geschiedenis van de ontdekking van vitamine B en de rol die de Nederlanders Eijkman en Grijns hierin speelden, is algemeen bekend. De isolatie gelukte in 1926 *(Jansen* en *Donath*) en de synthese in 1936 *(Williams* en *Cline*). De verbinding is opgebouwd uit een pyrimidine- en een thiazolring, beide op enkele plaatsen gesubstitueerd en door middel van een methyleengroep met elkaar verbonden.

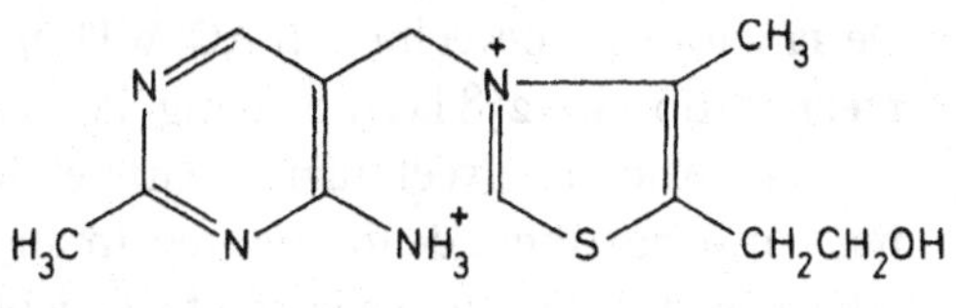

Figuur 4.9 Thiamine

Thiamine lost goed op in water, maar niet in vetten of organische oplosmiddelen. Men heeft derivaten bereid die in vet oplosbaar zijn en daardoor beter worden geabsorbeerd dan thiamine zelf; deze worden therapeutisch toegepast. Het dihydrochloride is een witte kristallijne verbinding.

In neutraal en alkalisch milieu is thiamine slecht bestand tegen verhitting, maar bij pH-waarden beneden 5 kan de verbinding temperaturen tot 120 °C doorstaan. Thiamine wordt gemakkelijk geoxideerd en is ook gevoelig voor ultraviolette straling.

Thiaminepyrofosfaat fungeert als co-enzym van *pyruvaatdehydrogenase (PDH)* en is daardoor van bijzonder belang voor de koolhydraatstofwisseling. Dit blijkt ook uit het feit dat de behoefte aan thiamine bij een koolhydraatrijk dieet is verhoogd; bij een vetrijk dieet is deze behoefte minder. Verder is thiaminepyrofosfaat nodig bij de oxidatieve decarboxylering van ketozuren. Daarnaast is het van belang bij de afbraak van hexosemonofosfaat.

Thiamine als zodanig bezit een functie bij de overdracht van zenuwprikkels. Verder moet worden vermeld dat thiaminetrifosfaat is betrokken bij neurofysiologische processen.

Deficiëntiesymptomen worden onder meer gekenmerkt door afwijkingen in de perifere functie van het zenuwstelsel en betreffen bewegingsstoornissen (*beriberi*), gevoelloosheid in de benen, spierslapte en verlammingen. Ook verlies van eetlust en geïrriteerdheid behoren tot de symptomen.

Thiamine is aanwezig in alle plantaardige en dierlijke weefsels, maar vooral in plantenzaden. Ook in varkensvlees is het vrij goed vertegenwoordigd. Gist is een bijzonder rijke thiaminebron (en bevat ook andere B-vitamines in ruime mate). Gehalten in levensmiddelen zijn hieronder vermeld.

Tabel 4.2 Thiaminegehalte van enkele levensmiddelen (in mg per kg)

Rijst, ongepeld	1 – 2
Rijst, gepeld	0,2 – 0,4
Rundvlees	0,7 – 3
Varkensvlees	7 – 10
Vis	0,1 – 1
Bakkersgist, gedroogd	6 – 240
Gistextract	24 – 30
Zemelen (tarwe of rijst)	20 – 40
Melk	0,4
Bruin brood	1,5
Wit brood	1,0

De aanbevolen hoeveelheid (FAO/WHO) wordt gerelateerd aan de energieopname; per 1000 kJ (238 kcal) 0,10 mg. Per dag komt dit neer op gemiddeld 1 à 1½ mg.

Aangezien niet veel thiamine in het lichaam wordt opgeslagen (maximaal 30 mg aanwezig), dient de toevoer regelmatig te zijn. Overdoseringen worden snel uitgescheiden. Overigens is nooit iets gebleken van toxische eigenschappen bij orale opname van grote hoeveelheden.

Sommige vissoorten bevatten het enzym *thiaminase*, dat thiamine afbreekt. In nertsfarms, waar de dieren met rauwe vis worden gevoederd, heeft dit in het verleden tot grote problemen geleid. Door warmte kan het enzym snel worden vernietigd.

Voor de mens is van belang dat ook sulfiet in staat is thiamine af te breken. De kans dat dit in het lichaam gebeurt is klein, omdat sulfiet daar al spoedig tot sulfaat wordt geoxideerd. In het voedsel zelf is afbraak van thiamine door sulfiet allerminst denkbeeldig.

Riboflavine (vitamine B_2)

In het begin van de jaren dertig werd door verschillende groepen van onderzoekers een gele kleurstof uit melk (en andere voedingsmiddelen) geïsoleerd, die oorspronkelijk *lactoflavine* en later *riboflavine* werd genoemd.

Gebleken is dat riboflavine in enkele tientallen enzymen voorkomt, die gezamenlijk worden aangeduid als de *flavoproteïnen*. In deze enzymen treden twee verschillende cofactoren op: *flavinemononucleotide (FMN)* of riboflavine-5-fosfaat, en flavine-adenine-dinucleotide (FAD), een verbinding van riboflavinefosfaat met adenosinemonofosfaat (AMP). Deze twee co-enzymen kunnen, door combinatie met verschillende apo-enzymen, een groot aantal omzettingen katalyseren, die alle neerkomen op waterstofoverdracht. Daardoor zijn de flavoproteïnen van veel belang bij de stofwisseling in de lichaamscellen.

Riboflavine kan worden beschouwd als een alloxazinederivaat, gekoppeld aan een polyol dat is afgeleid van de suiker ribose (naam). Het is een gele kristallijne stof, slecht oplosbaar in water en onoplosbaar in de meeste organische oplosmiddelen. De verbinding is in tegenstelling tot thiamine tamelijk goed bestand tegen verhitting. Door deze hoedanigheid verkreeg men indertijd een aanwijzing dat in bepaalde extracten naast thiamine nog een ander vitamine aanwezig moest zijn.

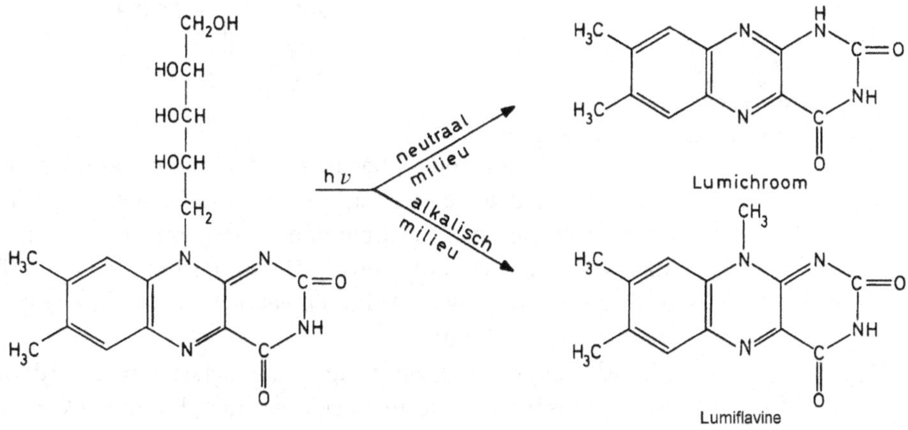

Figuur 4.10 Riboflavine en afbraakproducten

De waterige oplossing vertoont een geelgroene fluorescentie. Onder invloed van zichtbare en vooral ultraviolette straling wordt riboflavine omgezet in lumiflavine (alkalisch milieu) of in lumichroom (neutraal milieu). De oplossing bezit haar grootste stabiliteit bij een pH van omstreeks 5.

In onze voeding is melk een belangrijke bron van riboflavine. De door melk geleverde bijdrage aan de voorziening met dit vitamine bedraagt ongeveer een derde van het totaal.

De benodigde dosis is ook hier afhankelijk van de energieopname. De FAO/WHO beveelt 0,13 mg per 1000 kJ aan, hetgeen in dezelfde orde van grootte ligt als de thiaminebehoefte.

Tabel 4.3 Riboflavinegehalte van enkele levensmiddelen (in mg per kg)

Melk	17
Vlees	1 – 3
Brood, bruin	0,8
Brood, wit	0,4
Gistextract	50
Lever	30
Groenten	0,5 – 2

Riboflavinetekorten komen meestal samen met andere vitaminedeficiënties voor. Karakteristieke symptomen zijn afwijkingen aan huid en ogen, vooral ontstekingen van de mondhoeken. Daarnaast zijn ook aspecifieke, onduidelijke afwijkingen het gevolg van een tekort aan riboflavine.

Ook van riboflavine zijn geen toxische effecten door overdoseringen bekend.

Nicotinezuur

Omstreeks 1935 werd aangetoond dat de ziekte *pellagra*, waarvan reeds een twintigtal jaren vaststond dat deze door een verkeerde voeding werd veroorzaakt, kan worden genezen door toediening van een in gist aanwezige factor die de naam 'P-P factor' (pellagra-preventing factor) ontving en die later werd geïdentificeerd als pyridine-3-carbonzuur of nicotinezuur.

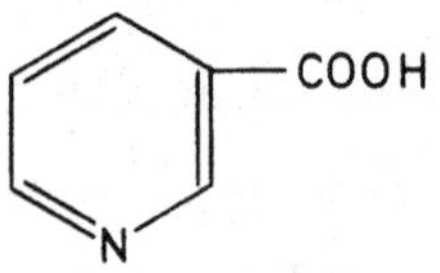

COOH
N

Figuur 4.11 Nicotinezuur

Pellagra trad vooral op bij het armere deel van de bevolking in gebieden waar veel maïs wordt gegeten en weinig voedingsmiddelen van dierlijke oorsprong zoals vlees, vis en eieren. De symptomen werden vaak aangeduid als 'de vier d's' (dermatitis, diarree, dementie, dood). De huid is brandend pijnlijk, vooral de aan de zon blootstaande delen. De huid is rood verkleurd en wordt op de duur schubbig (pellagra = ruwe huid).

Gebleken is dat nicotinezuur in het lichaam snel wordt omgezet in nicotinamide. Soms wordt de term *niacine* gebruikt; hieronder verstaat men nicotinezuur plus nicotinamide en verder alle derivaten van nicotinezuur die de biologische activiteit van nicotinamide bezitten.

Nicotinezuur is een witte kristallijne stof, vrij slecht in water oplosbaar maar goed in alkalische oplossingen (door ionvorming). Het is een van de meest stabiele vitamines, goed bestand tegen verhitting en zuurstof. Nicotinamide participeert in een tweetal co-enzymen: nicotinamide-adenine-dinucleotide (NAD^+) en NAD-fosfaat ($NADP^+$). Beide zijn betrokken in tal van redoxreacties, met name in de citroenzuurcyclus.

De volgende tabel geeft enkele gehalten in levensmiddelen.

Tabel 4.4 Nicotinezuurgehalte van enkele levensmiddelen (in mg per kg)

Vlees	30 – 60
Vis	20 – 60
Lever, nieren	20 – 170
Marmite	600
Tarwebloem	40 – 55 (slechts ten dele beschikbaar)
Pindakaas	160
Aardappelen	12

De behoefte aan nicotinezuur is, evenals voor thiamine en riboflavine, afhankelijk van de opgenomen energie. Door de FAO/WHO wordt een opname van 1,6 mg per 1000 kJ aanbevolen, ruim tienmaal zoveel dus als van thiamine of riboflavine; deze hoeveelheid komt neer op 15 à 25 mg per dag.

In graanproducten is nicotinezuur vaak niet ten volle beschikbaar, doordat het aan eiwitten is gebonden. Deze situatie doet zich met name voor bij maïs. Het kan worden vrijgemaakt door behandeling met een alkalische oplossing. Het weken van maïs in kalkwater, zoals dat in Mexico gebeurt waar de geweekte maïs wordt gebruikt om er tortilla's van te bakken, maakt het nicotinezuur vrij zodat dit aan de consument ten goede kan komen.

Ook eiwitrijke voeding als zodanig kan meehelpen om pellagra te voorkomen, doordat het aminozuur tryptofaan in nicotinezuur kan worden omgezet, zij het met een lage omzettingsgraad (60 mg tryptofaan levert 1 mg nicotinezuur). Het ontstaan van pellagra bij een voeding die in hoofdzaak uit maïs bestaat, wordt nog duidelijker als men bedenkt dat maïs-eiwit bijzonder arm aan tryptofaan is.

Pyridoxine, pyridoxal, pyridoxamine (vitamine B_6)

Het was ook weer omstreeks 1935 dat de eerste aanwijzingen voor het bestaan van pyridoxine werden gevonden. In extracten met vitamine B-werking bleek namelijk een factor voor te komen waarmee een specifieke dermatitis bij ratten kon worden genezen; deze factor was niet identiek aan de vitamines B_1 of B_2 of aan de P-P factor. Spoedig hierna werd de verbinding geïsoleerd en de structuur opgehelderd; de stof bleek een pyridinederivaat en ontving de naam pyridoxine. Weldra bleek dat drie verschillende vormen bestaan, die alle biologische activiteit bezitten.

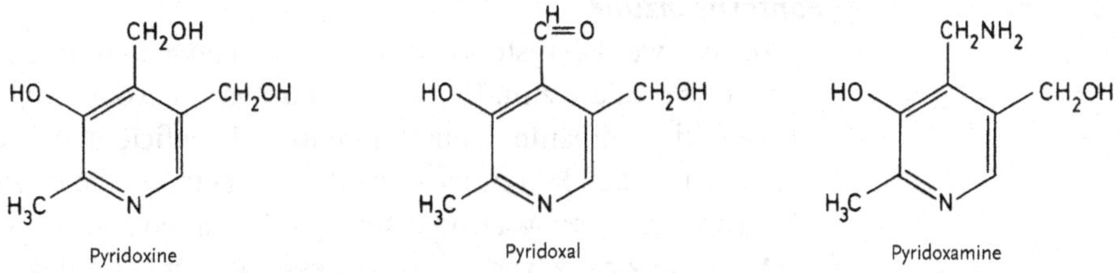

Pyridoxine — Pyridoxal — Pyridoxamine

Figuur 4.12

Pyridoxal en pyridoxamine worden in de lever gefosforyleerd tot respectievelijk *pyridoxalfosfaat* (PLP) en *pyridoxaminefosfaat* (PMP). Deze fosfaten zijn co-enzym voor meer dan zestig verschillende enzymen, waarvan de meeste een functie bezitten in het eiwit- en aminozuurmetabolisme en sommige als decarboxylasen.

Verder zijn PLP-bevattende enzymen van belang bij de koolhydraatstofwisseling (bijvoorbeeld in glycogeenfosforylase, dat de reactie glycogeen → glucose-1-fosfaat katalyseert) en waarschijnlijk ook bij de vetstofwisseling.

De behoefte aan pyridoxine wordt voor volwassenen op 1½ à 2 mg geschat. Bij gebruik van eiwitrijke diëten is deze behoefte vergroot; dit is ook het geval bij vrouwen die oestrogenen bevattende anticonceptiva gebruiken. Tussen de hoeveelheid opgenomen energie en de pyridoxinebehoefte bestaat evenwel geen verband. Deficiëntieverschijnselen zijn bij de mens zeldzaam, doordat de vitamine wijd verspreid voorkomt. Toch bestaan aanwijzingen dat de voorziening met pyridoxine bij sommige bevolkingsgroepen niet optimaal is. Mogelijk speelt hier de matige stabiliteit ten opzichte van verhitting mee. Daardoor is in toebereid voedsel vaak aanzienlijk minder aanwezig dan in het uitgangsmateriaal. Ook voor licht is pyridoxine vrij gevoelig.

Gebrek aan eetlust, slechte groei, anemie, storingen in de groei en dermatitis zijn de verschijnselen van een tekort aan pyridoxine; deze lijken enigszins op die van een riboflavinetekort. Ook is bekend dat bij een tekort aan pyridoxine de aanmaak van antilichamen vertraagd is en verder de omzetting van tryptofaan in nicotinezuur. Goede bronnen voor de vitamine zijn voedingsmiddelen van dierlijke oorsprong, bruin brood, aardappelen, peulvruchten en rijst, zoals in de volgende tabel is weergegeven.

Tabel 4.5 Gehalte aan pyridoxine (+ pyridoxal + pyridoxamine) in enkele levensmiddelen (in mg per kg)

	rauw	gekookt
Aardappelen	3	2,2
Andijvie	0,5	0,25
Spinazie	1,5	0,5
Rundvlees	2,2	1,2
Runderlever	6	3,5
Bruin brood	1,75	

De mogelijkheden van opslag in het lichaam zijn iets minder beperkt dan bij thiamine: 50 tot 100 mg zou kunnen worden opgeslagen. Ongeveer de helft van de in het lichaam aanwezige voorraad is gebonden in het enzym fosforylase.

Pantotheenzuur

In 1933 werd een stof ontdekt die voor een aantal micro-organismen een groeifactor bleek te zijn. Vanwege het universele voorkomen in alle levende weefsels werd de stof pantotheenzuur genoemd. Deficiëntieverschijnselen zijn vrijwel niet bekend. Toch kon in 1939 worden aangetoond dat de stof bij kuikens dermatitis kan voorkomen, waarmee het vitaminekarakter was bewezen.

Men kan zich de verbinding opgebouwd denken uit β-alanine, dat via een peptidebinding is verbonden met een dihydroxycarbonzuur dat zes koolstofatomen bevat.

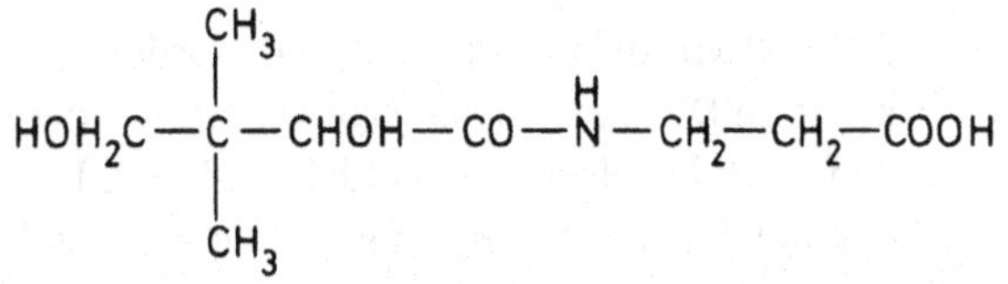

$$HOH_2C-C(CH_3)_2-CHOH-CO-NH-CH_2-CH_2-COOH$$

Figuur 4.13
Pantotheenzuur

De stof is een bouwsteen van co-enzym A, dat uit 2-mercapto-ethylamine, pantotheenzuur en ADP is opgebouwd. Co-enzym A is uitermate belangrijk in de celstofwisseling als donor en acceptor van acylgroepen, in het bijzonder de acetylgroep. De overdracht vindt onder meer plaats bij de synthese en afbraak van vetzuren, bij de afbraak van eiwitten, de acetylering van choline en de synthese van porfyrinen. De pantotheenzuurbehoefte van een volwassene wordt op 5 à 10 mg geschat.

Foliumzuur

In 1931 ontdekte men dat een vorm van tropische spruw, waarbij bloedarmoede optrad, kon worden genezen met gistextract. De hiervoor verantwoordelijke factor kon in 1941 uit spinazie worden geïsoleerd en ontving de naam foliumzuur.

In de structuurformule is van links naar rechts een pteridine-ringsysteem, *p*-aminobenzoëzuur en glutaminezuur herkenbaar.

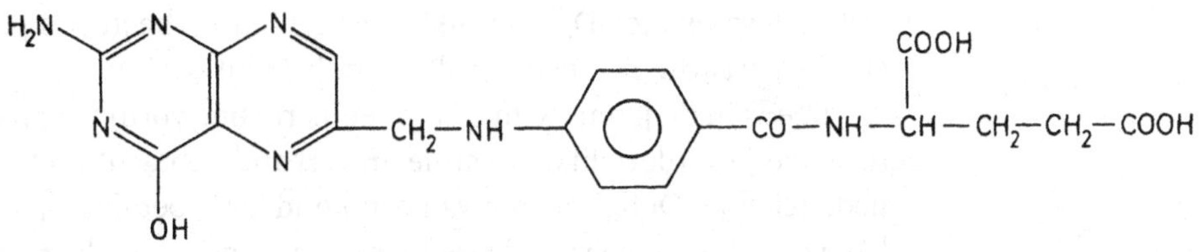

Figuur 4.14
Foliumzuur

Vaak zijn meerdere glutaminezuur-eenheden aanwezig, die via γ-peptidebindingen zijn verbonden. Maximaal komen er zeven voor; de naam foliumzuur is echter (formeel) gereserveerd voor pteroylglutaminezuur, met één glutaminezuur-eenheid. Door de extra glutaminezuureenheden wordt de opname bemoeilijkt, maar in de darm is een enzym aanwezig dat deze eenheden kan afsplitsen.

In het lichaam wordt foliumzuur gereduceerd tot tetrahydrofoliumzuur (THF), dat fungeert als co-enzym bij de overdracht van C_1- fragmenten (de methylgroep, de formylgroep enzovoort, onder andere bij het metabolisme van aminozuren). Bij de reductie van foliumzuur is onder meer ascorbinezuur betrokken.

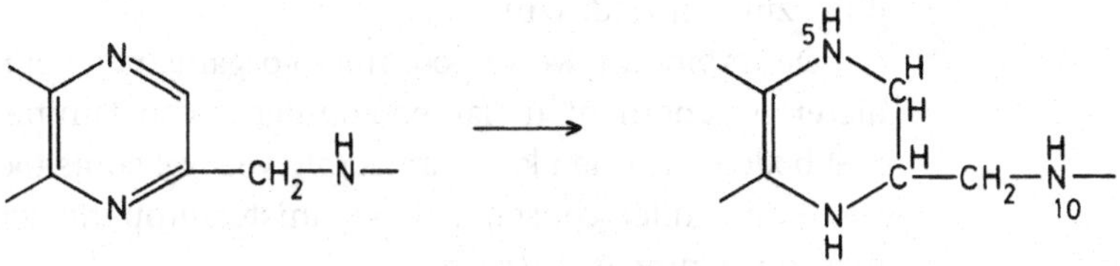

Figuur 4.15

Overdracht van C_1-fragmenten vindt plaats door binding aan het stikstofatoom op de 5- of 10-plaats of aan beide. Van veel belang is de vorm waarin tussen beide N-atomen een methyleengroep aanwezig is. Hiermee kan een bouwsteen van

DNA (thymidylaat) uit uridylaat worden gevormd. Bij een tekort aan foliumzuur komt de DNA-synthese in onvoldoende mate tot stand, met vérstrekkende gevolgen voor de celgroei en celdeling. Het effect van een foliumzuurtekort komt dan ook het eerst tot uiting in snel delende weefsels zoals het bloedvormende beenmerg. Naast veranderingen in beenmerg en bloed (met anemie als gevolg) treden veranderingen op in de slijmvliezen van onder andere mond, maagdarmkanaal en ademhalingswegen. De verschijnselen zijn: diarree, anorexie, ademnood, zwakte, gewichtsverlies, duizeligheid, geheugenverlies enzovoort.

In voedingsmiddelen is foliumzuur doorgaans als THF aanwezig; meestal als een C_1-fragment (een methyl- of formylgroep) hieraan gehecht. Lever is een goede bron (5-15 g/kg). Ook in de menselijke lever wordt 5-methyl-THF opgeslagen. In spinazie komt ongeveer 2 mg/kg voor. Voor volwassenen wordt een dagelijkse dosis van 0,4 mg aanbevolen; voor zwangeren en zogenden ligt deze aanbeveling hoger (0,6-0,8 mg).

Aangezien foliumzuur en vooral THF labiele verbindingen zijn (met name ten opzichte van zuurstof en licht) kunnen tijdens de voedselbereiding aanzienlijke hoeveelheden verloren gaan. De afbraak wordt echter vertraagd indien ascorbinezuur aanwezig is.

Cobalamine (vitamine B_{12})

In 1948 werden voor het eerst de rode kristallen van cobalamine geïsoleerd en wel uit leverextract. De ingewikkelde verbinding heeft een porfyrine-achtige ring als kern, waarin zich een kobaltatoom bevindt (figuur 4.16).

Reeds in de jaren twintig werd een ernstige vorm van bloedarmoede, de pernicieuze (= verderfelijke) anemie, in verband gebracht met een mogelijke vitaminedeficiëntie. Door het eten van een pond lever per dag (!) konden de verschijnselen worden tegengegaan. Deze therapie moest ook op lange termijn worden volgehouden, hetgeen fysiek een zware belasting voor de patiënt betekende. Wellicht hierdoor is men op het idee gekomen dat naast een factor in lever (de 'extrinsic factor') ook nog een andere (de 'intrinsic factor') moest bestaan, die eveneens noodzakelijk is om pernicieuze anemie te voorkomen. Inderdaad blijkt cobalamine pas te kunnen worden geabsorbeerd in aanwezigheid van een – in de maag gevormd – glycopeptide, dat met cobalamine een opneembaar complex vormt.

Pernicieuze anemie is meestal niet het gevolg van een cobalaminetekort maar vooral van het (vrijwel) ontbreken van het glycopeptide in het maagsap, zodat de therapie niet zozeer moet bestaan uit toediening van cobalamine maar vooral van het glycopeptide. Echte cobalaminedeficiënties, als gevolg van een verkeerde voeding, zijn vrij zeldzaam.

De verbinding wordt door micro-organismen geproduceerd en daarna door dieren opgenomen; in planten komt geen cobalamine voor. Door verontreiniging met bodembacteriën kan plantaardig voedsel soms toch cobalamine bevatten. Niettemin zullen consequente veganisten erop moeten letten dat hun voorziening met cobalamine is gewaarborgd.

De dagelijkse behoefte wordt op circa 1 µg geschat; een opname van 3 à 4 µg per dag wordt echter als gewenst beschouwd. Van belang is ook dat bij normale toevoer in de lever een hoeveelheid wordt opgeslagen die voor een tijd van 1 à 2 jaar toereikend is.

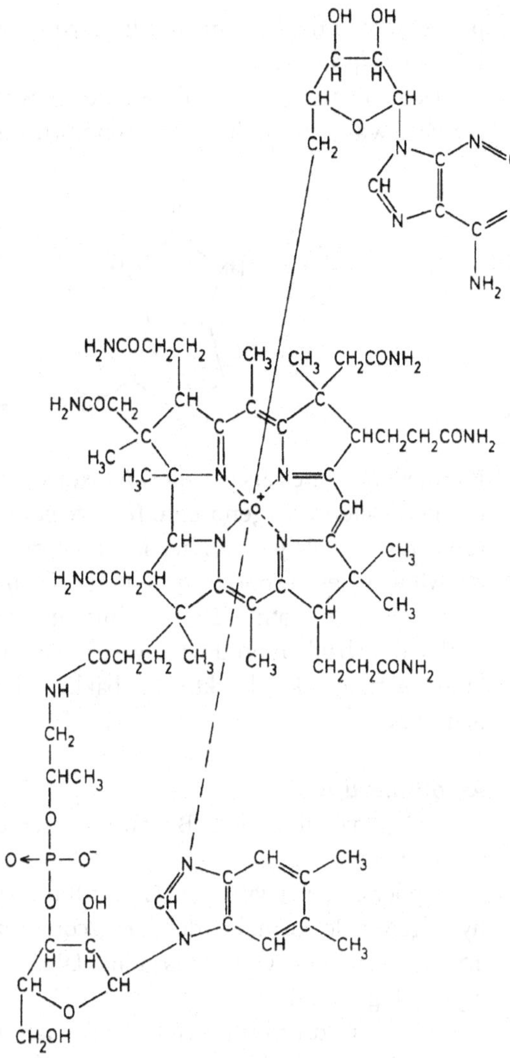

Figuur 4.16
Cobalamine

Ook cobalamine is betrokken bij de opbouw van enkele co-enzymen. Hierbij kan zich aan het kobaltatoom een 5'-deoxyadenosyl- of een methylgroep bevinden. Van veel belang is de functie die cobalamine vervult bij de demethylering van 5-methyltetrahydrofoliumzuur.

De door een cobalaminetekort opgeroepen anemie wordt dus veroorzaakt door een tekort aan THF en kan daarom worden vergeleken met een foliumzuurdeficiëntie. Cobalamine bezit echter nog enkele andere functies, waarvan de in standhouding van het myeline in het zenuwweefsel met name moet worden genoemd.

Biotine

Al in het begin van deze eeuw werden aanwijzingen verkregen voor het bestaan van de verbinding die later biotine zou worden genoemd. Deze aanwijzingen betroffen de functie van deze stof bij de groei van gistcellen. Later vond men dat de stof ook bij mens en dier essentieel is bij de overdracht van carboxylgroepen en niet in het lichaam wordt gesynthetiseerd, zodat van een vitamine kan worden gesproken.

De behoefte van een volwassene ligt waarschijnlijk in de orde van 10 tot 30 μg per dag. Waarschijnlijk voldoet een normaal dieet ruimschoots aan deze behoefte.

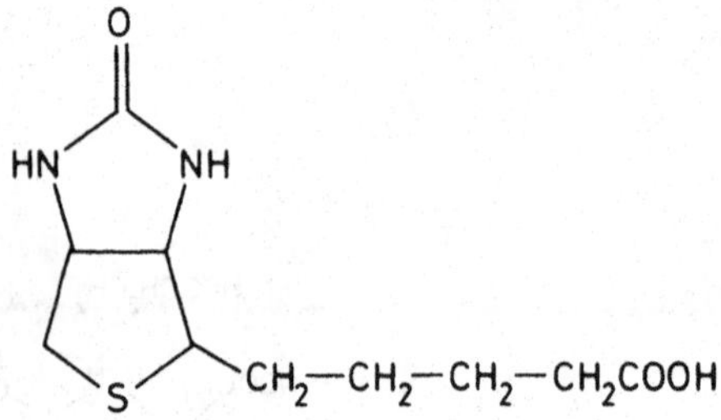

Figuur 4.17 Biotine

Biotinedeficiënties als gevolg van tekorten in het voedsel zijn alleen in enkele extreme gevallen waargenomen. In deze gevallen was vaak nog niet zozeer sprake van een tekort als wel van het aanwezig zijn van een antifactor, het avidine, dat in het wit van eieren voorkomt. Avidine is een eiwit dat een niet absorbeerbaar complex vormt met biotine. Door verhitting verliest het deze eigenschap, zodat gekookte of gebakken producten waarin eieren zijn verwerkt geen anti-biotinewerking bezitten; ook gekookte of gebakken eieren kunnen zonder bezwaar worden genuttigd.

Ascorbinezuur

In tegenstelling tot de B-vitamines vervult ascorbinezuur geen directe functie als co-enzym.

Onder de term 'vitamine C' wordt thans zowel het ascorbinezuur als de gedehydrogeneerde vorm, het dehydroascorbinezuur (DHA) gerekend; de biologische activiteit van beide vormen is gelijk. DHA kan worden opgevat als het γ-lacton van 2,3-diketogulonzuur.

Ascorbinezuur fungeert in het lichaam vooral als reductiemiddel. Daarnaast is de stof noodzakelijk bij de hydroxylering van proline. Hydroxyproline is nodig voor de vorming van waterstofbruggen in de tropocollageenhelix. Collageen, op zijn beurt, is onmisbaar bij de opbouw van skelet en spieren en bij de genezing van wonden. (Hiermee is een aantal deficiëntieverschijnselen duidelijk.) In de spier zijn ascorbinezuur en dehydroascorbinezuur bij de energiestofwisseling betrokken. Voorts is ascorbinezuur van belang bij de omzetting van foliumzuur in tetrahydrofoliumzuur, het mobiliseren van de ijzervoorraad in het lichaam, de ab-

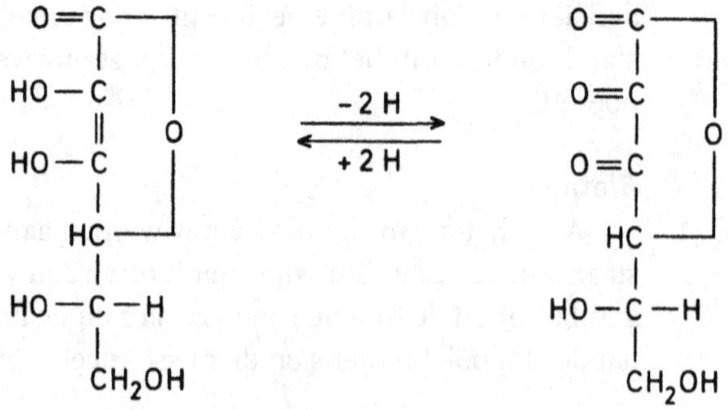

Figuur 4.18

sorptie van ijzer door de darmwand, de synthese van hemoglobine, het metabolisme van tyrosine en de synthese van enkele bijnierschorshormonen. De verhoogde behoefte aan ascorbinezuur die tijdens stress is waargenomen, heeft te maken met de hogere productie van bijnierschorshormonen onder stresscondities.

Ascorbinezuur wordt zowel in het planten- als in het dierenrijk gesynthetiseerd (vanuit glucose via L-gulonzuur en het γ-lacton hiervan). Slechts enkele diersoorten, waaronder de primaten en de cavia, zijn tot deze synthese niet in staat.

De typische verschijnselen van een ascorbinezuurdeficiëntie zijn van oudsher bekend. *Hippocrates* en *Plinius* hebben deze al uitvoerig beschreven. Scheurbuik of scorbuut wordt gekenmerkt door reumatische verschijnselen, bloedingen onder de huid, in gewrichten en spieren en van het tandvlees (in ernstige gevallen vallen de tanden uit), het niet genezen van wonden en vaak ook het open gaan van oude wonden. Zelfs botbreuken die reeds lang zijn geheeld, kunnen zich bij een ernstige ascorbinezuurdeficiëntie opnieuw manifesteren.

Men weet ook reeds sinds eeuwen dat de oorzaak van scheurbuik iets met de wijze van voeding heeft te maken en dat een tekort aan verse groenten en vruchten de ziekte in de hand werkt. De in 1652 gestichte Kaapkolonie had mede ten doel, de schepen naar Indië te bevoorraden met verse groenten en vruchten. Ook is bekend dat admiraal De Ruyter in 1667 citroenen voor zijn vloot eiste.

Sinds de achttiende eeuw, toen de aardappel volksvoedsel werd, is het voorkomen van scorbuut in West-Europa aanzienlijk verminderd. Het ascorbinezuurgehalte van de aardappel is niet buitengewoon hoog, maar door de grote hoeveelheden die ervan worden gegeten, voorziet dit voedingsmiddel in een aanzienlijk deel van de behoefte. In ons huidige dieet vindt gemiddeld 40% van de ascorbinezuuropname via aardappelen plaats.

Experimenteel werd de deficiëntie pas in 1907 opgewekt (bij caviae) door de Noorse onderzoekers *Holst* en *Fröhlich*, waarmee was bewezen dat de ziekte het gevolg is van een tekort in het voedsel. Al in 1920 was sprake van 'vitamine C', maar het heeft tot 1932 geduurd voor de structuur definitief werd opgehelderd.

Latente tekorten aan ascorbinezuur komen in ons land nog wel voor, met name in de maanden maart en april, met symptomen als lusteloosheid en vermoeidheid ('voorjaarsmoeheid') en lage hemoglobinegehalten, een en ander als gevolg van lage ascorbinezuurgehalten van de voeding in de nawintermaanden. Het probleem is op eenvoudige wijze te ondervangen door dagelijkse consumptie van een sinaasappel. Een zeer geschikte aanvulling is rozebotteljam of -stroop (rozebottels zijn extreem rijk aan ascorbinezuur en kunnen tot 20 g hiervan per kg bevatten).

Ascorbinezuur bezit de L-configuratie en is rechtsdraaiend. (De synthetisch bereide D-vorm, het iso-ascorbinezuur, bezit slechts 5% van de biologische activiteit van het L-ascorbinezuur.) De zuurfunctie moet aan de diënolgroep worden toegeschreven. DHA bezit geen zure eigenschappen.

In kristallijne toestand is ascorbinezuur vrij stabiel; in waterige oplossing en ook in levensmiddelen wordt het gemakkelijk door warmte ontleed, vooral bij hogere pH. Zo wordt de stof in een oplossing met pH = 8 voor 50% vernietigd gedurende 20 minuten bij 120 °C, terwijl dezelfde behandeling bij pH = 4 slechts 4% verlies veroorzaakt.

Met name voor zuurstof is de vitamine gevoelig. Ook hier is de pH van belang: boven pH = 6 verloopt de oxidatieve ontleding snel. Het in eerste instantie ontstane DHA wordt gehydrolyseerd tot het zeer reactieve 2,3-diketogulonzuur, dat in allerlei reacties participeert, onder andere met vrije aminogroepen. Deze reacties worden gekatalyseerd door ionen van zware metalen, vooral door Cu^{++}; een kopergehalte van 0,02 mg per kg heeft al merkbare invloed.

Door deze hoedanigheden is ascorbinezuur het meest instabiele van alle vitamines en kunnen bij het bereiden en bewaren van voedingsmiddelen grote verliezen optreden. Bij het koken van groenten bijvoorbeeld is het niet eenvoudig, meer dan 50% van het oorspronkelijke gehalte over te houden, waarbij wel moet worden aangetekend dat ook een aanzienlijk deel door uitloging verdwijnt. In sommige groenten, vooral koolsoorten, zijn enzymen aanwezig die ascorbinezuur afbreken (oxidasen, ascorbase). Deze enzymen bezitten een temperatuuroptimum in het gebied van 40 tot 50 °C. Indien groenten tevoren zijn fijngesneden en in koud water worden opgezet, waardoor het optimale traject langzaam wordt doorlopen, draagt deze enzymactiviteit nog extra bij tot de afbraak van ascorbinezuur. Door de groenten direct in heet water te brengen, worden de enzymen snel geïnactiveerd en de verliezen aan ascorbinezuur wat verminderd. In aardappelen zijn de kookverliezen naar verhouding vrij klein.

In de volgende tabel zijn enige gehalten in levensmiddelen vermeld; de verliezen ten gevolge van koken zijn hierbij, waar dat terzake is, aangegeven.

Tabel 4.6 Ascorbinezuurgehalte van enige levensmiddelen(in g per kg)

	Rauw	Gekookt
Aardbeien	0,6	
Citrusvruchten	0,4 - 0,5	
Appels	0,10	0,02
Bananen	0,10	
Aardappelen - nieuw - augustus t/m september - oud	 0,25 0,15 0,05	 0,20 0,12 0,04
Koolsoorten	0,5 - 0,6	0,15 - 0,25
Snijbonen	0,30	0,18
Erwten	0,25	0,14
Peterselie	1,5	
Lever	0,25	0,15

Over de dagelijkse behoefte lopen de schattingen uiteen. Het lijkt vast te staan dat met 10 mg per dag scorbuut kan worden voorkomen en dat 30 mg per dag voldoende is om alle deficiëntieverschijnselen te voorkomen. De optimale hoeveelheden liggen echter hoger; de aanbevolen waarden variëren tussen 50 en 100 mg per dag, terwijl voor zwangeren en zogenden waarden tot 150 mg worden gehanteerd. In het lichaam kan tot 1½ gram worden opgeslagen. Deze opslag is toereikend voor enkele weken, maar een bepaalde hoeveelheid moet aanwezig blijven.

Overdoseringen worden via de nieren uitgescheiden. Langdurige overdosering zou bij personen met hypercalciurie nierstenen kunnen veroorzaken, doordat uit ascorbinezuur oxaalzuur kan worden gevormd. Ook afbraak van cobalamine en verhoging van het cholesterolgehalte van het bloedserum zijn gemeld.

VITAMINES IN VOEDINGSMIDDELEN

Hieronder worden de belangrijkste bronnen van de verschillende vitamines nog eens samengevat.

Tabel 4.7

Vitamine	Bron
retinol	voedingsmiddelen van dierlijke oorsprong, met name lever
β-caroteen	wortelen; groene groenten
cholecalciferol	haring; eidooier; melk; (levertraan)
tocoferolen	vette vis; eieren; boter; volkorenbrood; chocolade
fyllochinon	groenten; tomaten
vitamine B-complex alg.	vlees (met name lever); gist en hieruit bereide preparaten
thiamine	bruin brood; zemelen; peulvruchten; varkensvlees
riboflavine	melk
nicotinezuur	tarwe; maïs (slechts ten dele beschikbaar); aardnoten
pyridoxine	aardappelen; bruin brood; peulvruchten
foliumzuur	spinazie
ascorbinezuur	groenten en fruit; aardappelen

In het voorgaande is ook meermalen gewezen op de instabiliteit van vele vitamines. Van alle nutriënten zijn deze verbindingen bij bewerking of opslag van levensmiddelen het meest kwetsbaar. De gevoeligheid voor externe invloeden zoals warmte, licht en zuurstof is vaak aanzienlijk. Dit geldt vooral voor ascorbinezuur, thiamine, pyridoxine en foliumzuur. Nicotinezuur daarentegen is redelijk stabiel.

Behalve met ontleding moet rekening worden gehouden met verliezen tijdens de bewerking. De verliezen aan vitamines van het B-complex bij het uitmalen van tarwemeel zijn hiervan een goed voorbeeld. In figuur 4.19 zijn deze verliezen uitgezet tegen de uitmalingsgraad.

Verliezen aan in water oplosbare vitamines kunnen, zoals al eerder is vermeld, ook door uitloging optreden. Ook hier zijn het weer ascorbinezuur en thiamine waar de grootste verliezen optreden. Het is niet mogelijk deze verliezen hier te kwantificeren, omdat verscheidene factoren er een wisselende invloed op hebben; zo is de totale hoeveelheid van het betreffende vitamine van invloed; verder de verdelingsgraad, de hoeveelheid water die bij de bereiding werd gebruikt, enzovoort. Natuurlijk is het wel van belang te weten in welke orde de oplosbaarheid van de vitamine ligt. Daarom is deze hier voor enkele vitamines aangegeven. In deze tabel is ook nog eens samengevat hoe de afzonderlijke vitamines zich gedragen ten opzichte van licht, zuurstof en warmte. Niet vermeld is de eventuele reactiviteit ten opzichte van andere voedselbestanddelen. Deze spelen mee in de ont-

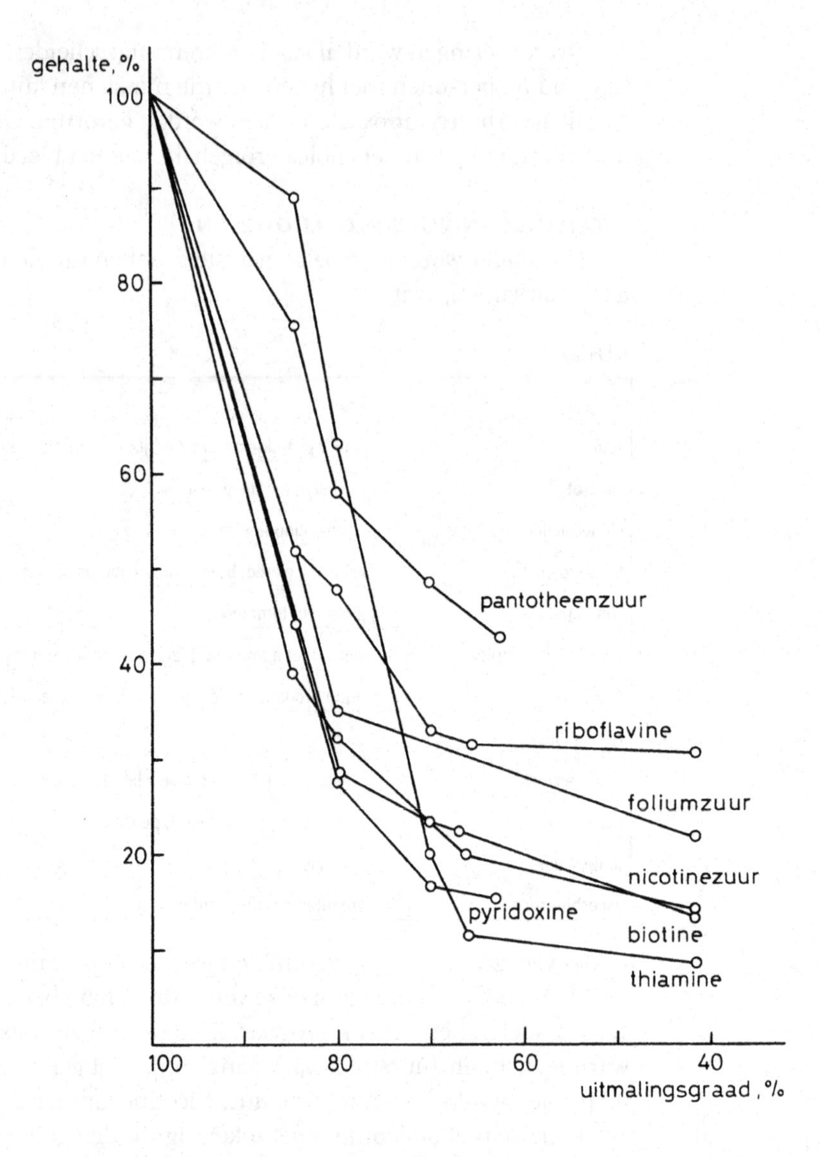

Figuur 4.19 Verlies aan vitamines van het B-complex bij het uitmalen van tarwemeel (naar Weits en De Wijn)

leding van retinol, de carotenen, de tocoferolen en ascorbinezuur (oxidatie in aanwezigheid van stoffen met een hoge redoxpotentiaal, waarbij aan bepaalde additieven kan worden gedacht) of van thiamine (Maillard-achtige reacties met koolhydraten en verwante verbindingen). De ontleding van thiamine door sulfiet is al genoemd.

Verliezen aan vitamines tijdens het vervaardigen of bewaren van voedingsmiddelen zijn van belang als deze voedingsmiddelen in belangrijke mate bijdragen aan de voorziening met de vitamines in kwestie. Indien een voedingsmiddel een belangrijke functie bezit met betrekking tot deze vitaminevoorziening, dienen deze verliezen zoveel mogelijk te worden tegengegaan. Een goed voorbeeld is melk als bron van riboflavine. Het is dus van veel belang dat melk niet onnodig aan zonlicht wordt blootgesteld. Van flessenmelk was bekend dat de ontleding van riboflavine tot 80% kon oplopen bij blootstelling aan zonlicht.

Tabel 4.8 Stabiliteit van enkele vitamines

Vitamine	Oplosbaarheid	Stabiliteit			
	in 1 l water (25 °C)	in zuur milieu	in neutraal of alkalisch milieu	ten opzichte van UV en licht	ten opzichte van zuurstof
retinol, β-caroteen	niet oplosbaar	-	+	-UV	-
cholecalciferol	niet oplosbaar	-	+	-licht, UV	-
tocoferolen	niet oplosbaar	+	-	-licht, UV	-
thiamine	1 kg*	+	-	- UV	-
riboflavine	0,12 g	+	+	+	+
nicotinezuur	1 g	+	+	+	+
pyridoxine	220 g*	-	-	-licht, UV	+
foliumzuur	1,6 mg	-	-	-licht, UV	-
ascorbinezuur	330 g	+	--	-licht, UV	--

+ stabiel, ook bij verhitten; - instabiel; -- zeer instabiel; * als (di)hydrochloride

VITAMINES IN DE VOEDING

Niemand behoeft eraan te twijfelen dat massaal vitaminegebrek in landen als de onze thans tot het verleden behoort. Wel is het de vraag of de voorziening met vitamines nu in alle opzichten optimaal is. Bij bepaalde bevolkingsgroepen zoals kinderen, bejaarden, zwangeren, zogenden en ook alcoholisten zouden tekorten aan bepaalde vitamines, vooral van de B-groep, kunnen voorkomen. De moeilijkheid is dat deze tekorten zich slechts zelden duidelijk manifesteren en meestal vage klachten opleveren zoals vermoeidheid, lusteloosheid enzovoort. In sommige gevallen kan toediening van vitamines in de vorm van preparaten gewenst zijn.

In principe is het ook mogelijk, de levensmiddelen zelf te verrijken met vitamines (en andere nutriënten). In de Verenigde Staten, waar men deze ideeën al geruime tijd propageert, werd de volgende onderscheiding gemaakt:

- restoration (Ned.: revitaminering): terugbrengen van het vitaminegehalte op het vóór de bewerking bestaande niveau (bijvoorbeeld: toevoegen van thiamine aan tarwemeel van lage uitmaling);
- fortification (Ned.: verrijking): toevoeging van vitamines tot een hoger niveau dan van nature aanwezig is;
- enrichment (Ned.: vitaminering): toevoeging van vitamines aan producten waarin deze van nature niet aanweziq zijn (bijvoorbeeld: toevoeging van retinol en cholecalciferol aan margarine).

Verder kan nog standaardisering worden genoemd: toevoeging van vitamines met het doel, de invloed van natuurlijke fluctuaties tegen te gaan. Ook voegt men wel vitamines om andere redenen toe: ascorbinezuur en tocoferolen als antioxidantia, β-caroteen als kleurstof.

In Nederland is de toevoeging van enkele vitamines (en ook van enkele spoorelementen) aan bepaalde voedingsmiddelen sinds 1996 op wat ruimere schaal toegestaan (6). In België is dit vanaf 1992 het geval. Deze toevoegingen betreffen het terugbrengen tot gehalten die van nature in deze producten voorkomen (restauratie). De aandacht verschuift steeds meer naar preventieve effecten van micronutriënten en het minimaliseren van risico's met betrekking tot chronische ziekten. Een voorbeeld is foliumzuur, waarvan een inneming van minstens 0,4 mg per dag het risico op hart- en vaatziekten en de kans op een 'open rug' bij een ongeboren kind mogelijk kan verkleinen (7).

De Europese Commissie heeft enkele jaren geleden een voorstel voor referentiewaarden gedaan met betrekking tot een groot aantal nutriënten (8). De *population reference index* (PRI) geeft de hoeveelheden per dag waarbij de voorziening optimaal wordt geacht. De volgende waarden worden gegeven:

Tabel 4.9

retinol*		nicotinezuur**	1,6 mg/MJ
- mannen	700 µg	pyridoxal°	15 µg/ g eiwit
- vrouwen	600 ug	foliumzuur	200 µg
thiamine	100 µg/MJ	cobalamine	1,4 µg
riboflavine		ascorbinezuur	45 mg
- mannen	1,6 mg	α-tocoferol°°	0,4 µg/g PUFA
- vrouwen	1,3 mg		

* genoteerd als "vitamine A"
** equivalenten
° genoteerd als "vitamine B_6"
°° equivalenten

ANALYSE VAN VITAMINES

Het bepalen van gehalten aan vitamines in voedingsmiddelen is vaak niet eenvoudig. Veel van deze verbindingen zijn in lage concentraties merkbaar instabiel, zodat de voorbewerking veel zorg vereist. Een aantal vitamines komt in verschillende vormen voor. (Tetrahydro)foliumzuur bijvoorbeeld komt voor als 5-methyl-, 5-formyl- en 10-methyl-THF en is verbonden met een wisselend aantal glutaminezuureenheden. Bij voorkeur wil men deze vormen gezamenlijk bepalen of, met andere woorden, een groepsrespons verkrijgen. Het totale gehalte aan foliumzuur is natuurlijk van meer belang dan informatie over de afzonderlijke vormen.

De bepaling van het gehalte aan een vitamine geeft in principe geen informatie over de *beschikbaarheid* van de stof in kwestie. Deze hangt af van het voedingsmiddel of zelfs van de voeding als geheel. Het is vaak moeilijk, betrouwbare gegevens te verkrijgen over de mate waarin een bepaald vitamine aan het lichaam ten goede komt.

Soms is een metaboliet actiever dan de vitamine, met name als de vitamine eerst in een andere stof moet worden omgezet. Dit doet zich voor bij cholecalciferol, waarvan de 25-hydroxymetaboliet veel actiever is en die voor melk waarschijnlijk de hoofdzaak van de activiteit voor zijn rekening neemt (5).

Microbiologische bepalingen maken het mogelijk, alle actieve vormen van een vitamine in één gang te bepalen. Voor een aantal vitamines van de B-groep worden deze methoden nog regelmatig toegepast. Daarnaast is HPLC een veelgebruikte techniek bij de vitamine-analyse. Sommige vitamines (riboflavine, retinol, de tocoferolen) vertonen fluorescentie en kunnen dan direct worden gemeten. Ascorbinezuur, thiamine en fyllochinon kunnen worden omgezet in fluorescerende verbindingen. Er bestaat een directe bepaling van ascorbinezuur (oxidatie tot de dehydrovorm en koppeling aan *o*-fenyleendiamine; het koppelingsproduct bezit een sterke fluorescentie). Deze bepaling wordt overigens in voedingsmiddelen vrijwel niet meer toegepast, omdat zij niet specifiek is (2,3-diketogulonzuur en andere α-diketoverbindingen vertonen de reactie ook).

Verder maakt men gebruik van immunochemische analysemethoden voor de analyse van enkele vitamines (foliumzuur, cobalamine; zie ook pagina's 68-73 en 245). Een selectieve methode voor de calciferolen tenslotte is de 'competitive protein binding assay'. Hierbij gebruikt men een eiwit uit bloedplasma dat in staat is deze stoffen selectief te binden. Door een bepaalde hoeveelheid radio-actief gemerkt cholecalciferol toe te voegen aan een mengsel dat het bewuste plasma-eiwit en de te onderzoeken oplossing bevat, treedt evenals bij immunotechnieken een competitie op tussen gelabelde en ongelabelde moleculen. De vrije moleculen worden vervolgens geadsorbeerd aan kooldeeltjes die van een dextraancoating zijn voorzien. Na verwijdering van de kool wordt in de overblijvende vloeistof de radioactiviteit gemeten. Deze is een maat voor de hoeveelheid calciferol in de onderzochte oplossing. Ook voor de bepaling van cobalamine wordt wel een competitive protein binding assay toegepast.

LITERATUUR

1 Davidson's Human Nutrition and Dietetics. 9[e] druk. J.S. Garrow en W.P.T. James eds. Churchill Livingstone, Edinburgh 1993. 847 pp.
2 G.F. Combs Jr., The vitamins: fundamental aspects in nutrition and health. Academic Press Inc., San Diego (U.S.A.) 1992. 528 pp.
3 P.B. Ottaway (Ed.) The technology of vitamins in food. Blackie Academic & Professional (Chapman & Hall), Glasgow 1993. 270 pp.
4 H. van den Berg en W.H.P. Schreurs, Vitamines – hun rol in de stofwisseling en toepassing in de humane geneeskunde. Pharm. Weekbl. 116 (1981) 509-522.
5 H. van den Berg, De bijdrage van voedingsmiddelen aan de vitamine D-voorziening. Voeding 52 (1991) 35.
6 Warenwetbesluit. Toevoeging microvoedingsstoffen aan levensmiddelen. Ministerie van Volksgezondheid, Welzijn en Sport. Staatsblad, 25 juni 1996.
7 F.W.E.H. Bergmans, Nieuwe inzichten over vitamines en verrijking. Voedingsmiddelentechnologie 30 (1997)(1/2) 34-35.
8 Report of the Scientific Commission for Food on nutrient and energy intakes for the European Community. CEC Directorate-General Internal market and Industrial Affairs, 111/C/1. Brussel, 22 februari 1993.

5 Macro- en spoorelementen

Koolstof, waterstof, zuurstof en stikstof zijn de belangrijkste elementen in ons lichaam zowel als in ons voedsel. Daarnaast komen de elementen calcium, magnesium, natrium, kalium, fosfor, zwavel en chloor in vrij grote hoeveelheden voor. Men spreekt in dit verband van *macro-elementen.*

De aanwezigheid van een aantal andere elementen, in veel kleinere hoeveelheden, is in ons voedsel noodzakelijk. Deze vervullen in het lichaam allerlei functies, waarvan een aantal in dit hoofdstuk kort wordt besproken. Eertijds was men niet in staat, de gehalten aan deze elementen voldoende nauwkeurig te bepalen. Men kon slechts aantonen dat een 'spoor' aanwezig was en noemde deze elementen daarom *spoorelementen.* Deze naam heeft zich tot op de dag van vandaag weten te handhaven.

De vaak gebruikte aanduiding 'minerale nutriënten' zou de indruk kunnen wekken dat deze elementen in anorganische vorm aanwezig zijn. Omdat dit slechts in enkele gevallen zo is, zal deze aanduiding verder niet worden gehanteerd.

MACRO-ELEMENTEN

Verscheidene macro-elementen zijn voornamelijk of gedeeltelijk in de ionvorm in het lichaam aanwezig en zijn daar van belang bij het bepalen van de fysisch-chemische toestand en het handhaven van de osmotische druk van vloeistoffen. Daarnaast echter zijn sommige ook om andere redenen van belang.

Calcium

In het lichaam van een volwassen mens is ruim een kilo calcium aanwezig, dat zich voor meer dan 99% *als hydroxyapatiet* ($3\ Ca_3(PO_4)_2.Ca(OH)_2$) in het skelet bevindt. Het skelet wordt aangelegd als een tamelijk zwakke matrix van collageen, waarlangs gaandeweg mineralisatie plaatsvindt. Voorts is calcium aanwezig in het bloedserum in een concentratie van ongeveer 100 mg/l (zestig procent hiervan in de ionvorm). De neuromusculaire prikkel wordt mede door dit ion geregeld, samen met natrium- en kaliumionen, die de werking van Ca^{++} antagoneren. Calciumionen verminderen de doorlaatbaarheid van de vaatwanden en zijn nodig voor de bloedstolling.

Er bestaat een voortdurende calciumuitwisseling tussen het skelet en het bloedserum, die door vitamine D en parathormoon wordt geregeld. Bij een volwassene bedraagt de dagelijkse uitscheiding ongeveer 700 mg. Na 10 à 12 jaar is het calcium in het skelet volledig door andere calciumatomen vervangen.

In de gezonde mens wordt calcium naar behoefte geabsorbeerd. De relatief matige absorptie neemt toe door de aanwezigheid van complexvormers (lactaat, citraat), eiwitten, lactose en door een verlaagde pH. Grote hoeveelheden fosfaat bemoeilijken de absorptie. Zeer goed geabsorbeerd wordt het calcium dat in *caseïne* is gebonden.

Tabel 5.1 geeft een overzicht van de aanbevelingen die zijn gedaan met betrekking tot de calciumbehoefte van de mens. Het zal duidelijk zijn dat kinderen veel calcium nodig hebben in verband met de opbouw van hun skelet. Ook de zwangere vrouw heeft een grotere calciumbehoefte, omdat zij in totaal 25 gram Ca aan haar kind moet afstaan (in de laatste vier maanden van de zwangerschap gemiddeld circa 200 mg per dag). Zogende vrouwen staan dagelijks ongeveer dezelfde hoeveelheid calcium met de melk af.

Er bestaan aanwijzingen dat met minder calcium in de voeding zou kunnen worden volstaan. Kinderen uit Zuid-India met een calciumopname van nauwelijks 200 mg per dag vertoonden nog steeds een positieve calciumbalans. Van volwassen Bantoes zijn gegevens bekend waaruit blijkt dat dagelijkse hoeveelheden van 300 mg voldoende zijn om kalkverlies te voorkomen. Mogelijk is hier sprake van adaptatie aan lage gehalten in het voedsel, bijvoorbeeld doordat de mensen klein blijven.

Tabel 5.1 Normen met betrekking tot de calciumbehoefte van de mens (g/dag)

	FAO/WHO	Nederlandse normen 1976
Kinderen, 1-9 jaar	0,4 – 0,5	0,8
id., 10 – 15 jaar	0,6 – 0,7	1,2
Adolescenten, 16-19 jaar	0,5 – 0,6	1,2 (meisjes 1,0)
Volwassenen, tot 75 jaar	0,4 – 0,5	0,8
id., boven 75 jaar	1,0	
Zwangeren, zogenden	1,2	1,3

Melk en zuivelproducten vormen de voornaamste calciumbron. Driekwart van de dagelijkse hoeveelheid wordt uit deze voedingsmiddelen betrokken. Een leefwijze waarbij het gebruik van melk en zuivelproducten niet is toegestaan (zoals veganisme) zou ten aanzien van de calciumvoorziening tot problemen kunnen leiden.

Koemelk bevat ongeveer 0,12% calcium, waarvan tweederde in caseïne is gebonden. Het calciumgehalte van moedermelk is veel lager. Sommige groenten (peulvruchten, spinazie, boerenkool) bevatten vrij veel calcium (0,1 tot 0,3%). In spinazie is het echter niet beschikbaar door de grote hoeveelheid oxaalzuur in deze groente. Ook rabarber bevat veel oxaalzuur. Omdat een overmaat oxaalzuur calcium uit andere bestanddelen van de voeding kan binden, is het raadzaam deze groenten niet elke dag te eten (tenzij bij de bereiding krijtpoeder wordt toegevoegd, zoals wel bij rabarber gebeurt). Overigens is oxaalzuur een normaal product van de stofwisseling, dat ontstaat door oxidatie van glycerol en van ascorbinezuur.

Een andere stof die in dit verband moet worden genoemd, is het fytinezuur uit granen waar het, evenals calcium zelf, vooral in de zemelen voorkomt. Fytinezuur is inositol waarvan alle hydroxylgroepen met fosforzuur zijn veresterd.

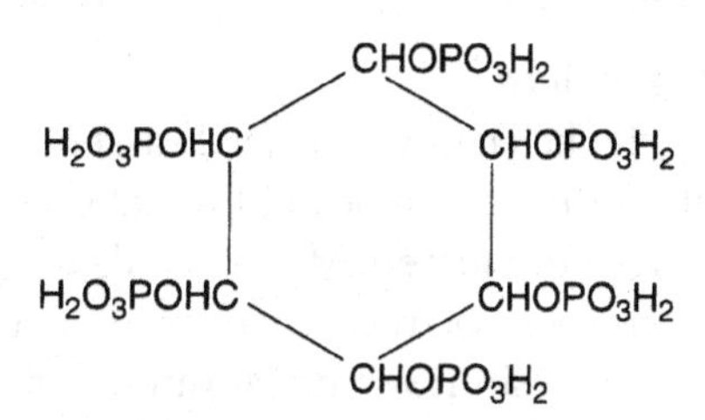

Figuur 5.1 Fytinezuur

Met calciumionen worden onoplosbare zouten gevormd, zodat de calciumabsorptie wordt geblokkeerd. Herkauwers kunnen de verbinding hydrolyseren; monogastrische dieren in het algemeen niet.

Bij kinderen zijn wel eens calciumtekorten waargenomen als gevolg van overvloedige consumptie van grof brood en gelijktijdig een laag aanbod van vitamine D. In onze streken is deze situatie niet te verwachten.

Vele graansoorten bevatten naast fytinezuur ook *fytase*, waardoor het fytinezuur kan worden gehydrolyseerd. Verder schijnt, bij regelmatige opname van fytinezuur, de darm zich aan te passen en het fytinezuur te hydrolyseren.

Hypercalciëmie is het gevolg van een verhoogd calciumgehalte in het bloedserum door grote toevoer van zowel calcium als vitamine D (milk drinkers' disease). Bij zuigelingen kunnen de gevolgen ernstig zijn (mentale retardatie; hart- en vaatziekten door calcificatie).

Fosfor

Alle anorganische en organische fosforverbindingen die in de voeding van belang zijn, kan men zich afgeleid denken van fosforzuur, H_3PO_4. Daarom wordt hier niet van fosfor maar van fosfaat (PO_4) gesproken.

Het menselijk lichaam bevat ongeveer 2 kg fosfaat, waarvan 80% in het skelet aanwezig is en de rest in weefsels en lichaamsvloeistoffen. Voor wat betreft de skeletopbouw is de fosfaathuishouding zeer nauw verwant aan de calciumhuishouding. Ook hier bestaat een uitwisseling tussen skelet en lichaamsvloeistof die door vitamine D en parathormoon wordt geregeld. Behalve bij de botopbouw is fosfaat van belang bij nagenoeg alle stofwisselingsprocessen en bij de overdracht van energie.

De optimale fosfaatopname hangt af van de calciumopname. Bij oudere personen kan een te grote hoeveelheid fosfaat in het voedsel de calciumbalans ongunstig beïnvloeden en het minder worden van de botmassa bespoedigen (met als gevolg osteoporose).

Bij de mens zijn geen verschijnselen bekend die het gevolg zijn van een tekort aan fosfaat. Men schat de dagelijkse behoefte van de volwassen mens op 1 à 2 gram.

Fosfaat is een belangrijke bouwsteen van de *fosfatiden*, die in het lichaam nodig zijn bij de opbouw van celmembranen en in voedingsmiddelen van belang zijn als emulgator. Het komt ook voor in de vorm van *fosfoproteïden* (dit zijn eiwitten waarin OH-groepen van serineresten zijn veresterd met fosforzuur; caseïne is er een bekend voorbeeld van).

Het voedsel bevat 4 tot 5 gram fosfaat per dag, waarvan ongeveer 10 procent uit hulpstoffen afkomstig is. Melk en kaas leveren samen 30 tot 40 procent, maar ook aardappelen en brood dragen in belangrijke mate bij. In de meeste voedingsmiddelen zijn enkele tienden procenten fosfaat aanwezig.

Magnesium

Het lichaam van een volwassen mens bevat ongeveer 25 gram magnesium, dat voor meer dan de helft in het skelet aanwezig is en voor iets meer dan een kwart in de spieren. Met name de skeletspieren en de hartspier bevatten vrij veel magnesium. De rest is aanwezig in de organen en in het bloed.

Magnesium vervult tal van functies in het lichaam. Vele enzymen – waaronder bijvoorbeeld co-enzym A – worden door magnesiumionen geactiveerd. In het algemeen kan worden gezegd dat magnesium vooral optreedt als cofactor voor enzymen die de overdracht van fosfaatgroepen katalyseren. Het is nodig bij zowel de vorming als het gebruik van ATP, bij de glycolyse en bij de synthese van DNA en van eiwitten. Waarschijnlijk treedt het in al deze processen op als zwakke chelaatvormer. Bij vele reacties is magnesium als ATP-complex aanwezig. Ook complexen met ADP en kreatinefosfaat zijn van veel belang.

Magnesium speelt een rol bij de prikkelgevoeligheid van de motorische spieren en bij de contractie van de hartspier. Het reguleert en stabiliseert allerlei processen in het lichaam.

Men schat dat ongeveer 40% van het in voedsel aanwezige magnesium wordt opgenomen. De absorptie wordt geremd door calcium, fosfaat, vrije vetzuren en fytaat. Vitamine D en eiwit verhogen de absorptie, maar ook de behoefte.

De westerse voeding bevat 200 tot 300 mg magnesium per dag. Of dit voldoende is, valt niet geheel met zekerheid te zeggen; meestal schat men de behoefte op 250 mg per dag, maar volgens sommigen is 400 mg beslist nodig. Verscheidene onderzoekers huldigen de mening dat de magnesiumvoorziening in westerse landen voor een deel van de bevolking suboptimaal is. Zeker is dat de magnesiuminname in de loop van de twintigste eeuw minder is geworden (6).

Voedingsmiddelen bevatten meestal enkele honderden milligrammen magnesium per kg, soms meer (sojabonen bijvoorbeeld 2 tot 2½ g per kg). De porfyrinering van chlorofyl bevat een centraal magnesiumatoom. In aardappelen en in melk is het gehalte laag.

Een tekort aan magnesium heeft waarschijnlijk wat te maken met het ontstaan van ischemische hart- en vaatziekten, terwijl het verloop van deze ziekten erdoor zou worden verergerd (7). Vast staat dat het hart het meest kritische orgaan is ten aanzien van magnesiumgebrek. Bij dood door hartstilstand zijn in de hartspier gehalten van 0,17 g/kg waargenomen (normaal is 0,22 g/kg).

Magnesiumtekort werkt de veroudering van collageen door de vorming van 'cross-links' in de hand, met onder andere stugge bloedvaatwanden als gevolg. Bij proefdieren leidt een magnesiumtekort tot verkalking van de grote arteriën. Ook zijn vaatspasmen en een toegenomen tromboseneiging waargenomen. Of toediening van magnesiumverbindingen hypertensie tegengaat, valt nog niet met zekerheid te zeggen.

Chronische alcoholici hebben doorgaans een laag magnesiumgehalte in hun bloedserum en scheiden veel Mg met de urine uit. *Delirium tremens* is waarschijnlijk een rechtstreeks gevolg van een magnesiumtekort. Het verschijnsel kan dan ook worden bestreden door toediening van magnesiumverbindingen.

Natrium, kalium, chloor

De kationen Na^+ en K^+ zijn van veel belang bij het handhaven van de osmotische druk van lichaamsvloeistoffen. Het bloedplasma, de weefselvloeistof en de celvloeistof zijn isotonisch ten opzichte van elkaar. In de beide eerste is Na^+ het belangrijkste kation, terwijl in de celvloeistof K^+ overheerst en daarnaast vrij veel Mg^{++} aanwezig is.

Het anion Cl^- komt bijna uitsluitend in de extracellulaire vloeistof voor. In tegenstelling tot Na^+ en K^+ kan het gemakkelijk door andere ionen worden vervangen; hiervoor komt met name HCO_3^- in aanmerking. In de celvloeistof fungeren vooral $H_2PO_4^-$ en HPO_4^{--}, maar ook eiwitten als anion.

De hoeveelheid natrium in een volwassen mens bedraagt ongeveer 100 gram. Iets meer dan de helft hiervan is in de extracellulaire vloeistoffen aanwezig. De concentratie aan $Na^+ + Cl^-$ bedraagt daar 0,6 procent. Een isotonische NaCl-oplossing (de bekende 'fysiologische zoutoplossing') bezit een concentratie van 0,9%. In de extracellulaire vloeistof wordt dus een derde van de osmotische druk door Na^+ en Cl^- veroorzaakt.

De dagelijkse natriumbehoefte is veel lager dan de hoeveelheid die met het voedsel wordt opgenomen. Voor deze behoefte worden hoeveelheden in de orde van 0,25 tot 1,25 gram Na (0,6 tot 3 gram NaCl) genoemd.

In onze streken is een dagelijkse opname van 7 tot 18 gram zout per dag normaal; grotere hoeveelheden vormen geen uitzondering. Alleen al met het brood wordt 2½ gram zout per dag opgenomen. Het meeste zout wordt echter bij de bereiding van het voedsel toegevoegd. Natuurlijk voedsel bevat zeer weinig zout. Kalium is, behalve voor het handhaven van de osmotische druk, nodig bij de glycolyse en de oxidatieve fosforylering. Het is evenals magnesium van belang voor de hartfunctie.

De kaliumbehoefte van de mens is wat groter dan de natriumbehoefte en bedraagt minstens 2 gram per dag. In onze streken wordt door het voedsel ruimschoots hieraan voldaan. In sommige delen van Azië en Afrika, waar het voedsel in hoofdzaak bestaat uit koolhydraatrijke voedingsmiddelen die weinig kalium bevatten, kunnen tekorten aan dit element ontstaan. De symptomen zijn spierzwakte en mentale verwarring. In ernstige gevallen kan hartstilstand optreden.

Aardappelen dragen nogal wat tot de kaliumvoorziening bij: ruim een derde is hiervan afkomstig. Het gehalte in aardappelen bedraagt ruim ½ procent. In andere voedingsmiddelen gaat het om tienden van procenten.

Het chloride-ion tenslotte is nodig in maagsap, waar HCl dient om een zeer lage pH te handhaven. Hoe hoog de Cl^--concentratie in de extracellulaire vloeistof moet zijn, is niet bekend. In elk geval zijn Cl^--ionen altijd in meer dan voldoende mate beschikbaar.

Zwavel

Zwavel is in de voeding van belang doordat het aanwezig is in de zwavelhoudende aminozuren en in de vitamines thiamine en biotine. Sulfaationen zijn in de voeding waarschijnlijk niet van betekenis; wel vindt de uitscheiding van zwavel plaats in de vorm van sulfaationen, via de nieren.

Vluchtige zwavelverbindingen zijn in veel voedingsmiddelen belangrijke aromacomponenten. Van mercaptanen en thio-ethers is bekend dat zij al in zeer lage concentraties worden opgemerkt. Dit geldt zeker ook voor vluchtige verbindingen met een S-S brug, bijvoorbeeld in combinatie met allylgroepen:

$$CH_2 = CH - CH_2 - S - S - CH_2 - CH = CH_2$$

diallylsulfide (uit knoflook)

Aan deze stof wordt een antimicrobe werking toegeschreven.

Isothiocyanaten worden ook tijdens consumptie van bepaalde plantendelen gevormd. In wortels, zaden en groene delen van planten die tot de familie der kruisbloemigen behoren (mosterd, mierikswortel, radijs, koolsoorten) komen thioglycosiden voor, die meestal als *glucosinolaten* worden aangeduid. Tijdens het kauwen op deze plantendelen komt het enzym *myrosinase* vrij, waardoor uit deze verbindingen glucose wordt afgesplitst en uit de rest (onder meer) een isothiocyanaat vrijkomt.

$$Glu-S-C=\overset{\overset{R}{|}}{N}-OSO_3^- \xrightarrow{\text{myrosinase}} HS-C=\overset{\overset{R}{|}}{N}-OSO_3^- \longrightarrow R-S-C\equiv N$$

waarin R een allylgroep kan voorstellen, maar ook andere groepen (bij koolsoorten bijvoorbeeld een indoylmethylgroep).

Deze isothiocyanaten bezitten in het algemeen een zeer scherpe (doch gewenste) geur en smaak. Door koken wordt het myrosinase geïnactiveerd en treedt de reactie niet op.

In koolsoorten is het effect niet zo uitgesproken. Bij het koken gedurende langere tijd kan daar echter uit glucosinolaten het vinyl-thio-oxazolidon worden gevormd:

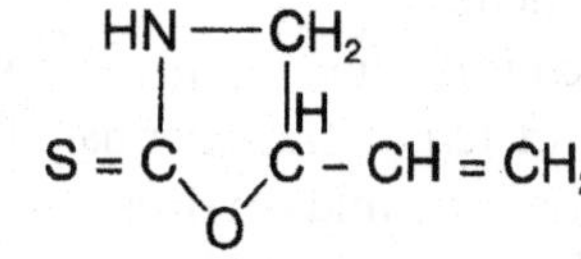

Figuur 5.2

Deze stof wordt ook *goitrine* genoemd, omdat ze struma kan bevorderen (het Engelse woord voor struma is 'goiter'). Vooral in spruitjes kan deze stof tijdens het koken ontstaan, evenals allerlei andere zwavelverbindingen die een onaangename geur veroorzaken en maken dat de groente zwaar op de maag ligt. Afgezien van de onjuistheid van deze bereidingswijze kan wel worden gezegd, dat deze bij een voldoende afwisselende voeding met een goede joodvoorziening niet zo snel schade zal aanrichten.

SPOORELEMENTEN

Van ongeveer vijftien elementen is thans bekend dat deze in kleine hoeveelheden essentiële functies in levende organismen vervullen. Hun rol is in zeker opzicht fundamenteler dan die van de vitamines. Karakteristiek is de uitspraak van de Amerikaanse voedingsdeskundige *Henry A. Schroeder*: 'The trace elements are more important in nutrition than are the vitamins, in the sense that they cannot be synthetisized by the living matter, as is the case with vitamins. Thus they are the basic sparkplugs in the chemistry of life.' (8)

Voor het essentieel zijn van een element hanteert men de volgende criteria:

- onthouding van het element aan een organisme wekt bepaalde fysiologische of structurele abnormaliteiten op, afhankelijk van de species;
- toediening van het element verhelpt of voorkomt deze afwijkingen;
- de abnormaliteiten gaan altijd gepaard met specifieke biochemische veranderingen;
- ook deze biochemische veranderingen kunnen worden verholpen of voorkomen door toediening van het element.

Aan deze criteria voldoen in elk geval *ijzer, zink, koper, jood, fluor, mangaan, molybdeen, seleen en chroom.* Na 1965 is gebleken dat ook *tin, silicium, nikkel* en *arseen* niet kunnen worden gemist. *Kobalt* is eveneens onmisbaar, maar opname heeft slechts zin als bestanddeel van cobalamine.

Ook andere elementen worden in meetbare hoeveelheden met het voedsel opgenomen. Enkele, zoals lood, kwik en cadmium, zijn reeds in lage gehalten toxisch en moeten als ongewenst worden beschouwd. Gezegd moet worden dat vele essentiële elementen in wat hogere concentraties eveneens toxisch zijn. Eigenlijk geldt dit voor alle spoorelementen, maar bij sommige (fluor, jood en vooral seleen) is de toxiciteit al bij geringe hoeveelheden merkbaar.

De gehalten aan spoorelementen liggen doorgaans in de orde van enkele milligrammen per kg. Voor enkele is het gehalte lager (jodium, nikkel, chroom en seleen); gehalten aan niet-essentiële elementen zoals broom en rubidium zijn vaak hoger.

Spoorelementen treden dikwijls op als activator van enzymen. Soms zijn de effecten vrij zwak; soms ook gaat het om zeer duidelijke en specifieke effecten, zoals bij de metallo-enzymen.

De dagelijkse behoefte aan spoorelementen is vaak moeilijk vast te stellen. De optimale hoeveelheid is grofweg de hoeveelheid waarbij de lichaamsfuncties optimaal zijn. Soms echter blijken verschillende lichaamsfuncties ook verschillende optima te indiceren; zo komt men bij schapen tot een andere koperbehoefte indien men de kwaliteit van de wol in plaats van de groei als criterium neemt.

Het ontdekken van de onmisbaarheid van de elementen tin, silicium enzovoort is niet eenvoudig geweest. Men gebruikte hiervoor dieren die in isolatoren waren ondergebracht die geheel uit kunststof waren vervaardigd; deze bevatten dus geen metaal, glas of rubber, terwijl ook stof rigoureus werd buitengesloten. Slechts op deze manier is na te gaan wat het effect is van een dieet dat uit zeer zuivere componenten is samengesteld en waarin het te onderzoeken element, voorzover waarneembaar, ontbreekt.

De spoorelementen zullen nu achtereenvolgens worden besproken.

IJzer

IJzer, met een gehalte van circa vijf procent het op drie na belangrijkste element in de aardkorst, is ook in levende organismen van veel belang. Aangezien in het lichaam een betrekkelijk grote hoeveelheid aanwezig is (ongeveer 4 gram), wordt ijzer soms ook wel tot de macro-elementen gerekend.

In het lichaam is zeer weinig ijzer in anorganische vorm aanwezig. Ongeveer twee derde deel is gebonden in een protoporfyrinecomplex, het bekende 'heem', dat op zijn beurt weer aan eiwitten is gebonden, zoals in hemoglobine.

De functie van ijzer in hemoglobine betreft zuurstof- en elektronenoverdracht; het laatste is mogelijk doordat ijzer zeer gemakkelijk van de twee- in de driewaardige vorm overgaat (en omgekeerd). De zuurstofbinding in hemoglobine is echter een complexe binding aan het tweewaardige ijzer.

De heemgroep komt ook voor in *myoglobine*, in de *cytochromen* en in *katalase*. Myoglobine bevat 3 tot 5% van het in het lichaam aanwezige ijzer. De heemgroep bezit de volgende structuur:

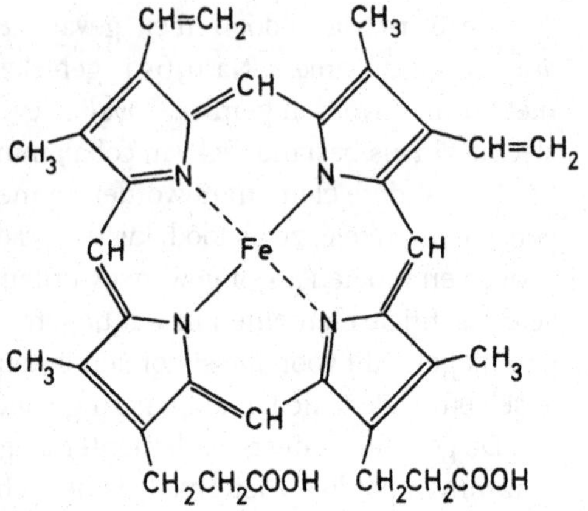

Figuur 5.3

Hemoglobine (Hb) is het eiwit dat zuurstof door het lichaam vervoert. Het is rood gekleurd en bezit een molecuulmassa van circa 65.000 Da. Het bevat per molecuul 4 heemgroepen. Een heemgroep bevat 9,1% Fe; het ijzergehalte van hemoglobine is 0,34%. In 1 liter bloed is meer dan 100 gram hemoglobine aanwezig.

Myoglobine zorgt voor de zuurstofoverdracht in de spier. Het is een roodbruin gekleurd eiwit met een molecuulmassa van 17.000 Da en één heemgroep per molecuul.

IJzer wordt in het lichaam opgeslagen als *ferritine* en in bijzondere gevallen als *hemosiderine*. Ferritine bestaat uit een eiwitmantel, het *apoferritine*, die een hoeveelheid Fe-atomen (maximaal 4.000) omgeeft. Het ijzergehalte kan variëren van bijna 0 tot 27%. Het ijzer bevindt zich in de driewaardige vorm en is gebonden als hydroxyfosfaat, dat op zijn beurt weer aan het eiwit is gebonden. Normaliter is ongeveer 16% van het ijzer in het lichaam in ferritine aanwezig.

IJzer uit de voeding wordt als Fe^{++} opgenomen. Het dient daartoe meestal eerst te worden vrijgemaakt en gereduceerd. Deze reductie vindt vooral in de maag plaats.

In de maag vindt complexering van Fe^{++} met mucoproteïnen plaats, zodat het bij hogere pH in oplossing kan blijven. Toch kunnen fytaat en fosfaat dan nog ijzer neerslaan en dus de absorptie minstens voor een deel verhinderen. Ook calciumionen remmen de absorptie; ascorbinezuur bevordert deze echter.

IJzer in myoglobine wordt als zodanig geabsorbeerd; pas na de darmpassage wordt het ijzer vrijgemaakt. De absorptie van heemijzer wordt niet (in negatieve zin) door fosfaat of (in positieve zin) door ascorbinezuur beïnvloed.

Lever is behalve een goede bron van absorbeerbaar ijzer ook een voedingsmiddel dat de opname van ijzer uit plantaardig voedsel bevordert. In planten is ijzer in hoofdzaak in de driewaardige vorm aanwezig en aan zwavelatomen gebonden (*ferredoxinen*). In het algemeen wordt het uit plantaardige voedingsmiddelen minder goed geabsorbeerd dan uit dierlijke, doordat in plantaardig materiaal vaak veel fosfaat of fytaat aanwezig is. Zo komt uit de ijzerrijke spinazie maar weinig ijzer aan de mens ten goede. Ook de ijzeropname uit eieren is slecht door het hoge fosfaatgehalte hierin.

Indien ijzer eenmaal door het lichaam is opgenomen, wordt nog slechts zeer weinig (gemiddeld 0,5 – 1,0 mg per dag) uitgescheiden. Het door afbraak van rode bloedlichaampjes vrijgekomen ijzer wordt opnieuw gebruikt. Sporen ijzer verlaten het lichaam via het zweet en de urine of, door celafbraak, via de feces. De belangrijkste ijzerverliezen treden echter op door bloedingen. De ijzerbehoefte van de vrouw is door de maandelijkse bloeding wat hoger dan die van de man.

Daar het lichaam zelf weinig ijzer kan uitscheiden, wordt de hoeveelheid ijzer hierin geregeld door de mate van absorptie via de darm. Normaliter wordt ongeveer 12% van het ijzer in de voeding door de darm opgenomen; bij een grotere ijzerbehoefte, bijvoorbeeld als gevolg van bloedverlies of tijdens de zwangerschap, is dit meer.

Vlees is uiteraard een goede bron van ijzer, dat in hoofdzaak in de heemgroep aanwezig is (30 – 50 mg/kg). De hoeveelheid ijzer in nieren en lever kan nog wel driemaal zo hoog zijn. In groenten en fruit is vanaf 10 mg ijzer per kg aanwezig, met enkele uitschieters. In melk is het laag (0,2 – 0,3 mg/kg). Appelstroop bevat buitengewoon veel ijzer (circa 200 mg/kg).

De Nederlandse Voedingsraad ging uit van een gemiddelde absorptie van 8% voor non-heemijzer en 23% voor heemijzer (9). In de voeding is de gemiddelde verhouding van non-heemijzer tot heemijzer 3: 1, zodat de gemiddelde ijzerabsorptie op 12% uitkomt. Dit is het uitgangspunt voor de aanbevolen hoeveelheden.

Voor volwassen niet-zwangere vrouwen wordt thans 15 mg per dag aanbevolen, voor vrouwen van 19 tot 22 jaar 16 mg, voor jongens van 16 tot 19 jaar 15 mg, voor andere leeftijdscategorieën minder.

Voor zwangere vrouwen in het laatste trimester van de zwangerschap is de aanbevolen hoeveelheid 19 mg. De behoefte van de *zogende* vrouw is niet verhoogd: moedermelk bevat evenals koemelk zeer weinig ijzer. Een zuigeling beschikt over voldoende ijzerreserve als de moeder tijdens de zwangerschap normale hoeveelheden ijzer heeft opgenomen.

Zink

De hoeveelheden waarin zink in het lichaam voorkomt, zijn niet veel kleiner dan de hoeveelheden ijzer: 2 tot 4 gram. De rol van zink is echter minder opvallend. Als gevolg hiervan kwam pas in de twintigste eeuw de grote betekenis van zink voor het menselijk lichaam vast te staan. Overigens was reeds in 1869 vastgesteld dat zink noodzakelijk is voor de groei van de schimmel *Aspergillus niger*.

Zink bevindt zich onder meer in het enzym *koolzuuranhydrase*, dat de omzetting $H_2CO_3 \rightarrow H_2O + CO_2$ katalyseert en daardoor in het lichaam van belang is voor het transport van CO_2. Ook vele andere enzymen bevatten zink (carboxypeptidase uit pancreassap; alkalische fosfatase en een aantal dehydrogenasen) en worden erdoor geactiveerd.

Zinkionen zijn vooral betrokken in de opbouw van de eiwitstructuur. De sterke neiging tot complexvorming met aminogroepen is hierbij ongetwijfeld van belang.

De dagelijkse zinkbehoefte bedraagt 2 à 2½ mg; in het voedsel moet dan circa 15 mg aanwezig zijn. Hieraan wordt in onze streken voldaan.

Zink komt in ruime mate voor in lever (30 – 150 mg/kg); vlees (15 – 25 mg/kg) en granen (20/40 mg/kg). Vis bevat wat minder zink (4 – 8 mg/kg). Melk bevat 3 tot 5 mg/kg, evenals groenten. Schelpdieren kunnen zeer veel zink bevatten; oesters soms zelfs meer dan 1 g/kg!

Zink is weinig toxisch: hoeveelheden van 100 tot 150 mg worden zonder meer verdragen. Een zinkvergiftiging kan optreden als zuur voedsel of zure dranken lange tijd met zinken vaatwerk in contact zijn geweest. De grote hoeveelheid zink die door het nuttigen van deze producten kan worden opgenomen, kan het koper- en ook het ijzermetabolisme verstoren.

Koper

Al in 1848 werd aangetoond dat koper van belang is bij de ademhaling van lagere dieren. In 1928 werd voor het eerst aannemelijk gemaakt dat ook hogere dieren koper nodig hebben.

De hoeveelheid koper in het menselijk lichaam bedraagt 100 mg. Het element is van belang in het ijzermetabolisme en ook in de botvorming. Wat het eerste betreft, kan worden opgemerkt dat vorming van hemoglobine onmogelijk is bij afwezigheid van koper. Het activeert ook diverse enzymen.

De vorm waarin koper in het voedsel voorkomt is niet bekend. Belangrijke bronnen zijn lever, nieren, groenten, rozijnen en noten. Schelpdieren kunnen zeer veel koper bevatten (oesters tot 400 mg/kg).

In melk is het kopergehalte, ondanks de grote koperbehoefte van jonge individuen, laag (0,05 mg/kg). Bij de geboorte is echter een aanzienlijke koperreserve aanwezig. Niettemin bestaat de kans dat bij kinderen die lang op melk zijn aangewezen een kopertekort ontstaat.

De hoeveelheid koper die minimaal in het voedsel aanwezig moet zijn, wordt gesteld op 2 mg per dag; kinderen hebben wat meer nodig. Het is de vraag of deze 2 mg in een gemiddeld Nederlands dieet wordt gehaald. Er bestaan aanwijzingen dat de kopervoorziening voor velen niet geheel toereikend is.

Koper is een vrij toxisch element. De maximaal toelaatbare hoeveelheid bedraagt 30 – 35 mg per dag, maar een dergelijke hoeveelheid zal niet spoedig met het voedsel worden opgenomen.

In voedingsmiddelen kunnen sporen koper een probleem vormen vanwege het katalytisch effect op de vetoxidatie, een eigenschap die ook ijzer- en mangaanionen bezitten, zij het in mindere mate. De oxidatie van ascorbinezuur wordt eveneens door koper bevorderd. Verder worden sommige verbruiningsreacties erdoor gekatalyseerd.

Groenten verkrijgen door toevoeging van een geringe hoeveelheid koperzout een fraaie groene kleur doordat koper de plaats van magnesium in chlorofyl gaat innemen (*koperchlorofylline*). In een aantal landen is deze toevoeging echter verboden vanwege bovengenoemde katalytische werking op de oxidatie van ascorbinezuur. Wel kan het koperchlorofylline als zodanig worden toegevoegd.

Fluor

Fluorverbindingen zijn reeds meer dan een eeuw bekend als preventief middel met betrekking tot cariës. Thans kent men fluor als een van de essentiële elementen. Ratten en muizen bleken het nodig te hebben voor hun groei en voortplanting.

Men weet niet in welke vorm fluor in voedsel aanwezig is. Waarschijnlijk wordt het zeer goed opgenomen. Aanbevelingen voor de op te nemen hoeveelheid fluor (1 à 2 mg per dag) zijn gebaseerd op hoeveelheden die de kans op cariës verminderen. Het meeste fluor wordt via het drinkwater opgenomen. Het dagelijks voedselpakket bevat niet meer dan 0,2 à 0,3 mg, tenzij hierin vis aanwezig is (vis bevat 5 tot 10 mg fluor per kg).

Goed drinkwater bevat 1 mg fluor per liter. In zacht water wordt dit gehalte niet bereikt. In gebieden waar het water wordt gefluorideerd, geschiedt dit tot een gehalte van 1 mg/l.

Sommige theesoorten bevatten niet minder dan 100 mg fluor per kg (droog product). Bij overvloedig theegebruik zou dit volgens sommigen in belangrijke mate aan de dagelijkse fluorbehoefte kunnen bijdragen; volgens anderen moet men zich hiervan toch geen overdreven voorstelling maken.

De marge voor de wenselijke toevoer van fluor is nauw. Al bij een fluorgehalte van meer dan 2 mg per liter in het drinkwater bestaat kans op de ontwikkeling van 'zebratanden' (Eng.: mottled enamel), waarbij bruine vlekken en strepen op het glazuur ontstaan. Afgezien van het onesthetische aspect zijn echter geen grote problemen van een enigszins te hoge fluoropname te verwachten.

Fluor is in hoofdzaak in het skelet aanwezig; enkele van de hydroxylgroepen van hydroxyapatiet zijn door fluoratomen vervangen. Het normale fluorgehalte van menselijke beenderen en tanden bedraagt 0,2 tot 0,6 gram per kg. Bij mottled enamel kan dit gehalte wel 2½ g/kg bedragen.

Jood

In een volwassen mens is 15 à 20 mg jodium aanwezig, dat zich voor 75 tot 80% in de schildklier bevindt. In deze klier worden enkele joodhoudende hormonen geproduceerd, waarvan het 3,5,3',5'-tetrajoodthyronine of *thyroxine* het belangrijkste is.

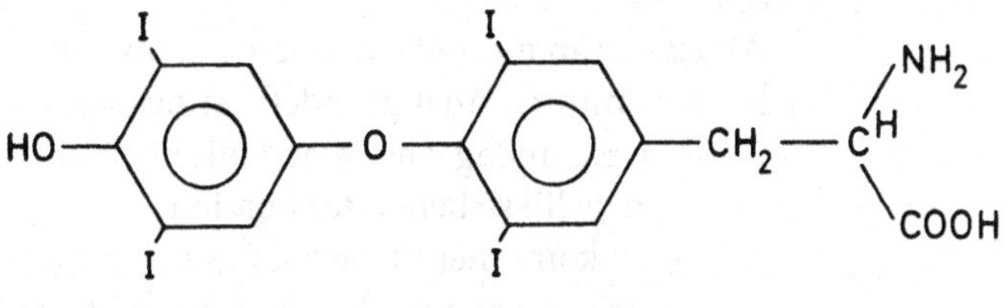

Figuur 5.4 3,5,3',5'-tetrajoodthyronine (thyroxine)

Thyroxine is van groot belang bij het instandhouden van de stofwisseling. De verbinding is wel beschreven als 'de blaasbalg die het vuur instandhoudt'. De schildklier geeft het af aan het bloed waarin het, los gebonden aan α-globuline, naar de organen wordt getransporteerd.

Jodium wordt grotendeels als jodide opgenomen en in deze vorm zeer effectief door de schildklier gevangen. Daar wordt het tot elementair jood geoxideerd, dat aan tyrosine-eenheden in het eiwit *thyreoglobuline* wordt gebonden. Vervolgens wordt uit twee gejodeerde tyrosine-eenheden een thyroxinerest opgebouwd, waarbij een alaninerest overblijft. Het vrijkomen van thyroxine uit thyreoglobuline en de afgifte aan het bloed wordt geregeld door het in de hypofyse geproduceerde *thyreotrope hormoon.*

Naast thyroxine komt – normaliter in veel kleinere hoeveelheden – het *3,5,3'-trijoodthyronine* voor. De werking hiervan is drie- tot vijfmaal zo sterk als die van thyroxine. Dit biedt een mogelijkheid om de stofwisseling ook bij een wat lager jodiumaanbod in stand te houden.

Intussen is jood een van de spoorelementen waaraan veelvuldig gebrek optreedt. Een matig joodgebrek veroorzaakt de bekende krop *of struma* (zwelling in de hals als gevolg van een vergrote schildklier die onvoldoende thyroxine afscheidt), met een stofwisseling die onvoldoende functioneert.

Bij ernstig joodgebrek, zoals in sommige geïsoleerde bergachtige streken kan optreden, zal een aanzienlijk deel van de bevolking lichamelijk en geestelijk achterblijven. Vroeger kwam dit veel voor in enkele Alpendalen en op hoogvlakten in het zuiden van Duitsland, waar het joodgehalte van de bodem – en daardoor ook van het aldaar verbouwde voedsel en het drinkwater – zeer laag is. Tegenwoordig komt jodiumgebrek nog voor op Nieuw-Guinea en in Ethiopië. Overigens werd al omstreeks 1820 het eten van zeewier aanbevolen als middel tegen deze verschijnselen. In later tijden, toen men de oorzaak had leren kennen, werd jodide aan het drinkwater of aan het bakkerszout toegevoegd om jodiumdeficiëntie te voorkomen.

Wie tweemaal per week zeevis eet (joodgehalte 0,5 – 0,8 mg/kg; soms nog meer) neemt voldoende jood op om de dagelijkse behoefte (0,1 à 0,2 mg) te dekken, waarbij moet worden bedacht dat de meeste voedingsmiddelen sporen jood bevatten (0,05 – 0,2 mg/kg) en dat ook wat in drinkwater aanwezig is.

Te veel jood (meer dan 2 mg per dag) wordt als schadelijk beschouwd. Een sterk verhoogde schildklierwerking kan het gevolg zijn.

Mangaan

In het menselijk lichaam bevindt zich 12 tot 20 mg mangaan, dat functies vervult als cofactor van een aantal enzymen. Voorts is het nodig bij de cholesterolsynthese en schijnt het een rol te spelen in de bloedstolling, dit in combinatie met vitamine K.

Afgezien van één enkele proefpersoon – die een speciaal dieet volgde – zijn bij de mens nimmer mangaandeficiënties waargenomen. Het dagelijks voedsel bevat 2 tot 9 mg mangaan. Waarschijnlijk kan een hoeveelheid van 2 à 3 mg al ruim in de dagelijkse behoefte voorzien.

Mangaan komt met name voor in granen en groenten. Thee is niet alleen rijk aan fluor maar ook aan mangaan. In voedingsmiddelen van dierlijke oorsprong is het gehalte laag.

De giftigheid van mangaan is gering. Pas bij innamen vanaf 10 gram per dag zijn bij arbeiders schadelijke effecten vastgesteld.

Molybdeen

Molybdeen is ook van belang in verscheidene enzymsystemen, met name in *xanthine-oxidase*, waar in het molecuul naast acht ijzeratomen twee molybdeenatomen voorkomen. Xanthine-oxidase is van belang bij het purine-metabolisme en bij het vrijmaken van ijzer uit ferritine. Deficiëntieverschijnselen bij de mens zijn nimmer beschreven.

Molybdeen komt in alle weefsel- en lichaamsvloeistoffen voor, maar in hoofdzaak in het skelet. De hoeveelheid in het lichaam hangt sterk af van de hoeveelheid in het voedsel (doorgaans 0,1 tot 0,5 mg/kg). Vermoedelijk is de molybdeenbehoefte van mens en dier gering. Als optimale dagelijkse hoeveelheid voor de mens is 0,35 mg genoemd.

Interessant is het antagonisme tussen molybdeen en koper; een mechanisme waarbij ook sulfaationen zijn betrokken. De toxiciteit van wat grotere hoeveelheden molybdeen blijkt voor een belangrijk deel op de verstoring van het kopermetabolisme te berusten.

Seleen

Het element seleen heeft in de jaren dertig bekendheid gekregen als de oorzaak van een aantal vergiftigingsverschijnselen bij paarden en vee. Sommige planten kunnen dit element zeer sterk cumuleren. Door overvloedige consumptie van deze planten ontstaat een acute seleenvergiftiging.

In 1957 werd evenwel ontdekt dat selenium behalve een toxisch ook een essentieel element is. Men is thans van mening dat meer economische schade is aangericht door *tekorten* aan seleen dan door een teveel van dit element.

Seleen is aanwezig in het enzym *glutathionperoxidase (GSH)*, met selenocysteïne op de actieve plaats. Dit enzym katalyseert de reductie van een grote verscheidenheid aan peroxiden en voorkomt daardoor de aanwezigheid van schadelijke verbindingen in weefsels die veel onverzadigde vetten bevatten. GSH is werkzaam in *combinatie* met vitamine E (het kan dit vitamine dus niet vervangen).

Vaak is beweerd dat seleen anticarcinogene werking bezit. Inderdaad zijn experimenten met proefdieren uitgevoerd waarbij, in de groepen die met een seleenverbinding waren behandeld, een duidelijk verlaagde tendens tot tumorvorming kon worden waargenomen. Dit effect is echter naar alle waarschijnlijkheid het gevolg van de werking van GSH als reductor van peroxiden. Antioxidantia vertonen het effect ook. Niettemin moet rekening worden gehouden met de mogelijkheid dat bij seleendeficiënties ook de bescherming tegen bepaalde vormen van kanker verminderd zou kunnen zijn.

De marge voor de wenselijke hoeveelheid seleen in het dagelijks voedsel is niet zeer groot. Uit dierproeven blijkt dat gehalten van 0,05 tot 0,1 mg per kg voer voldoende zijn en gehalten van 3 à 4 mg/kg soms al toxisch.

De toxiciteit hangt enigszins af van de eiwitopname. Overigens is de kans op seleenvergiftiging door opname van normaal voedsel uiterst klein, zo niet afwezig.

Kobalt

Voor het menselijk lichaam is kobalt slechts van betekenis indien het gebonden in cobalamine (vitamine B_{12}) wordt opgenomen.

Chroom

Tegen het eind van de jaren vijftig werden aanwijzingen verkregen dat chroom een essentieel element is. In proefdieren is met een chroomarm dieet diabetes opgewekt. Het element zou een rol spelen bij de binding van glucosemoleculen aan insulinereceptoren in de lichaamscellen, waardoor de opname van glucose in de cel beter verloopt. Misschien is chroom betrokken bij het cholesterolmetabolisme en bij de nucleïnezuurstofwisseling. Het element zou een regelende functie bezitten bij de cellulaire eiwitsynthese.

Echte bewijzen voor de onmisbaarheid van chroom ontbreken nog steeds. Wel is inmiddels bekend dat chroomanalyses dikwijls werden verstoord door contaminatie met dit metaal. Daarom worden veel uitkomsten van vroeger onderzoek nu als onzeker beschouwd.

Een essentiële functie van chroom zou overigens alleen de driewaardige vorm betreffen. Van verbindingen waarin chroom in de zeswaardige vorm voorkomt, weet men slechts dat deze nogal toxisch zijn.

De chroomgehalten van voedingsmiddelen liggen in de orde van enkele tientallen microgrammen per kg. In vlees en vooral lever zijn deze gehalten wat hoger.

Recent ontdekte spoorelementen

Nikkel, in 1970 als essentieel element herkend, schijnt een aantal enzymen te activeren. In kuikens zijn deficiëntiesymptomen geproduceerd. Over het nikkelmetabolisme is nog weinig met zekerheid bekend.

Over *tin* werd in 1970 gemeld dat 1 tot 2 mg per kg voer, toegediend als tin(IV)sulfaat, de groei van ratten op een tinarm dieet met bijna 60% versnelt. Ook organische tinverbindingen bleken effectief. Deficiëntieverschijnselen werden echter niet waargenomen.

Met betrekking tot *arseen* is in 1975 gerapporteerd dat het essentieel is voor de rat. Wijfjesratten op een dieet met minder dan 0,03 mg per kg voer brachten nakomelingen voort die in groei achterbleven bij nakomelingen van ratten die 4,5 mg van dit element per kg voer kregen toegediend.

Merkwaardig is het voorkomen van hoge arseengehalten in platvis (1 tot 10 mg per kg). In sommige schaaldiersoorten kunnen deze gehalten zelfs nog veel hoger zijn. Het element is in hoofdzaak aanwezig in de vorm van het weinig schadelijke *arsenobetaïne*, $As^+(CH_3)_3.CH_2COO^-$. Deze verbinding is mogelijk een metaboliet van suikerachtige arseenhoudende verbindingen die voorkomen in een bruinwier dat de in zeewater aanwezige sporen arseen cumuleert en dat als voedsel voor deze zeedieren dient (10). Ook op het land komen planten voor die arseen ophopen (bepaalde varens); vermoedelijk gaat het in deze gevallen om een ontgiftingsmechanisme.

Mogelijk is ook *vanadium* essentieel, in die zin dat het verantwoordelijk is voor een goede afvoer van natrium en water via de nieren.

Silicium is – ook weer in ratten en kuikens – van essentieel belang gebleken voor de groei en de ontwikkeling van het skelet.

Van *borium* is al sinds 1923 bekend dat het van vitaal belang is voor hogere planten. Men heeft echter nooit kunnen aantonen dat het ook voor mens en dier essentieel is.

Volgens sommigen zouden ook *lithium* en *broom* als essentiële elementen moeten worden aangemerkt.

Aanbevelingen Europese Commissie

De in het vorige hoofdstuk genoemde population reference index (PRI) strekt zich ook uit tot enkele elementen (11). Daarvoor gelden de volgende waarden (opnamen per dag):

Tabel 5.2

calcium	700 mg
fosfor (nb geen fosfaat)	550 mg
kalium	3100 mg
ijzer - mannen - vrouwen	 9 mg 16 mg
zink - mannen - vrouwen	 9,5 mg 7 mg
koper	1,1 mg
jood	130 µg
seleen	55 µg

ANALYSE

Het bepalen van macro- en spoorelementen in voedingsmiddelen is vaak een elementbepaling, al is voor een aantal gevallen een gespecieerde analyse nodig (hierbij worden een of meer verbindingen of *species* van het element bepaald). In deze beschouwing zal slechts op de elementbepaling worden ingegaan.

Voorbewerking

Voor het bepalen van macro- en spoorelementen staat een aantal goede methoden ter beschikking. Voorwaarde is evenwel dat het monster in een analyseerbare vorm wordt gebracht, hetgeen bijna altijd een destructie inhoudt. Hiervoor staan verschillende wegen open. Twee methoden kunnen duidelijk worden onderscheiden: de *droge* en de natte destructie.

Bij de droge destructie wordt het monster in een schaal of bakje, meestal van porselein, bij hoge temperatuur (tot 500 °C) verast. Hierbij worden alle organische verbindingen verdreven of vernietigd en blijft dus alleen anorganisch materiaal achter. Tijdens deze verassing moet natuurlijk worden voorkomen dat het te bepalen element in de een of andere vorm vervluchtigt. Als het milieu als gevolg van verkoling reducerend is geworden, kunnen sommige metalen tot de elementaire vorm worden gereduceerd. Bij metalen zoals cadmium, lood en tin kan dan merkbare vervluchtiging optreden. Andere elementen (arseen, seleen) kunnen voor een deel tot hun vluchtige hydriden worden gereduceerd. Indien chloriden in het monster aanwezig zijn, kunnen verliezen optreden aan elementen die relatief vluchtige chloriden vormen, zoals lood en cadmium. Om deze redenen tracht men tijdens de verassing reducerende condities te vermijden. Hiertoe worden dikwijls nitraten toegevoegd. Vooral magnesiumnitraat is een veel gebruikt hulpmiddel. Om vervluchtiging van chloriden tegen te gaan wordt vóór de verassing wat zwavelzuur toegevoegd; Cl^- verdwijnt dan als HCl.

Soms heeft het zin, ook alkalische condities te handhaven, met name voor metalloïden. Ondanks het feit dat magnesiumnitraat tijdens de verhitting overgaat in het sterk basische magnesiumoxide is het vaak toch nodig, extra MgO toe te voegen.

Indien men de te verassen monsters direct op hoge temperatuur brengt, zal ondanks de genomen voorzorgen bij een aantal elementen toch vervluchtiging optreden. In die gevallen zal men de verhitting stapsgewijs moeten uitvoeren. Hierdoor wordt het meeste organisch materiaal vernietigd bij temperaturen waar de kans op verliezen aan die elementen nog gering is. Zeer geschikt hiervoor is een oven met programmeerbaar temperatuurverloop.

Na de destructie wordt de as opgelost in een kleine hoeveelheid zuur, waarna de meting, eventueel na een extractie of een andere bewerking, kan plaatsvinden.

Indien extreem lage gehalten moeten worden bepaald, kan contaminatie van het monster vanuit een porseleinen schaal de bepaling ernstig verstoren. Men gebruikt dan schalen van kwarts of van platina.

Verassing heeft als voordelen dat alle organische verbindingen volledig worden verwijderd en dat relatief grote hoeveelheden monster in behandeling kunnen worden genomen. Dit laatste is natuurlijk van belang bij zeer lage gehalten en ook wanneer slecht homogeniseerbaar materiaal moet worden geanalyseerd.

De natte destructie komt bijna altijd neer op verhitting van het monster met een oxiderend zuur of een mengsel van oxiderende en andere zuren.

Bij de wat oudere methoden was voortdurend toezicht nodig. Verder zijn aanzienlijke hoeveelheden agressieve en soms zelfs explosieve chemicaliën vereist (H_2O_2, $HClO_4$). Ondanks het feit dat de benodigde chemicaliën meestal aan hoge zuiverheidseisen voldoen, kan door de grote hoeveelheden die per bepaling nodig zijn, niet altijd worden voorkomen dat een zekere contaminatie optreedt, met als gevolg hoge blanco waarden, die de nauwkeurigheid ongunstig beïnvloeden. Door dit alles was de conventionele natte destructie vaak minder aantrekkelijk dan de droge weg.

De methode heeft veel aan betekenis gewonnen door de destructie met behulp van een microgolfgenerator. Hierbij wordt het monster in een kwarts of teflon vaatje gemengd met salpeterzuur, al dan niet voorzien van zoutzuur of waterstofperoxide, en in een microgolfoven geplaatst. Door het binnen de vloeistof opgewekte veld ontstaan zuurstof- of chloorradicalen, die een zeer snelle oxidatie van de organische matrix bewerkstelligen. Doordat de hoeveelheid toegevoerde energie goed kan worden geregeld, is een beheerste en snelle destructie mogelijk.

Daarnaast gebruikt men, vooral voor vluchtige elementen, nog steeds het *drukvat*. Dit bestaat doorgaans uit een Teflon kroes met deksel, omgeven door een roestvrij stalen mantel met schroefdeksel. Het monster wordt met een hoeveelheid salpeterzuur in de kroes gebracht en in een droogstoof weggezet bij een temperatuur van meestal 150 °C. Tijdens de destructie wordt in de kroes door het salpeterzuur, maar vooral door de ontwikkelde nitreuze dampen, een hoge druk opgebouwd die tot een snelle destructie bijdraagt. Vaak is een destructietijd van een uur al voldoende.

Meettechnieken

Het is pas gedurende het begin van de jaren zeventig mogelijk, de meeste hier besproken elementen snel, nauwkeurig en gevoelig te bepalen, al bestonden voor enkele elementen reeds eerder bruikbare methoden. Hierna wordt een overzicht gegeven van de methoden die thans veel worden gebruikt.

Vlamemissiespectrometrie

Het is algemeen bekend dat verbindingen van alkali- en aardalkalimetalen in de vlam van een eenvoudige Bunsenbrander licht van bepaalde, karakteristieke golflengten uitzenden. Sinds lang is deze eigenschap ook toegepast bij de kwantitatieve bepaling van deze metalen en nog enkele andere. De vlam levert voldoende energie om de atomen van deze elementen (met uitzondering van magnesium) te kunnen exciteren (aan te slaan). Bij terugval naar de grondtoestand komt een foton vrij, waarvan de golflengte karakteristiek is voor het element.

Atoomabsorptiespectrometrie (AAS)

In het begin van de jaren vijftig zijn de theoretische grondslagen gelegd voor de element-analyse op basis van atoomabsorptie en werden ook de eerste bruikbare opstellingen gebouwd. Doordat vele elementen tot in relatief lage concentraties kunnen worden gemeten, heeft AAS een grote vlucht genomen.

Ook bij deze methode worden oplossingen van de te meten elementen in een hete vlam verstoven. Deze vlam bevindt zich echter nu in de weg van gerichte straling uit een lichtbron. Deze is zo geconstrueerd dat de energie van de straling overeenkomt met de energiewaarde waarbij het te bepalen element absorbeert. In de meeste gevallen wordt dit bereikt door een ontlading tussen twee elektroden, waarbij de kathode is vervaardigd van of bedekt met het element dat moet worden gemeten. De absorptie van deze specifieke straling door de in de vlam aanwezige atomen is een maat voor de concentratie in de verstoven oplossing.

Vaak treedt enige onderdrukking van het signaal op. Deze is het gevolg van de aanwezigheid van ander materiaal in het meetmonster. Men spreekt dan van *matrixeffecten*; om deze te elimineren kan de *standaardadditiemethode* worden toegepast. Hierbij wordt aan een deel van de meetoplossing een bekende hoeveelheid van een standaardoplossing van het te meten element toegevoegd. Uit de verhoging van het signaal kan de gevoeligheid voor het element in de meetoplossing worden bepaald en het gehalte berekend.

Een methode om de gevoeligheid van AAS te vergroten is de *grafietoven*techniek. Hierbij wordt een kleine hoeveelheid (5 tot 100 µl) van de te onderzoeken oplossing door een opening in een grafietbuis gebracht, die zich in de lichtweg van een atoomabsorptiespectrometer bevindt en tussen twee elektroden is geklemd. Door de buis wordt vervolgens een sterke elektrische stroom geleid. Daardoor komt deze op hoge temperatuur en verdampt het monster. Tegelijkertijd omspoelt men de buis met stikstof of argon om verbranding te voorkomen. De atomen van het te bepalen element komen in de lichtweg en absorberen een hoeveelheid straling. Uit het piekvormige signaal kan de concentratie in de oorspronkelijke oplossing worden berekend.

De gevoeligheidswinst ten opzichte van metingen met de vlam bedraagt meestal een factor 10 tot 100. Ook de kleine hoeveelheid analysevloeistof is vaak een voordeel.

Een probleem bij grafietoven-AAS is de achtergrondabsorptie. Allerlei stoffen verdampen samen met de atomen van het te bepalen element; vooral indien nog sprake is van moleculen, absorberen deze vaak ook straling van de golflengte waarbij wordt gemeten. De verhitting van de grafietoven verloopt daarom in stappen. Bij de eerste stap wordt het oplosmiddel verdampt; gedurende de tweede stap vindt verassing plaats en pas in de laatste of atomisatiestap wordt het element bij hoge temperatuur in de dampvorm gebracht. Door de temperatuur geleidelijk op te voeren kan vaak nog onderscheid worden gemaakt tussen aspecifieke signalen en het signaal van het element in kwestie. Bepaalde toevoegingen kunnen bewerkstelligen dat de vluchtigheid van dit element kleiner wordt, zodat eerst de matrix kan verdampen voor het element zelf aan de beurt is *(matrix-modificatie)*. Ondanks deze maatregelen kan achtergrondabsorptie nog steeds de metingen verstoren en zijn hulpmiddelen nodig om deze verder te elimineren.

Plasma-emissiespectrometrie

Reeds eerder is opgemerkt dat vlamemissie voor de meeste elementen analytisch niet bruikbaar is omdat de vlam te weinig energie oplevert. Dit probleem kan worden opgelost door in plaats van de vlam een *plasma* te gebruiken.

Een plasma kan worden gegenereerd door gas met behulp van microgolven op zeer hoge temperatuur (7.000 – 10.000 °C) te brengen *(inductively coupled plasma, ICP)*. Men gebruikt de term 'plasma' omdat een gas bij deze temperaturen geheel andere eigenschappen bezit dan gassen bij lagere temperaturen. Het bestaat grotendeels uit ionen en vrije elektronen, maar ook ongeladen deeltjes komen voor.

Door de zeer hoge temperatuur treden geen matrixeffecten op. Een ander voordeel van deze techniek is het grote lineaire meetbereik. Dit is met name van belang indien een aantal elementen tegelijkertijd wordt bepaald – een van de aantrekkelijke mogelijkheden van plasma-emissiespectrometrie. Indien dit met een spectrofotometer gebeurt, moet deze een polychromator van zeer hoge kwaliteit bevatten. Spectrale interferenties kunnen namelijk gemakkelijk optreden omdat een aantal elementen bij zeer veel golflengten emitteert (ijzer bijvoorbeeld bij circa 5.000 verschillende golflengten, zodat bij vrijwel elke emissielijn van een te bepalen element wel een ijzerlijn in de onmiddellijke nabijheid is). Ook strooilicht vormt een probleem en moet dus zorgvuldig worden geëlimineerd.

Een andere mogelijkheid is de koppeling van een ICP met een massaspectrometer (ICP-MS). Hierbij wordt van het plasma waarin de ionen van het monster zich bevinden een massaspectrum opgenomen. Op deze wijze kan een groot aantal elementen zeer selectief en gevoelig simultaan worden gemeten. De detectielimiet ligt voor de meeste elementen op het niveau van die bij vlamloze AAS of zelfs lager. Deze methode heeft de laatste jaren zeer veel opgang gemaakt.

Neutronenactiveringsanalyse (NAA)

Indien atomen worden blootgesteld aan snelle neutronen, zal een deel van deze neutronen door de atoomkernen in kwestie worden opgenomen. Hierbij ontstaan radioactieve isotopen, die gammastraling emitteren. Deze gammastraling kan worden gebruikt om de concentratie van bepaalde elementen in een monster te meten.

De energie van de geëmitteerde gammastraling hangt af van de aard van het element. Ook met behulp van een gammaspectrometer kan dus een multi-elementanalyse worden gerealiseerd.

NAA is wellicht de beste ter beschikking staande methode voor het bepalen van spoorelementen in voedingsmiddelen. Contaminatie als gevolg van de bewerking achteraf kan niet optreden, want onbestraald materiaal geeft bij de meting uiteraard geen respons. Verder is de methode zeer gevoelig. Voor de meeste elementen is een detectiegrens van 1 μg/kg zonder problemen haalbaar en vaak ligt deze grens nog aanzienlijk lager. Ook nauwkeurigheid en reproduceerbaarheid zijn uitstekend. De lichtere elementen kunnen echter niet goed of helemaal niet met NAA worden bepaald en ook voor lood is de techniek niet geschikt (het radioactieve lood dat ontstaat heeft een lange halfwaardetijd en wordt bovendien slechts in geringe hoeveelheden gevormd).

NAA valt buiten het bereik van de meeste onderzoekscentra, omdat men voor de productie van snelle thermische neutronen over een kernreactor moet kunnen beschikken. Slechts instituten waar toch al een kernreactor aanwezig is, kunnen zich een opstelling voor NAA veroorloven.

Andere methoden

Naast de reeds besproken analysemethoden is op bescheiden schaal gebruikgemaakt van elektrochemische technieken bij het bepalen van spoorelementen in voedingsmiddelen.

De zogenoemde *differential pulse anodic stripping voltammetry* (DPASV) is een zeer gevoelige methode, die zich goed leent voor de bepaling van lood, cadmium, zink en koper in voedingsmiddelen. Voorwaarde is wel dat de organische matrix volledig wordt vernietigd, hetgeen een droge destructie van het materiaal inhoudt.

Omdat het meetprincipe volkomen anders is dan bij de spectrometrische methoden (en dus de gegevens op andere wijze worden verkregen) kan DPASV eventueel nog worden gebruikt ter controle van andere uitkomsten.

Metalloïden worden soms nog op 'klassieke' wijze bepaald. Voor seleen bestaat een zeer elegante en gevoelige fluorimetrische bepaling. Het element moet hierbij eerst in de vierwaardige vorm worden gebracht, waarna het met 2,3-diaminonaftaleen reageert tot het sterk fluorescerende 4,5-piazselenol (figuur 5.5).

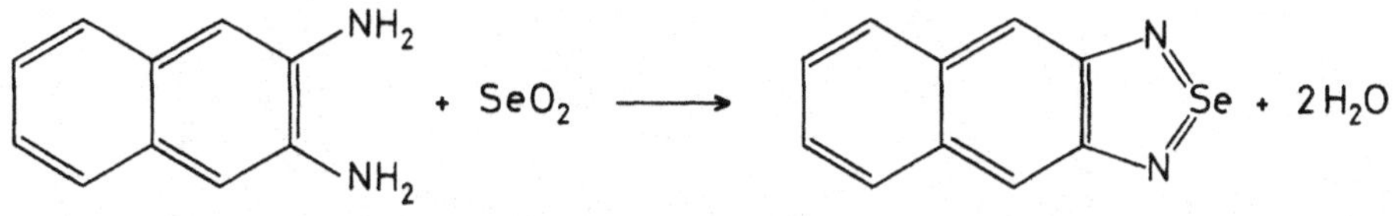

NH_2, NH_2 + SeO_2 ⟶ N, Se, N + $2\,H_2O$

Figuur 5.5

Tot slot moet de mogelijkheid worden genoemd, bepaalde elementen in oplossing te meten met behulp van een elektrode die specifiek is voor een bepaald ion, de *iongevoelige elektrode*. Deze methode is in principe bruikbaar voor de bepaling van bepaalde macro-elementen zoals natrium. De selectiviteit is toch vaak een probleem. Natriumelektroden zijn redelijk selectief, maar het signaal van kaliumelektroden wordt vrij sterk beïnvloed door de Na^+-ionenconcentratie.

In het algemeen is het gewenst, het te meten ion op de een of andere wijze af te zonderen. Dit is goed uitvoerbaar voor een element als fluor. Het monster wordt hierbij aan pyrolyse onderworpen, waarbij HF ontwijkt. In het condensaat wordt de HF-concentratie met behulp van een fluoride-elektrode gemeten. Eventueel meegecondenseerd HCl beïnvloedt de meting niet. De methode is snel, goed reproduceerbaar en heeft een detectiegrens van ongeveer 1 µg F.

LITERATUUR

1 Davidson's Human Nutrition and Dietetics, Eds. J.S. Garrow en W.P.T. James. 9e druk. Churchill Livingstone, Edinburgh 1993. 847 pp.

2 E.J. Underwood, Trace elements in human nutrition, 4e druk. Academic Press, New York / San Francisco / Londen 1977. 545 pp.

3 W. van Dokkum, Spoorelementen. Vlees, Voeding & Gezondheid 2 (1985)(2).

4 T. Hazell, Minerals in foods: Dietary sources, chemical forms, interactions, bioavailability. In: Minerals in food and nutritional topics, Ed. G.H. Bourne. Karger, Basel 1985, pp. 1-123

5 R. Bock, A handbook of decomposition methods in analytical chemistry. Translated and revised by I.L. Marr. International Textbook Company, Glasgow/Londen 1979. 444 pp.

6 J.J.L. Pieters en W. Kok, Magnesium – fysiologie en voorziening. Voeding 48 (1987) 146-152.

7 J.J.L. Pieters en W. Kok, Magnesium in relatie tot hart- en vaatziekten. Voeding 48 (1987) 168-172.

8 Geciteerd door H.J. Degenhart: Sporenelementen, normale en pathologische aspecten. In: J. Fernandes (ed.), Erfelijke stofwisselingsziekten. De Nederlandse Bibliotheek der Geneeskunde 117 (1978), pp. 295-306. Zie ook: H.A. Schroeder, The trace elements and nutrition. Faber & Faber, Londen 1973, 151 pp.

9 Voedingsraad, Nederlandse Voedingsnormen. Voorlichtingsbureau voor de Voeding 1989.

10 J.S.. Edmonds en K.A. Francesconi, Sugars from brown kelp (*Ecklonia radiata*) as intermediates in cycling of arsenic in a marine ecosystem. Nature 289 (1981) 602-604

11 Report of the Scientific Commission for Food on nutrient and energy intakes for the European Community. CEC Directorate-General Internal market and Industrial Affairs, 111/C/1. Brussel, 22 februari 1993.

6 Andere van nature aanwezige stoffen

Naast de voedende stoffen of nutriënten, die in de hoofdstukken 1 t/m 5 zijn behandeld, komen in voedingsmiddelen van nature talloze andere verbindingen voor. De meeste daarvan zijn slechts in geringe gehalten aanwezig, maar zijn niettemin van belang als het gaat om de sensorische eigenschappen van een voedingsmiddel of om hun rol bij de verwerking tot producten. Een aantal van deze verbindingen zal in dit hoofdstuk worden besproken. De belangrijkste stof zonder nutritieve eigenschappen (water) krijgt in het laatste hoofdstuk van dit boek een aparte plaats.

FENOLISCHE VERBINDINGEN

Op onopvallende wijze komen in het plantenrijk grote hoeveelheden fenolische verbindingen voor. Een zeer verbreide stof is namelijk 'houtstof' of *lignine,* die men zich ruwweg opgebouwd kan denken uit fenylpropaan-eenheden. In werkelijkheid is de structuur nogal wat ingewikkelder. Zo komen aan de aromatische kernen, naast een OH-groep, meestal ook een of twee methoxygroepen voor. In houtrook vinden we deze structuren terug in de vorm van 4-gesubstitueerde (di)methoxyfenolen, die voor een groot deel verantwoordelijk zijn voor het karakteristieke aroma van gerookte producten.

Lignine komt voor in zogenoemde voedingsvezels en zou daar mogelijk een biologische functie bezitten, omdat het door zijn hydrofobe karakter (lipofiele) steroïden kan binden. Omdat vele van deze steroïden als potentieel kankerverwekkend worden beschouwd, zou het dus in bepaalde gevallen een anticarcinogene werking hebben.

Ook in plantaardige voedingsmiddelen zijn vele verbindingen met een fenolisch karakter aanwezig. Deze worden vaak aangeduid als *plantenfenolen* en ook wel met het enigszins onduidelijke begrip *polyfenolen.* Deze laatste term suggereert dat het gaat om verbindingen met meer dan één fenolische hydroxylgroep aan dezelfde ring. Dit is niet altijd het geval: OH-groepen kunnen zich aan verschillende ringen bevinden en soms is maar één hydroxylgroep aanwezig. Vandaar dat hier is gekozen voor 'fenolische verbindingen'.

Plantenfenolen zijn van belang als kleur- en smaakstoffen. Ze kunnen ook bruine verkleuringen veroorzaken en enzymen blokkeren. Ze bezitten vaak antioxidatieve werking. Plantenfenolen kunnen dus zowel positieve als negatieve eigenschappen vertonen.

De verbindingen worden wel onderscheiden in een drietal basisstructuren:

- een C_6-C_1-structuur: zes koolstofatomen in de aromatische ring, één in een carboxyl-groep;
- een C_6-C_3-structuur: zes koolstofatomen in de aromatische ring, drie in een zijketen;
- een C_6-C_3-C_6-structuur: tweemaal zes koolstofatomen in twee aromatische ringen, welke zijn verbonden door een keten van drie koolstofatomen die meestal een derde ring vormt met een zuurstofatoom.

Fenolische verbindingen met een C_6-C_1-structuur zijn in voedingsmiddelen slechts in geringe hoeveelheden aanwezig. Mogelijk spelen deze verbindingen een rol bij de organoleptische eigenschappen van sommige plantaardige voedingsmiddelen. Hierover is echter nog niet veel bekend. Het *galluszuur* kan worden genoemd (in veresterde vorm als antioxidans in gebruik, zie hoofdstuk 2). In bepaalde tanninen (looistoffen) is glucose op diverse manieren met galluszuur veresterd.

Bij de verbindingen met een C_6-C_3-structuur is *koffiezuur* van belang en ook *chlorogeenzuur*, de ester van koffiezuur met chinazuur. Deze verbindingen komen straks aan de orde.

Veruit de belangrijkste groep is die met een C_6-C_3-C_6- of *flavaan-* of ook wel difenylpropaanstructuur. Deze verbindingen worden in de regel als *flavonoïden* aangeduid.

De naam vindt zijn oorsprong in de naam 'flavonen'; hieronder verstaat men een bepaalde groep plantenfenolen die in dit hoofdstuk wordt besproken. In deze naam vindt men het Latijnse woord *flavus* (geel) terug. Flavonen zelf zijn echter kleurloos!

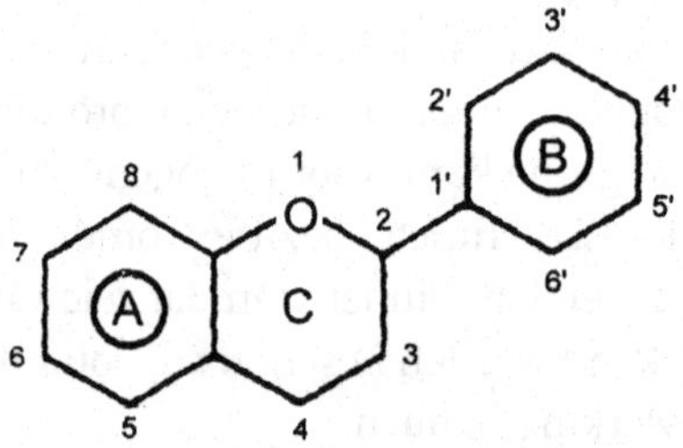

Figuur 6.1 Flavaanstructuur met markering van posities

De flavaanstructuur vindt men terug in *flavanolen, flavanonen, flavonen* en *flavonolen*, waarvan de structuren hieronder van links naar rechts zijn weergegeven. Op verscheidene plaatsen bevinden zich OH-groepen, soms methoxygroepen (gemethyleerde OH-groepen dus). Aan bepaalde OH-groepen zijn dikwijls suikers gebonden.

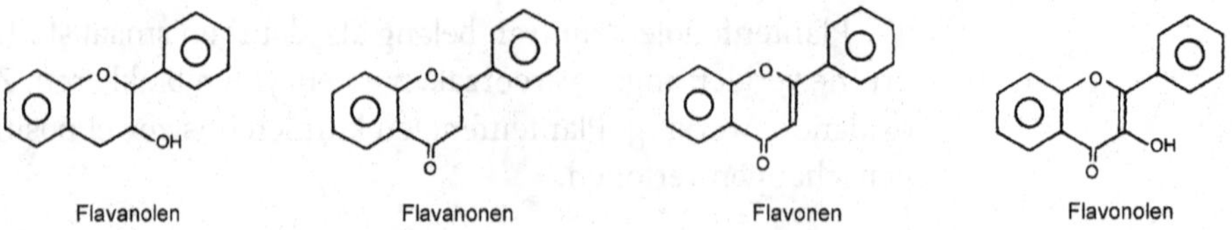

Flavanolen Flavanonen Flavonen Flavonolen

Figuur 6.2

Verder is de groep van de *anthocyaninen* van belang. Hiertoe behoren de natuurlijke in water oplosbare pigmenten van veel vruchten en groenten. De C-ring bevat dubbele bindingen en het zuurstofatoom is geprotoneerd. (In feite gaat het hier om mesomerie; de structuur wordt slechts ten dele door deze formule weergegegeven.)

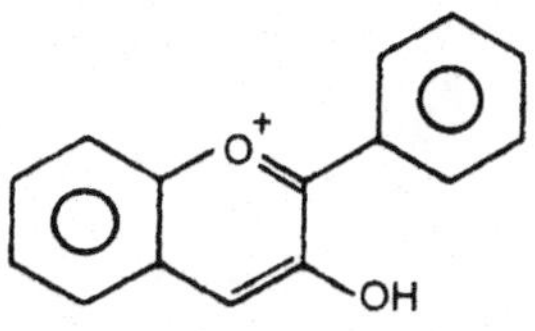

Figuur 6.3
Anthocyaninen

De structuur van de C-ring is dus verantwoordelijk voor de verschillen tussen de flavonen.

De antioxidatieve werking van flavonoïden is van verscheidene factoren afhankelijk. Hoe meer OH-groepen in de A- en B-ringen, des te sterker is deze werking. Ook een OH-groep op de C_3-positie versterkt deze werking, evenals een dubbele band tussen C_2 en C_3. Flavonolen met OH-groepen op C_3 en C_5 zijn goede metaalbinders en verhinderen daardoor de door metaalionen geïnduceerde radicaalvorming.

Flavanolen

In de Amerikaanse literatuur worden deze verbindingen meestal als 'flavans' aangeduid. In deze groep kunnen onder meer de *catechinen* en de *leuko-anthocyanidinen* worden onderscheiden. De verbindingen zijn kleurloos, oplosbaar in water en gevoelig voor oxidatie omdat de OH-groepen niet zijn gemethyleerd of glycosidisch zijn gesubstitueerd.

Onder invloed van zogenoemde *polyfenoloxidasen* vindt oxidatie tot een chinoïde structuur plaats. Daarna treden allerlei condensatiereacties op. Deze beginnen met de vorming van een dimeer, dat vervolgens verder condenseert tot bruine verbindingen of *melaninen*.

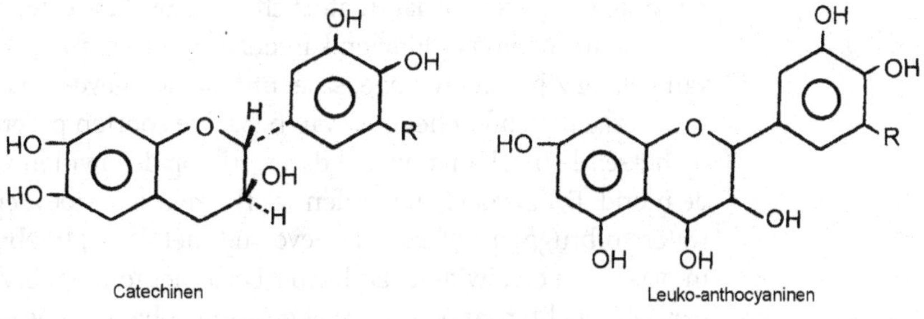

Figuur 6.4

Catechinen

Leuko-anthocyaninen

Deze enzymatische bruinkleuring is, naast de niet-enzymatische verbruiningsreacties (zie hoofdstuk 3) een van de belangrijkste reacties die in voedingsmiddelen kunnen optreden. Overigens wordt alleen de eerste stap, de oxidatie tot chinoïde structuren, enzymatisch gekatalyseerd (zie figuur 6.5).

Dimeren en oligomeren (tot ongeveer de hexameren) bezitten *looiende eigenschappen*. Daarbij vindt een binding van de polyfenolen aan eiwit plaats en krijgt het eiwit leerachtige eigenschappen zoals mechanische stevigheid, onaantastbaar-

enzymatische oxidatie

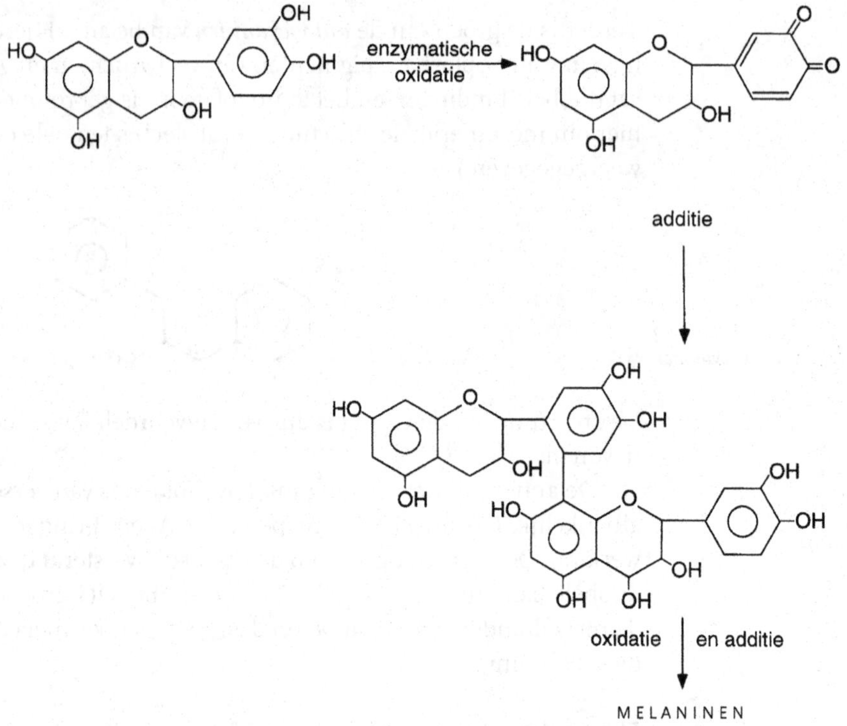

additie

oxidatie en additie

MELANINEN

Figuur 6.5

heid voor peptidasen en dus ook voor microbiologische eiwitafbraak, ondoorlaatbaarheid voor water enzovoort.

Enige tijd geleden dacht men dat de vorming van waterstofbruggen tussen fenolische OH-groepen en de zuurstof uit de peptidebinding een sleutelpositie inneemt. Inmiddels heeft men aanwijzingen verkregen dat interacties plaatsvinden tussen hydrofobe groepen aan het eiwitoppervlak en dat het aldus ontstane complex wordt gestabiliseerd door waterstofbruggen. Verder is gebleken dat eiwitten met veel prolineresten (zoals gelatine) de polyfenolen bijzonder goed binden, waarschijnlijk door een soort stapeling van aromatische groepen aan proline. De binding wordt sterker naarmate zich meer prolineresten bij elkaar bevinden (2).

Ook in voedingsmiddelen kan deze eigenschap van fenolische verbindingen van belang zijn. Het wrange, samentrekkende gevoel, dat optreedt bij het drinken van sterke thee of bij het eten van bepaalde soorten peren, berust waarschijnlijk op hetzelfde mechanisme, dat dan werkt op de eiwitten van het epitheelweefsel in de mond. Dit gevoel kan worden voorkomen door toevoeging van melk. De waterstofbruggen worden dan gevormd met de peptidebruggen van melkeiwitten in plaats van de eiwitten van bijvoorbeeld het tongoppervlak. Om dezelfde reden worden vruchtensappen wel met gelatine behandeld, waarna de wrangheid is verdwenen. Dit is belangrijk, omdat tijdens de fabricage de condensatiereacties doorgaan en daarmee ook het looiend vermogen toeneemt.

Het ontstane neerslag wordt afgescheiden. (In plaats van gelatine gebruikt men ook onoplosbare stoffen zoals nylonpoeder of polyvinylpyrrolidon, PVP, die eveneens polyfenolen binden en wat gemakkelijker kunnen worden verwijderd.)

Verder kunnen bepaalde enzymen worden geïnactiveerd door polyfenolen. Deze inactivering kan worden toegepast bij de melkzuurfermentatie van augurken in zout water, die soms mislukt door de aanwezigheid van gisten die pectine afbreken; de augurken worden dan zacht. In Griekenland worden tijdens deze fermentatie wijnbladeren toegevoegd, die door hun hoge gehalte aan polyfenolen de pectinasen kunnen inactiveren.

Catechinen kunnen in licht zuur milieu (bijvoorbeeld vruchtensap) gemakkelijk dimeriseren. Dit gebeurt trouwens vaak al in de plant. Leuko-anthocyanidinen doen dit ook in neutraal milieu. Beide polymeriseren in zuur milieu verder (en ontwikkelen dan roodbruine kleuren).

Flavanolen zijn in kwantitatief opzicht van belang in thee. Ongeveer dertig procent van de droge stof bestaat uit deze verbindingen.

Voor de bereiding van zwarte thee worden de theebladeren gerold, met onder meer als gevolg dat de weefsel- en celstructuren veranderingen ondergaan waardoor enzymen vrijkomen en enzymatische oxidatie plaatsvindt. Na enkele uren zijn de polyfenolen zodanig geoxideerd dat de gewenste kleur en smaak is ontstaan. Groene thee wordt ook gerold, maar voor het rollen gestoomd, waardoor de polyfenoloxidasen worden geïnactiveerd en deze kleur- en smaakveranderingen niet plaatsvinden.

Evenals bij de *Maillard*-reactie kunnen de gevormde o-chinonstructuren een *Strecker*-afbraak van aminozuren veroorzaken, en ook hier zijn de ontstane aldehyden belangrijke geurstoffen die deel uitmaken van het uiteindelijke aroma (zie hoofdstuk 3).

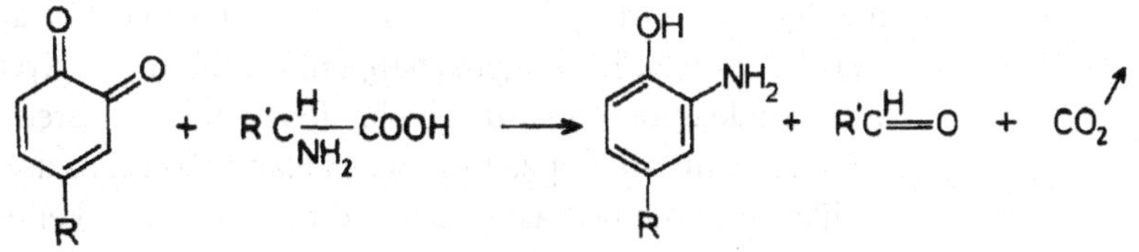

Figuur 6.6

Door 'veredeling' van vruchtbomen kan het gehalte aan oxideerbare polyfenolen in de vrucht sterk worden verlaagd. Dit wordt onder andere toegepast bij perziken. Indien bij de verwerking cellen worden beschadigd, hetgeen onvermijdelijk is bij mechanische verwijdering van de pit, treedt dan geen bruinkleuring op door oxidatie van polyfenolen.

Reacties van o-chinonen met eiwitten kunnen overigens ook verlopen via SH- en SCH_3-groepen (cysteïne- en methionineresten) en via de NH-groep van proline. Er worden dan aan eiwit gebonden o-difenolen gevormd die vervolgens weer – al dan niet enzymatisch – kunnen worden geoxideerd tot aan eiwit gebonden *o*-chinonen, die op hun beurt verder reageren. De gevolgen zijn een verkleuring en verdere verknoping van de eiwitten.

Flavanonen

Flavanonen bezitten een geglycosyleerde OH-groep op de 7-positie. Ze komen in citrusvruchten voor, waar ze zich in de schil en in de wanden van de segmenten bevinden. Ze zijn slecht oplosbaar in water en bezitten geen uitgesproken kleur. Naringine, dat vooral in pompelmoezen (grapefruit) voorkomt, heeft een zeer bittere smaak. Dit is ook het geval met het verwante *neo-hesperidine* uit de bittere Sevillasinaasappel (deze sinaasappelen worden tot Engelse marmelade verwerkt).

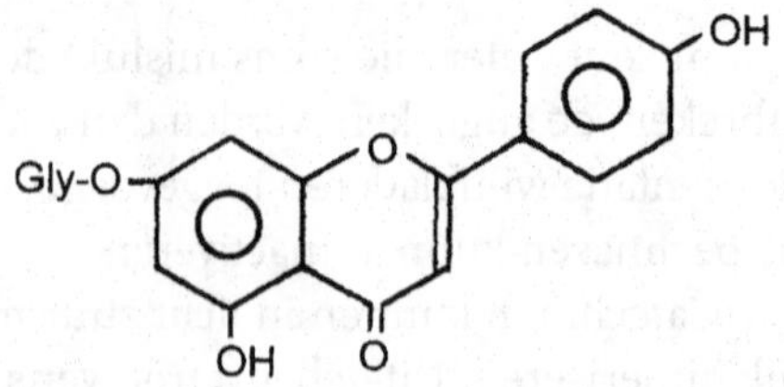

Figuur 6.7 Naringine

De citrusflavanonen bevinden zich in de albedo, de witte laag tegen de schil van citrusvruchten, en in de wanden van de segmenten en de sapzakjes. Bij het persen komen ze dus in de pulpfractie terecht. Het hangt af van de persdruk en van het zeefproces hoeveel van deze stoffen in het sap komt.

Flavonen en flavonolen

De voornaamste betekenis van deze groepen ligt in hun gedrag als *polyfenolen*: neiging tot bruine verkleuring, vorming van metaalchelaten enzovoort.

Flavonen zijn kleurloze verbindingen, die op C_5 of C_7 geglycosyleerde OH-groepen bevatten. Verder zijn OH-groepen aanwezig op de $C_{4'}$- en soms eveneens op de $C_{3'}$-positie. De aglyconen (waarover straks meer) komen ook van nature voor in vruchten.

Flavonolen (zie ook hierna) bevatten een OH-groep aan de B-ring (op C_3). Door deze OH-groep is het absorptiemaximum van 360 naar 400 nm verschoven, waardoor flavonolen geel zijn. Ze hebben daarom enig belang als gele pigmenten van sommige groenten en vruchten. Veel belangrijker echter zijn hun sterke antioxidatieve eigenschappen, vooral in de aglycon-vorm. Deze zijn het gevolg van de enol-structuur, die bij de flavonen ontbreekt.

In kwantitatief opzicht zijn ze belangrijker dan de andere flavonoïden. De dagelijkse inname bedraagt 20 tot 30 mg (3). Een bekend flavonol is het quercetine, dat onder meer in appels voorkomt en waarbij de B-ring op de 3'- en 4'-positie is gehydroxyleerd. Het dankt zijn naam aan het voorkomen in de schors van de Amerikaanse eik (*Quercus tinctoria*) en werd gebruikt voor het verven van zijde en wol. Het komt ook in de schil van appels voor en verder in kersen en bessen, uien, boerenkool, andijvie en broccoli, soms in hoeveelheden van meer dan 50 mg per kg.

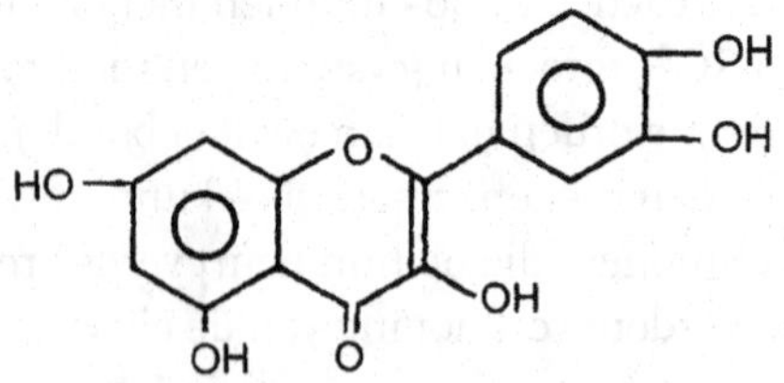

Figuur 6.8 Quercetine

Pilnik vermeldt dat de huisvrouw vroeger wel schillen van aardappelen of uien toevoegde aan reuzel- of botervoorraden die in potten van aardewerk waren opgeslagen. Door verspreiding van quercetine uit de schillen over de vetmassa werd de oxidatie vertraagd en de houdbaarheid verlengd.

Anthocyaninen

Deze flavonoïden komen vooral voor als β-glycosiden. De glycosidische binding treedt op aan de OH-groep op de C_3-positie, soms ook op de C_5-positie. Aan C_3 kunnen D-glucose, D-galactose, L-rhamnose, L-arabinose, een di- of een trisacharide aanwezig zijn; aan C_5 altijd glucose. Soms zijn de suikers nog met bepaalde zuren geacyleerd. Indien de suikerresten verwijderd zijn of om andere reden niet aanwezig, spreekt men van het *aglycon*.

Anthocyaninen zijn de in water oplosbare pigmenten van veel vruchten, groenten en bloemen (Gr. *anthos* = bloem; *kyanos* = blauw). De $C_{3'}$- en/of de $C_{5'}$-positie is hier gesubstitueerd door een hydroxyl- of een methoxylgroep (-OH, -OCH_3) of ongesubstitueerd.

Het kation van anthocyaninen (het flavylium-ion) bezit een rode kleur. De mesomere structuur (hieronder benaderd) levert een vrij brede absorptieband op. Door ontlading wordt de mesomerie verbroken en ontstaat een kleurloze pseudobase. De pK_a is laag (ongeveer 2,6), waardoor de kleur van anthocyaninen boven een pH van 3 merkbaar zwakker begint te worden. De toepassing in voedingsmiddelen is daardoor beperkt. Bij iets hogere pH wordt een paarsblauwe anhydrobase gevormd.

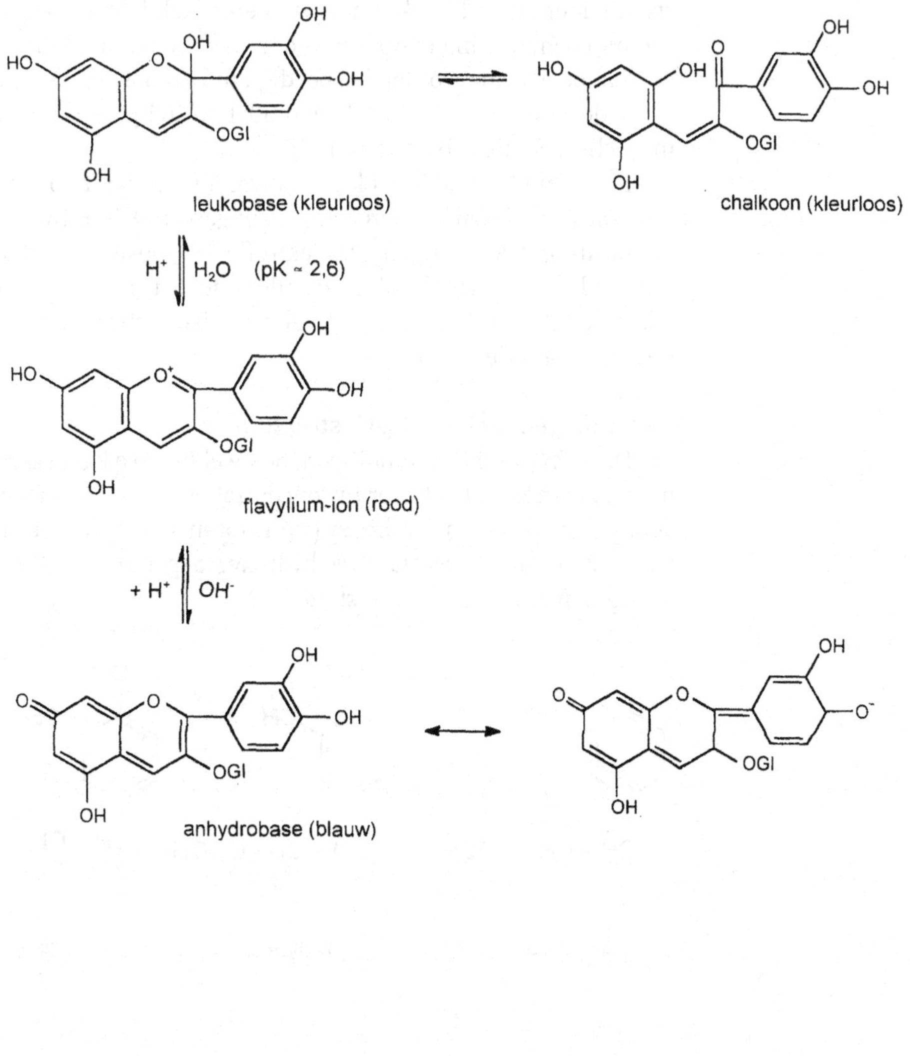

leukobase (kleurloos)

chalkoon (kleurloos)

H^+ H_2O (pK ~ 2,6)

flavylium-ion (rood)

$+ H^+$ OH^-

anhydrobase (blauw)

Figuur 6.9

Via metaalcomplexen kunnen anthocyaninen aan pectinen zijn gebonden, zoals in de schil van blauwe druiven. Uitpersen levert een lichtgeel gekleurd sap op. Door warm te persen of door toevoeging van pectolytische enzymen wordt het blauwe complex verbroken en verkrijgt men het rode druivensap.

Substitutie in de B-ring (door OH-groepen) doet de kleur naar blauw verschuiven (*bathochroom* effect); methoxygroepen leveren een *hypsochroom* effect op (verschuiving naar rood). Naast metaalcomplexen zijn ook complexen met andere flavonoïden mogelijk.

Door toevoeging van sulfiet, dat vaak als conserveermiddel aan bessen en bessenpulp wordt toegevoegd, worden anthocyaninen ontkleurd, maar deze reactie is reversibel. De volgende verbinding wordt gevormd:

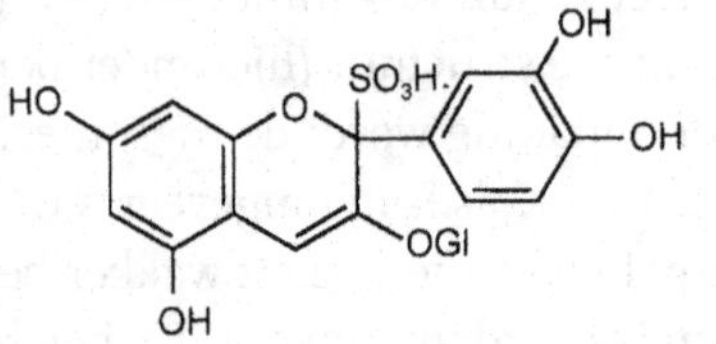

Figuur 6.10

Anthocyaninen zijn niet bijzonder stabiel. Vooral bij hogere pH-waarden is de instabiliteit opvallend. Ze kunnen ook gemakkelijk hydrolyseren of oxideren tijdens een hittebehandeling of opslag, vooral in aanwezigheid van ascorbinezuur. Verder kan de oxidatie worden bespoedigd indien polyfenoloxidase aanwezig is. Met name de aglyconen zijn instabiel, omdat de OH-groep op C_3 dan niet tegen enzymatische oxidatie is beschermd.

Kleur en kleurstabiliteit kunnen worden versterkt door zogenoemde *co-pigmentatie* (2). Hierbij worden complexen gevormd door hydrofobe interacties tussen de aromatische ringen. De elektrofiele C_2-positie wordt dan als het ware afgeschermd van watermoleculen, waardoor de kleurloze leukobase minder gemakkelijk wordt gevormd. Daarnaast treden ook bathochrome en hyperchrome (kleurverdiepende) effecten op.

Verbindingen met een C_6-C_3-structuur

Deze fenolische verbindingen, ook wel hydroxykaneelzuurderivaten genoemd, komen in fruit voor in concentraties van 0,3 tot 0,7 procent. In koffie zijn deze gehalten vele malen hoger (soms tot meer dan 8 procent in de groene koffieboon). Ze bezitten meestal twee hydroxygroepen in de orthopositie en de carboxylgroep is doorgaans veresterd.

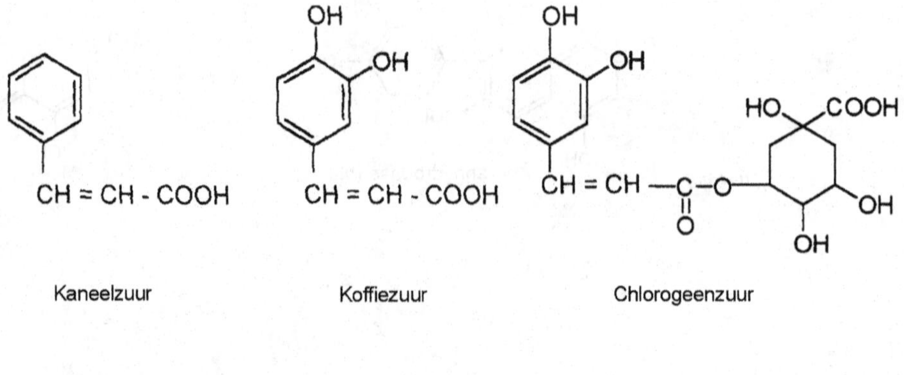

Figuur 6.11

Chlorogeenzuur is de ester van koffiezuur met chinazuur. Het is de meest voorkomende van deze stoffen. Ook andere hydroxykaneelzuurderivaten zijn vaak met chinazuur veresterd en ook wel met galluszuur.

De verbindingen komen hoofdzakelijk in de *trans*-vorm voor. De *o*-dihydroxygroep, die in de meeste derivaten aanwezig is, kan ook weer metaalcomplexen binden. Bekend zijn de zwarte Fe^{3+}-complexen. (In aanwezigheid van voldoende citroenzuur wordt echter het kleurloze ijzer/citraatcomplex gevormd.)

In aardappelen komen zowel chlorogeen- als citroenzuur voor en ook ijzer. Door koken worden de celmembranen permeabel en kunnen deze stoffen door diffusie bij elkaar komen. Indien (te) weinig citroenzuur aanwezig is, ontstaat het zwarte ijzer-chlorogenaatcomplex (*after cooking blackening*). De zwartkleuring van tomatenpuree of -ketchup aan het oppervlak berust op een dergelijk verschijnsel, al denkt men dat in dit geval de luchtzuurstof het ijzer eerst in de ferri-vorm moet brengen en dat het hier gaat om een complex met driewaardig ijzer.

Vanwege de *o*-dihydroxygroep kunnen deze stoffen ook uitgangspunt zijn voor de enzymatische bruinkleuring, zij het dat deze reactie in het algemeen langzamer verloopt dan bij de flavanoïden.

N.B. Ook het aminozuur *tyrosine* (zie pagina 23) kan een substraat zijn voor fenolasen. Het zwart worden van bananen kan aan een enzymatisch ingeleide reactie van tyrosineresten uit eiwitten worden toegeschreven.

Remming van enzymatische bruiningreacties

Enzymatische oxidatie van fenolische verbindingen kan op verschillende manieren worden geremd. Polyfenoloxidase wordt geactiveerd door koper en bezit een pH-optimum tussen 5 en 7. Toevoeging van een complexvormer (bijvoorbeeld citroenzuur) of verlaging van de pH zal de reactie dus (veel) langzamer laten verlopen.

Uiteraard zal ook denaturatie door hitte het enzym inactiveren. Voorts kan drastische verlaging van de zuurstofspanning de reactie vertragen.

Ascorbinezuur is in staat, ontstane *o*-chinonstructuren terug te reduceren. De beschermende werking van ascorbinezuur houdt natuurlijk op als de stof is verbruikt, en bovendien kan dehydroascorbinezuur via hydrolyse zelf tot verbruiningsreacties aanleiding geven, vooral met aminogroepen. Ook *sulfiet* reduceert chinonen en kan bovendien polyfenoloxidase inactiveren.

TERPENOÏDEN

In vele plantaardige voedingsmiddelen komen koolwaterstoffen voor, soms met een of enkele hydroxyl- of carbonylgroepen, die met de naam 'terpenoïden' worden aangeduid. Ze kunnen worden beschouwd als condensatieproducten van isopreen of isopreenachtige eenheden. Isopreen is een dubbel onverzadigde koolwaterstof met vijf koolstofatomen, die men als volgt kan weergeven:

$$CH_2{=}CH\text{-}C(CH_3){=}CH_2$$

Het spraakgebruik wil dat men onder 'monoterpenen' verbindingen verstaat die men zich opgebouwd kan denken uit twee isoprenoïde resten en dus tien koolstofatomen bezitten. Zo zijn er diterpenen (20 C-atomen), tri- en tetraterpenen

(30 en 40 C-atomen) en sesquiterpenen (15 C-atomen; Lat. sesqui = de helft meer, anderhalf). Bij condensatie van twee isopreenmoleculen verdwijnen dubbele bindingen, maar monoterpenen zouden er nog twee moeten bezitten en diterpenen drie. Dit is niet altijd het geval. Fytol, de alcohol die met chlorofylline is veresterd (zie aldaar) wordt tot de terpenoïden gerekend maar bezit slechts één dubbele binding.

Een bekend monoterpeen is het in citrusvruchten voorkomende *limoneen.* Het kan door stoomdestillatie uit schillen van sinaasappelen en citroenen worden verkregen. De olielaag bestaat voor minstens driekwart uit deze stof. De eigenlijke aromacomponenten van citrusolie zijn echter oxyterpenen (terpenoïden), die in veel kleinere hoeveelheden voorkomen. In citroenen is dat vooral *citral,* een mengsel van geranial (zie formule) en de trans-isomeer *neral.* Ook het bekende *menthol* hoort in deze groep van verbindingen thuis.

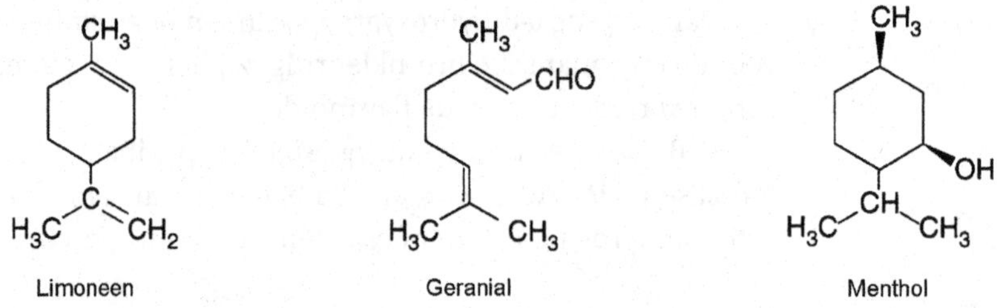

Limoneen — Geranial — Menthol

Figuur 6.12

Acyclische terpenen zoals citral zijn niet uitermate stabiel. Vooral in zuur milieu kan citral worden omgezet in cyclische producten. Hierdoor bezitten sommige citrusoliën die door destillatie zijn verkregen een harsachtige smaak en is de frisse geur van citral goeddeels verdwenen.

Van veel belang zijn de *carotenoïden,* die 40 koolstofatomen bevatten en dus tot de tetraterpenen behoren. Ze bevatten een groot aantal geconjugeerde dubbele bindingen, absorberen daardoor zichtbaar licht en hebben dan ook vooral betekenis als de meestal gele, oranje of rode pigmenten van sommige vruchten en groenten. In hoofdstuk 2 zijn de carotenoïden reeds ter sprake gekomen; β-caroteen opnieuw in hoofdstuk 4.

Een zeer overzichtelijke structuur heeft het rode *lycopeen* ($C_{40}H_{56}$) uit tomaten, waarin de opbouw uit isopreen goed is te zien.

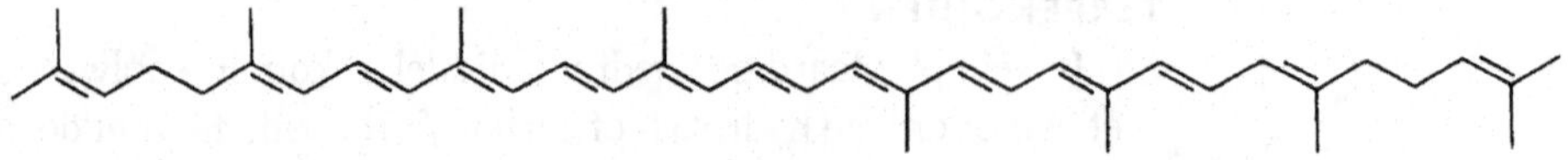

Figuur 6.13 Lycopeen

Xanthofyllen (ook al in hoofdstuk 2 genoemd) bevatten hydroxyl- en/of ketogroepen; als voorbeeld wordt hier het *astaxanthine* gegeven. Deze kleurstof is interessant omdat ze ook in het dierenrijk voorkomt (schaaldieren zoals kreeften en gamba's danken hun kleur eraan).

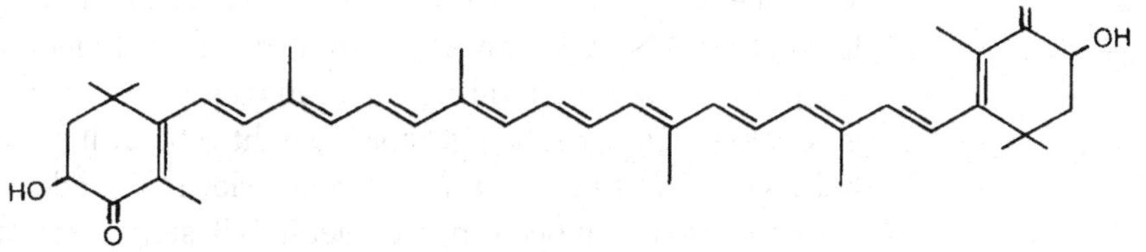

Figuur 6.14
Astaxanthine

Nog niet behandelde kleurstoffen

Gekleurde verbindingen zijn van nature in vele voedingsmiddelen aanwezig. De anthocyanidinen kwamen al aan de orde. Ook de carotenoïden zijn besproken. Het spreekt vanzelf dat verbindingen met een kleur niet in één groep zijn onder te brengen. Hier zullen nog enkele van de belangrijkste kleurstoffen worden behandeld.

Hemine, chlorofyl

In hoofdstuk 5 is de rood gekleurde *heemgroep* al ter sprake gekomen. Deze groep, die onder meer in het eiwit myoglobine voorkomt (zie aldaar), geeft aan vlees zijn rode kleur. In sommige vleesproducten wordt deze kleur gestabiliseerd door nitriet (zie hoofdstuk 7), waarbij in eerste instantie het roze gekleurde nitrosomyoglobine ontstaat.

De structuur van heem wordt vooral bepaald door de *porfyrine-ring*. Deze ring is opgebouwd uit een viertal pyrrolmoleculen, die door CH-(methine-)bruggen zijn verbonden. In dit ringsysteem hoeft ijzer niet het centrale atoom te zijn. In cobalamine (vitamine B_{12}) is dat kobalt en in chlorofyl, de stof waardoor de meeste planten groen zijn, is het magnesium.

Op de plaats van de X bevindt zich een methylgroep (chlorofyl a) of een aldehydgroep (chlorofyl b). In het chlorofyl-molecuul heeft verder een extra ringsluiting plaatsgevonden, terwijl ook een fytol-molecuul aan een van de carboxylgroepen is veresterd. (Fytol, $C_{20}H_{39}OH$, is een alifatische alcohol met één dubbele binding en enkele methylgroepen aan de keten.) Bij het koken van groenten wordt deze esterbinding grotendeels verbroken. Het niet-veresterde chlorofyl wordt *chlorofylline* genoemd.

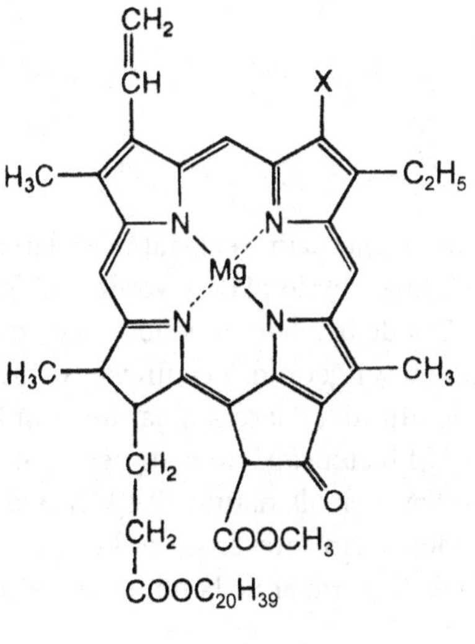

Figuur 6.15

Van meer belang is dat het magnesiumion geleidelijk wordt vervangen door protonen, zeker als de pH wat daalt. Men spreekt dan niet meer van chlorofyl maar van *feofytine*. Deze verbinding bezit een vuilbruine kleur, die gaat overheersen als groenten (te) lang hebben gekookt. Dat dit gebeurt ligt zeer voor de hand, omdat tijdens de verhitting de zuur reagerende vloeistof uit de celvacuolen vrijkomt.

Om deze reden heeft men bij het in blik steriliseren van bepaalde groenten het kookwater wel eens licht alkalisch gemaakt. De kleur blijft dan veel langer goed, maar dit gaat wel ten koste van de smaak, de consistentie en ook van het ascorbinezuurgehalte van de groente.

Ook bij het koken van groenten in koperen potten blijft de kleur mooi groen, een verschijnsel dat al zeer lang bekend is. Kleine hoeveeheden koper lossen op in het kookvocht. De koperionen vervangen dan magnesiumionen, waarbij het diep-blauwgroene koperchlorofylline ontstaat. Uiteraard is het toevoegen van koperzouten aan groenten niet toegestaan. Het effect wordt echter al bereikt met zeer kleine hoeveelheden koperionen en ook met toegevoegd koperchlorofylline.

Ten slotte moet erop worden gewezen dat chlorophyl goed oplost in plantaardige oliën en bijdraagt tot de kleur van enkele plantaardige oliën, met name olijfolie. Hieruit is het overigens moeilijk te verwijderen.

Betalaïnen

In de rode biet bevinden zich een aantal kleurstoffen die met de naam 'betalaïnen' worden aangeduid. De belangrijkste groep is die van de betacyaninen. Het zijn purperrode verbindingen met een absorptiemaximum bij ongeveer 540 nm. Het gaat om twee isomeren, betanidine en isobetanidine, die beide voor circa 95 procent zijn geglycosyleerd.

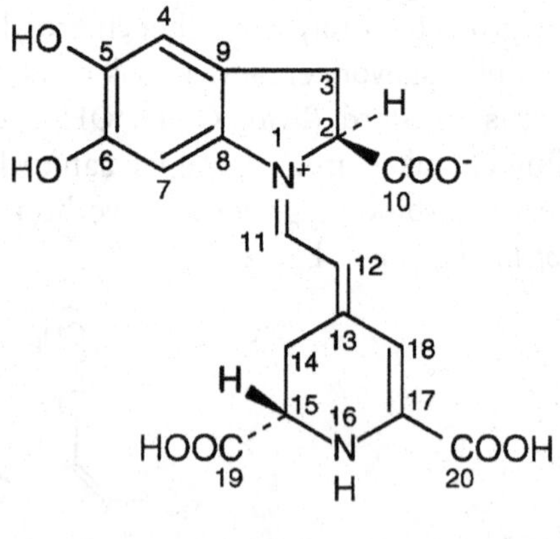

Figuur 6.16 Betanidine. In isobetanidine zijn de carboxylgroep en het H-atoom op C_{15} verwisseld.

Betacyaninen zijn veel stabieler dan anthocyanidinen. De kleur is nauwelijks afhankelijk van de pH en wordt ook door SO_2 niet beïnvloed.

Tot de betalaïnen behoren ook enkele gele kleurstoffen, die als *vulgaxanthinen* worden aangeduid. Ze zijn van veel minder belang dan de betacyaninen. De structuur lijkt daarop, maar de aromatische ring ontbreekt.

Uit bietensap kan een preparaat worden bereid dat 6 tot 7 procent betacyaninen bevat en als natuurlijke kleurstof in suikerwerk kan worden gebruikt. De in het bietensap aanwezige suikers worden eerst vergist. Het hoge nitraatgehalte is een nadeel, maar de benodigde hoeveelheden zijn natuurlijk klein.

Synthetische kleurstoffen

Sinds geruime tijd gebruikt men voor het kleuren van bepaalde voedingsmiddelen kunstmatige kleurstoffen. In hoofdstuk 7 worden deze verbindingen besproken en een aantal ervan opgesomd. Daar komen trouwens ook de hier genoemde natuurlijke kleurstoffen aan de orde.

AROMA- EN SMAAKSTOFFEN

Aromastoffen hebben in fysisch-chemisch opzicht niet veel meer met elkaar gemeen dan dat ze een bepaalde dampdruk bezitten en door de neus kunnen worden waargenomen. Ons reukorgaan is in staat, ongeveer tweeduizend geuren waar te nemen, van elkaar te onderscheiden en te herkennen. Door training kan dit aantal nog veel hoger worden.

Vrijwel alle voedingsmiddelen bezitten een bepaalde hoeveelheid aromastoffen. Thans zijn meer dan 3000 aromacomponenten in voedingsmiddelen aangetoond en is hun identiteit vastgesteld. Verder neemt men aan dat tot het aroma van een enkel voedingsmiddel honderd tot vijfhonderd min of meer vluchtige componenten bijdragen.

Er bestaat tot dusver geen theorie die duidelijke verbanden legt tussen geur en moleculaire structuur. Het is dan ook niet de bedoeling (en uiteraard ook niet mogelijk), al deze stoffen of zelfs maar groepen van aromastoffen in dit boek te bespreken. Slechts terloops komt een specifiek aroma hier en daar aan de orde. Wel is het van belang te weten dat vele aromastoffen tot de volgende categorieën behoren (in alfabetische volgorde):

- carbonylverbindingen;
- cyclische verbindingen: aromatische (!), maar vaak ook hetero-atomen in de ringen;
- esters;
- koolwaterstoffen (zoals terpenen);
- zwavelhoudende verbindingen.

Specifieke aroma's van voedingsmiddelen komen vaak pas tot stand na bewerking en/of bereiding. Daarbij kan bijvoorbeeld de in hoofdstuk 3 behandelde Maillard-reactie een rol spelen. Koolhydraten en eiwitten fungeren trouwens ook in allerlei andere reacties als 'precursor'. Deze andere reacties kunnen zuiver chemisch zijn (oxidatieve bijvoorbeeld), maar reacties die door enzymen worden gekatalyseerd zijn minstens even belangrijk. In sommige gevallen zorgen microbiële omzettingen voor het gewenste aroma.

Voedingsmiddelen bevatten ook *smaakstoffen*, die vooral door onze tong, maar ook door andere plaatsen in de mondholte kunnen worden waargenomen. De smaakgewaarwording komt tot stand door fysisch-chemische interacties tussen de smaakstoffen enerzijds en receptoren in de mondholte anderzijds. Vooral met betrekking tot de zoete smaak is aan deze interacties veel onderzoek verricht, omdat deze van groot belang zijn bij de ontwikkeling van zoete stoffen die suiker kunnen vervangen. Dat veel van deze 'zoetstoffen' in lagere concentraties zoet smaken heeft alles te maken met een intensiever contact tussen zoete stof en receptor, een zaak die hier onbesproken moet blijven. Wel is hier van belang dat andere stoffen uit spijs en drank de zoete smaak kunnen versterken (alcohol bijvoorbeeld) of juist onderdrukken, en ook dat de zoete gewaarwording niet voor alle zoete stoffen identiek is. Verder zij verwezen naar hoofdstuk 3, onder het kopje 'Suiker als zoetstof'.

Het zal iedereen bekend zijn dat een viertal basissmaken worden onderscheiden. Naast zoet, zuur, zout en bitter is aan het begin van de twintigste eeuw door Japanse onderzoekers nog een vijfde basissmaak genoemd en wel *'umami'*.

De *zure* smaakindruk is in grote lijnen evenredig met de waterstofionenconcentratie, maar deze gewaarwording wordt ook door de anionen beïnvloed. De mondholte kan dan ook beslist niet als een soort pH-meter worden beschouwd. Coladranken en jams, met pH-waarden van 2,5 respectievelijk iets meer dan 3, smaken minder zuur dan een haringmarinade met een pH van ongeveer 4,0. Zeker is dat de aanwezigheid van zoete verbindingen de zure smaakgewaarwording onderdrukt.

Het waarnemen van de *zoute* smaak is het gevolg van de aanwezigheid van natriumionen. De mens kan echter ook andere ionen proeven (K^+, Mg^{++}, NH_4^+). Bovendien is de hierbij optredende smaakindruk anders. De smaak van kaliumionen lijkt op die van natriumionen, maar is er niet gelijk aan. Ammoniumionen smaken zeer duidelijk anders en magnesiumionen zijn bitter. Ionen van de elementen beryllium en lood en waarschijnlijk ook het cyanide-ion smaken zoet. Ook ijzer- en koperionen hebben een zeer duidelijke smaak.

De *'umami'*-smaakgewaarwording komt in de buurt van de zoute smaak en wordt vaak omschreven als de smaak van mononatriumglutaminaat (MSG), een stof die al in hoofdstuk 1 aan de orde is gekomen. In onze taal kan deze smaakgewaarwording misschien het beste als 'bouillonsmaak' worden weergegeven. Mogelijk heeft 'umami' ook iets met het proeven van ionen te maken. Zeker is dat de umami-smaak eveneens wordt veroorzaakt door inosine-5'-monofosfaat (IMP).

De *bittere* smaak is – afgezien van de smaak van enkele ionen – vrijwel uitsluitend afkomstig van stoffen uit het plantenrijk. In een aantal gevallen is een bittere smaak gewenst. Zeer bekend is kinine, dat als bittere stof aan tonic-frisdranken wordt toegevoegd.

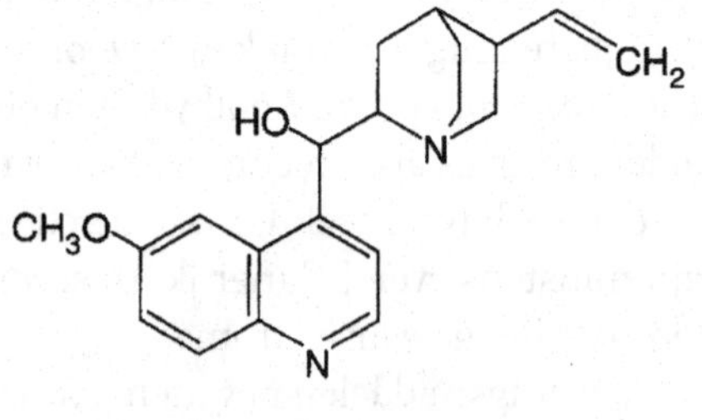

Figuur 6.17 Kinine

Daarnaast moeten de bittere stoffen uit hopbellen (*humulonen*) worden genoemd, die bij het brouwen van bier worden toegevoegd (en tijdens het brouwproces in nog bitterder stoffen worden omgezet).

Vele L-aminozuren en sommige peptiden bezitten een bittere smaak, die meestal ongewenst is. Ze kunnen bij de kaasbereiding door eiwithydrolyse ontstaan en dan het gebrek 'bitter' veroorzaken.

Bij de behandeling van de flavanonen zijn naringine en neo-hesperidine ter sprake gekomen. In sap van citrusvruchten kan echter nog een andere bittere stof optreden. In de wanden van de sapzakjes en de segmenten bevindt zich een niet-bittere precursor, het limonoaat-ion. Onder invloed van H^+-ionen vindt een tweede ringsluiting door lactonvorming plaats en ontstaat limonine, een stof die nog bitterder is dan naringine.

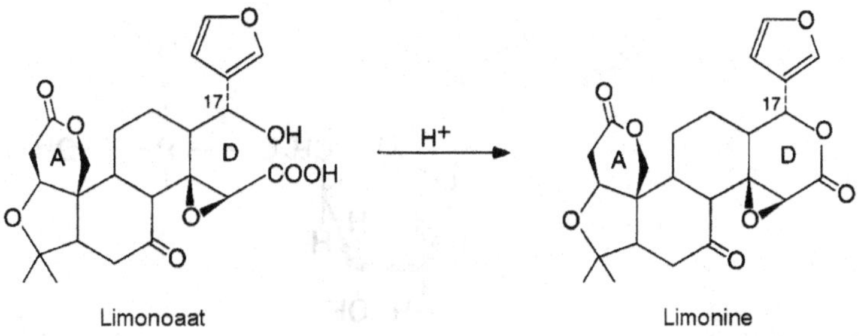

Figuur 6.18 Limonoaat → Limonine

Door uitpersing komt het limonoaat met zuur in aanraking. Hierdoor wordt het sap bitter als het enige tijd heeft gestaan. Bij het vervaardigen van sinaasappelsap moet daarom voorzichtig worden geperst om te voorkomen dat limonoaat uit de sapzakjes vrijkomt. Langs enzymatische weg kan limonoaat worden geoxideerd (aan de OH-groep op de 17-plaats), waardoor geen limoninevorming meer kan plaatsvinden en ook het reeds ontstane limonine wordt geoxideerd. Deze oplossing is thans nog te duur om in de praktijk te worden toegepast.

Naast de basissmaken bestaan nog andere smaakindrukken zoals samentrekkend of *adstringerend* (door looistoffen in thee en soms in wijn), *'koel'* (door menthol uit pepermuntolie) of *scherp* (onder andere door capsaïcine uit Spaanse peper, of piperine uit zwarte peper). Deze smaakindrukken worden hier niet verder besproken.

Smaakversterkers ten slotte zijn stoffen die de smaak verdiepen, vermoedelijk door stimulering van bepaalde smaakreceptoren. Ze kunnen van nature voorkomen of worden toegevoegd. De karakteristieke dragers van de 'umami'-smaak, mononatriumglutaminaat (MSG) en inosine-5'-monofosfaat (IMP), zijn tevens smaakversterkers. MSG bezit een bouillonachtige geur en smaak en wordt meestal in concentraties van enkele tienden procenten toegepast. Het werkt veel sterker als ook een kleine hoeveelheid IMP wordt toegevoegd. Omgekeerd is ook IMP veel effectiever in aanwezigheid van een kleine hoeveelheid MSG. Het versterkt tevens de zoute smaakgewaarwording.

Sommige personen vertonen bepaalde klachten na opname van MSG (Chinees restaurant-syndroom), die kunnen bestaan uit onder andere hartkloppingen, duizeligheid, een branderig gevoel, een rood gelaat en migraine. Een deel van deze klachten echter wordt waarschijnlijk niet door MSG veroorzaakt, omdat zuiver MSG bij sommige patiënten geen reacties veroorzaakt en MSG-bevattende preparaten (ve-tsin) dit wel doen.

Daarnaast is *maltol*, een stof die bij de karamelisatie van suiker ontstaat, een typische smaakversterker, vooral ten aanzien van de zoete smaakgewaarwording. Zelf heeft het de geur van versgebakken brood. Het wijzigt het aroma van zoete producten enigszins in de richting van karamel.

De eigen smaak van deze verbinding, ook van andere, is niet dezelfde als de smaak die ze versterken!

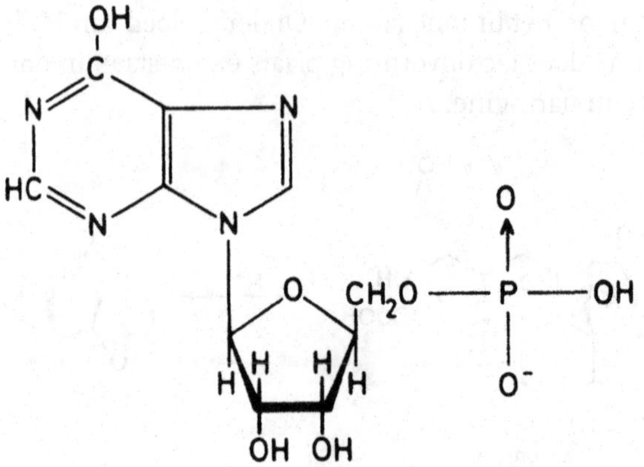

Figuur 6.19 Inosinemonofosfaat (IMP)

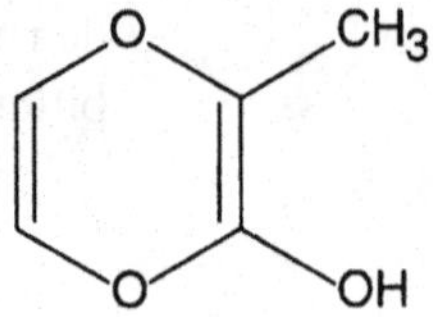

Maltol

Thaumatine, een eiwitmengsel met een gemiddeld molecuulgewicht van ongeveer 20.000 Da en afkomstig uit een West-Afrikaanse vrucht, kan de zoete smaakindruk versterken maar bezit ook zelf een zeer zoete smaak (zie hoofdstuk 7).

STOFFEN MET FYSIOLOGISCHE WERKING

Naast de nutriënten komen in voedingsmiddelen en dranken soms stoffen voor die een bepaald effect hebben op het menselijk lichaam. Alcohol en cafeïne zijn er bekende voorbeelden van. Dit effect is soms gewenst, maar soms ook ongunstig in wat grotere hoeveelheden. Ter afsluiting van dit hoofdstuk worden enkele van deze stoffen besproken.

Alkaloïden

Deze stoffen kunnen worden gedefinieerd als basische verbindingen met een of meer stikstof bevattende ringstructuren. Het reeds bij de bittere stoffen genoemde kinine is er een goed voorbeeld van.

Aardappelen bevatten *solanine*, een steroïde-alkaloïde dat ook in geringe hoeveelheden aanwezig is in andere leden van de familie der Solanaceae zoals aubergines en tomaten, en in aanzienlijke hoeveelheden in de nachtschade.

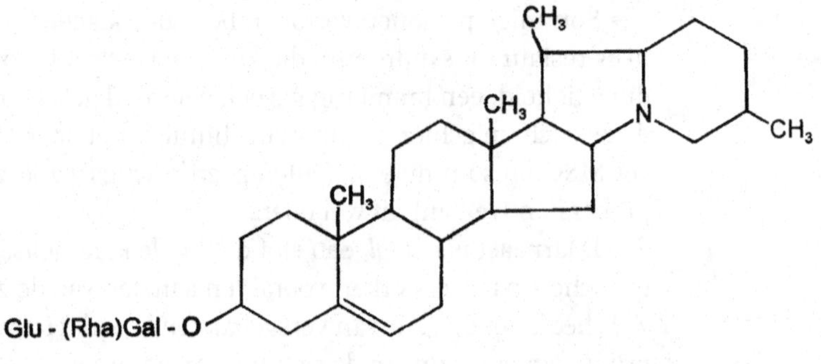

Figuur 6.20 Solanine

De triose-rest bestaat uit D-galactose dat via een α-1-glycosidische verbinding is verbonden met het aglycon. L-rhamnose en D-glucose zijn op hun beurt via β-1,2- en β-1,3-glycosidische bindingen met D-galactose verbonden. Het aglycon, solanidine, komt in veel planten voor, soms als zodanig, soms als ester, amide of glycoside.

Solanine is een remmer van *acetylcholine-esterase*, de verbinding die een sleutelpositie in het zenuwstelsel inneemt. Het is een stabiele verbinding, die slecht oplost in water en dus niet verdwijnt bij het koken van aardappelen. Hierin is 20 tot 150 mg per kg aanwezig, hetgeen te weinig is om schadelijke effecten op te roepen (deze zijn waargenomen vanaf 3 mg per kg lichaamsgewicht, maar meestal treden ze pas bij grotere hoeveelheden op). In groene plekken vlak onder de schil is aanzienlijk meer aanwezig (tot 1 gram per kg). Spruiten kunnen nog hogere concentraties bevatten.

Voorts kent men de *purine-alkaloïden*, waartoe cafeïne behoort. Daarnaast komt *theobromine* voor, met name in de cacaoboon. (De door vrijwel iedereen zeer gewaardeerde chocolade is wel aangeduid met het Griekse woord 'theobroma', godenspijs.) Theobromine bevat twee en cafeïne drie methylgroepen.

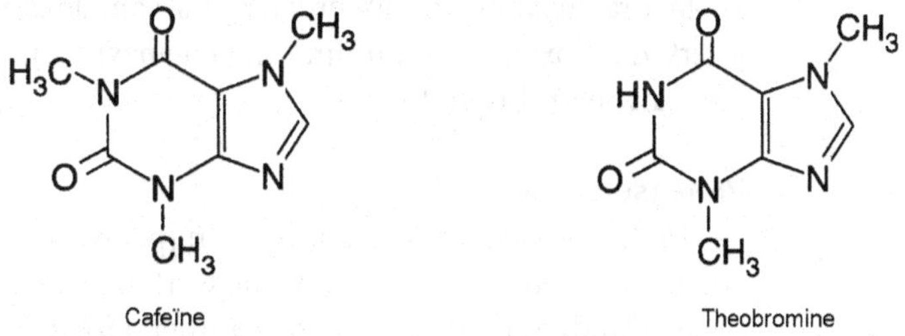

Cafeïne

Theobromine

Figuur 6.21

Gebrande koffiebonen bevatten 1 tot 2 procent van deze stof. Het hangt van de manier van zetten af hoeveel hiervan in een kop koffie terechtkomt; meestal ligt dit ergens tussen 50 en 125 mg. Een glas cola bevat 10 tot 15 mg.

Theebladeren bevatten meer cafeïne dan koffiebonen (3 tot 4 procent, ook na de verwerking tot zwarte thee), maar hiervan komt minder in een kop thee terecht (25 tot 50 mg). Cacaopoeder bevat 2% theobromine en 0,2% cafeïne.

De stimulerende werking van cafeïne berust op een extra synthese van catecholaminen (adrenaline, noradrenaline) en verhoogde afgifte van deze stoffen aan het bloed. De stof is tevens een diureticum. Van theobromine is veel minder bekend.

Piperine is een pyridine-alkaloïde. Het bezit een piperidine-ring en is het belangrijkste alkaloïde van peper, waarin het in gehalten van 5 tot 10 procent aanwezig is.

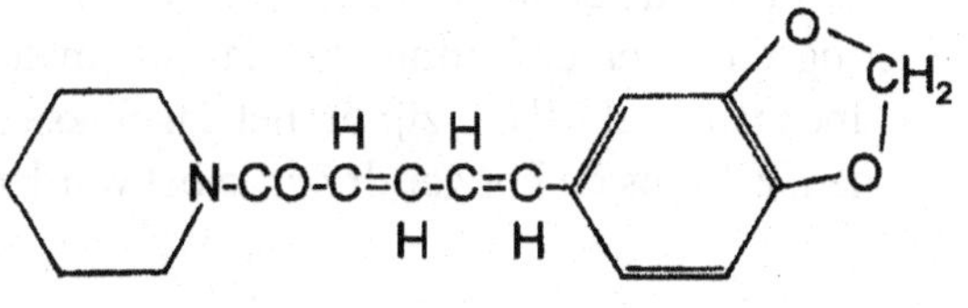

Figuur 6.22 Piperine

Daarnaast komt 1 procent van de cis-cis-isomeer voor (*chavicine*). Samen zijn ze verantwoordelijk voor de scherpe smaak van peper.

Piperine heeft niets te maken met de scherpe smaak van Spaanse peper (en enkele verwante soorten) van het geslacht *Capsicum*, dat ook tot de familie der Kruisbloemigen behoort. Het gaat in hoofdzaak om een tweetal verbindingen, capsaïcine en de dihydroverbinding hiervan, die niet tot de alkaloïden behoren.

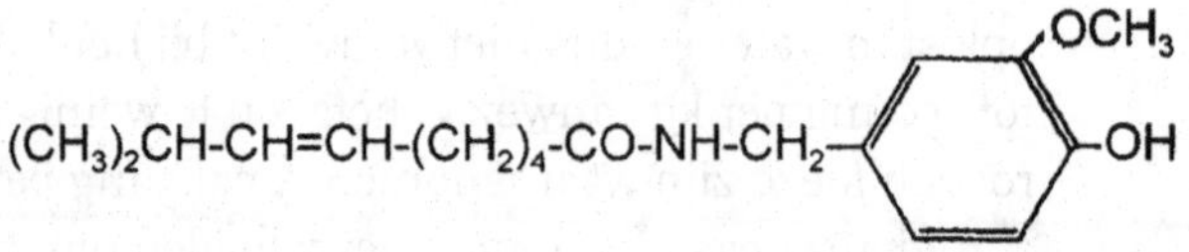

OCH_3

$(CH_3)_2CH\text{-}CH{=}CH\text{-}(CH_2)_4\text{-}CO\text{-}NH\text{-}CH_2\text{-}$ — OH

Figuur 6.23 Capsaïcine

Enkele bijzonder toxische alkaloïden (ergotoxine, saxitoxine) kunnen in voedsel geraken door besmetting van respectievelijk rogge met een bepaalde schimmel en schelpdieren met een dinoflagellaat (zie hoofdstuk 8).

Alcohol

De werking van alcohol is genoegzaam bekend. De stof is, naast eiwitten, koolhydraten, vetten of onderdelen daarvan, de enige verbinding die ons energie levert (door oxidatie en binding aan co-enzym A). Het gaat natuurlijk te ver om hier van een nutriënt te spreken.

Proteaseremmers

In de zaden van vele leguminosen (peulvruchten), in het bijzonder de sojaboon, bevinden zich eiwitten die de werking van trypsine en chymotrypsine kunnen verhinderen. Ze verbinden zich met deze enzymen in een 1: 1-verhouding en blokkeren daarbij de actieve plaats van het enzym. Hierdoor kan, bij langdurig gebruik, vergroting van de alvleesklier ontstaan.

Men onderscheidt een tweetal groepen. De eerste groep, met molecuulmassa's van iets boven 20.000 Da, bindt alleen trypsine; de tweede groep, met molecuulmassa's tussen 6.000 en 10.000 Da, bindt beide. Door erwten of bonen enige tijd te koken worden deze verbindingen geïnactiveerd.

Heemagglutininen

Peulvruchten bevatten nog een tweede groep van toxische componenten, die als *lectinen* worden aangeduid. Lectinen zijn eiwitten met een moleculaire massa van circa 100 kD. Ze zijn in staat, de structuur van rode bloedlichaampjes te vernietigen en kunnen ook het darmslijmvlies aantasten.

Lectinen zijn uiteraard zeer giftig als ze direct in de bloedbaan worden gebracht, maar ook opname via de mond kan gevaarlijk zijn. Met name de lectinen die in bruine bonen voorkomen, zijn goed bestand tegen afbraak door spijsverteringsenzymen en kunnen het darmslijmvlies beschadigen. Het is de vraag of lectinen van veel belang zijn in het dagelijkse menu, maar het eten van rauwe bonen, zelfs als de honger dreigt, moet worden ontraden.

SLOTOPMERKING

Sinds een aantal jaren kan men vernemen dat regelmatige en langdurige consumptie van groenten – en ook fruit en rode wijn – beschermt tegen hart- en vaatziekten en tegen kanker. Deze eigenschappen worden vooral aan flavonoïden toegeschreven, in het bijzonder aan quercetine. Ook bepaalde terpenen zouden anticarcinogene eigenschappen bezitten.

Hollman en Katan (4) noemen onderzoek met dieren en *in-vitro*-experimenten die erop zouden kunnen wijzen dat dergelijke stoffen deze eigenschappen inderdaad bezitten. De anti-oxidatieve eigenschappen zouden beschermend kunnen werken. De resultaten van epidemiologisch onderzoek wijzen echter tot nu toe nog niet op een duidelijk verband tussen de inname van flavonoïden en het optreden van hart- en vaatziekten c.q. kanker. Verder onderzoek is echter alleszins gerechtvaardigd.

LITERATUUR

1 H. Gruppen, Inleiding in de levensmiddelenchemie en -analyse: Fenolische componenten (polyfenolen). Landbouwuniversiteit Wageningen, Departement Levensmiddelentechnologie en Voedingswetenschappen, afd. Levensmiddelenleer (Chemie). November 1997, 37 pp.
2 Claus Franzke, Lehrbuch der Lebensmittelchemie. Deel 1: Lebensmittelinhaltsstoffe. Akademie-Verlag, Berlijn 1990, 322 pp.
3 L.J. van Gemert, Rol van bittere smaak bij de consumptie van voedingsmiddelen. Voeding 57 (1996)(9) 14-17.
4 P.C.H. Hollman en M.B. Katan, Bioavailability and health effects of dietary flavonoids in man. Arch. Toxicol. Suppl. 20 (1998) 237-248.

7 Additieven

Van oudsher heeft de mens behoefte gevoeld aan de vorming van voedselvoorraden die niet uitsluitend bestonden uit knollen, zaden en dergelijke. Daardoor ontstonden conserveringsmethoden zoals drogen, zouten en roken. Toen werd dus al gebruikgemaakt van *additieven*, hulpstoffen dus. Zout is er een duidelijk voorbeeld van, maar houtrook in feite ook: allerlei conserverende bestanddelen uit de rook komen in het product terecht en dragen daar bij aan de conservering, ook al is het roken in eerste instantie een droogproces. Het is goed te bedenken dat de huidige strenge wetgeving het toevoegen van zout aan levensmiddelen waarschijnlijk nooit zou toelaten op grond van de eigenschappen van het natriumion, waarvan de gemiddelde hedendaagse consument hoeveelheden opneemt die de gebruikelijke toelaatbaarheidsnormen voor additieven verre overschrijden. Ook de behandeling met houtrook zou wellicht als niet toelaatbaar worden beschouwd. Daarmee is niet gezegd dat de huidige eisen aan het gebruik van additieven overdreven zijn. Het gaat bijna altijd om stoffen die *vanuit voedingsoogpunt* overbodig zijn, en om te voorkomen dat onze voeding onnodig veel van dergelijke stoffen bevat, moet de toepassing ervan goed worden geregeld.

Additieven moeten worden onderscheiden van *ingrediënten*. Ingrediënten zijn de bestanddelen waaruit een product of gerecht is samengesteld. Meestal gaat het om relatief grote hoeveelheden, maar ook kruiden behoren tot de ingrediënten. Het bereiden van voedsel houdt vrijwel altijd in dat stoffen worden toegevoegd die bepaalde eigenschappen van dat voedsel verbeteren. Hierdoor wordt het al moeilijker, deze stoffen scherp van de additieven te onderscheiden. Zelfs het inleggen van vis in zure wijn of in azijn met het doel deze houdbaar te maken, maakt azijnzuur nog niet zonder meer tot een additief. Het is daarom van belang, additieven goed te definiëren. De term 'hulpstoffen' kan enig houvast bieden.

Vanuit het oogpunt van de Warenwet zijn additieven overigens wél ingrediënten, vanwege het simpele feit dat deze worden toegevoegd aan levensmiddelen. Wel is het zo dat voor additieven een apart regime geldt.

In 1955 omschreef het Joint FAO/WHO Expert Committee on Nutrition voedseladditieven als 'non-nutritive substances which are intentionally added to foodstuffs, mostly in small quantities, with the aim of improving the appearance, the flavour, the taste, the composition or the shelf-life''(1). Later heeft de Nederlandse Voedingsraad de volgende definitie opgesteld: 'Een additief is een hulpstof, die normaal niet als voedingsmiddel of als een karakteristiek bestanddeel daarvan wordt gebruikt, onverschillig of de stof een voedingswaarde bezit of niet, en met een technologisch of sensorisch doel bij de bereiding, de bewerking, de verpakking, het vervoer of de opslag van voedingsmiddelen of aan de grondstoffen ervoor wordt toegevoegd en waarvan verwacht wordt of redelijkerwijs verwacht mag worden, dat de stof of reactie- of ontledingsproducten ervan een blijvend bestanddeel van het voedingsmiddel of de grondstof ervoor gaat uitmaken' (2). Proceshulpstoffen of technische hulpstoffen worden, althans door de Nederlandse overheid, niet tot de hulpstoffen gerekend. Ze hebben geen functie in het eindproduct en het is ook niet de bedoeling dat ze daarin achterblijven (3). De term verbetering komt in deze definitie niet meer voor, hetgeen als een signaal mag worden aangemerkt dat de houding met betrekking tot additieven in de tussenliggende dertig jaar is veranderd. Daarop wijst ook het noemen van reactie- en ontledingsproducten.

De publieke opinie ten aanzien van additieven verdient eveneens aandacht. Deze is in het algemeen zeer negatief ten aanzien van het gebruik van voedseladditieven. In 1971 publiceerde *Hall* een lijstje van hetgeen het publiek als de grootste gevaren ziet met betrekking tot de consumptie van voedsel (4), hetgeen de volgende ranglijst opleverde: (I) additieven, (II) resten van bestrijdingsmiddelen, (III) milieuverontreinigende stoffen, (IV) verkeerde voeding, (V) microbiële besmetting, (VI) natuurlijke toxinen. In 1977 maakte *Wodicka* eenzelfde lijst van zulke gevaren, maar dan zoals de deskundige ze ziet (5). Hij kwam tot een geheel andere ranglijst: (I) microbiële besmetting, (II) verkeerde voeding, (III) milieuverontreinigende stoffen, (IV) natuurlijke toxinen, (V) resten van bestrijdingsmiddelen, (VI) additieven. Het verschil in volgorde is opmerkelijk, met name de plaats van de voedseladditieven.

Voor deze negatieve houding ten aanzien van additieven zijn een aantal argumenten op te noemen die niet altijd *rationeel* zijn maar voor de consument wel een *reële* betekenis hebben. Uiteraard kunnen hier slechts zakelijke aspecten aan de orde komen. Overigens worden voedseladditieven bijzonder zorgvuldig onderzocht voor deze mogen worden gebruikt (6). Dit geldt vooral het eventuele risico dat men loopt op kanker door de inname van het additief (7).

Inmiddels lijkt de houding van de gemiddelde consument, mede door intensieve voorlichtingscampagnes, wat te veranderen (8). Het hanteren van de 'omgekeerde volgorde' komt echter tot op heden voor (9).

Wel kunnen voor sommige voedseladditieven (en diverse ingrediënten) overgevoeligheidsreacties optreden. Daarom moet de consument er goed van op de hoogte zijn welke additieven en ingrediënten men heeft gebruikt bij het vervaardigen van bepaalde producten.

De herkomst van voedseladditieven is nogal eens een punt van discussie. Consumenten vragen dikwijls naar 'natuurlijke' additieven. Daarbij onderschatten zij soms de mogelijke gezondheidsrisico's van natuurlijke stoffen (8). De wetgever maakt echter geen onderscheid tussen 'natuurlijke' en 'synthetische' hulpstoffen (10). Het argument dat natuurlijke hulpstoffen zuiverder zouden zijn, is in elk geval niet juist. Geen enkel additief is vrij van verontreinigingen. Producten van de fabrieksmatige synthese dienen te worden gezuiverd om uitgangsstoffen, vreemde stoffen hierin, en producten als gevolg van nevenreacties zoveel mogelijk te verwijderen. Ook 'natuurlijke' additieven moeten echter worden gezuiverd om begeleidende stoffen te verwijderen die geen functie hebben in het voedingsmiddel. Van natuurproducten zijn deze onzuiverheden vaak onvoldoende bekend en ook slecht gedefinieerd, zeker met betrekking tot hun eventuele schadelijkheid. Dit probleem is bij fabrieksmatig bereide stoffen vaak minder complex (11, 12, 13). In het algemeen kan worden gezegd dat zuivering van natuurlijke additieven moeilijker en gecompliceerder is dan zuivering van fabrieksmatig bereide stoffen (de aanduiding 'synthetische stoffen' is hier niet juist, omdat ook natuurlijke stoffen door synthese totstandkomen, zij het dat het hier om biosynthese gaat). Het is echter in het voordeel van 'natuurlijke' hulpstoffen dat er al zo lang ervaring mee is opgedaan (13).

INDELING

Additieven kunnen in een aantal categorieën worden ingedeeld als volgt:

- *conserveermiddelen*, teneinde de opslagtijd van producten te verlengen;
- *antioxidantia*, teneinde lipiden in voedsel tegen oxidatief vetbederf te beschermen;
- *kleurstoffen*, om het uiterlijk van een voedingsmiddel te verbeteren;
- *emulgatoren*, om een fijne verdeling van olie in water (of omgekeerd) mogelijk te maken;
- *stabilisatoren*, om emulsies te breken;
- *verdikkings-* en *geleermiddelen*;
- *klaringsmiddelen*;
- *stoffen die de voedingswaarde verhogen*;
- *stoffen die sensorische eigenschappen verbeteren*, *smaak-* en *aromaverbeteraars*;
- *glaceermiddelen*;
- *zoetstoffen* om suiker te vervangen;
- *aromastoffen*;
- vele andere stoffen, zoals *antischuimmiddelen*, *antiklontermiddelen*, *verstevigers*, *bevochtigers*, *meelverbeteraars*, *gistpreparaten*, *bakpoeders*, *smeltzouten*, *complexvormers*, *vulstoffen* enzovoort.

Een uitvoerige lijst van voedingsmiddelhulpstoffen met omschrijving is te vinden in de EG-Richtlijn 95/2/EG (14), laatstelijk gewijzigd in 2001 (15). Voor kleurstoffen, voor zoetstoffen en voor aromastoffen bestaan afzonderlijke richtlijnen (16, 17, 18, 19). Deze worden voortdurend aangevuld en zijn uiteraard ook geïmplementeerd in regelingen van de lidstaten.

In de richtlijnen worden ook de zogenoemde *E-nummers* vermeld (3). Gebruik van andere nummers is niet toegestaan. De Europese etiketteringsrichtlijn, die dateert uit 1978, regelmatig is aangepast en na de laatste aanpassing is voorzien van een nieuw nummer (20), is in de Nederlandse wetgeving opgenomen als het Warenwetbesluit Etikettering van levensmiddelen. Hierin wordt voorgeschreven dat voorverpakte levensmiddelen moeten zijn voorzien van een lijst van ingrediënten. Dit geldt ook voor additieven. Deze moeten worden vermeld met de naam van de categorie waaronder het additief valt, gevolgd door de hiervoor gebruikelijke naam of het hiervoor vastgestelde EG-nummer.

De E-nummers van 100 tot 200 worden gebruikt voor kleurstoffen en die van 200 tot 300 voor conserveermiddelen. De nummering van de andere additieven is lastiger te omschrijven. Verwante stoffen, bijvoorbeeld zouten van een bepaald zuur, hebben soms een ander E-nummer (voorbeeld: benzoëzuur E 210, natriumbenzoaat E 211, kaliumbenzoaat E 212, calciumbenzoaat 213). Dit geldt vooral voor de stoffen die al in een vroeg stadium van een E-nummer werden voorzien.

Enkele veel gebruikte hulpstoffen worden in dit hoofdstuk besproken. Daarnaast wordt enige aandacht besteed aan toevoegingen die de nutritionele eigenschappen van voedingsmiddelen veranderen, zoals vetvervangers en prebiotica.

AANVAARDBAARHEID EN WETTELIJKE ASPECTEN

Vrijwel alle stoffen zijn toxisch als de toegediende hoeveelheid groot genoeg is. In principe geldt dit ook voor alle bestanddelen van voedingsmiddelen. Hulpstoffen krijgen hierbij extra aandacht, omdat deze niet als voedingsmiddel of karakteristiek bestanddeel daarvan worden aangemerkt (zie de definitie van de Nederlandse Voedingsraad). Dit houdt in dat deze verbindingen aan uitvoerige toxiciteitsproeven worden onderworpen en niet worden toegelaten als schadelijke effecten bij relatief lage doses worden gevonden. Om die reden heeft men wel eens gezegd dat additieven het veiligste deel van ons voedsel vormen. Dat deze additieven bij veel consumenten toch een negatief beeld oproepen heeft verscheidene oorzaken, maar in dit verband moeten toch vooral overgevoeligheidsreacties worden genoemd. Daarbij denkt men nogal eens aan 'synthetische kleurstoffen' of zelfs kleurstoffen in het algemeen. Hiertegenover kan worden gesteld dat ook een aantal voedingsmiddelen bij bepaalde personen overgevoeligheidsreacties opwekt, die soms zeer gevaarlijk kunnen zijn. Berucht is de overgevoeligheid voor pindanoten, maar ook de allergische reacties op tarwegluten en op eiwitten uit koemelk moeten hier worden genoemd. Het verschil is dat het hier om natuurlijke voedingsmiddelen gaat en ook dat men met deze overgevoeligheid voor bepaalde voedingsmiddelen al jaren vertrouwd is. Hulpstoffen zijn geen voedingsmiddelen maar worden aan voedingsmiddelen toegevoegd, om duidelijke redenen weliswaar, maar worden vanwege hun imago van kunstmatigheid vaak gewantrouwd. Ook hierom is toxicologisch onderzoek wenselijk.

Bij dit toxicologisch onderzoek is het inschakelen van proefdieren vrijwel altijd onvermijdelijk. Langs deze weg kunnen vele schadelijke effecten worden vastgesteld, en ook bij welke concentratie die effecten nog juist niet optreden (de zogenoemde *no-effect level*). Omdat sommige stoffen zich aan de waarneming kunnen onttrekken, is het beter te spreken van de *no observed effect level* (NOEL).

Een bespreking van het toxiciteitsonderzoek aan voedingsmiddelenadditieven valt buiten het kader van een Inleiding tot de levensmiddelenchemie, maar wel is het van belang te vermelden dat pas na langdurige experimenten een NOEL kan worden vastgesteld. Ook, dat de dagelijkse inname van zulke hoeveelheden gevaarlijk zou kunnen zijn. Ten eerste omdat de NOEL wel bij een of meerdere diersoorten is vastgesteld, maar (uiteraard!) niet bij de mens. Er moet rekening mee worden gehouden dat *Homo sapiens sapiens* gevoeliger kan zijn dan de proefdierspecies waarmee de experimenten werden uitgevoerd. Ten tweede omdat de gevoeligheid van mens tot mens zal verschillen. Beide overwegingen hebben geleid tot het hanteren van veiligheidsfactoren (allebei 10). Dit houdt in dat een dagelijkse inname pas als aanvaardbaar wordt beschouwd als deze een factor 10 × 10 = 100 onder de NOEL ligt. Men komt zo tot een aanvaardbare dagelijkse inname (*acceptable daily intake*, ADI).

De ADI wordt gedefinieerd als de hoeveelheid van een stof in mg per kg lichaamsgewicht die, bij dagelijkse inname gedurende het gehele leven, voor de mens als aanvaardbaar wordt beschouwd. Om deze ADI te vertalen naar normen voor afzonderlijke voedingsmiddelen, hanteert men de *voedingsfactor* (V). Deze geeft de hoeveelheid van het voedingsmiddel aan waarvan is vastgesteld dat 85% van de bevolking niet meer dan deze hoeveelheid gebruikt. Hiervoor geldt de volgende formule:

$$\text{toegelaten niveau} = \frac{\text{ADI} \times 60}{\text{V}}$$

(Voor het gewicht van de gemiddelde consument is 60 kg aangenomen.)

Daarnaast geldt – vanzelfsprekend – dat in een voedingsmiddel niet meer van een bepaalde hulpstof wordt toegelaten dan voor dat doel nodig is. Zo mag mosterd worden geconserveerd met benzoëzuur en sorbinezuur tot een gezamenlijk gehalte van maximaal 1.000 mg per kg. Met deze concentratie kan een goede conservering worden bereikt. Op grond van de ADI's voor benzoëzuur en sorbinezuur zou deze concentratie vele malen hoger mogen zijn.

In een aantal gevallen wordt het *quantum satis*-principe gehanteerd (de term betekent letterlijk: de hoeveelheid die voldoende is). Hier heeft de producent de vrijheid, volgens goed gebruik de hoeveelheden van deze stoffen toe te voegen die nodig zijn. In Bijlage I van Richtlijn 95/2/EG zijn genoemde stoffen vermeld. Op de lijst vindt men een aantal organische zuren die ook in de stofwisseling een rol spelen (melkzuur, appelzuur, citroenzuur), zouten hiervan, glycerol, een aantal gommen van natuurlijke herkomst, enzovoort.

KORTE BESPREKING VAN EEN AANTAL ADDITIEVEN

Conserveermiddelen

Benzoëzuur (E 210)

In vele vruchten en ook wel ander plantaardig materiaal komen esters voor van benzoëzuur (C_6H_5COOH), soms ook het vrije zuur zelf. Het remt de activiteit van bepaalde peroxidasen en verhindert daardoor de groei van bepaalde bacteriën en gisten. Het remt ook enzymen bij de mens, maar het wordt in de lever gemakkelijk gekoppeld aan glycine en vervolgens uitgescheiden. Het is daardoor niet bijzonder toxisch. Het ongedissocieerde zuur is de werkzame vorm; benzoëzuur wordt daarom voornamelijk toegepast in zure voedingsmiddelen en dranken. Merkwaardig is de toepassing op garnalen. De pH van dit voedingsmiddel is te hoog om enige werking te mogen verwachten. Benzoëzuur wordt echter over de garnalen heen gestrooid en is dus in eerste instantie in de ongedissocieerde vorm aanwezig.

Benzoëzuur wordt bereid door oxidatie van tolueen ($C_6H_5CH_3$). Zuiver benzoëzuur is bijna reukloos, maar minder zuivere preparaten bezitten vaak een onaangename geur. Deze zijn daardoor niet bijzonder geschikt voor conserveringsdoeleinden.

Sorbinezuur (E 200)

Omstreeks 1950 ontdekte men dat het in de lijsterbes voorkomende sorbinezuur (*trans-trans*-CH_3-CH=CH-CH=CH-COOH) conserverende eigenschappen bezit. Het is reuk- en smaakloos, maar kan bij lange bewaring een onaangename scherpe geur ontwikkelen, vermoedelijk als gevolg van afbraak tot (di)aldehyden. In tegenstelling tot benzoëzuur is het vrij reactief. In levensmiddelen kan het zich op den duur binden aan bijvoorbeeld SH-groepen van eiwitten.

Sorbinezuur is voornamelijk geschikt voor de conservering van zure voedingsmiddelen, maar is tot een wat hogere pH-waarde nog actief. Het beschermt vooral tegen schimmelgroei. De toxiciteit is nog aanzienlijk lager dan die van benzoëzuur.

Sulfiet (E 220 – E 228)

Sinds lang worden de dampen van brandende zwavel gebruikt om lege wijnvaten te desinfecteren. De kleine hoeveelheden zwaveldioxide die in het vat achterblijven, voorkomen microbiële infecties in de wijn. (Gisten zijn minder gevoelig.)

Tegenwoordig worden *sulfieten* gebruikt als conserveermiddel. Ook hier geldt dat sulfiet effectiever is naarmate de pH lager is, hetgeen erop wijst dat de antimicrobe eigenschappen worden veroorzaakt door ongedissocieerd zwaveligzuur. Sulfiet wordt echter ook aan voedingsmiddelen toegevoegd om ongewenste verbruiningsreacties tegen te gaan. Opgelost sulfiet is in voedingsmiddelen voor het grootste deel aanwezig als HSO_3^-, in gedehydrateerde voedingsmiddelen als $S_2O_5^{--}$. Reacties zoals de additie van sulfiet door carbonylgroepen, van veel belang bij de remming van verbruiningsreacties, schijnen in tegenstelling tot hetgeen vroeger wel werd verondersteld, via het SO_3^{--}-ion te verlopen (21). Sulfiet wordt ook gebruikt als meelverbeteraar (het kan S-S bruggen verbreken), als bleekmiddel en als antioxidans (waardoor het vitamine C beschermt). Het blokkeert het enzym polyfenol-oxidase en kan daardoor bruine verkleuringen van fruit voorkomen. Zeer ongewenst is de afbraak van thiamine door sulfiet, een reactie die in voedingsmidddelen kan optreden. Ook tocoferolen kunnen erdoor worden aangetast.

De thiamine-afbraak is een reden waarom sulfiet in veel voedingsmiddelen niet mag worden toegepast. Als conserveermiddel voor vlees is het verboden omdat het een reactie met metmyoglobine aangaat, waardoor oud vlees er op het eerste gezicht weer als vers vlees uitziet. Het argument is hier niet de bescherming van de volksgezondheid, maar de bevordering van eerlijkheid in de handel.

Nitriet (E 249 – 250)

Ook aan het gebruik van nitriet als conserveermiddel gaat een lange geschiedenis vooraf. Eeuwenlang is al bekend dat kleine hoeveelheden salpeter (kaliumnitraat) een roodachtige verkleuring in vlees kunnen bewerkstelligen en dat ongewenste verkleuringen dan uitblijven. Omstreeks 1900 ontdekte men dat niet het nitraation maar het reductieproduct *nitriet* voor deze verkleuring verantwoordelijk was. Enkele tientallen jaren later zag men in dat nitriet ook een sterke remmer van allerlei bacteriën in deze vleesproducten is. Dit geldt in het bijzonder de gevaarlijke bacterie *Clostridium botulinum*, die een dodelijke voedselvergiftiging (botulisme) kan veroorzaken. Verder moet worden genoemd dat nitriet een duidelijke en aangename bijdrage geeft aan de smaak van deze vleesproducten.

De karakteristieke kleur wordt veroorzaakt door de omzetting van myoglobine in het roze gekleurde *nitrosomyoglobine*, waarbij een molecuul NO complex aan het centrale ijzeratoom is gebonden. Hierdoor wordt ook het ijzeratoom vaster in het heemcomplex gebonden. Dit op zijn beurt zal ertoe leiden dat onvoldoende vrij ijzer beschikbaar is voor de ontwikkeling van *Clostridium botulinum*. Mogelijk is hiermee de remmende werking van nitriet op de groei van deze bacterie verklaard, evenals de antioxidatieve eigenschappen van dit conserveermiddel (22, 23).

In voedingsmiddelen is nitriet niet stabiel. Het kan zich binden aan vet, reageert met ascorbinezuur en vooral met aminen. Vrije aminogroepen (in eiwitten bijvoorbeeld) kunnen worden omgezet in hydroxylgroepen (de reactie van *Piria*), waarbij de stikstof als N_2 vrijkomt. Daarnaast kan nitriet met secundaire aminen reageren; in mindere mate ook met tertiaire aminen en quaternaire ammoniumionen. Van belang is dat hierbij N-nitrosoverbindingen ontstaan, met als algemene structuur $R_1R_2N\text{-}N{=}O$. Deze structuur lijkt op het instabiele tussenproduct dat bij de Piria-reactie wordt gevormd ($R_1HN\text{-}N{=}O$), maar dit ontleedt snel in N_2 en R_1OH. De N-nitrosoverbinding kan ook ontleden, maar vormt eerst een reactief tussenproduct $R_1N{\equiv}N^+$ (of R_1^+). Indien dit bij een nucleofiele plek van een DNA-base gebeurt, kan een reactie met het tussenproduct plaatsvinden en wordt de betreffende base veranderd. Zoals bekend zal zijn, is een dergelijke reactie van veel belang in de reeks processen die tot ontsporing van de celdeling leiden. Hiermee zijn de carcinogene eigenschappen van veel N-nitrosoverbindingen duidelijk. Van belang daarbij zijn, naast de reactiviteit (niet te groot maar ook niet te klein), de lipofiele eigenschappen van de N-nitrosoverbinding. Deze zal immers enkele membranen moeten passeren om bij het DNA te komen. Bij de eenvoudigste N-nitrosoverbinding, het nitrosodimethylamine (NDMA), is blijkbaar zodanig aan deze voorwaarden voldaan dat de verbinding sterk carcinogeen is.

De mogelijkheid dat uit nitriet kankerverwekkende N-nitrosoverbindingen (ook wel als nitrosaminen aangeduid) ontstaan, maakt nitriet in de ogen van velen tot een zeer ongewenst conserveermiddel, omdat de vorming van N-nitrosoverbindingen kan plaatsvinden in vleesproducten die met nitriet zijn geconserveerd en vervolgens worden verhit. Vorming van N-nitrosoverbindingen kan echter ook in het lichaam plaatsvinden indien nitriet aanwezig is. Deze aanwezigheid van nitriet kan nooit geheel worden voorkomen. Het wordt in het lichaam, vooral onder invloed van speekselenzymen, gevormd uit nitraat. Nitraat wordt opgenomen door het eten van groenten (en ook een spoor door het gebruik van leidingwater). De hoeveelheid nitriet die via groenten in het lichaam terechtkomt, is veel groter dan de hoeveelheid nitriet die als conserveermiddel in vlees aanwezig is. Het eigenlijke probleem is de endogene vorming van N-nitrosoverbindingen. Het valt buiten het bestek van dit boek, hierop uitvoerig in te gaan, maar wel moet worden vermeld dat regelmatige inname van ascorbinezuur deze endogene vorming waarschijnlijk sterk terugdringt.

Naast de kans op vorming van N-nitrosaminen moet de blokkering van hemoglobine door nitriet worden genoemd. Vooral voor jonge kinderen is nitriet een risicofactor, omdat in hun bloed nog veel foetaal hemoglobine circuleert, dat gevoeliger is voor nitriet dan het 'normale' hemoglobine. Het meest voor de hand liggende gevaar is overigens een grote inname van nitraat (bijvoorbeeld via blikgroenten), dat vervolgens voor een aanzienlijk deel tot nitriet wordt gereduceerd.

Ook vanwege enkele andere effecten is de toxiciteit van nitriet vrij groot. Anderzijds is het meer dan welke stof in staat, de consument te beschermen tegen de groei van *Cl. botulinum* in een vleesproduct. Vooral om die reden wordt het gebruik van nitriet nog steeds toegestaan.

Bifenyl (E 230)

Bij het vervoer en de opslag van citrusvruchten wordt veelvuldig gebruikgemaakt van bifenyl (C_6H_5-C_6H_5), ook wel difenyl genoemd. Het beschermt de vruchten tegen aantasting door schimmels, met name die van het geslacht *Penicillium.* Sinaasappelen worden ook wel gewikkeld in papier dat met bifenyl is geïmpregneerd. Bij wrijven van sinaasappelen om de schil gemakkelijker te verwijderen, ziet men vaak dat zich kleine glinsterende bifenylvlokjes van de schil losmaken. De stof heeft een specifieke geur, die vaak wordt ervaren als behorend bij de geur van sinaasappelen. Het is een vrij schadelijke verbinding, die inwerkt op het centrale zenuwstelsel en slechts in lage concentraties aanwezig mag zijn. Laders en lossers kunnen er last van hebben (misselijkheid, overgeven, irritatie van neus en ogen). Bij het verwijderen van de schil van citrusvruchten wordt bifenyl voor een groot deel verwijderd, maar een deel penetreert via de schil in het vruchtvlees. Het verwante orthofenylfenol (E 231) is veel minder schadelijk en wordt ook als conserveermiddel voor citrusvruchten gebruikt.

Thiabendazol (E 233)

In tegenstelling tot bifenyl en o-fenylfenol is thiabendazol goed oplosbaar in water. Het dient als schimmelbestrijdingsmiddel voor vele soorten vruchten. Deze worden in een oplossing van thiabendazol gedompeld of met een thiabendazoloplossing bespoten.

De giftigheid is niet extreem groot. Het wordt ook in de landbouw als schimmelbestrijdingsmiddel gebruikt. Daardoor is het soms in vruchten aanwezig die niet met de stof zijn behandeld.

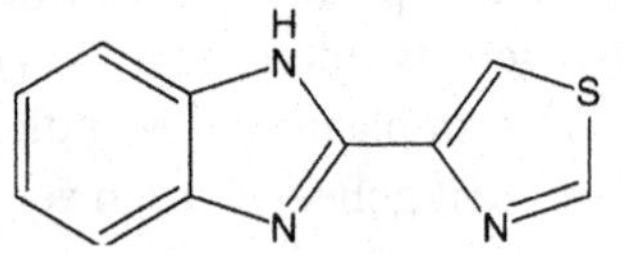

Figuur 7.1
Thiabendazol

Hexamethyleentetramine (E 239)

Ook deze stof, die wordt gevormd uit formaldehyde en ammoniak, is werkzaam tegen schimmels. De werking berust op het langzaam afsplitsen van formaldehyde, een stof die ook in houtrook voorkomt en een sterk conserverende werking bezit, maar die door binding aan eiwitten snel verdwijnt en dan ook zijn toxische eigenschappen verliest.

De toepassing ligt vooral op het terrein van visproducten zoals ingeblikte halfconserven en zure haring. Hexamethyleentetramine mag nooit in combinatie met nitraat of nitriet worden gebruikt omdat dan mogelijk nitroso-dimethylamine wordt gevormd (zie onder Nitriet). Vroeger werd de stof vaak toegepast bij de behandeling van blaasontsteking.

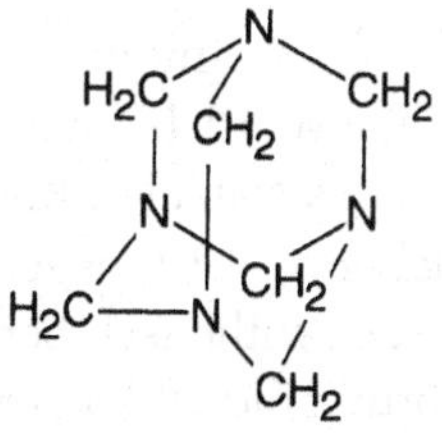

Figuur 7.2
Hexamethyleentetramine (hexa)

De stof, die ook wel *hexamine* of kortweg *hexa* wordt genoemd, heeft een merkwaardige kooivormige structuur, die is opgebouwd uit vier stikstofatomen en zes methyleengroepen.

Propionzuur (E 280)

Propionzuur, C_2H_5COOH, komt van nature in veel producten voor. Het is een onschuldige verbinding, die snel wordt gemetaboliseerd. Het is een goed schimmelwerend middel, maar is door zijn smaak niet voor alle doeleinden geschikt. In brood kan het de groei van *Bacillus mesentericus* onderdrukken, een bacterie die het verschijnsel 'leng' veroorzaakt. (Hieronder verstaat men het enigszins slijmerig worden van de broodkruim, die dan tot draden kan worden getrokken.)

Antioxidantia

De werking van antioxidantia is in hoofdstuk 2 al ter sprake gekomen. Ook enkele antioxidantia zijn genoemd, zoals de galluszure esters (E 310 – 312), butylhydroxyanisol (E 320) en butylhydroxytolueen (E 321). TBHQ komt niet op de E-lijst voor. Wel genoemd worden natuurlijke antioxidantia zoals tocoferolen (E 306 – 309) en ascorbinezuur (E 300).

Voedingszuren

Om de zure smaak van een voedingsmiddel of drank te verhogen, kan men een organisch zuur toevoegen; men heeft hiervoor de naam 'voedingszuren' bedacht. Zouten van deze voedingszuren kunnen als buffer worden gebruikt en zijn ook in de lijst opgenomen. Tot de voedingszuren behoren citroenzuur (E 330), wijnsteenzuur (E 334), appelzuur (E 350), adipinezuur (E 355), barnsteenzuur (E 363) en andere. Fosforzuur (E 338) wordt eveneens voor dit doel gebruikt.

Kleurstoffen

Het genot van voedselconsumptie hangt onder meer van het uiterlijk af. Voedsel moet er 'appetijtelijk' uitzien; de kleur draagt hier wezenlijk toe bij. Voor het kleuren van spijs en drank staat ons een aantal kleurstoffen ter beschikking, 'natuurlijke' zowel als 'synthetische'.

De natuurlijke kleurstoffen zijn die verbindingen welke aan sommige voedingsmiddelen hun natuurlijke kleur verlenen, zoals myoglobine aan vlees, chlorofyl (E 140) aan groene plantendelen, carotenoïden (E 160) aan wortelen en sinaasappelsap, bietenrood (betanine, E162) aan bieten enzovoort. Ook annatto (E 160b) is een natuurlijke kleurstof, afkomstig uit zaden van de (tropische) annattoboom.

Daarnaast kan de mens gekleurde verbindingen synthetiseren die geschikt zijn om er voedingsmiddelen mee te kleuren. Deze kunstmatige kleurstoffen hebben een aantal voordelen boven de natuurlijke. Hun kleur is vaak helderder, intensiever en ook stabieler. Koolteer (*Pix litanthracis*), een bijproduct van de fabricage van lichtgas, was vroeger de bron van veel van deze kleurstoffen. Tegenwoordig worden ze synthetisch bereid, maar bij deze synthese worden nog wel componenten gebruikt die uit koolteer of andere soorten teer afkomstig zijn. Hiertoe behoren chinolinegeel (E 104), zonnegeel FCF (E 110), amarant (E 123), cochenillerood (E 124), rood 2G (E 128), erythrosine (E 127), patentblauw V (E 131), indigotine (E 132), briljantblauw FCF (E 133), briljantgroen BS (E 142), briljantzwart BN (E 151) en bruin HT (E 155). Veel van deze kleurstoffen behoren tevens tot de zogenoemde *azokleurstoffen*. Deze kan men zich afgeleid denken van azobenzeen, een oranjerood gekleurde verbinding met de formule C_6H_5-N=N-C_6H_5. Ook tartrazine (E 102) en azorubine (E 122) behoren tot de azokleurstoffen. Daarnaast gebruikt men nog vele andere kleurstoffen, zoals synthetisch bereid riboflavine (E 101), karamel (E 150), en ook stoffen zoals ijzerhydroxyden (E 172) en amorfe koolstof (E 153). Azokleurstoffen worden door sulfiet gereduceerd tot kleurloze verbindingen. Ook bij bepaalde vormen van microbieel bederf vindt reductie van azokleurstoffen plaats; het verbleken van de kleur is dan een aanwijzing dat microbieel bederf is opgetreden.

Door hun intensieve kleur zijn lage concentraties meestal voldoende om het voedingsmiddel zijn gewenste kleur te geven. Om die reden wordt aan de acute toxiciteit van kleurstoffen meestal wat minder aandacht geschonken dan aan eventuele carcinogene (kankerverwekkende) eigenschappen of overgevoeligheidsreacties. In het verleden is gebleken dat verscheidene kleurstoffen carcinogeen zijn (zoals *p*-dimethylamino-azobenzeen, dat voor de Tweede Wereldoorlog als 'botergeel' werd toegepast om margarine te kleuren). Deze en andere stoffen mogen uiteraard niet meer worden gebruikt.

Overgevoeligheid voor bepaalde stoffen kan allergisch van aard zijn maar kan ook op andere principes berusten, zoals intolerantie (een bekend voorbeeld is de in hoofdstuk 3 besproken lactose-intolerantie). In allergieën is het immuunsysteem betrokken en gaat het vaak om 'lichaamsvreemde' eiwitten of eiwitachtige verbindingen, waartegen een (onnodige en ongewenste) afweerreactie optreedt. Laagmoleculaire verbindingen kunnen allergieën veroorzaken doordat ze in het lichaam aan eiwitten worden gekoppeld. Tegen deze veranderde en dus lichaamsvreemde eiwitten kunnen ook afweerreacties optreden; vaak zijn juist deze bijzonder heftig. De meeste consumenten zijn niet gevoelig voor deze eiwitten en degenen die dat wel zijn, reageren ook niet op alle lichaamsvreemde eiwitten.

De overgevoeligheidsreacties komen tot stand doordat uit bepaalde cellen histamine wordt vrijgemaakt. Indien dit in grote hoeveelheden gebeurt, treden in het lichaam allerlei ongewenste effecten op, die vaak worden aangeduid als 'allergische reacties'. Sommige stoffen kunnen rechtstreeks histamine uit deze cellen vrijmaken. Een derde mogelijkheid, in dit kader overigens niet van belang, is dat het voedsel zelf te veel histamine bevat; de oorzaak ligt vaak in bacterieel bederf.

Bekend is de overgevoeligheid voor aspirine. Patiënten die hieraan lijden, zijn vaak ook gevoelig voor benzoëzuur en voor azokleurstoffen. Dit betekent dat deze personen er scherp op moeten letten dat zij geen voedingsmiddelen consumeren die met azokleurstoffen zijn gekleurd of die benzoëzuur als conserveermiddel bevatten.

Zoetstoffen

In de loop der jaren is een aantal zoetstoffen ontwikkeld, waarvan er hier zes worden genoemd: sacharine (E 954), natriumcyclamaat (E 952), aspartaam (E 951), acesulfaam K (E 950), sucralose en thaumatine (E 957).

Figuur 7.3

O C N-Na S O O

Sacharine

NH-SO_2-ONa

Natriumcyclamaat

Om verschilllende redenen is verhoudingsgewijs veel aandacht besteed aan de eventuele carcinogene eigenschappen van zoetstoffen. Het ligt natuurlijk voor de hand, de toepassing te verbieden van zoetstoffen die in dierproeven kankerverwekkend zijn gebleken. In elk geval was deze gedachte in 1958 de basis voor een uitspraak van het Amerikaanse congres in verband met de wetgeving ten aanzien van de voedseladditieven, sindsdien bekend als de 'Delaney clause', genoemd naar de indiener, James J. Delaney. Deze luidt: 'No additive shall be deemed to be safe if it is found to induce cancer when ingested by man or animals, or if it is found, after tests which are appropriate for the safety of food additives, to induce cancer in man or animals.'

Toch is de zaak minder eenvoudig dan ze lijkt. Er zijn zeer vele stoffen die, in grote hoeveelheden toegediend, het ontstaan van tumoren in proefdieren significant kunnen vermeerderen. Hieronder bevinden zich ook stoffen die van nature in het menselijk lichaam voorkomen en daarin essentiële functies vervullen. Met nadruk moet worden gewezen op het feit dat in experimenten met proefdieren vaak onrealistisch hoge doses nodig zijn om schadelijke effecten, zoals carcinogene, met zekerheid te kunnen vaststellen. Als het gaat om zogenoemde genotoxische stoffen, ook wel primaire carcinogenen genoemd, is voor deze benadering alles te zeggen. Als een stof inderdaad primair carcinogeen is, bestaat namelijk ook de kans op het ontstaan van een kwaadaardige tumor (vaak aangeduid als de 'kans op nieuwvorming'). Door extrapolatie is een schatting van die kans mogelijk.

In principe kan één molecuul van een genotoxische stof de schakel vormen in de veranderingen van het genetisch materiaal die nodig zijn om de celdeling te ontregelen. Er bestaat dus geen 'no effect level'; de grafische voorstelling van het verband tussen dosis en kans op nieuwvorming is een lijn die door de oorsprong gaat. Wel zijn voor het ontstaan van carcinomen ook factoren nodig die het veranderde DNA tot expressie brengen, of met andere woorden ervoor zorgen dat het veranderde DNA inderdaad de celdeling gaat ontregelen. Deze factoren noemt men 'co-carcinogeen'; vaak gaat het om bepaalde verbindingen, die men ook wel tumor-promotoren of secundaire carcinogenen noemt. Omdat de omstandigheden moeten worden geschapen die het veranderde DNA tot expressie brengen en de tumorvorming mogelijk maken, is op zijn minst een bepaalde hoeveelheid van een co-carcinogene stof nodig. Als minder aanwezig is, zal het veranderde DNA niet tot expressie komen, althans niet daardoor, en ontstaat geen tumor. In onderstaande grafiek is de situatie weergegeven. Voor beide groepen is ervan uitgegaan dat vertegenwoordigers van de andere groep in zodanige mate aanwezig zijn dat tumorvorming kan optreden.

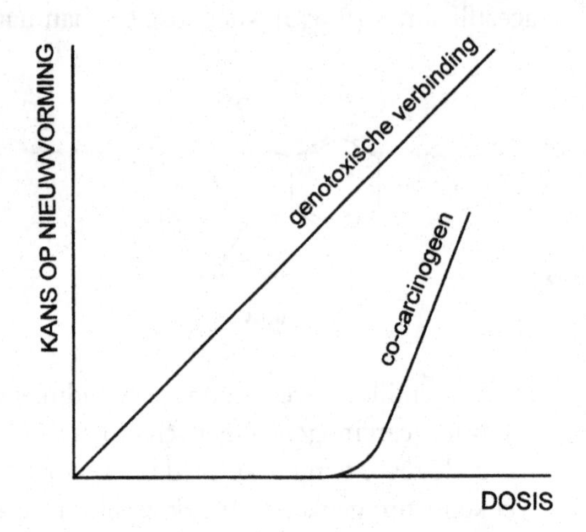

Figuur 7.4 Verband tussen dosis en kans op nieuwvorming voor genotoxische stoffen en voor co-carcinogenen

Hiermee is overigens ook weer niet gezegd dat tumor-promotoren per definitie minder gevaarlijk zijn dan genotoxische stoffen. De no-effect level kan immers al bij lage hoeveelheden worden bereikt en de curve kan zeer steil verlopen, terwijl dit laatste bij een genotoxische stof niet het geval behoeft te zijn. Blijft het feit dat sommige tumor-promoverende stoffen zonder gevaar kunnen worden toegepast, omdat realistische doses van deze stoffen ver onder de no-effect level liggen.

De Delaney-clausule heeft ertoe geleid dat het gebruik van de zoetstof natriumcyclamaat in 1969 op grond van de resultaten van bepaalde dierproeven werd verboden, een verbod dat in 1974 weer werd opgeheven. Cyclamaat of cyclohexylsulfamaat heeft een aangename zoete smaak, die wat dat betreft bij velen de voorkeur verdient boven sacharine, dat een bittere nasmaak heeft. Sacharine is in tegenstelling tot cyclamaat niet goed bestand tegen verhitting en wordt in zuur milieu afgebroken tot sulfobenzoëzuur, dat een onaangename fenolsmaak bezit. Sacharine is wel veel zoeter dan cyclamaat (300 respectievelijk 30 maal zoeter dan sacharose), waardoor veel minder nodig is om een product zoet te maken. Zeer hoge doses van allebei de stoffen kunnen bijwerkingen veroorzaken.

Aspartaam (E 951) wordt door de meeste consumenten als een acceptabele zoetstof ervaren. Het is de methylester van het dipeptide *N*-L-α-aspartyl-L-fenylalanine ('aspartyl' van asparaginezuur). De zoetkracht is 160 tot 200 maal die van sacharose. Een probleem is dat aspartaam in zuur milieu niet bijzonder stabiel is. Daardoor is het minder geschikt als zoetstof in frisdranken en jams. Het kan ook reageren met allerlei aldehyden die als aromacomponent in voedingsmiddelen aanwezig zijn. Aspartaam wordt in het lichaam afgebroken en gemetaboliseerd.

Acesulfaam K is het kaliumzout van 2-methyloxathiazinondioxide. Het is een zoetstof die vaak in combinatie met aspartaam wordt toegepast, omdat tussen beide stoffen synergisme optreedt. Een mengsel van 70% aspartaam en 30% acesulfaam-K bezit een smaak die bij sommige toepassingen niet kan worden onderscheiden van die van sacharose (12).

Sucralose is een trichloorderivaat van sacharose. Door de chloorsubstitutie neemt de zoetheid sterk toe (de stof is 600 maal zoeter dan sacharose) en ook de stabiliteit in zuur milieu is beter.

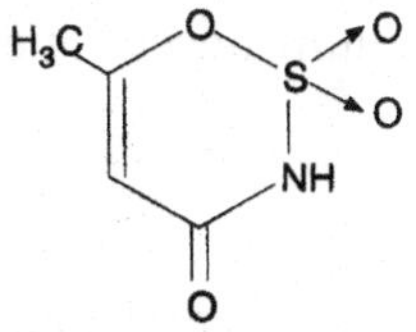

Figuur 7.6

Acesulfaam K

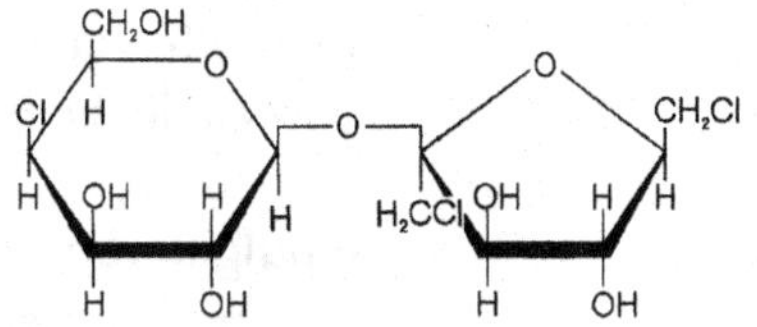

Sucralose

Thaumatine ten slotte is een eiwit, dat wordt gewonnen uit de katemfe-vrucht (*Thaumatococcus danielli*). Het heeft van alle tot nu toe bekende stoffen de grootste zoetkracht (2500 maal die van sacharose). Het bestaat uit een mengsel van sterk basische eiwitten, die goed oplossen in water. Thaumatine I (IEP = 11,5) bezit een molecuulmassa van 22.000 Da.

Aromastoffen

De Verordening 2232/96 (19) bevat een bijlage die de toepassing van de talloze aromastoffen in eet- en drinkwaren regelt. Ze kunnen worden toegestaan op voorwaarde dat zij geen gevaar voor de gezondheid en de consument inhouden (als basis geldt een wetenschappelijke beoordeling waarnaar Richtlijn 88/388/EEG (18) verwijst), en dat het gebruik ervan de consument niet misleidt. Toxische evaluatie is noodzakelijk, met veiligheid voor het milieu moet rekening worden gehouden en op alle aromastoffen moet voortdurend toezicht worden uitgeoefend. Voor een aantal stoffen zijn in de bijlagen van Richtlijn 88/388/EEG maximum-gehalten gesteld. Op basis van Verordening 2232/96 is, na een inventarisatie bij de lidstaten, een repertorium opgesteld van in levensmiddelen gebruikte aromastoffen. Al deze stoffen zullen worden beoordeeld.

Smaakversterkers

In hoofdstuk 6 zijn deze verbindingen al aan de orde gekomen.

Mononatriumglutaminaat (MSG) en inosine-5'-monofosfaat komen op de lijst voor als E 621 en E 630.

Maltol is niet in de Richtlijn 95/2/EG opgenomen, waarschijnlijk omdat deze stof (en andere) zullen worden geregeld in een nog op te stellen nieuwe lijst van aromastoffen (24). Ook in de nieuwe additievenrichtlijn komt maltol niet voor.

Stabilisatoren, verdikkingsmiddelen

De belangrijkste vertegenwoordigers zijn polysachariden zoals zetmeel en zetmeelderivaten (α-1,4-D-glucanen), cellulose en cellulosederivaten (β-1,4-D-glucanen), plantenextracten (pectinen: α-1,4-D-galacturonaten), zeewierextracten (carrageen, agar, alginaten), meel uit plantenzaden zoals johannesbroodpitmeel, tamarinde- en guarmeel (gluco- en galactomannanen), gommen uit plantensappen en uit micro-organismen. Deze verbindingen, die in rechte of vertakte ketens voorkomen, zijn al in hoofdstuk 3 genoemd. Intra- en intermoleculaire bindingen zijn de basis voor viskeuze eigenschappen, geleervermogen, filmvormende en emulgerende eigenschappen.

Polysachariden van verschillende structuur kunnen elkaars effect versterken. Dergelijke middelen zijn geclassificeerd onder de E-nummers 400 tot 500 en 1400 tot 1450 (overigens komen in deze eerste reeks ook allerlei andere stoffen voor). Meestal wordt geen maximumconcentratie genoemd (quantum satis) of een relatief hoge (10 g/kg).

Emulgatoren

Emulgatoren hebben amfofiele eigenschappen, waardoor zij zich in grensvlakken tussen olie en water concentreren en aldus de oppervlaktespanning verlagen. Ze kunnen positief of negatief zijn geladen, maar ook een niet-ionogene structuur bezitten. In onderstaande tabel worden enige categorieën genoemd en enkele karakteristieke toepassingen (12).

Tabel 7.1 Levensmiddelemulgatoren

Categorie	Toepassing
Lecithine (van natuurlijke herkomst en derivaten)	
Mono-vetzure esters van glycerol	
Vetzure esters van hydroxycarbonzuren	bakwaren, margarine
Vetzure esters van lactylaat	
Vetzure esters van polyglycerol	bakwaren
Vetzure esters van polyethyleen- en propyleenglycol	olie in wateremulsies
Ethoxylderivaten van monoglyceriden	
Vetzure esters van sorbitan	uitstel van oudbakken worden

Behalve het verlagen van oppervlaktespanning kunnen emulgatoren ook een lading aan kleine druppeltjes meedelen, waardoor samenvloeien wordt bemoeilijkt. Ze kunnen ook bijdragen in de vorming van micellen en andere microstructuren, waardoor eveneens een stabiliserend effect wordt bereikt.

Ook emulgatoren vinden hun plaats onder de E-nummers van 400 tot 500.

Vetvervangers

Oliën en vetten zijn in veel opzichten waardevolle bestanddelen van ons voedsel. Hun hoge calorische waarde vormt wel een probleem voor een aanzienlijke groep consumenten. Vooral om die reden zijn de afgelopen decennia preparaten ontwikkeld die een aantal vetfracties kunnen vervangen, maar zelf geen – of een lage – calorische waarde hebben (12). Men maakt onderscheid tussen vetvervangers en stoffen die eigenschappen van vet nabootsen. De eerste categorie bestaat uit stoffen die in chemisch opzicht op vet lijken, zoals vetzure esters van sacharose. De 'nabootsers' (vaak aangeduid als vetmimetica) imiteren organoleptische eigenschappen van vetten (25).

De poly-esters van sacharose, waarbij zes tot acht hydroxylgroepen met vetzuurmoleculen zijn veresterd, zijn te groot om door de lipasen in het maagdarmkanaal te worden afgebroken en bezitten daardoor geen calorische waarde. Ze zijn minstens zo stabiel als natuurlijke oliën en vetten, ook als ze worden gebruikt om te bakken en te braden.

Sacharose dat met minder (een tot drie) vetzuurresten is veresterd, heeft zowel hydrofiele als lipofiele eigenschappen. Daarom zijn deze esters uitstekende emulgatoren. Ze worden overigens in het maagdarmkanaal afgebroken en hebben dus wel calorische waarde.

Vetmimetica worden vooral gebruikt om met water een romige massa te vormen die in de mond als vetachtig aanvoelt. Ze vinden hun toepassing in onder andere broodsmeersels. Deze producten zijn vaak gebaseerd op inuline of zetmeelhydrolysaten. Omdat het geen lipiden zijn, kunnen ze ook niet dienen als aromadrager en missen ze uiteraard het aroma van oliën en vetten.

Prebiotica

De prebiotica (Grieks; 'voorafgaand aan het leven') omvatten stoffen die nauwelijks of niet in de dunne darm worden afgebroken en die in de dikke darm dienen als substraat voor bacteriën waaraan een positief effect op de gezondheid wordt toegeschreven (12). Bovendien wordt het aantal minder of ongewenste bacteriën erdoor verminderd.

De belangrijkste groep van prebiotica wordt gevormd door niet-verteerbare koolhydraten. Daarin onderscheidt men drie hoofdgroepen: (1) andere polysachariden dan zetmeel; (2) niet-verteerbaar zetmeel (resistant starch) en (3) niet-verteerbare oligosachariden.

Bij de eerste groep moet worden aangetekend dat niet alle polysachariden in de dikke darm worden omgezet. Ze kunnen wel de darmperistaltiek bevorderen.

Niet-verteerbaar zetmeel is zetmeel dat niet toegankelijk is voor amylasen die in de dunne darm aanwezig zijn. Dit is met natief zetmeel het geval, maar ook met zetmeel dat een hittebehandeling heeft ondergaan waardoor de korrelstructuur is beschadigd. Het wordt dan vaak wel in de dikke darm omgezet. (Zie in dit verband ook hoofdstuk 3.)

Tot de niet-verteerbare oligosachariden (non-digestible oligosaccharides, NDOs) behoren de kleinere inulinespecies (2 tot 10 fructose-eenheden).

Door omzetting van deze prebiotica in de dikke darm wordt de pH verlaagd en worden lagere vetzuren gevormd. Gezegd wordt dat de veranderde darmflora een gunstige invloed heeft op de gezondheid. Ze oefent een beschermende werking uit met betrekking tot het coloncarcinoom, doet de glucosetolerantie toenemen en verlaagt het gehalte aan bloedserumlipiden. Deze hoopvolle claims vragen echter om nog meer onderzoek. Het zal nog wel enige tijd duren voor de effecten van prebiotica op de gezondheid geheel zijn opgehelderd.

De hier gegeven opsomming is allerminst volledig. Handboeken geven over additieven vaak veel informatie. Over hulpstoffen zoals emulgatoren, verdikkings- en geleermiddelen en vele andere kan men vaak de nodige kennis opdoen via beschouwingen over voedingsmiddelen waarin deze stoffen worden toegepast.

LITERATUUR

1 Joint FAO/WHO Expert Committee on Nutrition, 4th Report. WHO Technical Report Series, No. 97. World Health Organization, Genève 1955, p. 29-33.
2 W. van Dokkum, Additieven en contaminanten. Voeding in de praktijk 6 (1985) 1.
3 J. Kamsteeg, E = eetbaar? Becht, Haarlem 2001, 314 pp.
4 R.L. Hall, Information, confidence, and sanity in the food sciences.The Flavour Industry 2 (1971) 455-459.
5 V.O. Wodicka, Food safety – Rationalizing the ground rules for safety evaluation. Food Technology 31 (1977)(9) 75-77, 79.
6 W. Pilnik en P. Folstar, Entwicklungstendenzen in der Lebensmitteltechnologie. Deutsche Lebensmittel-Rundschau 75 (1979) 235-248.
7 R. Doll en W. Peto, The causes of cancer: quantitative estimates of avoidable risks of cancer in the United States today. J. National Cancer Institute 66 (1981) 1191-1308.
8 H. Schlötjes, G.M. van der Hijden en N.M. Brouwer, Risico•s van voedsel: consumenten versus deskundigen. Voeding 57 (1996) 15-17.
9 R.L. Hall, Food safety: elusive goal and essential quest. IUFoST Founders Lecture, Sydney, oktober 1999. Food Australia 51 (1999) 601-606.
10 A. Feberwee, Legal aspects of food additives of natural origin. In: Proceedings of the International Symposium Food Additives of Natural Origin, Plovdiv (Bulgarije) 1989, pp. 22-24.
11 A. Ruiter, Safety of food: the vision of the chemical food hygienist. In: J.P. Roozen, F.M. Rombouts en A.G.J. Voragen Eds., Food science: basis research for technological progress. Proceedings of the symposium in honour of Professor W. Pilnik. Wageningen 1989, pp. 19-28.
12 A. Ruiter en A.G.J. Voragen (2002) Main functional food additives. In: Chemical and functional properties of food components (2e druk, Hoofdstuk 12), ed. Z.E. Sikorski. CRC Press LLC, pp. 273-289.
13 J. Lüthy, Safety evaluation of natural food additives. In: Proceedings of the International Symposium Food Additives of Natural Origin, Plovdiv (Bulgarije) 1989, pp. 35-40.
14 Richtlijn 95/2/EG van het Europees Parlement en van de Raad van 20 februari 1995, betreffende levensmiddelenadditieven met uitzondering van kleurstoffen en zoetstoffen.
15 Richtlijn 2001/5/EG van het Europees Parlement en de Raad van 12 februari 2001 tot wijziging van Richtlijn 95/2/EG betreffende levensmiddelenadditieven met uitzondering van kleurstoffen en zoetstoffen.
16 Richtlijn 94/36/EG van het Europees Parlement en van de Raad van 30 juni 1994, inzake kleurstoffen die in levensmiddelen mogen worden gebruikt.
17 Richtlijn 94/35/EG van het Europees Parlement en van de Raad van 30 juni 1994, inzake zoetstoffen die in levensmiddelen mogen worden gebruikt (gewijzigd in richtlijn 96/83/EG van 19 december 1996).
18 Richtlijn van de Raad van 22 juni 1988 betreffende de onderlinge aanpassing van de wetgevingen der Lid-Staten inzake aroma's voor gebruik in levensmiddelen en de uitgangsmaterialen voor de bereiding van die aroma's (88/388/EEG).
19 Verordening (EG) nr. 2232/96 van het Europees Parlement en de Raad van 28 oktober 1996 tot vaststelling van een communautaire procedure voor in of op levensmiddelen gebruikte of te gebruiken aromastoffen.
20 Richtlijn 2000/13/EG van het Europees parlement en de Raad van 12 maart 2000 betreffende de onderlinge aanpassing van de wetgeving der lidstaten inzake etikettering en presentatie van levensmiddelen alsmede inzake de daarvoor gemaakte reclame.
21 B.L. Wedzicha, I. Bellion en S.J. Goddard, Inhibition of browning by sulfites. In: Nutritional and toxicological consequences of food processing, ed. M. Friesman. Plenum Press 1991, pp. 217-236.
22 A.B.G. Grever en A. Ruiter, Prevention of *Clostridium* outgrowth in heated and hermetically sealed meat products by nitrite – a review. European Food Research and Technology 213 (2001) 165-169.
23 A. Ruiter en A.B.G. Grever, Nitriet: een bijzonder conserveermiddel. Voedingsmiddelentechnologie 34 (2001)(21) 48-50.
24 P. van Doorninck, persoonlijke mededelingen (1997, 2002).
25 A.G.J. Voragen, Technological aspects of functional food-related carbohydrates. Trends in Food Science and Technology 9 (1998) 328-333.

8 Contaminanten

Verontreinigingen in levensmiddelen – vaak aangeduid als *contaminanten* – kunnen worden gedefinieerd als 'stoffen die ongewild in voedingsmiddelen of in grondstoffen hiervoor aanwezig zijn of ontstaan als gevolg van productie, bewerking, toebereiding, verpakking, vervoer of opslag van voedingsmiddelen of de grondstoffen ervan, of als gevolg van milieuverontreiniging' (1). De definitie sluit additieven uit, omdat deze bewust aan levensmiddelen worden toegevoegd. Het begrip *productie* omvat alle bewerkingen die zijn uitgevoerd bij de voortbrenging van planten en dieren en ook bij de geneeskundige behandeling van dieren.

In vele gevallen is de aanwezigheid van deze stoffen niet alleen ongewild, maar ook ongewenst. Dit laatste is het geval als de stoffen in kwestie schadelijk zijn voor de consument, bijvoorbeeld door hun giftigheid of hun carcinogene eigenschappen. In een Vlaamse monografie worden deze stoffen uitvoerig behandeld (2). Het is noodzakelijk, vast te stellen welke gehalten van deze stoffen ten hoogste in levensmiddelen kunnen worden getolereerd, of welke maatregelen moeten worden genomen om aanwezigheid van deze verbindingen zoveel mogelijk te voorkomen.

Verder kan een stof moeilijk afbreekbaar of *persistent* zijn. Als die stof na inname snel en onveranderd wordt uitgescheiden, is de bedreiging voor de consument gering. Vaak echter hopen deze stoffen zich op in het lichaam, bijvoorbeeld in de vetweefsels. Deze *cumulerende* persisterende verbindingen kunnen grote problemen veroorzaken, ook als de toxiciteit verhoudingsgewijs vrij laag is.

Bij het vaststellen van maximale gehalten van contaminanten wordt niet gesproken van een ADI (aanvaardbare dagelijkse opname), omdat het hier niet om aanvaardbaarheid gaat. Het begrip ADI behoort bij stoffen die *bewust* zijn toegevoegd. Bij verontreinigingen spreekt men van een *toelaatbare* opname (tolerable intake). Deze wordt ook op grond van toxicologische experimenten vastgesteld, en ook hier worden veiligheidsfactoren in acht genomen. Omdat het voedselpakket van één dag doorgaans niet representatief is voor het hele scala van voedingsmiddelen dat regelmatig wordt geconsumeerd, wordt aangegeven welke hoeveelheid per *week* toelaatbaar is (tolerable weekly intake).

De in het vorige hoofdstuk besproken factor 100 wordt vaak nog als te laag beschouwd, zeker als het gaat om teratogene of mutagene stoffen; men hanteert dan factoren tot 1000 toe. Teratogene stoffen kunnen afwijkingen aan de ongeboren vrucht veroorzaken (Gr. *teras* = misgeboorte) en mutagene stoffen kunnen onder experimentele omstandigheden een mutatie in het cellulair DNA bewerkstelligen, hetgeen overigens niet hoeft te betekenen dat dit ook in cellen binnen het lichaam gebeurt als de stof via de mond wordt ingenomen. Bij genotoxische stoffen kan dit wel het geval zijn en bestaat, zoals in het vorige hoofdstuk is uiteengezet, altijd een kans dat dit gebeurt als de stof in het voedsel of in dranken aanwezig is. Omdat de aanwezigheid van zulke stoffen niet alleen ongewenst is maar ook niet kan worden uitgesloten, is normstelling ook hier noodzakelijk. De toelaatbaarheid wordt gerelateerd aan de kans op nieuwvorming gedurende een mensenleven (70 jaar) die dan niet groter mag zijn dan 1 op een miljoen. Door extrapolatie van resultaten uit dierexperimenten kan de hierbij behorende maximale inname worden vastgesteld.

In een aantal gevallen kan het nodig zijn, gecontamineerd voedsel uit de handel te nemen of consumptie van bepaald voedsel te ontraden. Dit laatste deed zich voor in het begin van de jaren tachtig, nadat was gebleken dat aal uit het Hollands Diep zeer hoge gehalten aan polychloorbifenylen (PCB's) bezat. Sportvissers werd toen aangeraden, de door hen gevangen aal niet te consumeren.

In dit hoofdstuk zal een aantal verontreinigingen die in levensmiddelen kunnen voorkomen worden besproken, waarbij een indeling in vier categorieën wordt gevolgd:

1. Milieucontaminanten
2. Resten van gewasbeschermings- en diergeneesmiddelen
3. Contaminanten als gevolg van bereiding, bewerking en verpakking
4. Biocontaminanten

MILIEUCONTAMINANTEN

De sterke industralisatie in onze streken heeft tot gevolg gehad, dat een groot aantal verontreinigende stoffen in het milieu verspreid is en ook in levensmiddelen is terechtgekomen. De verontreiniging kan zeer lokaal optreden (bijvoorbeeld vanuit vuilstortplaatsen of plaatselijke industrieën) maar ook op wat grotere schaal voorkomen en in een aantal gevallen wereldwijd verspreid zijn.

Milieucontaminanten in voedsel kunnen in de volgende groepen worden verdeeld (figuur 8.1).

- stoffen die normaliter in de biosfeer aanwezig zijn, doch door toedoen van de mens in verhoogde mate
  - zware metalen
- stoffen die van nature niet in de natuur voorkomen (xenobiotica)
  - bewust geproduceerd vanwege bepaalde toepassingen
    - pesticiden
    - PCB's
    - andere persistente gehalogeneerde koolwaterstoffen
  - ongewild gevormd als gevolg van menselijke handelingen
    - dioxinen
    - andere
- radionucliden

Figuur 8.1

Uit dit schema blijkt dat onderscheid is gemaakt tussen stoffen die van nature in het milieu aanwezig zijn maar waarvan het gehalte (in onder andere levensmiddelen) door toedoen van de mens is verhoogd, en verbindingen die voor het eerst door de mens zijn gesynthetiseerd en derhalve voorheen niet in het milieu voorkwamen, de zogenoemde *xenobiotische* stoffen (*Gr. xenos* = vreemd, *bios* = leven; stoffen dus die vreemd zijn aan het leven).

Tot de eerste categorie kan een aantal zware metalen worden gerekend. Deze zijn door de mens uit natuurlijke depots gemobiliseerd en verspreid en in verhoogde mate binnen het opnamebereik van plant en dier gebracht. Typische vertegenwoordigers van de tweede categorie zijn gehalogeneerde koolwaterstoffen. Tot deze laatste groep behoren de polychloorbifenylen (PCB's), en ook een aantal pesticiden, zoals DDT. Deze verbindingen zijn of worden bewust geproduceerd omdat zij nuttige eigenschappen bezitten.

Sommige andere xenobiotica ontstaan ongewild tijdens bepaalde processen zoals de verbranding van huisvuil in speciale ovens, of bij onvolledige verbranding van organisch materiaal. Ze zijn in een afzonderlijke categorie genoemd.

Een klasse apart vormen de radioactieve stoffen. Sommige komen van nature in ons milieu voor, maar andere als gevolg van door de mens veroorzaakte kernreacties. Ook deze radionucliden kunnen in voedingsmiddelen aanwezig zijn en verdienen onze aandacht.

Zware metalen

Veel zware metalen en andere elementen vervullen een onmisbare functie in het lichaam (zie hoofdstuk 5), maar zijn in hogere concentraties toxisch. Hiertoe behoren koper, jood, seleen en fluor. Het huidige voedingspatroon brengt met zich mee dat de inname van deze vier elementen eerder marginaal is dan te hoog. Van koper is bekend dat het lokale milieuproblemen heeft veroorzaakt, maar het element is zeker niet algemeen bedreigend. Deze elementen worden hier dus niet besproken. Slechts een drietal zware metalen (cadmium, kwik en lood) verdienen onze aandacht, niet alleen vanwege hun toxiciteit (dat zijn er meer) maar ook omdat zij in verhoogde mate in het milieu en ook in voedingsmiddelen aanwezig zijn en in het lichaam geen enkele essentiële rol vervullen.

Omdat deze zware metalen van nature in het milieu en dus ook in voedsel aanwezig zijn, kunnen hierin waargenomen gehalten niet zonder meer worden geïnterpreteerd als het gevolg van milieuverontreiniging. De vraag rijst welke concentraties men als de natuurlijke moet beschouwen. Deze vraag is echter moeilijk te beantwoorden, omdat men nooit absolute zekerheid bezit dat het voedingsmiddel in kwestie niet op enigerlei wijze de gevolgen van een extra belasting van het milieu heeft ondergaan. Zolang de gehalten zich ver onder de maximaal toelaatbare bevinden, is het probleem niet van groot praktisch belang. Van meer gewicht zijn eventuele aanwijzingen dat deze gehalten met de tijd hoger worden of, met andere woorden, dat een bepaalde trend in de gevonden gehalten valt te bespeuren.

Cadmium

In 1955 gaf de Japanner *Komo* aan een onbekende ziekte, die sinds de jaren veertig in de prefectuur *Toyama* in Centraal Japan heerste, de naam 'itai-itai', hetgeen Japans is voor 'au, au'. Deze naam duidde op de hevige pijnen die kenmerkend waren voor deze ziekte. In 1968 maakte het Japanse Ministerie van Gezondheid en Welzijn bekend dat de ziekte onder meer werd veroorzaakt door een chronische cadmiumvergiftiging; een gevolg van het bevloeien van rijstvelden door water dat met cadmium was verontreinigd. Sindsdien is de belangstelling voor dit zware metaal, zowel vanuit het oogpunt van volksgezondheid als vanwege de zorg voor het milieu, sterk toegenomen (3). Deze belangstelling is nog versterkt door bevindingen bij werknemers in cadmiumverwerkende bedrijven, waar onder andere nierschade was geconstateerd.

Cadmium kan worden gekarakteriseerd als een sulfhydrylgif: het bindt zich gemakkelijk aan SH-groepen en verstoort zo vele biochemische processen in het lichaam. Het verdringt de elementen koper en ijzer, maar vooral zink.

Een acute vergiftiging kan ontstaan door het nuttigen van zuur voedsel of zure dranken uit gecadmeerd vaatwerk. Ook vanuit eetgerei dat met cadmiumhoudende verf is beschilderd, kunnen ontoelaatbare hoeveelheden in het lichaam geraken. De vergiftiging kenmerkt zich door algemene verschijnselen zoals misselijkheid, braken, diarree, neervallen. Een vroeg symptoom is een versnelling van de bloedbezinking.

Berucht is cadmium echter vooral vanwege zijn chronische toxiciteit. Het metaal wordt, zoals zoveel andere tweewaardige metalen, slechts voor ongeveer 5% door het darmkanaal opgenomen. Vervolgens wordt het gebonden aan *thioneïne,* een polypeptide dat is opgebouwd uit 61 aminozuureenheden, waarvan 20 uit cysteïne. Het bevat niet minder dan 10% zwavel.

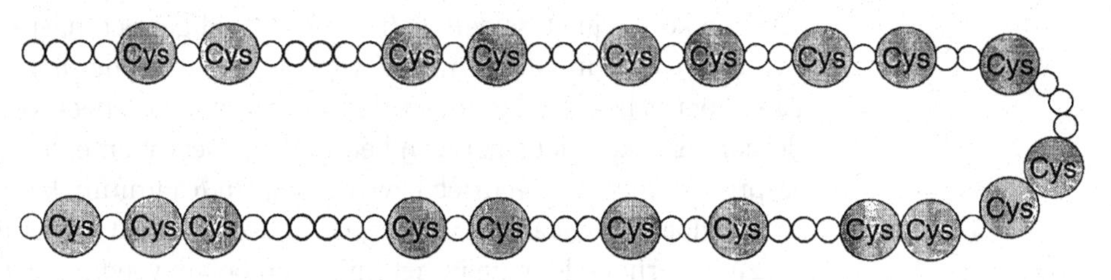

Figuur 8.2 Thioneïne; de verdeling van cysteïne-eenheden over het molecuul

Thioneïne wordt in de lever gemaakt en dient om zinkionen (ook wel koperionen) naar hun plaats van bestemming te transporteren; het met metaalionen beladen polypeptide wordt als *metallothioneïne* aangeduid. Cadmium wordt op deze wijze naar de lever en vooral naar de nierschors gevoerd. In de nierschors wordt het opgeslagen als een metallothioneïne-complex waarin ook zink aanwezig is. Hiervandaan wordt het bijna niet meer gemobiliseerd; met betrekking tot de halfwaardetijden voor het verblijf van cadmium in het menselijk lichaam worden dan ook waarden van 16 tot 33 jaar genoemd.

Cadmium dat aan (metallo)thioneïne is gebonden, is op zichzelf onschadelijk. Door intracellulaire (lysosomale) afbraak van het complex komen de metalen echter weer vrij. In de nier leidt de aanwezigheid van veel Cd^{++}-ionen tot beschadiging van de niertubuli, met als gevolg een verhoogde uitscheiding van eiwitten, aminozuren, glucose en calcium met de urine. Door het laatste ontstaat een verstoring van de calciumbalans in het lichaam, waardoor calcium uit de beenderen wordt gemobiliseerd en de kwaliteit van het botweefsel vermindert. In ernstige gevallen ontstaan misvormingen door beenverweking (*osteomalacie*), een proces dat tot heftige pijnen aanleiding geeft (itai-itai!).

Een goede toevoer van *zink* beschermt enigszins tegen de gevolgen van een hoge cadmiumbelasting. De synthese van thioneïne wordt gestimuleerd door zinkionen. In de nieren kunnen, door de aanwezigheid van veel metallothioneïne, de vrije Cd^{++}-ionen opnieuw worden gebonden.

Het grootste deel van het cadmium dat via de mond wordt ingenomen, bevindt zich in of op plantaardig voedsel. Dit is voor een milieucontaminant vrij uitzonderlijk; meestal vormen voedingsmiddelen van dierlijke oorsprong de belangrijkste bron. De gehalten zijn laag (van minder dan 0,01 tot enkele honderdsten mg per kg). In levers en vooral nieren worden hogere gehalten gevonden, evenals in schelpdieren.

Onder normale omstandigheden wordt de maximum hoeveelheid cadmium in het menselijk lichaam, die dan voor de helft tot tweederde in de nieren en de lever aanwezig is, bij een leeftijd van omstreeks 50 jaar bereikt. De totale hoeveelheid bedraagt 20 tot 30 mg. Bij gehalten in de nierschors boven 200 mg/kg gaan beschadigingen van de niertubuli optreden, met de genoemde gevolgen.

Door een Joint Expert Committee van de FAO/WHO is in 1972 een voorlopige wekelijkse inname van 400 à 500 µg vastgesteld. In de jaren zeventig lag de inname in Nederland op 125 tot 150 µg. In 1990 waren deze cijfers gehalveerd. Men moet echter rekening houden met de mogelijkheid dat eertijds opgegeven gehalten, als gevolg van de onvolmaakte analysemethoden van die tijd, te hoog waren.

De cadmiuminname via drinkwater is gering. Roken is echter een niet te verwaarlozen bron van cadmium. Door het roken van één pakje sigaretten wordt circa 4 µg met de rook geïnhaleerd. Aangezien de cadmiumabsorptie via de longen veel hoger is (circa 25%) dan vanuit het darmkanaal (3 tot 8%), draagt deze cadmiumopname bij rokers wezenlijk bij tot de totale belasting.

Door uitloging van rotsformaties en door vulkanische uitbarstingen komt cadmium van oudsher in het milieu terecht. De cadmiumverspreiding als gevolg van menselijke activiteiten is echter veel groter. Cadmium is in veel ertsen aanwezig. Sommige zinkertsen bevatten tot 5% cadmium; in zinkblende (ZnS), doorgaans gebruikt als bron van zink, zijn meestal enkele tienden procenten aanwezig. In fosfaatertsen, die tot kunstmest worden verwerkt, kan tot 80 mg Cd/kg aanwezig zijn. Steenkool kan tot 65 mg Cd/kg bevatten. Ook loodertsen en sommige ijzerertsen bevatten cadmium. Eenderde van het verwerkte cadmium wordt hier in pigmenten gebruikt, een kwart als stabilisator voor plastics en ook een kwart in batterijen en accu's.

De hoeveelheid cadmium die vrijkomt doordat ertsen worden verwerkt, is veel groter dan de hoeveelheid die voor een aantal industriële doeleinden wordt gebruikt (in de elektrogalvanische industrie, in pigmenten, als stabilisator in plastics, in batterijen enzovoort). Het is van het grootste belang dat onnodig verkregen cadmium zich niet diffuus door het milieu verspreidt maar als cadmiumafval wordt opgeborgen. Verder, dat cadmium waar mogelijk wordt hergebruikt. Cadmiumhoudend afvalwater wordt in Nederland door de grote rivieren aangevoerd. Als gevolg daarvan worden op de uiterwaarden, door het bezinken van rivierslib, gehalten in grondmonsters gevonden die de streefwaarde van 0,8 mg Cd per kg droge stof te boven gaan. Omstreeks 1980 was men uiterst bezorgd over de toename van de hoeveelheden cadmium in het milieu en voorspelde men dat het Cd-gehalte in het voedsel jaarlijks met 1,1 tot 1,6% zou toenemen. Deze vrees is gelukkig niet bewaarheid; de hoeveelheden cadmium in voedsel lijken zelfs iets af te nemen.

Kwik

Dit vloeibare metaal werd reeds in de oudheid toegepast bij de winning van goud en zilver (die erin oplossen) uit ertsen en bij de terugwinning van goud uit goudbrokaat. Sinds de Middeleeuwen worden kwikverbindingen als geneesmiddel gebruikt. De toepassing in genees- en desinfectiemiddelen is vooral door *Paracelsus* (begin 16^{e} eeuw) gepropageerd.

Kwik is evenals cadmium een sulfhydrylgif: het bindt zich overigens nog gemakkelijker aan SH-groepen. Kwikvergiftigingen uiten zich vooral door aantasting van het centrale zenuwstelsel, met als gevolgen onder andere mentale achteruitgang en blindheid. Ook het uitvallen van gebitselementen is een bekend symptoom van chronische kwikvergiftiging. Kwik blokkeert allerlei plaatsen waar andere tweewaardige kationen in het lichaam een functie vervullen. Verder wordt de doorlaatbaarheid van de celwanden voor kalium beïnvloed. De halfwaardetijd is vrij lang (voor de mens wordt vaak een tijd van 70 dagen genoemd).

In het verleden heeft kwik meermalen problemen op lokaal niveau veroorzaakt. Bekend is de indertijd in Japan optredende ‘Minamata-ziekte’, veroorzaakt door een fabriek die kwikhoudend afvalwater in een baai loosde. De in deze baai levende vis cumuleerde kwik tot dusdanig hoge gehalten dat onder de visetende bevolking rond de baai slachtoffers vielen. Een ander lokaal incident met kwik (met een zeer hoog aantal slachtoffers) vond plaats in Irak, waar zaaigraan, dat was geconserveerd met een kwikverbinding, door een vergissing als consumptiegraan beschikbaar kwam. Vermeldenswaard is ook de hoge kwikbelasting die indertijd optrad in een groot gebied in Zweden als gevolg van de lozing van kwikverbindingen door papierfabrieken, die deze verbindingen als fungicide gebruikten (om slijmvorming door celluloseafbraak tegen te gaan). Vergiftigingsgevallen bij de mens zijn toen niet gemeld. Overigens kon deze hoge kwikbelasting, door het nemen van een aantal maatregelen, binnen enkele jaren tot een aanvaardbaar niveau worden teruggebracht.

De gehalten van de meeste voedingsmiddelen verschillen niet veel van die van cadmium, met uitzondering van vis (4). Een belangrijke oorzaak van de relatief hoge kwikgehalten in vissen is de bacteriële omzetting van anorganisch kwik in het methylkwikion, CH_3Hg^+, die in het aquatische milieu plaatsvindt. Anorganische kwikverbindingen worden, evenals die van vele andere zware metalen, slechts voor 5 à 10% door het maagdarmkanaal opgenomen. Het methylkwikion, dat lipofiele eigenschappen bezit, wordt nagenoeg volledig geabsorbeerd (5), zowel door vissen als door andere gewervelde dieren. De gehalten aan kwik die in vis worden gevonden zijn daardoor veel hoger dan de gehalten in landdieren. Deze gehalten variëren van enkele honderdsten mg per kg in kleine plantenetende vissen tot meer dan 1 mg/kg in roofvissen.

Doordat het methylkwikion veel beter wordt opgenomen dan anorganisch kwik, is het ook veel schadelijker. Bovendien is de verblijftijd in het lichaam langer. In de lever wordt het gebonden aan cysteïne en als cysteïnylcomplex met de gal afgevoerd. In de darm vindt echter weer absorptie van methylkwik plaats, waardoor de stof opnieuw in circulatie komt (*enterohepatische kringloop*). Bovendien wordt methylkwik steviger gebonden in de weefsels. De placenta is wel een barrière voor anorganisch kwik maar niet voor methylkwik.

De veel grotere giftigheid van methylkwik ten opzichte van anorganisch kwik blijkt ook uit experimenten met kippen en met Japanse kwartels. Gehalten tot 200 mg anorganisch kwik per kg voer werden zonder merkbare effecten verdragen, terwijl gehalten van 10 tot 20 mg methylkwik per kg al ernstige toxische verschijnselen opriepen.

Metallothioneïne kan behalve cadmium ook kwik binden, maar geen methylkwikionen. Een veel effectiever beschermingsmechanisme tegen kwik wordt gevormd door het element *seleen*. Kwikintoxicaties bij proefdieren kunnen worden voorkomen door aan het voer natriumseleniet toe te voegen. (Omgekeerd blijkt kwikchloride seleenvergiftigingen tegen te gaan.) Arbeiders in Joegoslavische kwikmijnen, die aan een hoge belasting met dit element blootstonden, accumuleerden niet alleen kwik maar ook seleen, dit ondanks het feit dat de seleengehalten in de gebruikte voedingsmiddelen normale waarden bezaten. Een soortgelijk effect is bekend bij zeehonden die aan hoge kwikbelastingen waren blootgesteld. In de organen bleken kwik en seleen in een stoechiometrische 1: 1-verhouding voor te komen.

In tegenstelling tot thioneïne blijkt seleen ook de giftigheid van methylkwik tegen te gaan. Het effect is al duidelijk merkbaar bij seleenhoeveelheden die veel te klein zijn om een 1: 1-verhouding te bewerkstelligen. Hoe kwik met seleen reageert is nog niet goed bekend. De elementen cumuleren in de lever, voorzover we thans weten als een onschadelijke verbinding die beide elementen bevat.

Onder extreme omstandigheden (opname van een hoge dosis van een kwikverbinding; chronische belasting op een hoog niveau) zal het beschermende mechanisme echter tekortschieten en manifesteren zich de verschijnselen van een kwikintoxicatie.

De belangrijkste toepassing van kwik is momenteel die in batterijen, met als goede tweede het gebruik in de conserverende tandheelkunde (6). Verder wordt nog wel kwik gebruikt als elektrodemateriaal in chlooralkalibedrijven, en kwikverbindingen hier en daar als ontsmettingsmiddel. In een aantal apparaten (onder andere thermometers) bevindt zich metallisch kwik. Kwikzouten worden als katalysator toegepast. De toepassing bij het winnen van goud en zilver is van zeer ondergeschikt belang geworden.

De grootste hoeveelheid kwik in het milieu is echter aanwezig als gevolg van de uitstoot van natuurlijke vulkaangassen (6). Met deze natuurlijke contaminatie kunnen mens en dier overigens goed leven. Binnen- en kustwateren (en daarmee vis) blijven aandacht vragen, maar het kwikprobleem is in het algemeen beheersbaar. De problemen die bestaan, zijn niet van mondiale maar van lokale aard. In gebieden waar door uitmondingen van vervuilde rivieren het kwikgehalte van het zeewater verhoogd is (zoals in de zuidelijke Noordzee, langs de Hollandse kust) worden in vis waarden van 0,2 à 0,3 mg/kg gevonden. Zoetwatervis bevat vaak meer kwik (in baars en snoek soms boven 1 mg/kg). Het grootste deel van dit kwik is aanwezig als methylkwik.

In ons voedingsmiddelenpakket is de hoeveelheid kwik laag. In Nederland werd in de jaren tachtig gemiddeld 9 µg per dag opgenomen, waarvan ruim 5 µg uit voedingsmiddelen van dierlijke oorsprong en bijna 4 µg uit plantaardig voedsel. Bij viseters is deze hoeveelheid veel hoger. Door de consumptie van 100 g kabeljauwfilet met 0,10 mg kwik per kg wordt al 10 µg opgenomen. Daarbij moet wel worden bedacht dat dezelfde hoeveelheid kabeljauw circa 25 µg seleen bevat.

Het Joint Expert Committee van de FAO/WHO achtte maximaal 300 µg per week toelaatbaar, mits niet meer dan tweederde van deze hoeveelheid als methylkwik aanwezig is. De seleenopname is hierbij buiten beschouwing gelaten.

Behalve in vis kunnen ook in sommige paddestoelen relatief hoge kwikgehalten voorkomen. Ook hier gaan hoge kwikgehalten met hoge seleengehalten gepaard.

Lood

Het gebruik van lood is al meer dan vijfduizend jaar bekend. Ook de giftigheid van dit metaal werd al voor het begin van onze jaartelling beschreven (door *Hippocrates*). Niettemin werd tot in de recente geschiedenis gebruikgemaakt van loodverbindingen bij de bereiding van gegiste dranken. Wijn werd nog in de negentiende eeuw met loodverbindingen behandeld 'ter verbetering van de kwaliteit'. Cider werd met loodsuiker (basisch loodacetaat) geklaard en gezoet; overmatig gebruik van deze drank veroorzaakte soms acute loodintoxicaties die bekend stonden als 'colique de Normandie' (7).

Lood wordt door de gehele darm opgenomen. Het geabsorbeerde gedeelte bedraagt, evenals bij vele andere metalen, naar schatting 5 tot 10 procent. Bij kinderen ligt dit getal evenwel hoger. Ook bij calcium-, fosfaat- en ijzerdeficiënties wordt meer lood uit het voedsel opgenomen. Het lood komt via de bloedbaan in de organen terecht, het minst in het spierweefsel en het meest in het botweefsel. De uitscheiding vindt plaats met de gal. Via de nieren wordt zeer weinig lood uitgescheiden. De biologische halfwaardetijd bedraagt bij de mens ongeveer een maand.

Te hoge loodgehalten in het lichaam (vast te stellen door bepaling van het loodgehalte van het bloed) hebben een negatieve invloed op een aantal biologische functies, waarbij jonge kinderen de voornaamste risicogroep vormen. Afhankelijk van de loodopname kunnen verschillende effecten optreden. Bij loodgehalten in het bloed boven 150 µg/l wordt de hemoglobinesynthese al merkbaar geremd. Bij hogere gehalten (boven 400 µg/l) kan bloedarmoede optreden. De patiënten hebben dan vaak een kenmerkende vaalgrauwe tint. Nog hogere waarden gaan gepaard met nieraandoeningen en storingen in de hersenfuncties. Kenmerkend is een algehele lusteloosheid.

In de negentiende eeuw was de gemiddelde loodbelasting in onze streken veel hoger dan nu het geval is. Tijdens de bereiding van voedsel en dranken kwamen deze veelvuldig in aanraking met loden voorwerpen. Waterleidingbuizen werden doorgaans van lood gemaakt, hetgeen ook tot de belasting bijdroeg. Er is beweerd dat de negentiende-eeuwse Jan Salie-geest die werd gehekeld door *Potgieter*, onder meer in zijn boek 'Jan, Jannetje en hun jongste kind' (1842), in werkelijkheid het gevolg was van een massale te hoge loodbelasting.

Lood is ook berucht geworden door de plaatselijke verontreinigingen die het vaak veroorzaakt. Hoewel de loodbelasting van de *gemiddelde* consument tegenwoordig zeker geen probleem meer vormt, moeten deze incidentele en lokale loodcontaminaties als risicofactor toch worden genoemd. Het element kan op allerlei wijzen in het milieu geraken, niet alleen door industriële emissie maar ook door bijvoorbeeld het gebruik van loodmenie. Het komt voor dat runderen door lokale verontreinigingen aanzienlijke hoeveelheden lood opnemen, hetgeen onder meer tot uiting komt in verhoogde loodgehalten van lever en nieren en in de melk. De ophoping in melk wordt veroorzaakt doordat lood zich in het lichaam enigszins als calcium gedraagt. Hierdoor is ook ongeveer 90% van de totale hoeveelheid lood in een volwassen mens in het skelet aanwezig. Het wordt hierin vastgelegd en weer gemobiliseerd op vergelijkbare wijze als bij calcium.

Het Joint Expert Committee van de FAO/WHO stelde in 1972 een maximum van 3 mg per week vast. In die tijd lag de wekelijkse inname in West-Europa in de orde van 1 mg. Thans is deze hoeveelheid gedaald tot 200 à 250 µg.

In de gangbare levensmiddelen liggen de loodgehalten meestal in de orde van een tiende mg per kg of lager.

Loodopname via het eetgerei is thans van weinig belang meer, al komen incidenteel nog wel eens loodvergiftigingen voor door consumptie van zure dranken die langdurig in contact zijn geweest met geglazuurd aardewerk van inferieure kwaliteit.

De belangrijkste toepassingen van lood zijn die bij de fabricage van accu's en in legeringen. Daarnaast wordt lood gebruikt als dakbedekking en in pigmenten. De toepassing van tetraethyllood als antiklopmiddel in benzine was in de jaren tachtig de belangrijkste factor in de milieubelasting met lood. Sinds verbeterde technieken het gebruik van loodhoudende antiklopmiddelen niet meer nodig maken is de loodbelasting sterk verminderd.

Analyse

Voor de bepaling van lood en cadmium in voedingsmiddelen geldt in het algemeen wat in hoofdstuk 5 over de analyse van sporen van zware metalen is opgemerkt.

Kwik kan niet via een droge destructiemethode worden bepaald vanwege de grote vluchtigheid van kwik zelf en van bijna alle kwikverbindingen. Deze zelfde vluchtigheid echter maakt een gevoelige en nauwkeurige bepaling op basis van atoomabsorptiespectrometrie mogelijk. Het in de meetoplossing aanwezige kwik wordt hiertoe met tin(II)chloride tot de elementaire vorm gereduceerd. In deze vorm is het zo vluchtig dat het met behulp van een lucht- of gasstroom uit de oplossing kan worden geblazen. De kwikdamp wordt door een cuvet geleid dat in de lichtweg van de atoomabsorptiespectrometer is opgesteld. Uit het signaal dat tijdens de passage van de kwikdamp wordt afgegeven, kan het kwikgehalte van de meetoplossing worden berekend. Met deze methode (koude AAS genoemd) kan nog ongeveer een nanogram kwik worden gedetecteerd.

Methylkwik kan worden geëxtraheerd en gaschromatografisch worden bepaald.

Xenobiotica

In een officieel Nederlands rapport zijn xenobiotica ooit aangeduid als 'stoffen die vreemd zijn voor biologische systemen'. Hieruit mag niet worden afgeleid dat deze stoffen niet biologisch worden omgezet. In veel gevallen is dit wel degelijk mogelijk, door micro-organismen zowel als door hoger georganiseerd leven, en gebeurt dit ook inderdaad. Daarbij komt dat vrijwel al deze stoffen in thermodynamisch opzicht instabiel zijn en op den duur spontaan ontleden; een ontleding die wordt versneld door invloeden van weer en wind, met name door zichtbare en ultraviolette straling.

Ook verbindingen die redelijk persistent zijn, verdwijnen op den duur uit het milieu. Het moeilijkst gaat dit met verbindingen waarvan de moleculen tegen biologische of chemische afbraak zijn beschermd door een hoeveelheid covalent gebonden halogeenatomen (meestal chloor). Men kan zich daarbij voorstellen dat een wolk van bindingselektronen zich in de edelgasconfiguratie rondom het molecuul bevinden, zodat afbraakmechanismen er niet veel vat op hebben (enkele metabolieten worden vaak snel gevormd, maar deze zijn dikwijls nog persistenter). Ongelukkigerwijze hebben deze verbindingen ook sterk *lipofiele* eigenschappen, waardoor zij zich kunnen ophopen in de vetweefsels van mens en dier. Indien deze ophoping ver genoeg is voortgeschreden, worden de stoffen ook weer in merkbare hoeveelheden aan de bloedbaan afgegeven. Deze mobilisatie verloopt sneller als het individu zich in omstandigheden bevindt dat weinig voedsel wordt opgenomen (geen prooi beschikbaar voor roofdieren, broedende vogels, mensen gedurende een ziekteperiode). Ook van verhoudingsgewijs weinig toxische verbindingen kunnen dan gevaarlijk hoge gehalten in het bloed voorkomen. Een en ander is in het volgende schema weergegeven. (Het gaat hier niet om één bepaalde soort; daardoor zijn zowel eieren als melk genoemd.)

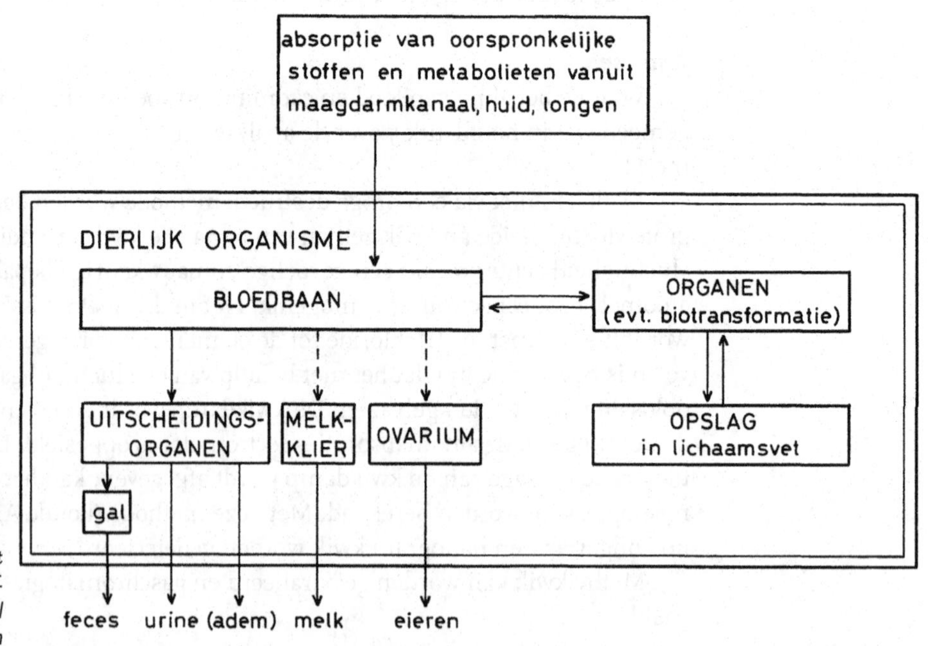

Figuur 8.3 Overdracht en uitscheiding van stoffen die in vetweefsel cumuleren

Pesticiden

Een bekend voorbeeld van een sterk cumulerende organochloorverbinding is het insecticide *dichloor-difenyl-trichloorethaan* (DDT), voor het eerst in 1874 gesynthetiseerd en in 1939 door *Müller* (Nobelprijs 1948) herontdekt. DDT is actief tegen allerlei soorten van geleedpotigen en bezit een lage orale toxiciteit. Het heeft enkele problemen van de mensheid die in allerlei gebieden optraden, zoals misoogsten door insectenvraat en het voorkomen van malaria voor een groot deel kunnen oplossen. Toen echter in het begin van de jaren zestig veel sterfte onder roofvogels optrad als gevolg van mobilisatie van DDT (en andere insecticiden) uit de vetweefsels, werd duidelijk dat men niet kon doorgaan met de verspreiding van cumulerende pesticiden. Er werden ook aanwijzingen verkregen dat nogal wat patiënten op dezelfde wijze acute intoxicaties opliepen nadat zij jarenlang veel DDT hadden opgenomen, bijvoorbeeld door bestrooien met deze stof en verstuiven van oplossingen.

Het gebruik van gechloreerde pesticiden is tegenwoordig vrijwel geheel verboden. Gebleken is dat de gehalten in het vet van voedingsmiddelen en van melk, maar ook in het milieu, na de genomen maatregelen sneller afnamen dan men aanvankelijk dacht. Dit geldt voor DDT en metabolieten hiervan, maar bijvoorbeeld ook voor de 'drins' of cyclodiënen (aldrin, dieldrin, heptachloor enzovoort) en voor γ-hexachloorcyclohexanen (en de isomeren hiervan, die bij de productie ook worden gevormd). In sommige streken op aarde, waar veel van deze pesticiden werden gebruikt, zijn de hoeveelheden in voedingsmiddelen, vooral vette vis, nog steeds te hoog.

Een mondiaal probleem is nog steeds de aanwezigheid van *toxafeen* in het milieu. Toxafeen is de populaire naam voor een ingewikkeld mengsel, in hoofdzaak bestaande uit polygechloreerde terpenen (PCT's), dat langs eenvoudige weg kan worden gemaakt door kamfer in contact te brengen met chloorgas. Het mengsel dat hierbij ontstaat, heeft uitstekende insecticide eigenschappen maar is ook nogal toxisch. Daarom heeft men indertijd bepaald dat toxafeen alleen mocht worden gebruikt voor het beschermen van gewassen die geen enkele rol speelden in de voedselketen. Het is toen vooral in de Verenigde Staten op grote schaal toegepast bij de katoenteelt. In die tijd zag men nog niet in dat op deze wijze wél een milieuprobleem werd gecreëerd, ook al doordat de vluchtigheid van toxafeenpreparaten aanzienlijk is. De PCT's hebben zich sindsdien over de gehele wereld verspreid (9, 10).

Polychloorbifenylen (PCB's)

De polychloorbifenylen werden ontwikkeld in de jaren twintig, toen behoefte bestond aan chemisch stabiele verbindingen die als (elektrische) isolatievloeistof konden dienen en tegelijk een goede warmtegeleiding bezaten. De PCB's vonden toepassing als koel- en isolatievloeistof in transformatoren en als diëlectricum in condensatoren. Later bleken andere toepassingen mogelijk, onder andere als weekmaker in kunststoffen en vooral in hydraulische installaties in de mijnbouw, vanwege de onbrandbaarheid en stabiliteit. De productie begon in 1929.

De bereiding van PCB's geschiedt door bifenyl te behandelen met chloorgas tot een mengsel ontstaat van de gewenste chloreringsgraad. De eigenschappen van het eindproduct worden bepaald door het gewichtspercentage aan chloor: een mengsel met 21% Cl is een kleurloze dunne vloeistof, het product met 60% Cl (*Aroclor 60*) is een lichtgele viskeuze vloeistof en het product met 70% Cl (waarbij vrijwel alle waterstof door chloor is vervangen) is een poeder. Een mengsel met 60 gewichtsprocent chloor bevat gemiddeld bijna 6 chlooratomen per molecuul.

Commerciële PCB-mengsels bestaan uit een groot aantal verwante verbindingen, die als *congeneren* (letterlijk: tot eenzelfde familie behorend) worden betiteld. Er kunnen 1 tot 10 chlooratomen aanwezig zijn, waarvan de positie als volgt wordt aangegeven:

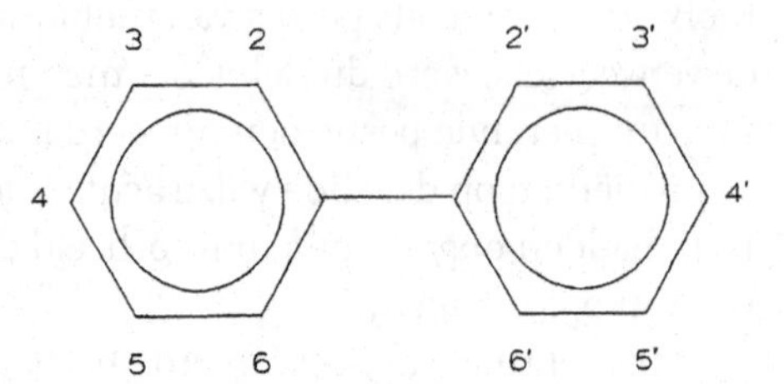

Figuur 8.4

In totaal zijn 209 congeneren mogelijk. Deze zijn door de International Union for Pure and Applied Chemistry (IUPAC) van nummers voorzien.

Sinds 1966, het jaar waarin de Zweed *Sören Jensen* aanzienlijke hoeveelheden PCB's vond in de depotvetten van een zeearend, is duidelijk geworden dat deze stoffen het milieu, in het bijzonder de fauna, sterk verontreinigen. De gevaren voor de volksgezondheid bleken bij het zogenoemde Yusho-incident in Japan in 1968 (yusho is Japans voor 'olieziekte'), waar zich vergiftigingsverschijnselen voordeden bij ongeveer 1300 personen als gevolg van de consumptie van rijstolie die met PCB's uit een warmtewisselaar was besmet. Naast afwijkingen van de lever vertoonden de slachtoffers een hardnekkige huiduitslag, de zogenoemde chlooracne; miskramen traden op en baby's kwamen levenloos ter wereld. Negenentwintig slachtoffers overleden. Een soortgelijk incident deed zich jaren later (1979) in Taiwan voor. Toxische symptomen waren al eerder waargenomen bij arbeiders die aan deze stoffen blootstonden.

De toxische eigenschappen moeten worden toegeschreven aan enige congeneren die niet op de 2- en 6-plaatsen zijn gesubstitueerd (met name de nos. 77, 126 en 169). De verklaring hiervoor (11) zal in de volgende paragraaf worden besproken.

De sinds 1929 gefabriceerde PCB's zijn, als gevolg van hun grote persistentie, voor meer dan de helft nog als zodanig in het milieu aanwezig. PCB's komen als contaminant voor in de vetfractie van dierlijke weefsels en in melkvet. Ze komen meestal via afvalwater in het milieu en uiteindelijk in zee terecht. Daardoor kunnen vooral vislipiden veel PCB's bevatten. In Europa is het vette vis uit de Oostzee die vaak te hoge gehalten aan PCB's bevat. Ook schelvislever (meestal van kabeljauw afkomstig) bevat veel PCB's. Dit product draagt overigens weinig bij tot de belasting met PCB's, omdat de consumptie gering is.

De PCB-gehalten in vetweefsels worden langzaam lager, maar het is nog steeds niet gelukt de productie volledig te stoppen, omdat voor bepaalde toepassingen (met name in de mijnbouw) geen goede alternatieven bestaan. Pogingen tot invoer van andere hydraulische vloeistoffen met vergelijkbare eigenschappen zijn wel ondernomen, maar hadden tot nu toe weinig succes omdat ook deze alternatieven sterk milieubelastend waren.

Dioxinen

Met dioxinen wordt een groep van milieucontaminanten bedoeld die bestaat uit polychloordibenzofuranen (PCDF's) en polychloordibenzodioxinen (PCDD's). Hun structuren worden als volgt weergegeven:

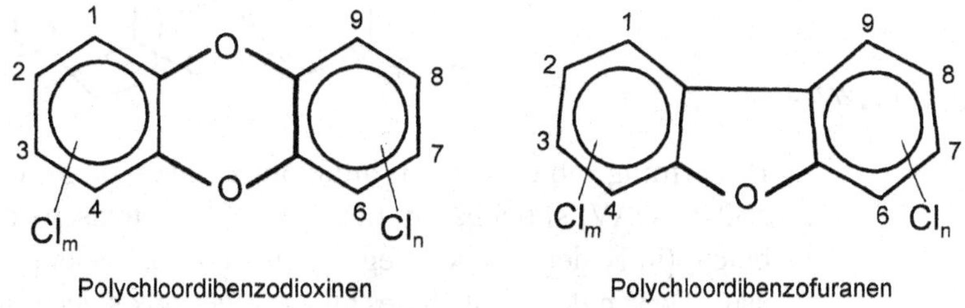

Figuur 8.5

Een molecuul kan maximaal 8 chlooratomen bevatten. Bij de PCDD's zijn 75 congeneren mogelijk en bij de PCDF's 135.

Deze verbindingen staan sinds het einde van de jaren zestig in de belangstelling, omdat toen bleek dat het ontbladeringsmiddel 2,4,5-trichloorfenoxyazijnzuur (2,4,5-T) een uiterst giftige verontreiniging bevatte, het 2,3,7,8-tetrachloor-dibenzodioxine (TCDD). Sporen van deze verbinding ontstaan tijdens de bereiding van 2,4,5-T uit het tussenproduct 2,4,5-trichloorfenol, vooral indien de temperatuur in het reactievat te hoog wordt. Bij de milieuramp van Seveso (1976) werden meetbare hoeveelheden van deze stof verspreid in de omgeving van de fabriek die 2,4,5-T produceerde. Bij vele andere chloreringsprocessen ontstaan deze en dergelijke verbindingen ook. Sporen van PCDD's en PCDF's worden gevormd bij verbranding van huisvuil en wellicht zelfs bij het verbranden van plantaardig materiaal, zoals bij bosbranden (12). Als dit juist is, voldoen dioxinen strikt genomen niet aan de definitie van xenobiotica. Dat ze hier toch worden behandeld, vindt natuurlijk zijn oorzaak in het feit dat vrijwel alle dioxinen op aarde toch door toedoen van de mens zijn ontstaan.

TCDD is een van de giftigste stoffen, zo niet de giftigste, die ooit door toedoen van de mens is gevormd. Enkele microgrammen (!) per kg lichaamsgewicht of nog minder zijn voor vele proefdieren dodelijk. De oorzaak hiervan is dat deze verbinding precies 'past' op een eiwit in het celvocht dat bekend staat als de Ah (aromatic hydrocarbon)-receptor. Deze Ah-receptor vervult een belangrijke functie in de opbouw van bepaalde voor het leven noodzakelijke verbindingen. Door blokkade van deze receptor wordt die functie verstoord.

TCDD heeft invloed op de lever, de schildklier, het afweersysteem en de hormoonhuishouding. Het is kankerverwekkend, verstoort de voortplanting en kan de ongeboren vrucht beschadigen (13). Een zichtbaar effect is het optreden van een hardnekkige huiduitslag, de zogenoemde chlooracne, die zich overigens ook tijdens het Yusho-incident manifesteerde. Andere congeneren (zowel van PCDD's als van PCDF's) kunnen de Ah-receptor eveneens blokkeren, mits zich ook daar op de vier laterale posities (2, 3, 7, 8) chlooratomen bevinden. TCDD is echter in dit opzicht de meest actieve component.

Essentieel is ook de 'platte' structuur van deze moleculen, een structuur die ook aanwezig is bij niet op de 2- en 6-plaatsen gesubstitueerde PCB's, de zogenoemde planaire congeneren, die dezelfde verschijnselen oproepen als de actieve dioxinen, zij het in hogere concentraties. Onderstaande figuur toont de ruimtelijke verwantschap tussen TCDD en PCB-congeneer no. 77.

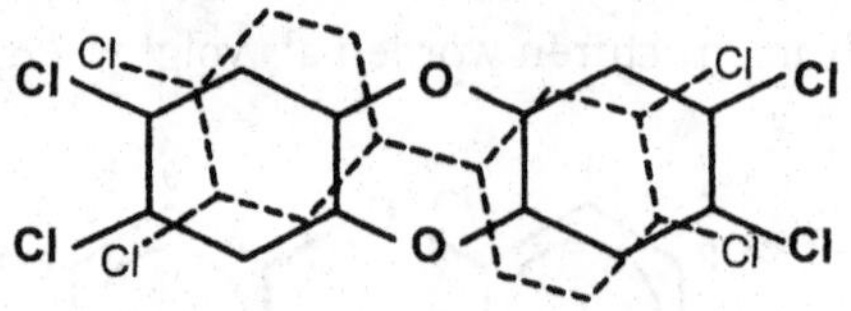

Figuur 8.6

De vorming van dioxinen is altijd ongewild en ongewenst. Afvalverbrandingsinstallaties (AVI's) hebben in het verleden veel toxische dioxinen in het milieu gebracht (in Nederland bedroeg de uitstoot omstreeks 1980 ongeveer een kg per jaar). De van deze installaties afkomstige rook sloeg onder andere neer op grasland, waarna dioxinen door grazend vee werden opgenomen, die ze vervolgens met de melk uitscheidden. De belasting van de mens met dioxinen vindt dan ook voor een groot deel via melk en zuivelproducten plaats.

De chlorering van organisch materiaal in AVI's is mogelijk doordat – altijd aanwezige – chloorionen door de luchtzuurstof kunnen worden geoxideerd tot elementair chloor (de zogenoemde *Deacon*-reactie). Deze reactie wordt gekatalyseerd door metaaloxiden die, aan vliegas geadsorbeerd, een groot oppervlak bieden aan de reactiepartners. De verbrandingstechnologie is sinds 1993, nadat het Besluit Luchtemissies Afvalverbranding van kracht werd, in een versneld tempo verbeterd. Daardoor is de totale emissie vanuit AVI's ten opzichte van 1980 nu met een factor 10 afgenomen.

Door middel van toxicologisch onderzoek heeft men een schatting kunnen maken van de toxiciteit van een aantal dioxine-congeneren. Men heeft afgesproken, de giftigheid van deze congeneren te betrekken op die van de giftigste, het 2,3,7,8-tetrachloordibenzodioxine. Aan deze verbinding heeft men een toxiciteitsequivalentiefactor 1 toegekend, en aan de andere congeneren lagere getallen, in overeenstemming met hun giftigheid. Ook aan de planaire PCB's is een TEF toegekend. Het gehalte aan dioxinen wordt opgegeven als toxiciteitsequivalenten (TEQ) per gewichtseenheid.

De World Health Organization (WHO) beval in 1997, als toelaatbare dagelijkse inname (TDI), een hoeveelheid van 10 picogram (0,01 ng) TEQ per kg lichaamsgewicht aan. De gemiddelde volwassene neemt 20% van deze hoeveelheid op. Bij zeer jonge kinderen ligt dit niveau op 60%, om tijdens het opgroeien geleidelijk te dalen. De TDI wordt door 1,5% van de Nederlandse bevolking overschreden (13). Intussen wordt deze normstelling steeds verder aangescherpt.

Gehalten aan gechloreerde koolwaterstoffen en dioxinen; analyse

Alle gechloreerde verbindingen die hier werden besproken, zijn aanwezig in vetdepots of in de vetfractie van diverse weefsels en organen. Het vetgehalte is dan ook in hoge mate bepalend voor de hoeveelheid van de contaminant die in een weefsel of orgaan wordt opgeslagen. Indien men deze belasting wenst te bestuderen is het gebruikelijk, het gehalte aan de contaminant(en) in kwestie te betrekken op het vetgehalte van het materiaal. Indien het gaat om de consumptie van voedsel, vette vis of melk bijvoorbeeld, ligt het meer voor de hand om het gehalte van de contaminant(en) op het totale gewicht te betrekken. Hierdoor kan verwarring ontstaan; het is dus zaak, er goed op te letten waarop de hoeveelheden betrekking hebben als men gegevens over het gehalte aan deze stoffen onder ogen krijgt.

De gehalten aan organochloorpesticiden zijn in onze streken nu laag en liggen in vis in de orde van enkele microgrammen per kg weefsel; in andere voedingsmiddelen nog lager. In gebieden waar in het verleden veel DDT werd gebruikt, worden nog wel gehalten boven 10 µg/kg gevonden (4).

Na extractie van het materiaal met een organisch oplosmiddel en isolatie van de niet-verzeepbare bestanddelen kunnen de meeste organochloorpesticiden goed worden bepaald door middel van gaschromatografie met elektronenvangstdetectie.

Toxafeen echter levert grote analytische problemen op. De uitgangsstof, kamfer, is een natuurproduct dat uit een aanzienlijk aantal weliswaar verwante maar toch verschillende verbindingen bestaat. Al deze verbindingen produceren hun eigen serie congeneren. Daardoor bestaat toxafeen uit een mengsel van circa 32.000 verschillende componenten, van welke er bijna 200 in iets grotere hoeveelheden aanwezig zijn. Men moet in zo'n geval afspreken hoe het toxafeengehalte zal worden gedefinieerd. Daarvoor staan verscheidene mogelijkheden open, die hier overigens niet zullen worden behandeld.

Met een soortgelijk probleem, maar dan niet van deze omvang, werden analytici indertijd geconfronteerd toen zij de hoeveelheden PCB's in organisch materiaal moesten gaan bepalen. Men heeft er toen uiteindelijk voor gekozen, een zevental congeneren te meten die in redelijke hoeveelheden aanwezig zijn en samen meer dan de helft van de totale PCB-massa vormen. Op de gehalten aan deze congeneren (de nummers 28, 52, 101, 118, 138, 153 en 180) zijn ook de wettelijke eisen gebaseerd (14). In die tijd (1984) was nog niet goed bekend welke congeneren voor de toxiciteit van een PCB-mengsel verantwoordelijk zijn.

Bij de dioxinen is men een andere weg gegaan. De analytische technieken zijn inmiddels zover gevorderd dat ook de uiterst geringe hoeveelheden dioxinecongeneren met de nodige precisie kunnen worden bepaald. Een goede mogelijkheid is gaschromatografie waaraan gekoppeld een massaspectrometer met hoog oplossend vermogen. Uiteraard vindt eerst extractie en voorzuivering (met actieve kool) plaats. Voor de individuele componenten is de onzekerheid kleiner dan 20% indien de concentraties boven 1 µg/kg liggen, en 20 tot 50% voor concentraties hieronder (13).

Polybroombifenylen (PBB's) en polybroomdifenylethers (PBDE's)

In 1973 werd de Amerikaanse staat Michigan opgeschrikt door een ziekte die op grote schaal bij het rundvee uitbrak. De oorzaak bleek een mengfout in een veevoederfabriek te zijn. In plaats van magnesiumoxide (een veevoederadditief) werd polybroombifenyl (een vlamvertragend middel) aan het veevoer toegevoegd. De runderen moesten massaal worden afgemaakt. Bij mensen werden geen symptomen gevonden. Het PBB-mengsel bestond hoofdzakelijk uit hexabroombifenyl.

De productie van PBB werd op vele plaatsen gestopt en tegen het eind van de jaren zeventig geheel gestaakt. Daarna kwamen polybroomdifenylethers als brandvertragend middel op de markt. Beide groepen van verbindingen zijn zeer persistent, hoewel iets minder dan de PCB's. Evenals deze verbindingen kennen de beide groepen elk 209 congeneren.

Veel gebruikt is de decabroom-difenylether (volledige substitutie van waterstof door broom dus). In het milieu vindt men echter voornamelijk lager gebromeerde ethers (tetra- en penta-congeneren). Onder invloed van zichtbare en ultraviolette straling vindt debromering plaats, hetgeen mogelijk een verklaring voor dit verschijnsel zou kunnen zijn. Bij verhitting van PBDE's kunnen polybroomdibenzofuranen en -dibenzodioxinen ontstaan.

Van de chronische toxiciteit van deze verbindingen is nog weinig bekend. De indruk bestaat dat deze minder is dan die van PCB-mengsels. Waarschijnlijk berust deze op vergelijkbare effecten als die welke bij de polychloordioxinen en 'platte' PCB's optreden. Van belang is dat debromering vooral Br-atomen op de meta- en paraplaatsen betreft. De kans op vier gebromeerde laterale posities en afwezigheid van broom op de andere posities is daardoor wel erg klein (zie onder Dioxinen).

In veel landen worden regels voor het beheersen van brand steeds stringenter, waardoor de vraag naar PBDE's gestadig toeneemt. In de Verenigde Staten is deze vraag van 1993 tot 1998 met 30 procent gestegen. De gehalten in moedermelk zijn van 1992 tot 1997 met 50 procent toegenomen (15). In zeedieren, zoals dolfijnen, bedragen de gehalten aan PBDE's in lichaamsvetten thans ongeveer 10 procent van die van de PCB's. De consument heeft voorlopig niet veel te vrezen, maar wel is het tijd voor maatregelen die de productie van deze stoffen aan banden legt. Helaas zijn nog weinig goede alternatieven beschikbaar.

Polycyclische aromatische koolwaterstoffen

Een typisch probleem van geïndustrialiseerde gebieden – hoewel het ook op zeer lokaal niveau kan optreden – is de uitstoot van roetdeeltjes, met name via fabriieksschoorstenen. Elektriciteitscentrales, afvalverbrandingsinstallaties, cokes- en andere fabrieken zijn hiervoor in hoofdzaak verantwoordelijk; ook verkeer draagt aan deze vervuiling bij (2). Deze deeltjes kunnen bij depositie gewassen op het open veld verontreinigen. Deze verontreiniging moet nader worden besproken, omdat roet carcinogene verbindingen bevat.

Roet ontstaat bij onvolledige verbranding van organische verbindingen. Het bestaat voor het overgrote deel uit koolstof. Het merendeel van de koolstofatomen in roetdeeltjes is in een structuur van regelmatige zeshoeken gerangschikt. Temidden van deze macrostructuren bevinden zich ook kleinere brokstukken, die men kan opvatten als te zijn opgebouwd uit een aantal gecondenseerde benzeenkernen. Af en toe zijn ook vijfringen aanwezig en komt hier en daar een stikstofatoom voor. Enkele van deze verbindingen bevatten methyl- of nog andere groepen. Ze worden aangeduid als polycyclische aromatische koolwaterstoffen (PAK's) ; in het Engels PAH's (polycyclic aromatic hydrocarbons, ook wel PCA's).

Voor deze PAK's geldt veel meer dan voor dioxinen dat zij niet altijd door toedoen van de mens ontstaan. Ook in de natuur, ver van de beschaafde wereld, zijn deze stoffen aanwezig in de bodem van wouden en prairies, en in riviersedimenten. Men veronderstelt dat deze PAK's tijdens bos- en prairiebranden werden gevormd (2). Ze kunnen ook tijdens de *bereiding* van voedingsmiddelen ontstaan.

Niettemin vinden deze verbindingen ook hun plaats onder de stoffen die als gevolg van menselijke handelingen in het milieu worden gebracht.

De PAK's in roet bestaan voor een aanzienlijk deel uit de beide verbindingen met drie gecondenseerde benzeenringen: anthraceen en fenanthreen. Ook pyreen, met vier gecondenseerde benzeenkernen, is in tamelijk grote hoeveelheden aanwezig.

De plaats van meer gecondenseerde ringen wordt doorgaans aangegeven door het voorvoegsel 'benzo' of 'benz', gevolgd door een letter tussen haakjes. De letter duidt een van de zijden van een benzeenring aan; bij pyreen als volgt:

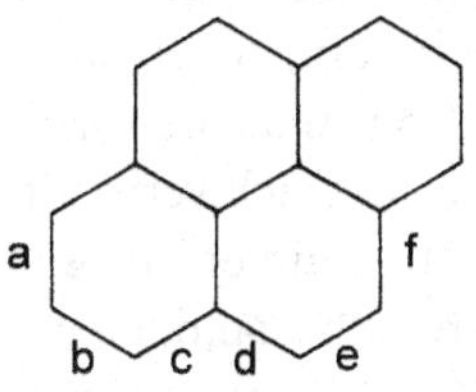

a b c d e f

Figuur 8.7

Als voorbeeld de drie volgende verbindingen:

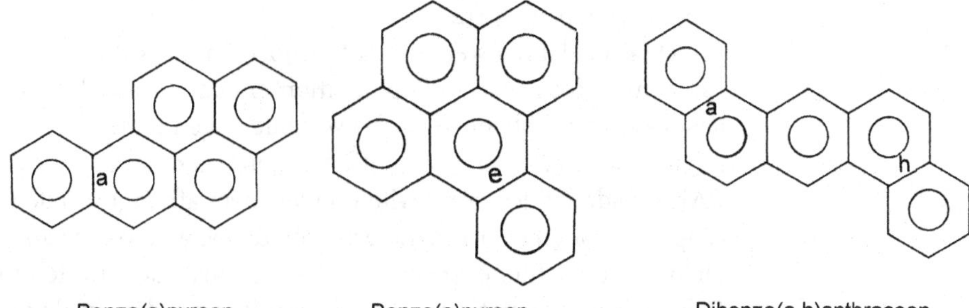

Figuur 8.8

In de literatuur komt men PAK's met hoogstens 7 à 8 ringen tegen. Verbindingen met meer ringen zullen natuurlijk ook voorkomen, doch zijn minder goed onderzocht.

Sinds meer dan tweehonderd jaar weet men dat roet kankerverwekkende eigenschappen bezit. De Engelse arts *Pott* beschreef in 1775 het veel bij schoorsteenvegers voorkomende scrotumcarcinoom en zag een verband met roetdeeltjes die zich in de huidplooien aldaar ophoopten. In 1915 wekten *Yamagiwa* en *Ichikawa* huidtumoren op bij konijnen door hun oren regelmatig met koolteer te bestrijken. Drie jaar later werden op dezelfde wijze huidtumoren bij muizen opgewekt. In 1933 isoleerde *Cook* het sterk carcinogene benzo(a)-pyreen (BaP) uit koolteer. Weer later bleek dat slechts een deel van de carcinogene eigenschappen van roet en teer op rekening van benzo(a)pyreen kon worden geschreven en dat vele andere kankerverwekkende verbindingen aanwezig zijn, zoals dibenzo-(a,h)anthraceen. Benzo(e)pyreen (BeP) is slechts zwak carcinogeen. N.B. Van benzopyreen bestaan slechts deze twee isomeren!

Synergisme voor wat betreft de carcinogene werking van PAK's is bij ons weten nooit gemeld; wel antagonisme (bijvoorbeeld met pyreen). Bekend is dat retinol de carcinogene werking van BaP tegengaat door de binding van deze stof aan DNA- en epitheelcellen.

De carcinogene PAK's zijn zogenoemde *contact-* of *in situ-carcinogenen*, dat wil zeggen dat deze stoffen tumoren veroorzaken op de plaats waar contact met lichaamscellen optreedt. Door bestrijken van de huid met koolteer ontstaan, zoals vermeld, huidtumoren; inhalatie van roet- of teerdeeltjes kan aanleiding geven tot het ontstaan van longtumoren, terwijl bij orale opname van PAK's tumoren van het maagdarmkanaal zijn waargenomen.

De carcinogene (genotoxische) werking van een aantal PAK's verloopt via enzymatische oxidatie (aryl hydrocarbon hydroxylase). Hierdoor ontstaan reactieve epoxiden, die eerst werden beschouwd als de eigenlijke carcinogenen. De epoxiden bleken echter in een aantal gevallen minder carcinogeen dan de oorspronkelijke verbindingen, zodat deze hypothese niet zonder meer juist kon zijn. Men neemt thans aan dat de vorming van epoxiden verloopt via een zeer reactief tussenproduct, dat zich verbindt met het DNA van de celkern.

Niettemin zijn ook de epoxiden carcinogene verbindingen. Verder kunnen ze met andere celbestanddelen, zoals eiwitten, reageren. Daarnaast komen spontane omzettingen voor en ook enzymatische omzettingen, onder opneming van een watermolecuul, tot dihydrodiolen, waarna nog oxidatie tot een *o*-chinon kan volgen. Uitscheiding vindt plaats als zodanig of na koppeling aan sulfaat of glucuronzuur; zie pagina 112.

De kans dat het werkelijk tot tumorvorming komt, hangt af van de reactiviteit van een genotoxische stof op het moment dat deze zich bij het DNA bevindt. Reactieve stoffen hebben al eerder veranderingen ondergaan en zijn ter plekke niet schadelijk meer; stabielere stoffen zullen ook dan moeilijk worden omgezet. Voor PAK's geldt dat deze reactiviteit onder meer afhangt van de verdeling der bindingselektronen over het molecuul en dus van de vorm van het molecuul. Andere factoren zijn echter eveneens van belang, zoals de affiniteit tot het hydroxylase. Polycyclische aromatische koolwaterstoffen worden, zoals reeds is vermeld, in kleine hoeveelheden gevonden op gewassen die in de open lucht worden verbouwd (groenten, granen). De gevonden concentraties hangen af van de grootte van het aan de lucht blootgestelde oppervlak. Boerenkool zal daardoor meer PAK's bevatten dan tomaten die in hetzelfde gebied werden geteeld. De gehalten aan BaP op groenten, indien aantoonbaar, bedragen meestal enkele tienden tot een paar microgrammen per kg, maar kunnen in industriegebieden oplopen tot veel hogere waarden (waarden van meer dan 100 µg/kg zijn gemeten).

Het risico dat de consument hierdoor loopt, is niet eenvoudig vast te stellen. PAK's zijn, zoals gezegd, contactcarcinogenen. De werking van deze verbindingen komt natuurlijk vooral tot uiting indien ze op een bepaalde plaats zijn geconcentreerd, bijvoorbeeld doordat ze aan een roet- of teerdeeltje zijn gebonden. Indien een stof als BaP via een oplossing homogeen door het voer van proefdieren wordt gemengd, zijn verhoudingsgewijs hoge concentraties nodig om tumoren op te wekken (16). Een gehalte in een voedingsmiddel zegt vrij weinig als geen informatie bekend is over de verdeling van de stof in kwestie over dat voedingsmiddel. Indien de PAK's aan roetdeeltjes zijn geadsorbeerd, is de kans op nieuwvorming ongetwijfeld hoger dan bij een homogene verdeling het geval is. Verder is niet goed bekend in welke mate geadsorbeerde PAK's vrijkomen na inname van voedsel. Bij de analyse is dat trouwens ook een probleem, omdat vaak niet duidelijk valt te zeggen in welke mate de PAK's van de matrix zijn losgekomen. Door dit alles heeft de berekende dagelijkse opname van bijvoorbeeld BaP (gemiddeld 0,2 µg) slechts beperkte waarde.

PAK's komen niet alleen in voedingsmiddelen terecht door neerslag van roetdeeltjes, maar kunnen eveneens aanwezig zijn in voedings- of genotmiddelen die tijdens de bereiding aan hoge temperaturen zijn blootgesteld (koffie, gegrild vlees). Ook houtrook bevat sporen van deze verbindingen. Bij de bespreking van verontreinigingen in voedingsmiddelen als gevolg van productie zullen de PAK's daarom opnieuw aan de orde worden gesteld.

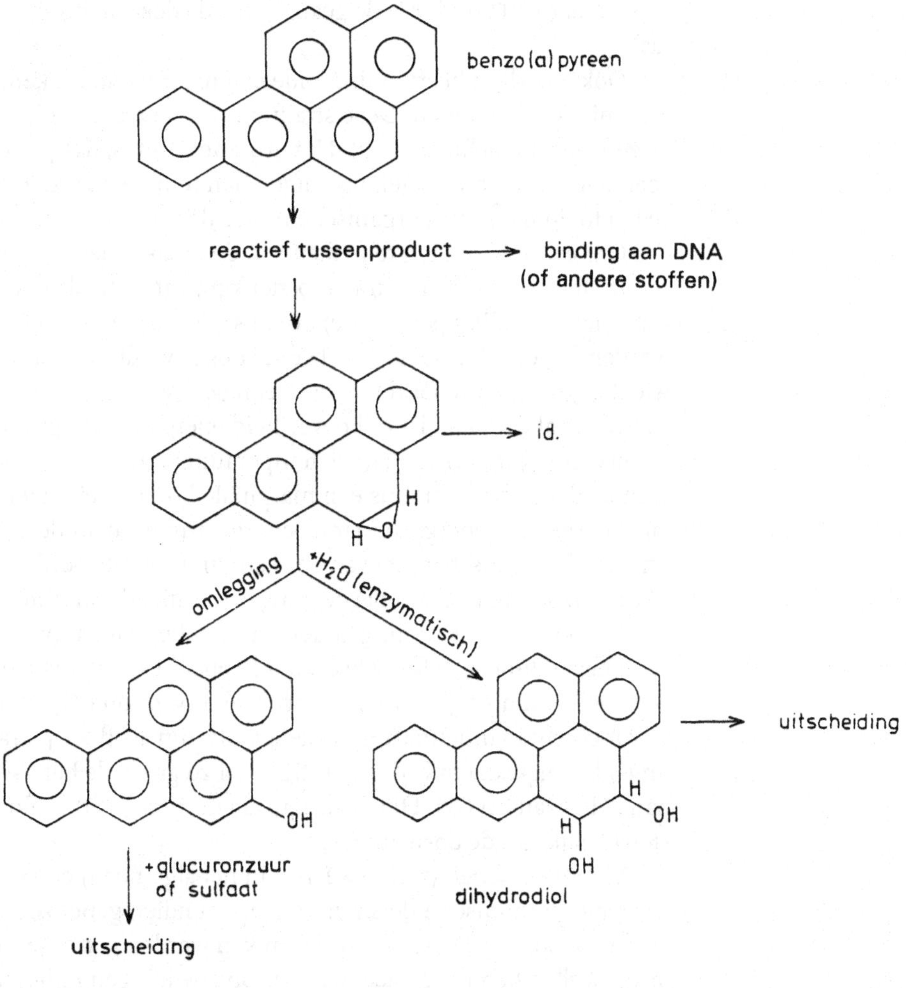

Figuur 8.9 Metabolisme van benzo(a)pyreen

Radionucliden

Besmetting van voedingsmiddelen met radioactief materiaal wordt, gezien de eigenschappen van radionucliden, als zeer bedreigend ervaren. Radionucliden produceren α-, β- en/of γ-stralen. α-straling is emissie van heliumkernen en β-straling emissie van elektronen, terwijl γ-stralers elektromagnetische straling produceren. De door α- en β-stralers uitgezonden deeltjes bezitten een zeer hoge snelheid, waardoor de kinetische energie groot is. Als deze deeltjes met organische moleculen in aanraking komen, zal deze energie op de moleculen worden overgedragen, hetgeen meestal tot gevolg heeft dat een elektron wordt vrijgemaakt en een positief geladen deeltje, een *ion* dus, overblijft. Om deze reden wordt deze straling aangeduid als *ioniserende straling*. (De betiteling 'radioactieve straling' is onjuist, omdat de term 'radioactiviteit' juist inhoudt *dat* straling wordt geproduceerd. Deze betiteling is dus in feite onzinnig en suggereert bovendien dat het getroffen materiaal er zelf radioactief door wordt, hetgeen beslist niet het geval is.)

Het ontstane ion is zeer instabiel en participeert daardoor in allerlei vervolgreacties, die uiteraard schade aan cellen, weefsels, organen en uiteindelijk het individu tot gevolg hebben. Deze schade kan gelukkig in veel gevallen worden hersteld, maar niet altijd. Als de geabsorbeerde dosis te hoog is, zijn de gevolgen fataal.

Ook γ-straling heeft ioniserende eigenschappen. Ze kan worden omschreven als emissie van fotonen. Deze straling is dus een soortgelijk verschijnsel als het uitzenden van zichtbaar licht. Het grote verschil is, dat γ-fotonen *als zodanig* zeer veel meer energie vertegenwoordigen dan fotonen van zichtbaar licht, en om die reden tot ionisatie van organische moleculen in staat zijn.

Om een voorstelling te maken van de desastreuze eigenschappen van ioniserende straling zou men kunnen bedenken, dat de totale energie van deze straling (dus *niet* de straling per deeltje) evenals alle vormen van energie in joules (J) kan worden uitgedrukt. De geabsorbeerde dosis wordt uitgedrukt in J/kg lichaamsgewicht of *gray* (Gy). Voor de mens is een geabsorbeerde dosis ioniserende straling van 10 Gy al dodelijk. Deze hoeveelheid energie bedraagt voor een mens van 100 kg dus 1000 J. Hiermee kan de temperatuur van 1 liter water met 0,24 °C worden verhoogd – zo bekeken dus een marginale hoeveelheid. Het is dan ook niet de totale hoeveelheid energie, maar de energie van de afzonderlijke deeltjes die voor de schadelijke eigenschappen van deze straling verantwoordelijk is.

De *sievert* (Sv) is, evenals de gray, een eenheid van geabsorbeerde energie. Bij de sievert is echter rekening gehouden met het feit dat niet alle vormen van ioniserende straling dezelfde uitwerking hebben. De schadelijke uitwerking van β- en γ- stralen is van gelijke orde; 1 Sv wordt hiervoor op 1 Gy gesteld. Alfa-straling wordt geacht twintig maal zo schadelijk te zijn als β- of γ-straling. Het (stralings)dosisequivalent is dus twintig maal zo groot als het α-straling betreft (1 Sv is dan gelijk aan 20 Gy). Het dosisequivalent (in Sv) is dus altijd groter dan of minstens gelijk aan de dosis (in Gy).

Vooral hersenen (zenuwweefsel in het algemeen) en beenmerg zijn uiterst gevoelig voor ioniserende straling, die bovendien genotoxische eigenschappen bezit omdat ook het DNA in de celkern kan worden getroffen. Als deze straling ei- of zaadcellen bereikt, bestaat de kans op afwijkingen in het nageslacht. In onze streken absorbeert de mens jaarlijks een dosisequivalent van 2 millisievert (mSv). Wat hiervan de gevolgen zijn, is niet bekend.

Radionucliden zijn van nature in ons milieu aanwezig. Voor een deel komen deze in de aardkorst voor en zijn verantwoordelijk voor de *terrestrische* straling; voor een ander deel komt de straling vanuit het heelal (*kosmische* straling). Een groot deel van de ioniserende straling is afkomstig van radioactieve koolstof, die continu in onze atmosfeer wordt gegenereerd doordat stikstofatomen worden getroffen door snelle neutronen vanuit het heelal. Daarbij treedt de volgende reactie op:

$$^{1}_{0}n + ^{14}_{7}N \rightarrow ^{14}_{6}C + ^{1}_{1}p$$

Deze radioactieve koolstof, een β-straler, wordt direct geoxideerd tot CO_2 en op den duur door plantaardig materiaal geassimileerd dat vervolgens door dieren wordt gegeten. Alle levende organismen op aarde bevatten daardoor radioactieve koolstof. Samen met het radioactieve kalium-40 (van terrestrische oorsprong) is koolstof-14 verantwoordelijk voor het grootste deel van de natuurlijke radioactiviteit van ons voedsel. De fysische halfwaardetijd (dat is de tijd waarin de helft van de oorspronkelijk aanwezige radioactieve atomen wordt omgezet) ligt in de orde van 6000 jaar.

Bij de door de mens veroorzaakte kernsplijtingsreacties ontstaan brokstukken, die doorgaans instabiel zijn en meestal binnen enkele minuten of nog veel sneller ontleden. Een uitzondering vormen de radio-isotopen ^{90}Sr, ^{131}I, ^{134}Cs en ^{137}Cs. De fysische halfwaardetijd is lang genoeg om een wereldwijde verspreiding mogelijk te maken. Deze bedragen respectievelijk 28 jaar, 8 dagen, 2 jaar en 30 jaar. De isotopen zijn dan ergens op het aardoppervlak neergeslagen (*fall-out*), besmetten eetbare gewassen en worden daarna ook door dieren opgenomen.

Jood-131 wordt door zoogdieren met de melk uitgescheiden. Bij inname komt vrijwel alles in de schildklier terecht, hetgeen een concentratie van radioactief materiaal ter plekke inhoudt. Het schildklierweefsel staat dan aan een hoog niveau van (β-)straling bloot. De halfwaardetijd is verhoudingsgewijs kort, maar lang genoeg om schade te veroorzaken.

Strontium-90 is een buitengewoon gevaarlijk radionuclide. Het hoopt zich – evenals lood maar dan sterker – op in botten en wordt ook met de melk uitgescheiden. In botweefsel kan het jarenlang aanwezig zijn, want ook de *biologische* halfwaardetijd is lang (circa 7 jaar). De vrijkomende β-straling kan vanuit de botten het beenmerg bereiken, met alle gevolgen van dien.

Cesium verspreidt zich evenals kalium door het gehele lichaam. Er is geen orgaan of weefsel waarin het zich ophoopt. De biologische halfwaardetijd bedraagt 3 à 4 maanden.

De stralingsbelasting als gevolg van het gebruik van kernenergie is laag en bedroeg in 1981 in Nederland en België ongeveer 0,01 mSv. Door het ongeval te Tsjernobyl steeg deze jaarlijkse belasting in 1986 tot 0,06 mSv, om daarna weer langzaam af te nemen.

De ICRP (International Commission on Radiation Protection) heeft met betrekking tot deze extra stralingsbelasting als limiet een waarde van 5 mSv aanbevolen, met de restrictie dat de jaarlijkse dosis gemiddeld over de gehele levensduur niet hoger uitkomt dan 1 mSv per jaar. Nederland is daar met 0,05 mSv ruim onder gebleven. Vele andere Europese landen ontvingen echter grotere doses. In het westen van de Oekraïne werd voor 1986 een dosis berekend die ongeveer gelijk was aan de natuurlijke jaarlijke dosis.

Opvallend was het in 1986 vrijwel gelijkblijven van de belasting met strontium-90. Vermoedelijk had dit te maken met het afdekken van de brandende kernreactor met een laag dolomiet ($CaCO_3.MgCO_3$). Strontium werd daarin chemisch gebonden, waarbij een equivalente hoeveelheid onschuldig magnesium vrijkwam.

De hoeveelheid ioniserende straling vanuit een preparaat of voedingsmiddel wordt uitgedrukt in *becquerels* (Bq). 1 Bq komt overeen met één desintegratie – of-

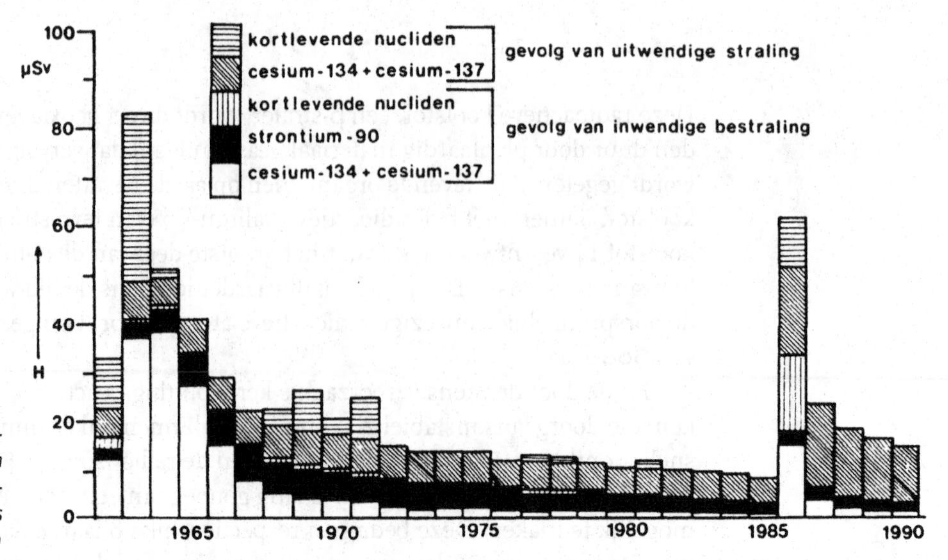

Figuur 8.10 Stralingsbelasting als gevolg van kernenergie voor volwassenen in Nederland sinds 1962 (naar Binnerts; 17)

wel het verval van één radioactief atoom – per seconde. Radioactieve besmetting van voedingsmiddelen wordt uitgedrukt in Bq per gewichtseenheid. Van belang is dat geen onderscheid wordt gemaakt naar de *aard* van de straling. De meting moet vanuit een dunne laag geschieden om te voorkomen dat de straling door het preparaat wordt geabsorbeerd. Vooral bij β-straling is dit niet ondenkbaar. α-straling kan eigenlijk niet zo worden gemeten, omdat deze zeer sterk wordt geabsorbeerd.

De natuurlijke radioactiviteit van voedingsmiddelen bedraagt hooguit enkele Bq per kg; meestal minder. In de tijd van de bovengrondse kernproeven (vlak na 1960) en ook direct na 'Tsjernobyl' bedroeg deze hoeveelheid in sommige gevallen 10 à 20 Bq/kg. De grenzen die waren gesteld aan de radioactieve besmetting lagen veel hoger en bedroegen 600 Bq/kg voor vlees en 500 Bq/l voor melk. Strenge eisen gelden voor strontium-90 in melk (maximum 4 Bq/l). Om deze specifieke emissie te kunnen meten is een speciale isolatietechniek vereist, waarbij aan de melk een niet-actief oplosbaar strontiumzout wordt toegevoegd en alle strontium vervolgens als $SrSO_4$ wordt neergeslagen.

RESTEN VAN GEWASBESCHERMINGS- EN DIERGENEESMIDDELEN

In de landbouw en de veeteelt worden een groot aantal stoffen toegepast met het doel, de productie zowel in kwantitatief als in kwalitatief opzicht te verbeteren. Van deze stoffen kunnen resten in het product achterblijven. Men gebruikt hiervoor de term *residuen.*

In vele gevallen zijn deze stoffen als zodanig schadelijk voor de consument en mag de hoeveelheid die met het voedsel wordt opgenomen een bepaalde waarde niet overschrijden.

Het gaat hier om stoffen die bewust worden toegepast. Hierdoor ligt de problematiek anders dan bij de milieucontaminanten, waarvan de aanwezigheid in voedingsmiddelen het gevolg is van menselijk handelen dat met de productie van het onderhavige voedsel geen verband houdt. Het rapport 'Advies voedseladditieven en -verontreinigingen' van de (Nederlandse) Voedingsraad (1) rekent onder 'productie' alle bewerkingen die zijn uitgevoerd bij de voortbrenging van planten en dieren en bij de geneeskundige behandeling van dieren. De eventueel hierbij achterblijvende verontreinigingen kunnen worden onderscheiden in *bestrijdingsmiddelenresiduen* en *residuen van diervoederhulpstoffen en diergeneesmiddelen.*

Bestrijdingsmiddelenresiduen worden in het rapport gedefinieerd als verontreinigingen op of in het voedingsmiddel en/of de grondstoffen ervan als gevolg van het gebruik van bestrijdingsmiddelen, en de omzettings- en reactieproducten daarvan voorzover deze aan de toxiciteit van het residu bijdragen. De verzamelnaam *dierbehandelingsmiddelen* omvat alle middelen die preventief en therapeutisch worden gebruikt, en ook middelen die dienen om de groei te bevorderen. Beide categorieën zullen nu in het kort worden besproken.

Resten van bestrijdingsmiddelen

Het bestrijden van ongedierte, schimmels en andere ongewenste organismen die gewassen kunnen aantasten, komt in feite neer op het *beschermen* van het cultuurgewas. Dit rechtvaardigt het gebruik van de term 'gewasbeschermingsmiddelen'. Op grond van de toepassing worden bestrijdingsmiddelen ingedeeld in onder andere insecticiden, acariciden, nematociden, fungiciden, herbiciden, algiciden, loofdodingsmiddelen, desinfectantia, houtconserveringsmiddelen, kiemremmingsmiddelen, mollenbestrijdingsmiddelen, vogelafweermiddelen en andere 'repellents'. Sommige gewasbeschermingsmiddelen zijn op meer gebieden toepasbaar. Zo hebben insecticiden vaak ook acaricide eigenschappen en kunnen mollenbestrijdingsmiddelen tevens effectief zijn tegen ratten.

Zonder het gebruik van gewasbeschermingsmiddelen is de moderne landbouw niet mogelijk. In sommige delen van Azië en Afrika waar dergelijke middelen slechts in beperkte mate (kunnen) worden toegepast, gaat gemiddeld meer dan veertig procent van de oogst verloren door plantenziekten, insectenplagen en de groei van onkruiden. Hierbij komen dan nog aanzienlijke verliezen tijdens de opslag van producten. Hieruit volgt intussen dat ook bij de opslag gebruik moet worden gemaakt van beschermende middelen.

Verder moeten verbindingen worden genoemd die spontane ongewenste veranderingen, zoals ontkiemen of uitlopen, moeten voorkomen (bekend zijn de antispruitmiddelen voor aardappelen). Groeiregulatoren worden eveneens in de gewassenteelt gebruikt. Andere categorieën van gewasbeschermingsmiddelen moeten hier noodgedwongen onbesproken blijven.

Goede gewasbeschermingsmiddelen moeten hun werking enige tijd blijven uitoefenen. Een bepaalde mate van persistentie is dus noodzakelijk. Dit stelt eisen ten aanzien van de ontledingssnelheid onder invloed van blootstelling aan de lucht, aan licht of aan biochemische invloeden. Eveneens van veel belang zijn de vluchtigheid en de oplosbaarheid in water.

Een belangrijke groep van insecticiden vormen nog steeds de *organofosfaten.* Het zijn esters van fosforzuur of thiofosforzuur. De algemene formule wordt als volgt weergegeven:

$$\begin{matrix} & O\,(S) & \\ RO & \uparrow & \\ & >P - O - X & \\ RO & & \\ & (S) & \end{matrix}$$

Figuur 8.11

In deze formule is R doorgaans een methyl- of ethylgroep en kan voor X een groot aantal verschillende groepen worden ingevuld, vaak (maar zeker niet altijd) aromatisch of heterocyclisch van karakter.

De biocide eigenschappen berusten op de fosforylerende en eventueel de alkylerende eigenschappen. In dieren met een centraal zenuwstelsel worden door fosforyleren bepaalde enzymen geblokkeerd die betrokken zijn bij de prikkeloverdracht. Vooral het enzym *acetylcholine-esterase* wordt geremd. Sommige organofosfaten blokkeren actieve SH-groepen van enzymen door deze te alkyleren.

Als groepen van pesticiden moeten ook de *carbamaten* en de *pyrethroïden* worden genoemd. Carbamaten, eveneens acetylcholine-esteraseremmers, zijn niet bijzonder persistent, maar pyrethroïden in het algemeen wel. Ze cumuleren echter niet in de voedselketen.

Overschrijding van residutoleranties komt bij pesticiden niet zoveel voor en nog minder bij de *herbiciden*, die ten behoeve van de onkruidbestrijding worden gebruikt. Dit laatste komt ongetwijfeld door het meestal vroege tijdstip waarop herbiciden bij de teelt van gewassen worden ingezet. Voorbeelden zijn *2,4-dichloorfenoxyazijnzuur (2,4-D)* en *paraquat* (een quaternaire ammoniumbase). 2,4-D is redelijk persistent. Paraquat is nogal giftig, maar verliest zijn activiteit vrij snel na contact met de bodem.

Fungiciden (schimmelbestrijdingsmiddelen) bestaan in vele soorten, zonder duidelijke chemische verwantschap. Residutoleranties worden nog wel eens overschreden. Bijna altijd echter gaat het dan om stoffen met geringe giftigheid (toxische dosis enkele grammen per kg lichaamsgewicht), zodat gevaren voor de volksgezondheid niet aan de orde zijn.

Sinds de jaren vijftig is het nodige onderzoek verricht naar de residuproblematiek bij gewassen. De analytische methodiek is goed ontwikkeld. De voorbewerking is in het algemeen eenvoudig en bestaat in eerste instantie uit extractie van plantendelen met een organisch oplosmiddel.

Mede hierdoor kan al een aantal jaren worden gezegd dat het probleem wordt beheerst. Voorwaarde is wel dat de behandeling met deze middelen niet anders dan op een vastgesteld tijdstip wordt uitgevoerd.

Naast het gebruik van gewasbeschermingsmiddelen wordt thans meer en meer gebruikgemaakt van biologische gewasbeschermingsmethoden.

Resten van dierbehandelingsmiddelen

Verreweg de grootste groep van deze categorie bestaat uit resten van antibacteriële middelen. Hiertoe behoren ook de in het dier gevormde metabolieten. Bij de vervaardiging van bijvoorbeeld vleesproducten kunnen residuen ontleden of reageren met andere componenten. Hiermee moet eveneens rekening worden gehouden (18).

Het gebruik van antibacteriële middelen heeft vooral te maken met de hoge infectiedruk waaraan landbouwhuisdieren in de intensieve veehouderij blootstaan. De problematiek van het preventief toedienen van antibacteriële middelen is thans volop in discussie vanwege de hierdoor optredende resistentie van schadelijke bacteriën, die ook voor de mens gevolgen kan hebben. De gehalten in spiervlees zijn veel te laag om resistentie te veroorzaken. Het is de behandeling van de dieren zelf die resistente bacteriën in omloop brengt.

De analyse is, vanwege de gecompliceerde matrix, veel moeilijker dan die van resten van gewasbeschermingsmiddelen. Tot op heden maakt men nog gebruik van microbiologische methoden, waarbij micro-organismen worden gebruikt die voor deze stoffen bijzonder gevoelig zijn. Metabolieten kunnen er echter niet mee worden bepaald en de concentraties in spiervlees zijn meestal te laag om een groeiremming in de test te kunnen veroorzaken. Vandaar dat vaak wordt gemeten in organen waar de concentraties hoger zijn. De nieren vormen hiervoor het aangewezen materiaal.

Resten van dierbehandelingsmiddelen, mycotoxinen en andere contaminanten die in zeer kleine hoeveelheden aanwezig zijn, kunnen thans uitstekend worden bepaald met behulp van immunochemische technieken. Deze zijn in hoofdstuk 1 al aan de orde gekomen. Dat antilichamen alleen kunnen worden opgewekt tegen macromoleculen, maakt de toepassing van immunochemische technieken voor kleine moleculen niet onmogelijk. Door de stof in kwestie langs chemische weg aan een eiwit te koppelen, zal deze als antigene determinant worden herkend.

Daarnaast bezit het eiwit ook andere antigene determinanten, waartegen eveneens antilichamen worden gevormd. Dit gebeurt in de zogenoemde B-lymfocyten. Elke B-lymfocyt produceert slechts één soort antilichamen. Door de goede B-lymfocyt te isoleren en vervolgens in cultuur te brengen, kan een zogenoemd *monoklonaal* antilichaam worden verkregen, dat zich alleen aan de plaats hecht waar het kleine molecuul is gebonden. Dit antilichaam herkent echter ook het niet-gekoppelde molecuul, dat als *hapteen* wordt aangeduid, en zal ook dit binden. Daardoor beschikt men in het geïsoleerde antilichaam over een zeer specifiek reagens op de verbinding die men wenst te bepalen.

Langs deze weg werden omstreeks 1980 al antilichamen bereid tegen synthetische verbindingen met hormonale werking en tegen diergeneesmiddelen zoals sulfonamiden. Momenteel worden ook al immunosensoren gebruikt in de microanalyse van de reeds genoemde groepen van verbindingen.

Voor wat betreft de melkcontrole bestaat intussen al meer dan veertig jaar een goede microbiologische test (de *Delvotest*), waarmee penicillineresiduen gevoelig en in grote aantallen kunnen worden aangetoond. Dit systeem wordt, met de nodige modificaties, nog steeds toegepast en kan ook voor andere antibioticaresten worden gebruikt.

De voor veterinair gebruik toegepaste *parasietenbestrijdingsmiddelen* onderscheidt men in *ecto-* en *endoparasiticiden*. Tot de eerste groep van verbindingen, die dermaal worden toegepast, behoren de insectenbestrijdingsmiddelen. Deze zijn reeds ter sprake gekomen.

Bij dermale toepassing bestaat de mogelijkheid dat het insecticide voor een deel door de huid wordt opgenomen en dat de stof daardoor in onderhuids vet, vlees of organen wordt gevonden of met de melk wordt uitgescheiden. Als het middel in een stal wordt verneveld, moet met opname via de luchtwegen rekening worden gehouden. Persistente stoffen zijn voor dit doel dan ook niet toegestaan.

De endoparasiticiden omvatten onder meer de middelen tegen wormen en leverbot. Ook deze middelen worden op grote schaal toegepast.

Soms is het nodig, *antistressmiddelen* of 'tranquillizers' toe te passen. Stress kan optreden tijdens transport van slachtdieren (doorgaans varkens) en manifesteert zich door een toename van motorische activiteit en emotionele reacties, vergezeld van symptomen zoals ademhalingsstoornissen, storingen in de bloedcirculatie enzovoort en, als gevolg van metabolische veranderingen in de spieren, soms ook in een (postmortale) vermindering van de vleeskwaliteit. Doordat deze verbindingen meestal kort voor de slacht worden toegediend, bestaat een redelijke kans dat nog sporen in het dier aanwezig zijn nadat het is geslacht; uiteraard in de grootste hoeveelheden bij de spuitplek.

Ondanks het feit dat de meeste antistressmiddelen in lage concentraties geen fysiologische effecten op de mens uitoefenen, wordt het gebruik om deze reden toch zoveel mogelijk vermeden. Een goed alternatief was indertijd het selecteren van varkensrassen die minder gevoelig voor stress zijn.

Groeibevorderende stoffen met hormonale werking verdienen nog enige afzonderlijke aandacht. Stoffen zoals 17-β-oestradiol en testosteron zijn stoffen die de groei van slachtkalveren bevorderen, maar van nature in het dier aanwezig zijn en ook in de mens. Het zijn verbindingen met een skelet van vier geconseerde ringen, het zogenoemde steroïde skelet.

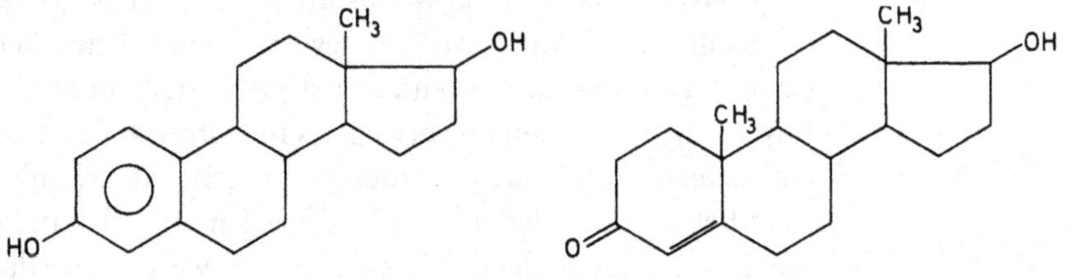

Figuur 8.12

17- β-oestradiol

Testosteron

Groeibevorderende stoffen met hormonale werking worden ook wel aangeduid als 'anabole stoffen' of kortweg *anabolica.*

Tegen een verantwoorde toepassing van natuurlijke anabolica bij mestkalveren (bijvoorbeeld als implantaat in het oor) kunnen vanuit het oogpunt van de volksgezondheid weinig bezwaren worden ingebracht, maar de emotionele bezwaren zijn groot. Indien het gaat om kunstmatige anabolica (waarvan er thans vele circuleren) kunnen zeer ongewenste situaties ontstaan, vooral indien gecompliceerde cocktails worden toegediend die het uiterste van de moderne analytisch-chemische technieken vergen om te kunnen worden opgespoord. Een probleem is dat vele kunstmatige anabolica, of mengsels hiervan, effectiever zijn dan natuurlijke anabolica.

Een weg die tegenwoordig nogal eens wordt bewandeld, is die van het convenant. Het vleesbedrijf sluit een contract met een bepaalde mester, waarbij wordt afgesproken dat tijdens het mesten geen gebruik van anabolica zal worden gemaakt. Het vleesbedrijf heeft te allen tijde het recht, hierop controle uit te oefenen. Blijken toch anabolica te zijn toegepast, dan kunnen de kalveren worden geweigerd en kan de mester van verdere leverantie worden uitgesloten.

CONTAMINANTEN ALS GEVOLG VAN BEREIDING, BEWERKING EN VERPAKKING

Na de productie van voedingsmiddelen volgt vaak nog een lange weg voordat deze de consument bereiken. Op die weg kunnen verscheidene verontreinigingen in het product raken. In de eerste plaats door bewerking en toebereiding, maar verder ook door verpakking, vervoer en opslag.

Hieronder zijn enkele categorieën aangegeven, met een tweetal voorbeelden die iets uitvoeriger zullen worden behandeld.

- bereiden en bewerken
  - grillen of barbecuen → PAK's
- conserveren
  - toevoeging van nitriet → vorming van N-nitrosaminen
- verpakken
- reinigen en desinfecteren
- andere handelingen

Figuur 8.13

Bereiden en bewerken

Opnieuw: polycyclische aromatische koolwaterstoffen

Door toebereiding kunnen vele ongewenste stoffen in het uiteindelijke product geraken. Een voorbeeld is de besmetting met roet, en daardoor met polycyclische aromatische koolwaterstoffen, door vlees te grillen of te barbecuen. De verontreiniging van voedingsmiddelen met roet als milieucontaminant is al eerder aan de orde gekomen. Verontreiniging door roetneerslag kan echter ook tijdens de bereiding plaatsvinden.

Tijdens het grillen wordt vlees voor een deel uitgebraden. Het vet lekt omlaag, komt op de warmtebron terecht en vat vlam. De verbranding is echter onvolledig. Er wordt een hoeveelheid roet geproduceerd, die ook op het vlees terechtkomt.

De hoeveelheden PAK's c.q. benzo(a)pyreen die op gegrilde producten kunnen worden aangetoond, hangen sterk af van het vetgehalte van het vlees, zoals ook in tabel 8.1 is te zien. De gevonden gehalten zijn buitengewoon hoog. In het enkele geval waar het vetgehalte minder dan 10 procent bedroeg, kon echter geen BaP worden aangetoond.

Het verdient dus dringend aanbeveling, geen vet vlees te grillen of te barbecuen óf te voorkomen dat van brandend vet afkomstige roetdeeltjes het vlees verontreinigen. Een zeer goede maatregel is, het vlees vooraf op een stuk aluminiumfolie te leggen.

Tabel 8.1 Gehalten aan benzo(a)pyreen in gegrild vlees (naar Doremire et al.)

Soort vlees	Vetgehalte,%	Benzopyreengehalte, µg/kg
rundvlees	15,0	16
rundvlees	19,5	23
rundvlees	29,8	31
rundvlees	39,1	121
varkensvlees	22,5	29
lamsvlees	12,9	10
kalkoen	8,3	niet gevonden
kalkoen	17,5	12

Polycyclische aromatische koolwaterstoffen zijn ook aanwezig in houtrook. Deze rook kan worden beschreven als een aërosol, waarvan de disperse fase (of deeltjesfase) bestaat uit teerachtige druppeltjes en de gasfase een groot aantal vluchtige rookcomponenten bevat. Deze laatste worden tijdens het roken door het product geabsorbeerd en zijn verantwoordelijk voor het aroma – en ten dele ook de langere houdbaarheid – van het gerookte product. De disperse fase dient als reservoir voor de gasfase, maar bevat tevens een hoeveelheid niet-vluchtige rookbestanddelen. Hieronder bevinden zich ook PAK's.

De hoeveelheid PAK's hangt onder meer af van de temperatuur waarbij de rook is gevormd. Tot 400 °C is de vorming van deze stoffen uit hout gering, maar bij hogere temperaturen nemen hun hoeveelheden snel toe. Bij nieuwere typen rookgeneratoren, waar de pyrolysetemperatuur beter wordt beheerst, ontstaan slechts weinig PAK's.

De massa van de disperse deeltjes die op het product terechtkomen is sterk afhankelijk van de wijze van roken. In een ouderwetse rookkast, of 'hang' zoals deze door visrokers wordt genoemd, bevindt het vlees of de vis zich rechtstreeks boven het houtvuur. In deze situatie komt relatief veel van de disperse fase op het product terecht. In moderne rookinstallaties wordt het vuur buiten de rookkast gestookt en de rook door middel van een pijp naar deze kast geleid. Onderweg verliest de rook een aanzienlijke hoeveelheid van de disperse fase, vooral de grotere deeltjes. Deze verliezen worden voornamelijk veroorzaakt door botsing van deze kleverige deeltjes tegen de wanden van de pijp en in de ventilator (indien aanwezig). Ook afkoeling van de rook, die onder meer een toename van de deeltjesgrootte tot gevolg heeft, bevordert de verwijdering van de disperse fase.

Onder de ventilator bevindt zich na enige tijd een hoeveelheid houtteer, die is ontstaan door het te hoop lopen van de disperse deeltjes. Deze houtteer lost goed op in bijvoorbeeld ethanol. In deze oplossing kan het gehalte aan PAK's worden bepaald. Gebleken is dat de hoeveelheid benzo(a)pyreen niet zeer hoog is en 5 à 10 mg per kg houtteer bedraagt.

In gerookte producten is het BaP-gehalte meestal veel lager dan 1 µg/kg. Gestoomde (heet gerookte) makreel wordt nog wel in de hang bereid en kan dan meer dan 1 µg BaP per kg product bevatten. De PAK's bevinden zich uiteraard aan de buitenzijde van de vis, maar kunnen via de vetfractie naar binnen diffunderen. Overigens wordt de huid van de makreel, waar zich nog steeds de grootste hoeveelheid BaP zal bevinden, niet geconsumeerd.

Het is uiterst onwaarschijnlijk dat moderne gerookte producten vanwege de eventuele aanwezigheid van sporen PAK's een risico voor de volksgezondheid vormen.

Conserveren

N-nitrosoverbindingen (nitrosaminen)

Het behandelen van vleeswaren met nitriet kan, zoals ook al eerder is vermeld, aanleiding geven tot vorming van N-nitrosoverbindingen. Dit risico is met name aanwezig als deze producten daarna nog worden verhit, bijvoorbeeld door ze in blik te steriliseren (worstjes) of ze te bakken (bacon). In vlees zijn onder meer *sarcosine* (CH_3-NH-CH_2COOH) en *proline* aanwezig, die bij verhitting voor of na nitrosering kunnen worden gedecarboxyleerd tot dimethylamine en pyrrolidine c.q. nitrosodimethylamine (NDMA) en nitrosopyrrolidine. NDMA is van beide de meest schadelijke, maar is ook vrij vluchtig en verdwijnt grotendeels tijdens het bakken. Nitrosopyrrolidine blijft achter.

Men vermoedt overigens dat de totale hoeveelheid carcinogene N-nitrosoverbindingen die met het voedsel wordt opgenomen veel lager is dan de hoeveelheid die endogeen wordt gevormd, naar alle waarschijnlijkheid in het spijsverteringskanaal. N-nitrosoverbindingen zijn *systemische* carcinogenen, hetgeen wil zeggen dat ze bij voorkeur cellen van *bepaalde* systemen (organen) aangrijpen. Zo veroorzaakt NDMA vooral levertumoren, en asymmetrische N-nitrosoverbindingen zoals nitrosomethylbenzylamine slokdarmkanker.

In aanwezigheid van ascorbinezuur (of iso-ascorbinezuur, een stereo-isomeer) verloopt de nitrosering veel trager. Door *Fiddler et al.* (20) is vele jaren geleden een onderzoek uitgevoerd met Frankfurter worstjes waaraan 1,5 g natriumnitriet per kg was toegevoegd (maximaal toegestaan tijdens bereiding: 200 mg/kg; meestal wordt minder toegevoegd). Aan de worstjes werd natriumascorbaat of -isoascorbaat toegevoegd, waarna ze 2 respectievelijk 4 uur werden gesteriliseerd (gebruikelijk is 20 minuten). In aanwezigheid van een der beide reductiemiddelen werd veel minder respectievelijk geheel geen NDMA gevonden.

Tabel 8.2 Vorming van nitrosodimethylamine in Frankfurter worstjes al dan niet in aanwezigheid van (iso)ascorbaat (naar Fiddler et al.)

Toevoeging	Concentratie,%	Gevormd NDMA (µg/kg) na verhitting gedurende	
		2 uur	4 uur
niets		11	22
Na-ascorbaat	0,055	0	7
	0,55	0	4
niets		10	11
Na-isoascorbaat	0,055	0	6
	0,55	0	0

Endogene nitrosering vindt, zoals al in hoofdstuk 7 werd opgemerkt, naar alle waarschijnlijkheid in het spijsverteringskanaal plaats. Mogelijk zou een aanzienlijke opname van ascorbinezuur met de voeding ook de vorming van N-nitrosoverbindingen verminderen.

Verpakken

Als verpakkingsmateriaal voor levensmiddelen zijn glas, papier, blik, tin- en aluminiumfolie reeds zeer lang in gebruik. Na de Tweede Wereldoorlog zijn daar de plastics bijgekomen.

Plastics zijn op zichzelf tamelijk inerte materialen, maar kunnen wel laagmoleculaire componenten bevatten zoals stabilisatoren, weekmakers, monomeren en moleculen met lage polymerisatiegraad. Gehalten aan monomeren zijn overigens, door de verbeterde technieken, veel geringer geworden. In plastic films die voor verpakking van levensmiddelen worden gebruikt, kunnen deze componenten eveneens voorkomen. Vaak bezitten zij lipofiele eigenschappen, waardoor zij vanuit het verpakkingsmateriaal in de vetfase van het product terecht kunnen komen. Niet al deze stoffen zijn schadelijk voor de consument, maar overdracht van grote hoeveelheden moet natuurlijk worden vermeden. Hiervoor bestaan in vele landen wettelijke regelingen. De wetgeving strekt zich overigens niet alleen uit tot verpakkingsmaterialen van kunststof, maar behelst ook de meer 'klassieke' materialen zoals glas, papier, metalen (blik) en andere.

Voor verpakking op langere termijn is film of folie nodig die ondoorlaatbaar is voor waterdamp en zuurstof. Hiervoor wordt vaak materiaal gebruikt dat is ontstaan door copolymerisatie van vinylchloride (CH_2=CHCl) en vinylideenchloride (CH_2=CCl_2). De aanwezigheid van sporen *vinylchloride-monomeer* is zeer ongewenst vanwege de carcinogene eigenschappen van deze verbinding. Ook in polyvinylchloride (PVC) kan deze stof aanwezig zijn. Het maximaal toegestane gehalte aan vinylchloride in verpakkingsmateriaal is daarom op 1 mg per kg gesteld. De opname kan dan maximaal 10 ng per persoon per dag bedragen. (Dit levert een kans van één geval van kanker op 20 miljoen mensen gedurende 70 jaar.)

Nog minder problemen zijn te vrezen door de aanwezigheid van sporen monomeer in verpakkingsmateriaal dat van *polystyreen* is vervaardigd (onder andere het materiaal dat in de volksmond als 'piepschuim' wordt betiteld). Dampen van styreenmonomeer hebben in het verleden bij arbeiders in polystyreenfabrieken bepaalde vergiftigingsverschijnselen veroorzaakt ('styreenziekte'). De daarbij ingenomen hoeveelheden zijn echter niet te vergelijken met die welke eventueel in levensmiddelen aanwezig kunnen zijn. Het hoogste ons bekende gehalte is 0,1 mg/kg (in yoghurt). Enige aandacht voor deze verontreiniging is wel gewenst omdat styreen een schadelijke stof is, maar de schadelijkheid is in elk geval veel geringer dan die van vinylchloride.

Desinfectantia

Het spreekt vanzelf dat bij de productie van levensmiddelen regelmatige reiniging noodzakelijk is van alle voorwerpen die met de grondstoffen en het product in contact komen en ook van de ruimten waarin dit gebeurt. Als het gaat om zeer bederfelijke levensmiddelen of om producten die met pathogene kiemen besmet kunnen raken, is niet alleen reiniging maar ook desinfectie nodig. Het betreft hier vooral de voedingsmiddelen van dierlijke oorsprong (melk, vlees, vis en de hieruit bereide producten).

Natuurlijk hebben bepaalde reinigingsmiddelen vanwege hun agressiviteit ook een desinfecterende werking (loog!). Aan reinigingsmiddelen kan in sommige gevallen een desinfectans worden toegevoegd, maar veel verbindingen worden door reinigingsmiddelen onwerkzaam gemaakt en moeten dan afzonderlijk worden toegepast.

Desinfectie met oxidatiemiddelen is een veel toegepaste procedure. Sinds jaar en dag worden hiervoor zogenoemde actiefchloorpreparaten gebruikt. Chloor oxideert SH-groepen in micro-organismen, waardoor deze worden gedood. Bekend zijn de hypochlorietoplossingen, die in combinatie met loog worden gebruikt; combinaties met soda, natriummetasilicaat en natriumpolyfosfaat zijn ook mogelijk. Daarnaast bestaan poedervormige actiefchloorverbindingen zoals chlooramine-T of Halamid (het natriumzout van N-chloor-p-tolueensulfonamide).

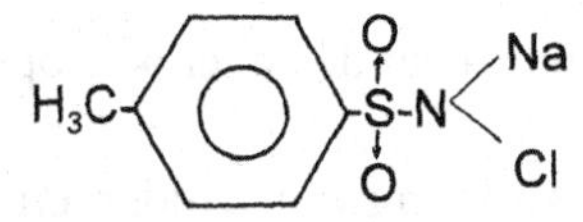

$$H_3C-C_6H_4-S(=O)_2-N(Na)Cl$$

Figuur 8.14 Halamid

Actiefchloorverbindingen kunnen goed van de apparatuur worden afgespoeld. Dit is echter ook noodzakelijk, omdat chloor met productbestanddelen kan reageren (oxidatie van SH-groepen, eventueel ook substitutie in NH_2-groepen); sommige van deze reacties leiden tot schadelijke verbindingen.

Waterstofperoxide wordt voornamelijk gebruikt bij de vervaardiging van UHT-melk in kantineverpakking. Deze verbinding laat uiteraard geen residuen achter.

In de zuivelindustrie wordt ook gebruikgemaakt van preparaten die adsorptief gebonden jodium kunnen afgeven (de zogenoemde *jodoforen*). Deze zijn alleen in zuur milieu en bij lagere temperaturen toepasbaar (inactivatie boven 35 °C en bij pH > 5,5). De samenstelling kan als volgt worden geformuleerd:

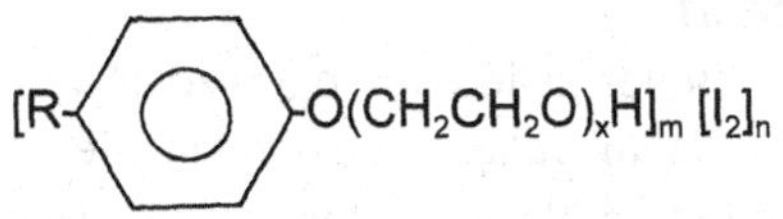

$$[R-C_6H_4-O(CH_2CH_2O)_xH]_m\,[I_2]_n$$

Figuur 8.15 Jodoforen (algemene formule)

waarin R een lange alkylrest voorstelt. Resten van jodoforen kunnen aanleiding geven tot licht verhoogde jodidegehalten in de melk.

In vleesverwerkende industrieën wordt soms gebruikgemaakt van *amfotensiden* of amfolyten. Een voorbeeld is het indertijd als 'Tego 51' op de markt gebrachte N-dodecyl-di(amino-ethyl)glycine:

$$CH_3(CH_2)_{11}-\overset{+}{N}H_2-CH_2-CH_2-\overset{+}{N}H_2-CH_2-CH_2-\overset{+}{N}H_2-CH_2COO^-$$

Deze stof bezit sterke oppervlakte-actieve eigenschappen. Hierdoor kunnen lading en permeabiliteit van bacteriecelwanden worden gewijzigd, waardoor de celwand wordt aangetast en een deel van de celinhoud weglekt.

Een ander gevolg van de oppervlakte-actieve eigenschappen is dat de verbinding door spoelen moeilijk is te verwijderen. Achtergebleven op delen van de apparatuur kan de stof zich vervolgens aan het product meedelen en dit contamineren. Overigens is de verbinding weinig schadelijk.

Een andere groep van oppervlakte-actieve stoffen wordt gevormd door de quaternaire ammoniumverbindingen (vaak aangeduid als 'kwats'). Het centrale stikstofatoom draagt dan doorgaans vier alkylgroepen, waarvan een of twee met een lange keten. Ook pyridiniumgroepen komen voor; in die gevallen is slechts plaats voor één lange keten.

'Quats' zijn evenals de amfolyten niet-agressieve verbindingen. Ze kunnen aanleiding tot schuimvorming geven en zijn nog moeilijker dan amfolyten door spoelen te verwijderen. Deze eigenschappen maken de toepassing toch iets minder aantrekkelijk. In de vleesindustrie worden ze echter wel toegepast. Daardoor kunnen in vlees residuen aanwezig zijn, maar de hoeveelheden zullen zelden aanleiding geven tot alarm.

Overigens worden de meeste oppervlakte-actieve stoffen opgenomen via bijvoorbeeld het vaatwerk dat in de huishoudens met deze verbindingen wordt gereinigd. Men schat de dagelijkse opname van deze verbindingen op 1,5 à 2,0 mg (20).

Ontsmetting van kruiden en gedroogde groenten geschiedt vaak door deze te behandelen met gassen zoals *ethyleenoxide*. Sporen hiervan kunnen zich aan het product hechten.

Desinfectantia worden ten slotte gebruikt bij de preventie van mastitis, waarbij de spenen van de te behandelen koeien worden gedoopt in een oplossing van bijvoorbeeld een jodofoor of van chloorhexidine (1,6-di-(4-chloorfenyldiguanidino)hexaan). Het chloorhexidine kan dan als zodanig in de melk terechtkomen; jodofoor eveneens. Deze stof wordt tevens via de uier in de bloedbaan opgenomen, waarna het als jodide met de melk wordt uitgescheiden.

BEDERFCOMPONENTEN EN BIOCONTAMINANTEN

Bederf

'Bederf is iedere ongewenste verandering in de eigenschappen van enig materiaal' (*Van Dale*). Deze – zeker niet slechte – definitie doet intussen geen recht aan het feit dat bederf vooral een *voortschrijdend proces* is. De chemicus zal altijd geneigd zijn, deze correctie aan te brengen. Onder bederf van voedingsmiddelen verstaat hij/zij dan ook processen die op de een of andere manier leiden tot onaanvaardbaarheid van het product.

Bederf berust bijna altijd op processen van chemische aard. Bij enkele vormen van bederf overheersen echter fysische veranderingen. Een voorbeeld is uitdroging van bevroren producten die te lang zijn bewaard en/of waarvan de verpakking ontoereikend was. Dit verschijnsel staat bekend als 'vriesbederf'. De eiwitdenaturatie die hiervan het gevolg is, moet overigens weer als een chemisch proces – eventueel een fysisch-chemisch proces, worden gezien.

Vetbederf, zoals dat in hoofdstuk 2 aan de orde is gekomen, berust op puur chemische (oxidatie)reacties. Ook polymerisatieverschijnselen in bakolie kunnen als een vorm van bederf worden beschouwd. Bakolie die door polymerisatie viskeus en donker is geworden, is een bedorven product.

Verreweg de meeste bederfprocessen in voedingsmiddelen worden echter enzymatisch gekatalyseerd. Daarbij moet onderscheid worden gemaakt tussen enzymen die normaliter in het product voorkomen, en enzymen van microbiële afkomst. Een duidelijk verschil tussen beide vormen van bederf is, dat enzymatisch bederf direct inzet zodra de daarvoor vereiste omstandigheden aanwezig zijn, terwijl microbieel bederf pas na enige tijd op gang komt. De verklaring hiervoor is, dat de micro-organismen die het bederf ontwikkelen (vaak bacteriën, maar ook schimmels en soms gisten), eerst tot grote hoeveelheden moeten uitgroeien voor zij bepaalde chemische omzettingen in zodanige mate tot stand brengen dat bederf wordt waargenomen. Overigens geldt ook voor puur enzymatisch bederf, dat enige tijd verloopt voor dit kan worden waargenomen. Een en ander is geschematiseerd in figuur 8.16.

Bederf kan zich uiten in veranderingen van de microstructuur (een product kan taai of juist bros worden; het kan ook zacht, slap of slijmerig worden, enzovoort). De kleur kan veranderen of verdwijnen. Bruine verkleuringen zijn vaak de ongewenste gevolgen van Maillard-reacties (zie hoofdstuk 3) of van enzymatische

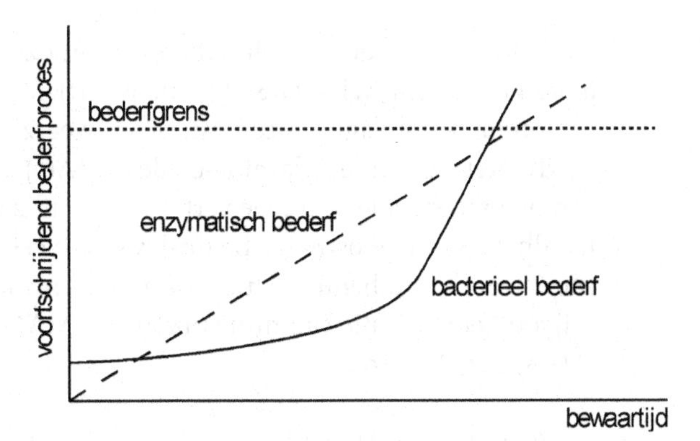

Figuur 8.16 Ontwikkeling van enzymatisch en van microbieel bederf

verbruiningen (zie hoofdstuk 6). Het product kan gaan stinken (een nogal opvallende vorm van bederf) of verzuren.

Bederfprocessen in voedingsmiddelen zijn verwant aan rijpingsprocessen. Hieronder verstaat men veranderingen die, na verloop van tijd, een product met de gewenste smaak, kleur en/of consistentie opleveren. De rijping van fruit, maar ook van bepaalde kaassoorten, kan men hieronder rekenen. In sommige gevallen is de grens tussen rijping en bederf subjectief. Bepaalde producten uit verre streken, die daar zeer worden gewaardeerd vanwege hun 'gerijpte' smaak, worden hier als bedorven ervaren. Ook over de sensorische eigenschappen van enkele Europese kaassoorten kan men van mening verschillen.

Sensorisch waarneembaar bederf is vaak een kwestie van eiwitafbraak, waarbij zich min of meer vluchtige verbindingen vormen. Door deaminatie van sommige aminozuren ontstaan lagere vetzuren, terwijl door decarboxylatie aminen ontstaan. Lagere vetzuren hebben op zich al een onaangename geur, maar accentueren ook de geur van andere bederfcomponenten. (Verder ontstaan sommige lagere vetzuren bij de hydrolyse van botervet en – in mindere mate – van cocos- en palmolie.)

Aminen manifesteren zich met name als de pH tijdens het bederfproces oploopt. Niet al deze aminen zijn sensorisch waarneembaar. In dit verband moet enige aandacht worden besteed aan *histamine*, het decarboxylatieproduct van histidine. Histamine komt in het lichaam vrij bij ontstekingen en verbrandingen en regelt dan enkele verstoorde lichaamsfuncties. Ook bij allergische reacties komt echter histamine vrij. In kaas, wijn en chocolade komt histamine voor in gehalten van 20 tot 40 mg per kg. In vissen zoals makreel en tonijn, waar veel vrij histidine in het spiervlees voorkomt, kan de hoeveelheid histidine bij kwaliteitsachteruitgang veel hoger worden (enkele honderden mg per kg), in bijzondere gevallen zelfs voordat sensorisch bederf wordt waargenomen. Dit kan voorkomen in volconserven en ook in heetgerookte makreel. Consumptie van deze producten kan bij gevoelige personen tot (voorbijgaande) vergiftigingsverschijnselen leiden.

Bij de afbraak van tryptofaan ontstaan *indol* en *homologen*, kwalijk ruikende verbindingen die onder meer aan de feces hun karakteristieke geur verlenen.

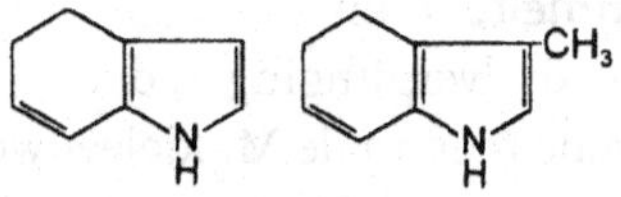

CH_3 N H N H

Indol 2-methylindol (skatol)

Figuur 8.17

Door afbraak van de zwavelhoudende aminozuren ontstaan *vluchtige zwavelverbindingen* (H_2S, CH_3SH, CH_3SCH_3 enzovoort). Vooral mercaptanen (zoals CH_3SH) verspreiden al in lage concentraties een weerzinwekkende geur.

In *zeevis* is trimethylamine-oxide (TMAO) aanwezig, dat in het bederfproces een bijzondere rol speelt. De verbinding zelf is voor de vis van belang bij het handhaven van de osmotische druk van het celvocht. De aërobe bederfflora die op zeevis voorkomt, benut de luchtzuurstof – maar ook TMAO – om energie te verkrijgen door oxidatie van hun substraat. TMAO wordt hierbij tot trimethylamine (TMA) gereduceerd:

$$(CH_3)_3N{\rightarrow}O \rightarrow (CH_3)_3N$$

TMA bezit een karakteristieke aminegeur, die al duidelijk waarneembaar is voor de vis echt is bedorven.

Een merkwaardige enzymatische bederfreactie is de afbraak van TMAO tot dimethylamine (DMA) en formaldehyde, die alleen bij kabeljauw en verwante soorten bekend is:

$$(CH_3)_3N{\rightarrow}O \rightarrow (CH_3)_2NH + HCHO$$

De geur van DMA is nog penetranter dan die van TMA, terwijl formaldehyde een looiende werking op de viseiwitten uitoefent, waardoor de vis taai wordt. De reactie gaat ook door bij temperaturen onder 0 °C en is er de oorzaak van dat diepgevroren kabeljauw- of koolvisfilet minder lang kan worden bewaard dan bijvoorbeeld diepgevroren scholfilet. Het enzym dat de reactie katalyseert, wordt *triamine-oxidase* of *TMAO-demethylase* genoemd.

In hoofdstuk 9 wordt een overzicht gegeven van de stabiliteit van voedingsmiddelen in relatie tot de wateractiviteit (a_w). Daaruit blijkt onder meer dat bacteriegroei (en dus ook bacterieel bederf) pas mogelijk is bij zeer hoge waarden, dus bij een hoog vochtgehalte van het voedingsmiddel. Bederf door schimmels kan bij veel lagere waarden optreden en enzymatisch bederf bij nog aanzienlijk lagere waarden. Verder speelt bacterieel bederf zich meestal af bij pH-waarden tussen 5 en 8, maar bederf door gisten en schimmels treedt al bij pH-waarden van omstreeks 4 op. Enzymatische bederfreacties kunnen zich over een groot pH-gebied uitstrekken, hoewel daar natuurlijk wel een optimum aanwezig is. Dit hoeft niet bij een vrijwel neutrale pH-waarde te liggen.

Onder 'bederf' behoren ook de processen waarbij stoffen worden ontwikkeld die niet sensorisch kunnen worden waargenomen, maar die in hoge mate ongewenst zijn en niet minder zwaar dan enkele die onder Milieucontaminanten zijn behandeld. Bepaalde bacterietoxinen zijn beruchte voedselvergiftigers. Ook vele schimmeltoxinen of mycotoxinen hebben een slechte naam, zij het dat hier meestal geen sprake is van een *acute* vergiftiging.

Schimmeltoxinen

Voedselvergiftigingen door schimmeltoxinen vormen al een oud probleem. Zo kende men in de Middeleeuwen een epidemische ziekte, het St. Antoniusvuur, die grote delen van de bevolking teisterde. De oorzaak was een schimmel,

Claviceps purpurea, die zich goed kan vermeerderen op vochtige rogge waarbij gesclerotiseerd mycelium vaak als donkerpaarse langwerpige korrels in de aar aanwezig zijn. Hierin is het zeer giftige *ergotoxine*, een groep van nauw verwante verbindingen, aanwezig. Het veroorzaakt ernstige zenuwaandoeningen en op den duur droog gangreen; bij zwangeren leidt inname tot abortus ('moederkoorn'). Het heeft tot omstreeks 1600 geduurd voor men de oorzaak van deze ziekte leerde kennen.

Bekend zijn ook de *aflatoxinen* en het *sterigmatocystine*, toxinen die door verscheidene soorten van het geslacht *Aspergillus* worden geproduceerd. Deze stoffen zijn vaak aanwezig op granen (maïs, tarwe), op noten en in veevoeder. 'Steri' is berucht vanwege het voorkomen op kaas die in pakhuizen beschimmeld raakt. Deze stoffen werken via een mechanisme dat vergelijkbaar is met dat van de PAK's, namelijk oxidatie aan een van de ringen (hier de linker furaanring) tot een epoxide, met mogelijk ook een zeer reactief tussenproduct. Hier gaat het echter om systemische carcinogenen, die vooral leverkanker veroorzaken.

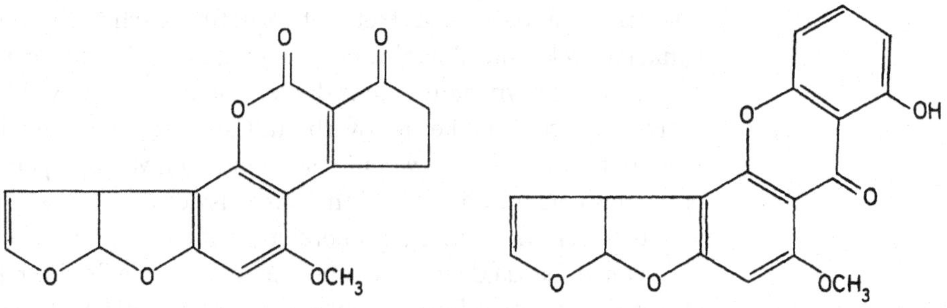

Aflatoxine | Sterigmatocystine

Figuur 8.18

Aflatoxine is in het begin van de jaren zestig ontdekt nadat het voeren van kalkoenkuikens in Engeland tot een massale (en fatale) levercirrose leidde. Een soortgelijk probleem deed zich vrijwel tezelfdertijd voor in een bedrijf in Kenya, waar eendenkuikens werden gemest.

De naam is van de schimmel *Aspergillus flavus* afgeleid. Het toxine bestaat uit een aantal componenten, waarvan aflatoxine B_1 de meest toxische is. Het ontstaat alleen bij een wat hogere temperatuur (optimum tussen 25 en 30 °C) en in een vochtige omgeving. In onze omgeving wordt het niet spontaan gevormd, maar het kan wel aanwezig zijn in geïmporteerde producten zoals sojameel of aardnoten. Ook salami is er wel eens mee besmet. Aflatoxine is bestand tegen verhitting.

Mycotoxinen kunnen, door overdracht, ook in vlees of melk terechtkomen. Zo kan aflatoxine door runderen met de melk worden uitgescheiden, zij het als hydroxymetaboliet (aflatoxine M_1). Voor deze stof gelden strenge eisen met betrekking tot het maximaal toelaatbare gehalte in melk (0,05 µg/kg). Het aanhouden van de EG-richtlijn voor aflatoxine in veevoeder (maximaal 10 µg/kg) geeft onvoldoende garanties dat het gehalte in melk beneden de genoemde limiet blijft. Op basis van afspraken tussen de veevoeder- en de zuivelindustrie bleek het toch mogelijk, zo te werken dat de geproduceerde melk aan de eisen voldoet. Een zeer gevoelige methode – op basis van immunochemische analyse – voor aflatoxine M_1 in melk heeft hier goede diensten verricht.

Overdracht is tevens bekend van een ander mycotoxine, het *ochratoxine*, dat ook weer door *Aspergillus-* (en *Penicillium-*)soorten wordt gevormd. De groep omvat zeven verbindingen, waarvan alleen het ochratoxine A voor de volksgezondheid van belang is. Het komt voor op maïs en ook wel op gerst. In de verbinding is een isocoumarinestructuur aanwezig, waaraan via een amide- (peptide-)binding het aminozuur fenylalanine is gekoppeld en die verder nog een chlooratoom draagt.

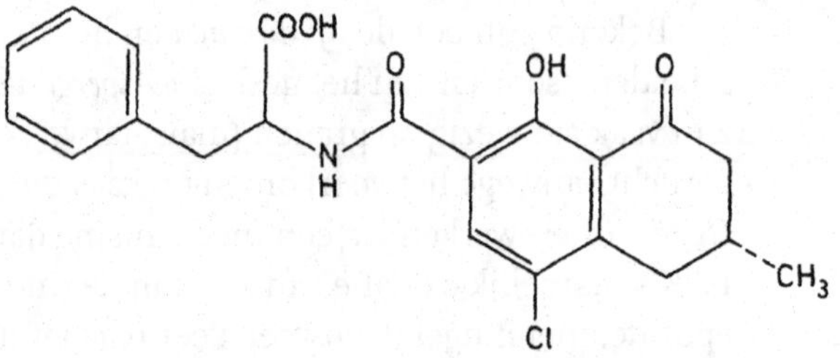

COOH O OH O N H CH_3 Cl

Figuur 8.19
Ochratoxine A

Ochratoxine A (OA) kan, in tegenstelling tot de aflatoxinen, ook bij lagere temperaturen worden gevormd. Het is sterk nefrotoxisch (giftig voor de nieren) en ook kankerverwekkend. Vooral varkens zijn er gevoelig voor; runderen niet, omdat in de pens een enzym aanwezig is dat fenylalanine van OA afsplitst, waardoor een veel minder schadelijke stof overblijft. Carry-over treedt bij deze diersoort dan ook niet op. De mens kan er wel nieraandoeningen van oplopen, bijvoorbeeld door regelmatige consumptie van besmet varkensvlees.

In varkensvlees en hieruit bereide producten kan in principe OA aanwezig zijn. Ook in bepaalde worstsoorten kan gedurende de rijping besmetting met een OA-producerende schimmel optreden. Een thermische behandeling vernietigt maar weinig OA, omdat ook deze verbinding redelijk thermostabiel is.

Ochratoxicose komt in enkele streken van Europa (West-Duitsland, Denemarken, gebieden in het voormalige Joegoslavië) veelvuldig voor, maar ook elders is de ziekte gemeld.

De hier genoemde mycotoxinen zijn slechts als voorbeeld genoemd. Vele andere (thans zijn meer dan vierhonderd mycotoxinen bekend) kunnen ook in ons voedsel geraken en problemen veroorzaken. In het algemeen wordt de betekenis van schimmeltoxinen onderschat; misschien omdat het om 'natuurlijke' contaminanten gaat. Er zal echter altijd aandacht aan moeten worden besteed, ook omdat de oorzaak nimmer kan worden uitgesloten. Bewaarcondities, bedrijfs- en huishoudelijke hygiëne zijn hier de sleutelwoorden.

Schelpdiertoxinen

De naam 'schelpdiertoxinen' kan misverstanden wekken, want toxinen in schelpdieren worden niet gevormd door het schelpdier zelf, maar bevinden zich in hun voedsel, dat uit fytoplankton bestaat. Vandaar dat wel wordt gesproken van *fytoplanktontoxinen.*

Het meest berucht is het paralytische schelpdiertoxine (*paralytic shellfish poison*, PSP), dat de zenuwoverdracht blokkeert en tot verlammingsverschijnselen leidt, die in ernstige gevallen de dood kunnen veroorzaken. Meestal echter treedt na enige tijd volledig herstel op.

PSP wordt geproduceerd door algen die tot het geslacht der Dinoflagellaten behoren. Het bestaat uit 18 componenten, met als karakteristieke vertegenwoordiger *saxitoxine*:

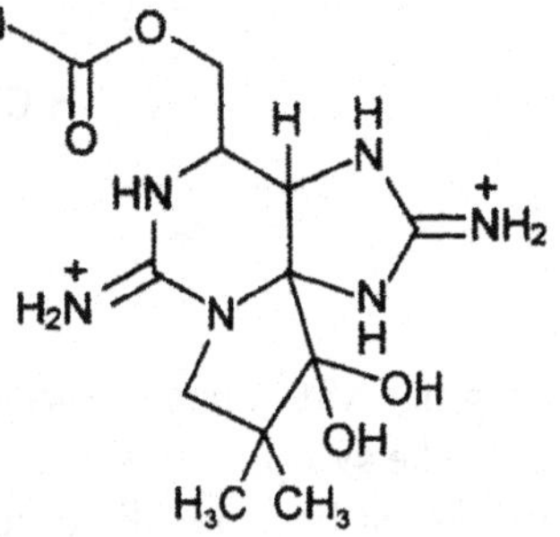

Figuur 8.20 Saxitoxine

In de Nederlandse en Belgische kustwateren zijn tot op heden nog geen PSP producerende algen gevonden.

Vergiftiging met NSP, *neurotoxic shellfish poison*, doet zich vooral voor in tropische en subtropische wateren. Ook hier is een dinoflagellaat de oorzaak en ook hier wordt deze prikkeloverdracht geblokkeerd. De verschijnselen zijn voor de mens minder dramatisch, maar berucht is de vissterfte die erdoor wordt veroorzaakt. De schelpdieren worden pas toxisch bij een zeer hoge dichtheid aan dinoflagellaten. De zee kleurt dan rood door het fytoplankton; men spreekt in dat verband van 'red tide'.

NSP bestaat uit een tiental verbindingen, die zich kenmerken door een ingewikkeld systeem van tien of elf gecondenseerde, grotendeels alicyclische ringen.

Een schelpdiertoxine dat regelmatig de Europese kustwateren besmet, is het

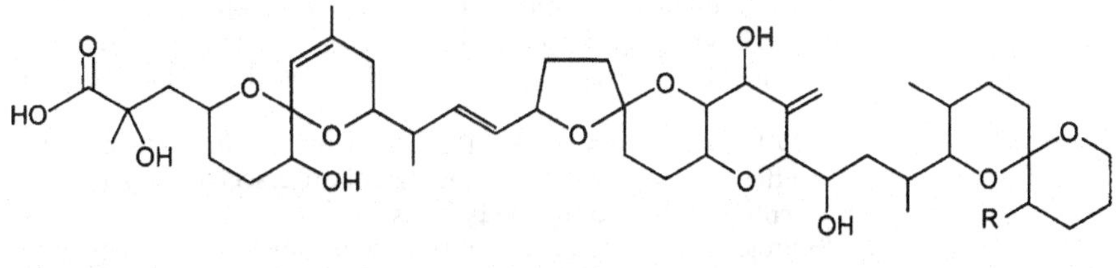

Figuur 8.21 Okadazuur

DSP (*diarrhetic shellfish poison*). De karakteristieke component is het *okadazuur*. R is een waterstofatoom of een methylgroep. De derde OH-groep van links kan met palmitinezuur of met een ω3-zuur (18:4, 20:5 of 22:6) zijn veresterd. De naam 'okadazuur' is gereserveerd voor het niet-gemethyleerde vrije zuur.

DSP kan al optreden bij een geringe besmetting met de verantwoordelijke dinoflagellaten. De vergiftiging vertoont de verschijnselen van een maagdarmstoornis. In ernstige gevallen zijn ook neurotoxische effecten waargenomen, zoals tintelingen aan de uiteinden van de vingers. Genezing treedt meestal binnen twee dagen op. Gevallen met dodelijke afloop zijn niet bekend, maar wel is vastgesteld dat DSP-toxinen tumor bevorderende eigenschappen bezitten.

In Nederland, waar veel schelpdieren worden gekweekt, bestaat een streng bewakingsprogramma met betrekking tot besmetting met DSP. Daardoor zijn nooit toxische schelpdieren in de handel gebracht. Ook op de aanwezigheid van andere schelpdieren wordt streng gecontroleerd.

Figuur 8.22 *Domoïzuur*

Dan nog het ASP (*amnesic shellfish poison*), ook wel *domoïzuur* genaamd. Het karakteristieke symptoom is een – mogelijk blijvend – geheugenverlies. Het wordt gevormd door bepaalde diatomeën en komt voor aan de Noordamerikaanse oostkust.

Tot slot moet worden vermeld dat al deze toxinen tegen hitte bestand zijn en dat koken van schaaldieren ze dus niet vernietigt.

LITERATUUR

1 Advies voedseladditieven en -verontreinigingen; technologische en toxicologische richtlijnen. Rapport van de Voedingsraad, opgesteld door de Commissie Algemene Richtlijnen voor Toevoegingen en dergelijke Januari 1984, 77 pp.
2 H. Deelstra, D.L. Massart, P. Daenens en C. van Peteghem, Vreemde stoffen in onze voeding. Monografieën Stichting Leefmilieu no. 35. De Nederlandsche Boekhandel. Uitgeverij Pelckmans, Kapellen (1996). 3e druk; 319 pp.
3 A. Ruiter, Cadmium. Chemische Feitelijkheid no. 144. KNCV / Samsom H.D. Tjeenk Willink, Alphen aan den Rijn 1998.
4 A. Ruiter, Contaminants in fish. In: Fish and fishery products – composition, nutritive properties and stability. Ed. A. Ruiter. CAB International. Wallingford, Oxon (UK) 1995, pp. 261-285.
5 A. Oskarsson, Methylmercury. In: Fish as food. Nordiske Seminar- og Arbejdsrapporter 1992:568. Nordisk Ministerråd, Kopenhagen, pp. 73-79.
6 Projectgroep Veterinaire Milieuhygiëne, Milieucontaminanten bij dierlijke productie – Veterinaire Milieuwijzer 1995. Samsom H.D. Tjeenk Willink, Alphen aan den Rijn 1995, pp. 102-122.
7 W.J. Olsman en A. Ruiter, Toxische elementen in levensmiddelen van dierlijke oorsprong. I. Effecten van kwik, seleen, lood, cadmium, arseen en koper op mens en dier. Voedingsmiddelentechnologie 10 (1977) (45) 10-15.
8 Projectgroep Veterinaire Milieuhygiëne, Milieucontaminanten bij dierlijke productie – Veterinaire Milieuwijzer 1995. Samsom H.D. Tjeenk Willink, Alphen aan den Rijn 1995, pp. 122-138.
9 J. de Boer en P. Wester, Determination of toxaphene in human milk from Nicaragua and in fish and marine mammals from the Northeastern Atlantic and the North Sea. Chemosphere 27 (1993) 1879-1890.
10 W.H. Newsome en P. Andrews, Organochlorine pesticides and polychlorinated piphenyl congeners in commercial fish from the Great Lakes. Journal of the AOAC International 76 (1993) 707-710.
11 P. de Voogt, D.E. Wells, L. Reutergaardh en U.A. Th. Brinkman, Biological activity, determination and occurrence of planar, mono and di-ortho PCB's. International Journal of Environmental Analytical Chemistry 40 (1990) 1-46.
12 T.J. Nestrick en L.L. Lamparski, Isomer-specific determination of chlorinated dioxins for assessment of formation and potential environmental emission from wood combustion. Analytical Chemistry 54 (1982) 2292-2299.
13 A.K.D. Liem en R.M.C. Theelen (1997) Dioxins: chemical analysis, exposure and risk assessment. Gezamenlijk proefschrift, Universiteit Utrecht; 373 pp.
14 Staatscourant, 25 oktober 1984.
15 J. de Boer, K. de Boer en J.P. Boon, Polybrominated biphenyls and diphenylethers. The Handbook of Environmental Chemistry, vol. 3, part K: New types of persistent halogenated com-

pounds, Hoofdstuk 4, pp. 61-95. Ed. J. Paasivirta. Springer-Verlag, 2000.
16 J. Neal en R.H. Rigdon, Gastric tumors in mice fed benzo(a)pyrene: a quantitative study. Texas Rep. Biol. Med. 25 (1967) 553-557.
17 W.T. Binnerts, Natuurlijke radioactiviteit in voedselketens. Voeding 50 (1989) 67-71.
18 N. Haagsma, Stability of veterinary drug residues during storage, preparation and processing. Proceedings EuroResidue II – Conference of veterinary drugs in food, Eds. N. Haagsma, A. Ruiter en P.B. Czedik-Eysenberg.Veldhoven 1993, pp. 41-49.
19 M.E. Doremire, G.E. Harmon en D.E. Pratt, 3,4-benzpyrene in charcoal grilled meats. Journal of Food Science 44 (1979) 622-623.
20 W. Fiddler, J.W. Pensabene, E.G. Piotrowski, R.C. Doerr en A.E. Wasserman, Use of sodium ascorbate or erythorbate to inhibit formation of N-nitrosodimethylamine in frankfurters. J. Food Science 38 (1973) 1084.
21 U. Schmidt, Contamination of foods: cleaning agents and disinfectants. Fleischwirtschaft 63 (1983) 227-228.
22 P. Hagel, Schelpdiertoxinen. De Ware(n)-Chemicus 19 (1989) 157-163.

9 Water

Water vervult op onopvallende wijze vele essentiële functies in ons lichaam, zoals het transport van nutriënten en afvalstoffen, het op de gewenste concentraties brengen van deze stoffen, het mede beheersen van de lichaamstemperatuur, en natuurlijk de functie als medium voor alle reacties die bij de stofwisseling optreden.

Het watergehalte van voedingsmiddelen is om diverse redenen van belang. Een ervan is de relatie tot de houdbaarheid van het voedingsmiddel. Ook met betrekking tot de chemische stabiliteit kan het watergehalte belangrijk zijn, bijvoorbeeld bij het optreden van de Maillard-reactie. Voor het vaststellen van opslagcondities en eisen die aan verpakkingsmateriaal moeten worden gesteld, is kennis van het gedrag van water in voedingsmiddelen dan ook noodzakelijk. Verder is het watergehalte van een voedingsmiddel voor de handel van belang: hoe hoger dit gehalte, des te lager het gehalte aan waardevolle bestanddelen. Daarom moet aandacht worden besteed aan de verschillende waterbepalingen – of benaderingen daarvan – in voedingsmiddelen.

In het algemeen neemt de mens met de voeding voldoende water tot zich. Naast dranken zoals koffie, thee, frisdranken, bier en uiteraard water zelf, voorzien waterrijke voedingsmiddelen zoals aardappelen, groenten, fruit, vlees en melk in de behoefte.

De dagelijkse opname van water door de mens ligt in de orde van 2½ liter. Dezelfde hoeveelheid wordt natuurlijk ook weer uitgescheiden. De balans kan als volgt worden gespecificeerd:

Tabel 9.1

Opname		Uitscheiding	
via dranken	1,3 l	via urine	1,5 l
via voedsel	0,85 l	via feces	0,1 l
door oxidatie van voedselbestanddelen	0,35	verdamping via huid	0,5 l
		verdamping via longen	0,4 l
totaal	2,5 l	totaal	2,5 l

Een tweetal bevolkingsgroepen heeft een grotere waterbehoefte dan de gemiddelde mens. In de eerste plaats *bejaarden*, doordat het concentratievermogen van de nieren met het ouder worden afneemt; voor het uitscheiden van een gelijkblijvende hoeveelheid stofwisselingsproducten is dan meer water nodig. In de tweede plaats verdienen *zuigelingen* extra aandacht. In de eerste vier maanden is de zuigeling nog niet in staat tot het produceren van voldoende geconcentreerde urine. De kans op uitdroging is bij hen daarom veel groter dan bij volwassen of zelfs kleuters. Dit gevaar dreigt vooral bij diarree en braken, maar ook bij een te hoge omgevingstemperatuur (centrale verwarming, zomervakantie, tropen). Bovendien is het huidoppervlak van een zuigeling groot ten opzichte van het totale gewicht, waardoor de verdamping van water via de huid verhoudingsgewijze van meer belang is.

WATER ALS ZODANIG

Ons water wordt betrokken uit meren, plassen en rivieren *(oppervlaktewater)* of uit de grond *(grondwater)*. Beide bevatten van nature bestanddelen die zoveel mogelijk moeten worden verwijderd. Vaak zijn vrij hoge gehalten aan calcium-, magnesium-, natrium-, kalium-, chloride-, nitraat-, bicarbonaat- en sulfaationen aanwezig; verder zand en klei in verschillende dispersiegraden, hydroxiden van ijzer en mangaan, sporen ammoniak en ammoniumionen, nitriet- en fosfaationen en H_2S. Organische verbindingen kunnen aanwezig zijn als stofwisselingsproducten van mens en dier, als resten van plantaardig materiaal of als humusbestanddelen.

Naast deze verbindingen komen verontreinigingen voor die het gevolg zijn van menselijk handelen. In de eerste plaats moeten hier de lozingen van industrieel afval worden vermeld. Verder kunnen gewasbeschermingsmiddelen vanaf het land in het oppervlaktewater terechtkomen. Ook de lozing van wasmiddelen moet worden genoemd. Bepaalde in de lucht aanwezige stoffen zoals zouten, verbrandingsgassen (zwaveloxiden, nitreuze dampen), vliegas, kooldeeltjes, radioactieve verbindingen (fall-out) enzovoort kunnen via neerslag dan wel rechtstreeks in het water geraken. Het verwijderen van al deze verbindingen stelt de waterleidingbedrijven dikwijls voor een zware taak.

Bovendien moet drinkwater ook aan stringente *microbiologische* eisen voldoen. Pathogene micro-organismen hebben vooral in het verleden, via besmetting van het drinkwater, ernstige epidemieën veroorzaakt. Bij onvoldoende zuivering of bij nabesmetting is dit gevaar ook nu in principe nog aanwezig.

Een aantal van de stoffen die in drinkwater aanwezig kunnen zijn, wordt nu behandeld.

Calcium en magnesium; hardheid van water

Water dat veel calcium- en magnesiumionen bevat noemt men *hard*, misschien vanuit het ervaringsfeit dat peulvruchten en andere groenten na koken in zulk water, door neerslag uit dat water, in de mond 'hard' aanvoelen. Ten onrechte wordt wel gedacht dat deze groenten dan onvoldoende gaar zijn.

Voor de huishouding, de levensmiddelenindustrie en het waterleidingbedrijf is de hardheid van water van veel betekenis. Hard water als zodanig is ongeschikt voor de was, omdat zeep als Ca- en Mg-zout wordt neergeslagen. Ook bij verhitting slaan zouten neer, waardoor het probleem van de ketelsteen ontstaat. Voorts kan in buizen waardoor hard water stroomt op den duur eveneens een afzetting ontstaan. Zacht water daarentegen kan agressieve eigenschappen bezitten, bijvoorbeeld ten opzichte van ijzeren en loden leidingen; reden waarom men de pH van dit water wat verhoogt door toevoeging van $CaCO_3$ of NaOH.

Vaak wordt gezegd dat de hardheid van water van belang is met betrekking tot de volksgezondheid. Zo is beweerd dat hard drinkwater allerlei ziekten zoals leveraandoeningen, galstenen en reuma kan veroorzaken of bevorderen; echte bewijzen hiervoor ontbreken. Van meer belang is de negatieve correlatie die men heeft vastgesteld tussen het optreden van hart- en vaatziekten en de hardheid van drinkwater. De suggestie is gedaan dat deze ziekten mede worden veroorzaakt door een magnesiumtekort in de westerse voeding; hard water bevat verhoudingsgewijze veel magnesium en zou dit effect dus tegengaan.

Er bestaan verscheidene schalen waarin men de hardheid van water kan uitdrukken. Vaak wordt de *Duitse hardheidsschaal* gebruikt; 1 Duitse graad (1 °D) komt overeen met een concentratie aan aardalkalimetaalionen die equivalent is met 10 mg CaO/l. Overigens deed de *World Health Organization* reeds in 1961 de aanbeveling, de hardheid in mgeq aardalkalimetaal uit te drukken (1 mgeq/ml = 2,8 °D).

Tabel 9.2 Verband tussen de hardheid van water, Duitse hardheidsgraden en het gehalte aan aardalkalimetalen in mgeq/l

Soort water	°D	mg aardalkalimetaal/l
zeer zacht	0 – 4	0 – 1,4
zacht	4 – 8	1,4 – 2,9
middelhard	8 – 12	2,9 – 4,3
vrij hard	12 – 18	4,3 – 6,4
hard	18 – 30	6,4 – 10,7
zeer hard	> 30	>10,7

In hard water bedraagt de Ca/Mg-verhouding doorgaans ongeveeer 10 : 1, maar aanzienlijke spreidingen komen voor.

Koolzuur en bicarbonaat; tijdelijke en permanente hardheid

In water is altijd enig CO_2 opgelost dat – afhankelijk van de pH – voor een groot deel in de bicarbonaatvorm aanwezig is. Bij verwarming slaat een deel van de aanwezige Ca^{++}- en Mg^{++}-ionen als carbonaat neer:

$$Ca^{++} + 2\ HCO_3^{-} \rightarrow CaCO_3 + H_2O + CO_2\uparrow$$

Men spreekt in dit verband van de *tijdelijke* of *carbonaathardheid* en bedoelt daarmee de concentratie van aardalkalimetaalionen welke met die van de bicarbonaationen equivalent is. De overblijvende Ca^{++}- en Mg^{++}-ionen veroorzaken de *permanente hardheid.* Als men over 'de' hardheid van water spreekt, wordt altijd de *totale* hardheid bedoeld, dus de som van tijdelijke en permanente hardheid.

Wanneer de hoeveelheid bicarbonaat + CO_2 in water groter is dan de hoeveelheid Ca^{++} + Mg^{++} kunnen de carbonaten van deze metalen in dit water oplossen. Men spreekt dan van *'agressief CO_2'*. Zelfs ijzeren en loden leidingen kunnen erdoor worden aangetast. Men moet dus ook dit water behandelen voor het geschikt is als leidingwater.

Vanzelfsprekend hangt het optreden van agressiviteit nauw samen met de pH van water. Een WHO-norm stelt dat de pH van drinkwater tussen 6,5 en 8,5 moet liggen; deze norm wordt ook in EG-verband gehanteerd. Bij voorkeur dient de pH een waarde tussen 8,0 en 8,3 te bezitten.

Zware metalen

IJzer is een veelvoorkomend bestanddeel van grondwater, dat tot 30 mg Fe/l kan bevatten. Aan de lucht slaat ijzer, als gevolg van CO_2-verlies van het water en oxidatie, neer als $Fe(OH)_3 . n\, H_2O$. Oppervlaktewater bevat daarom vrijwel geen opgeloste ijzerverbindingen.

De smaakdrempel van ijzer ligt laag; 1 mg/l geeft aan water al een wrange, inktachtige (adstringerende) smaak. Thee en koffie, met ijzerhoudend water gezet, smaken slecht, terwijl thee bovendien donker verkleurt door de vorming van een ijzer/looizuurcomplex. Overigens is deze verkleuring tegen te gaan door de ijzerionen te complexeren met een spoor citroenzuur.

Zeer lage concentraties (0,2 mg/l) zijn nog in staat, geelbruine vlekken in wasgoed te veroorzaken. Waterleidingbedrijven die grondwater benutten, brengen het ijzergehalte van drinkwater bij voorkeur op waarden beneden 0,1 mg/l. Dit dient mede om te voorkomen dat bacteriën die ijzer kunnen oxideren zich samen met ijzeroxiden in de waterleidingen afzetten, waardoor deze op den duur verstopt zouden kunnen geraken.

Voor de volksgezondheid is het ijzergehalte van water van geen belang. Zeer hoge gehalten (> 20 mg/l) zijn mogelijk de oorzaak van maagdarmstoornissen bij gevoelige personen.

Mangaan vergezelt meestal het ijzer in water, maar in lagere concentraties: zelden meer dan 1 mg/l. Tegen mangaan in water bestaan soortgelijke bezwaren als tegen ijzer. Ook van dit element wenst men de concentratie in drinkwater beneden 0,1 mg/l te houden.

Zink, koper en *lood* kunnen als verontreiniging in drinkwater terechtkomen doordat dit in aanraking komt met leidingen of reservoirs die uit deze metalen zijn gemaakt of die deze metalen bevatten.

Cadmium is soms aanwezig in hardsoldeer en kan dan via soldeerlassen in de leidingen in sporen in het water aanwezig zijn.

Ook zink levert eerder smaak- dan toxicologische bezwaren op. De smaakgrens ligt namelijk bij 1 mg/l, doch de schadelijkheidsgrens bij 20 à 25 mg/l. Voor koper vallen deze grenzen samen bij 3 mg/l.

Voor lood en cadmium dient het gehalte nog veel lager te zijn. Indien water erg zacht is, verdienen kunststof buizen of met tin gevoerde buizen de voorkeur boven loden buizen. Het loodgehalte van drinkwater mag, na 16 uur stilstand in de leidingen, een gehalte van 0,3 mg/l niet overschrijden.

Chloride en chloor

Het chloridegehalte van water kan sterk variëren. Chloride is vaak als verontreiniging aanwezig (zoutlozingen!). Over het maximaal toelaatbare Cl^--gehalte van drinkwater zijn de meningen verdeeld. De smaakdrempel varieert van persoon tot persoon. Sommigen kunnen al een Cl^--gehalte van 100-150 mg per liter water waarnemen; anderen constateren pas een afwijkende smaak bij gehalten van 400 à 500 mg/l. In de EU is men algemeen van mening dat 300 mg Cl^- per liter een redelijke grenswaarde is voor het chloridegehalte van drinkwater.

Vrij chloor kan in drinkwater aanwezig zijn als dit ter desinfectie is gechloreerd. Als dit water sporen ammoniak of verbindingen met aminogroepen bevat, worden *chlooraminen* gevormd. Indien als gevolg van industriële verontreiniging sporen fenolen aanwezig zijn, kunnen *chloorfenolen* ontstaan, die nog bij extreem lage concentraties worden waargenomen en die het water een buitengewoon onaangename smaak verlenen. Bepaalde gebieden in het westen van Nederland (Rotterdam en omstreken) hebben van deze gechloreerde fenolen in het drinkwater jarenlang hinder ondervonden.

Stikstofverbindingen

In natuurlijk water kunnen behalve organische stikstofverbindingen ook nitraat-, nitriet- en ammoniumionen voorkomen. Hun aanwezigheid kan men soms uit de bodemgesteldheid verklaren. Het optreden van ammoniumionen in concentraties hoger dan 0,15 mg/l kan samengaan met bacteriële (fecale) verontreiniging. NH_4^+ wordt echter ook wel langs biochemische weg uit NO_2^- en NO_3^- gevormd. In Nederland vindt men onder andere in een strook langs de Zuid-Hollandse kust grondwater met een hoog gehalte aan ammoniumionen.

Nitraat en vooral nitriet moeten in drinkwater in niet te hoge concentraties aanwezig zijn. Nitriet kan zich binden aan hemoglobine en daardoor ademhalingsstoornissen bij baby's veroorzaken. Daarnaast kan nitriet onder bepaalde omstandigheden reageren met stoffen die een secundaire of tertiaire aminogroep bezitten, waarbij carcinogene nitrosaminen kunnen worden gevormd.

Door vermesting neemt de laatste jaren in een groot deel van het winbare grondwater het nitraatgehalte toe. Dit vormt een probleem voor zowel de drinkwatervoorziening als voor de proceswatervoorziening in de voedingsmiddelenindustrie. Volgens een EU-richtlijn moet drinkwater een nitraatgehalte van minder dan 50 mg/l bezitten. Het EU-richtniveau is evenwel 25 mg/l; mogelijk zal dit niveau op den duur maatgevend worden (1).

WATER IN VOEDINGSMIDDELEN

Watergehalten

In nagenoeg alle voedingsmiddelen is water aanwezig. De meeste bestaan voor meer dan de helft uit water en een aantal zelfs voor meer dan driekwart. Tabel 9.3 verschaft enige informatie omtrent het watergehalte van een aantal voedingsmiddelen.

Bindingswijze

Water kan op verschillende manieren in voedingsmiddelen zijn gebonden. Vaak onderscheidt men 'vrij' en 'gebonden' water, zonder altijd duidelijk te definiëren wat deze begrippen inhouden. Men zou kunnen zeggen dat – afgezien van vloeibare voedingsmiddelen zoals melk – het meeste water in gebonden vorm aanwezig is omdat het niet onder invloed van matige druk, door persen bijvoorbeeld, eruit kan worden verwijderd. Slechts een klein deel van het in brood, kaas, vlees of vis aanwezige water kan men onder de categorie 'vrij water' rangschikken.

Tabel 9.3 Watergehalten van een aantal levensmiddelen, in procenten (Bron: Nederlandse Voedingsmiddelentabel, 2)

Brood	
wit, bruin	40
rogge	50
beschuit	5
Broodbeleg	
boter, margarine	15
halvarine	59
keuken-, huishoudstroop	20
hagelslag	10
pindakaas	3
gekookte worst	46
achterham	70
Melk en melkproducten	
volle melk	88
karnemelk	92
slagroom	53
Goudse kaas, jong	44
id., belegen	41
magere kaas	50 -55
melkpoeder	4
Vlees en vis	
rundvlees, rauw	55 -70
varkensvlees, rauw	55 -60
vis, vet	55 -65
vis, mager	78 -82
Groenten	
wortelen, bieten	90
kool, sla, asperges	90 -99
spinazie	92
komkommer	97
Vruchten, fruit	
appels	87
citrusvrucht	86 -91
bessen	85 -89
meloenen	94
Diversen	
aardappelen	77
rijst	13
id., gekookt	66
noten	3-6

In de mate van binding is echter veel verschil. Het is daarom niet juist, te spreken van 'gebonden' water in een voedingsmiddel zonder aan te geven wat men bedoelt. Anderzijds is het niet eenvoudig, correcte en ondubbelzinnige definities te geven. In een poging, toch verschillende bindingstypen te onderscheiden, kan men de volgende indeling maken:

Vrij water: water dat gemakkelijk door uitpersen kan worden verwijderd.

Los gebonden water: opgesloten binnen weefselmembranen en aanwezig in macrocapillairen (> 1 µm Ø).

Vast gebonden water: aanwezig in microcapillairen (< 1 µm Ø) of, via waterstofbruggen, rechtstreeks of indirect aan macromoleculen gebonden.

Zeer vast gebonden water: water dat aan ionen (Na^+, Ca^{++}, Mg^{++}, OH^-) of aan geladen groepen van eiwitten ($-NH_3^+$, $-COO^-$) is gebonden (hydratatiewater) of water dat in een monomoleculaire laag rondom bepaalde moleculen of molecuulgroepen aanwezig is.

Met nadruk moet worden opgemerkt dat de overgangen tussen deze bindingstypen niet scherp kunnen worden afgebakend.

Of een voedingsmiddel water aan de omringende lucht zal afstaan of er waterdamp uit zal opnemen, hangt behalve van de relatieve vochtigheid (RV) van deze lucht, vooral af van de wijze waarop het water is gebonden. Daarbij is het los gebonden water in eerste instantie van het meeste belang. Invoering van het begrip *evenwichts-relatieve vochtigheid* (ERV), in het Engels equilibrium relative humidity of ERH maakt het beeld duidelijker. De ERV van een oplossing of voedingsmiddel geeft de relatieve vochtigheid aan van de lucht waarmee die oplossing of dat voedingsmiddel in evenwicht is. De ERV wordt, evenals de RV, in procenten uitgedrukt. Is de RV van de omringende lucht lager dan zal het voedingsmiddel water afstaan; is de lucht vochtiger dan trekt het hieruit waterdamp aan. Dit duurt tot de waterdampspanning van de lucht en die van het voedingsmiddel aan elkaar gelijk zijn. De ERV is dus geen vaste grootheid maar afhankelijk van de aard van het voedingsmiddel, het watergehalte, de temperatuur en de in de waterfase opgeloste verbindingen. Zuiver water bezit een ERV van 100%.

Bij deling van de ERV door 100 verkrijgt men de *wateractiviteit* of a_w. In het spraakgebruik heeft de a_w betrekking op het voedingsmiddel en de ERV op het relatieve vochtgehalte van de omringende lucht.

De samenhang tussen a_w en vochtgehalte van enkele voedingsmiddelen is in figuur 9.1 weergegeven.

Uit deze grafiek blijkt dat uit veel van deze materialen een aanzienlijke hoeveelheid water kan worden verwijderd, bijvoorbeeld door persen, zonder dat de curve merkbaar naar links gaat of, met andere woorden, de a_w duidelijk lager wordt. Het gebied met meer dan 40 procent water is dan ook niet bijster interessant en hier niet weergegeven.

Pas als het los gebonden water grotendeels is verdwenen en de relatieve vochtigheid van de omringende lucht laag genoeg is, kan ook de a_w merkbaar gaan dalen. De curve wordt meestal *waterdamp-sorptie-isotherm* genoemd. Deze naam duidt al aan dat het verloop van de curve afhangt van de temperatuur.

In de volgende figuur zijn een aantal sorptie-isothermen van een bepaald voedingsmiddel (aardappelen) weergegeven, waarbij nog moet worden opgemerkt dat deze isothermen gelden bij *atmosferische* druk. Hieruit blijkt onder meer dat

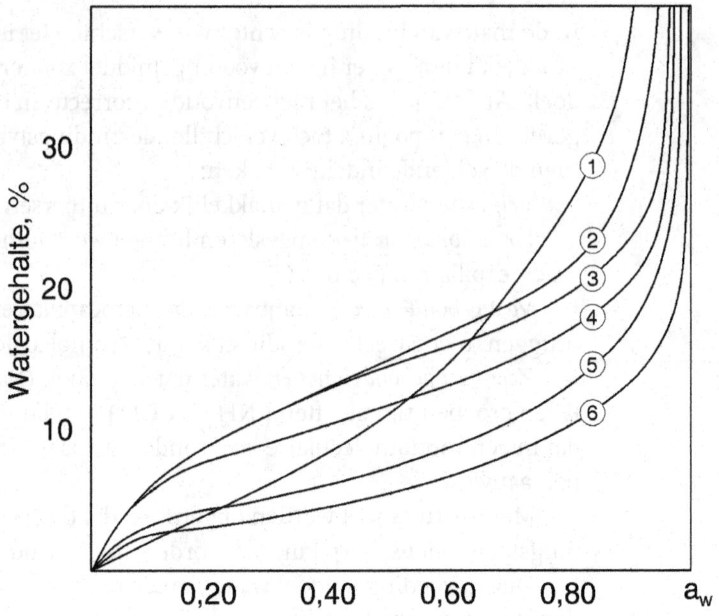

Figuur 9.1 De relatie tussen vochtgehalte en a_w voor enkele voedingsmiddelen en bestanddelen van voedsel (naar Mossel)
1 = vruchten, 2 = pectine, 3 = zetmeel, 4 = tarwemeel, 5 = vlees, 6 = cellulose

aardappelen reeds bij kamertemperatuur spontaan water aan de omringende lucht zullen afstaan, tenzij deze lucht extreem vochtig is (RV bijna 100%). Voor het drogen van fijngemalen aardappelen tot aardappelmeel met een vochtgehalte van omstreeks 15% is een luchttemperatuur van 20 °C en een relatieve vochtigheid van 70% voldoende.

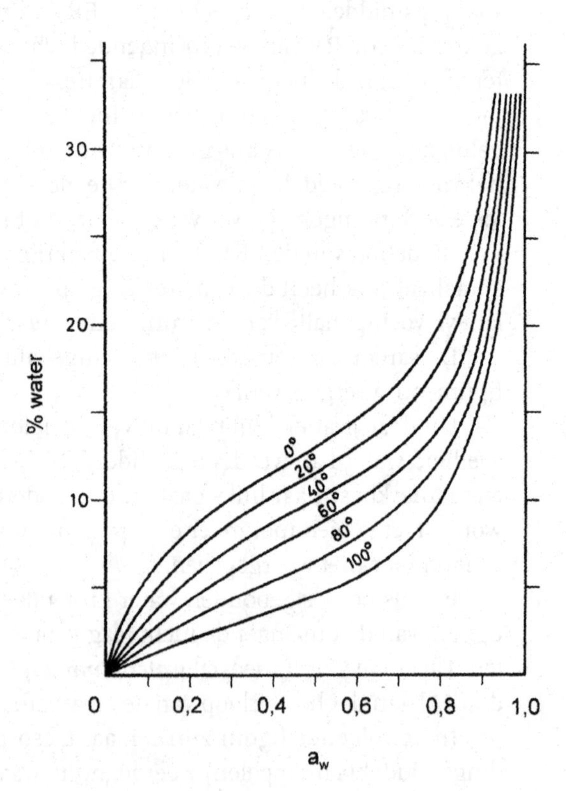

Figuur 9.2 Waterdampsorptie-isothermen van aardappelen bij verschillende temperaturen

Ook voor andere voedingsmiddelen geldt dat het watergehalte bij matige temperatuur tot lage waarden kan worden teruggebracht. Vlees en vis verliezen onder gelijke omstandigheden nog wat meer water dan voedingsmiddelen die veel zetmeel bevatten, zoals aardappelen, hetgeen zijn verklaring vindt in het verschil in waterbindend vermogen tussen eiwitten en zetmeel.

Nog heden ten dage is verlaging van de a_w een veelgebruikte techniek om voedsel te conserveren (3). De snelheid van het droogproces is een belangrijke factor, vooral bij producten zoals vis, die gedurende een te langzame droging zouden kunnen bederven. Een goede luchtcirculatie of -stroming is daarbij een eerste vereiste. Aan de Noordnoorse kust kan kabeljauw bij matige temperaturen en een vrij hoge relatieve vochtigheid tot stokvis worden gedroogd, omdat aan deze voorwaarde ruimschoots is voldaan (wind!).

Behalve door een goede luchtcirculatie zal de snelheid van het droogproces worden vergroot door het oppervlak te vergroten, dus door de aardappelen in schijfjes te snijden of de vis in opengesneden vorm aan de lucht bloot te stellen. Verder is van het belang dat het water zich voldoende snel naar het oppervlak kan bewegen. Bij veel voedingsmiddelen wordt de droogsnelheid zelfs grotendeels bepaald door de diffusiesnelheid van het water in het product. Vaak wordt de diffusie bemoeilijkt doordat de celwanden weinig permeabel zijn.

Bij verdampende oplossingen wordt het drogen soms verhinderd door korstvorming, waardoor het oppervlak hermetisch wordt afgesloten. Men kan dit waarnemen bij het indampen van oplossingen van zouten of suikers. Ook bij andere producten kan tijdens het drogen een korst aan het oppervlak ontstaan die de droging bemoeilijkt. Een ander verschijnsel, maar met hetzelfde effect, is het 'dichtslaan' van vis als gevolg van het roken met te droge rook. De huideiwitten denatureren dan te snel en maken de huid voor water ondoorlaatbaar.

Als men verder wil drogen, moeten de condities van de omringende lucht nogal ingrijpend worden gewijzigd. De sorptie-isothermen verlopen in het betreffende gebied vrij steil, hetgeen inhoudt dat de a_w bij afnemend watergehalte snel lager wordt. Wordt de lucht verwarmd, dan daalt de RV hiervan en wordt tevens een gunstiger (steilere) sorptie-isotherm gevolgd.

De laatste resten water verdwijnen pas bij extreem lage RV van de omringende atmosfeer. Deze laatste watermoleculen worden vastgehouden op de zogenoemde 'actieve plaatsen', dat wil zeggen vlakbij hydroxylgroepen, de peptideband en vooral aminogroepen. Lage vochtgehalten kunnen worden bereikt door sterke verhitting van de omringende lucht, zoals in een droogstoof. Door de druk te verlagen (vacuümdroogstoof) kan het vochtgehalte nog verder worden teruggebracht. Een andere weg is het aan zeer lage druk blootstellen van het vooraf bevroren monster *(vriesdrogen)*.

Extreem lage gehalten worden mogelijk in gesloten systemen (exsiccatoren), door de lucht met een droogmiddel in contact te brengen. Verbindingen zoals P_2O_5 en $Mg(ClO_4)_2$ kunnen een zeer lage waterdampspanning handhaven, hetgeen bij 20 °C neerkomt op een ERV van 0,0002%!

Vochtgehalte en stabiliteit van voedingsmiddelen

De a_w is van groot belang bij de stabiliteit van voedingsmiddelen. Figuur 9.3 biedt een overzicht van de relatie tussen de a_w en de chemische, enzymatische en

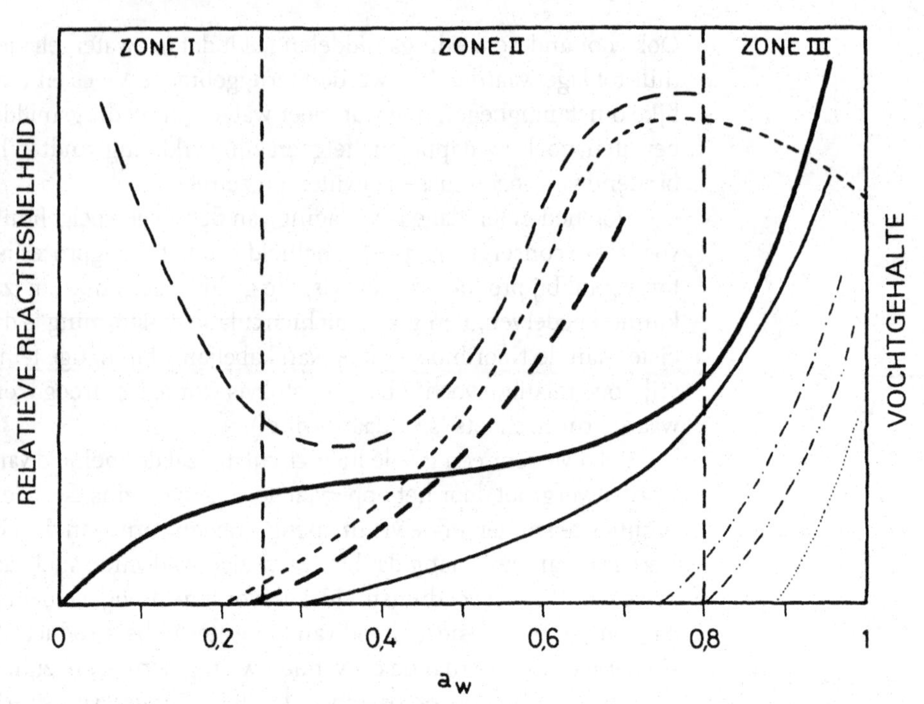

Figuur 9.3 Stabiliteit van voedingsmiddelen in relatie tot de a_w (naar Fennema). De dikke zwarte lijn stelt de waterdamp-sorptie-isotherm voor. Daaronder de curve voor enzymatisch gekatalyseerde reacties en rechts de curven voor schimmel- en bacteriegroei. Bovenaan (gestreept) de relatie tussen a_w en vetoxidatie, daaronder (kort gestreept) die voor niet-enzymatische bruiningsreacties en tot slot de algemene relatie tussen reactiesnelheid en a_w (dik, gestreept).

microbiële activiteiten die deze stabiliteit aantasten. In deze grafiek is ook een sorptie-isotherm weergegeven (vandaar de parameter 'vochtgehalte' rechts). De in de figuur aangegeven zones houden verband met de eerder gegeven indeling met betrekking tot de waterbinding. Bij relatering van deze zones aan een droogproces moet erop worden gewezen dat het los gebonden water in zone III nog voor een deel aanwezig is. In zone II is dit verdwenen en wordt, naar links gaande, ook het vast gebonden water geleidelijk verwijderd, tot in zone I ook het zeer vast gebonden water aan de beurt is.

De curve voor bacteriële groei geeft een sterk vereenvoudigd beeld van de werkelijkheid. Veel bacteriën groeien bij a_w-waarden beneden 0,95 al niet meer. Lactobacillen en streptokokken vermeerderen zich nog bij een a_w van 0,90 à 0,92. Sommige stafylokokken verdragen waarden van 0,85, terwijl halofiele (zoutminnende) bacteriën nog bij een a_w van 0,71 kunnen groeien.

Ook voor gisten en schimmels is het patroon ingewikkelder dan de figuur suggereert. Osmofiele gisten en xerofiele schimmels vermeerderen zich tot een a_w van 0,60 à 0,62. Een overzicht van deze waarden wordt gegeven door *Leistner* en *Rödel* (4), terwijl ook *Northolt* (5) een aantal gegevens vermeldt.

Enzymatisch gekatalyseerde reacties kunnen bij nog lagere a_w-waarden verlopen (tot 0,3 toe). Reacties van vetten in voedingsmiddelen, zoals oxidatiereacties, gaan sneller verlopen als het zeer vast gebonden water wordt verwijderd. Een verhoging van de a_w bevordert echter ook de reactiesnelheid, mogelijk doordat stoffen die het proces katalyseren mobieler worden en katalytisch werkende oppervlakken met het vet in contact komen als de matrix gaat opzwellen. Waarden voor de a_w van 0,3 tot 0,4, meestal corresponderend met vochtgehalten van 3 tot 7%, leveren optimale stabiliteit ten opzichte van vetoxidatie.

Niet-enzymatische bruiningsreacties, zoals de Maillard-reactie, verlopen optimaal bij a_w-waarden rond 0,70. Het gaat hier om een bijzondere vorm van concentratie. Om de NH_2-groepen van de eiwitten bevindt zich een deel van het resterende water, waaromheen koolhydraten en reactieve fragmenten zich groeperen. Bij daling van de a_w zal de hoeveelheid water ook daar minder worden en verloopt de reactie langzamer totdat, bij zeer lage a_w-waarden, de reactiesnelheid praktisch tot nul is teruggebracht.

Van belang is nog dat de relatie vochtgehalte/a_w bij temperaturen beneden 0 °C lager wordt doordat het water ten dele bevriest. Slechts het resterende, nog in de vloeibare fase verkerende water is nu van belang met betrekking tot de a_w. Deze waarde zal dus bij temperaturen beneden 0 °C lager zijn dan met het watergehalte van een voedingsmiddel overeenkomt. Hieronder zijn enkele van deze verlaagde waarden vermeld.

Tabel 9.4 Verlaging van de a_w bij temperaturen beneden 0 °C

Temperatuur, °C	a_w
0	1,00
-5	0,95
-10	0,91
-15	0,86
-20	0,82

Dehydratatie en rehydratatie

Het proces van vochtverlies in een voedingsmiddel wordt met de term *dehydratatie* of *desorptie* aangeduid. Als gedehydrateerde voedingsmiddelen worden blootgesteld aan vochtige lucht of met water in contact worden gebracht, zullen deze weer geleidelijk vocht opnemen; dit proces noemt men *rehydratatie* of resorptie. Hierbij blijkt dat niet precies dezelfde sorptie-isotherm wordt gevolgd; er treedt *hysterese* op (figuur 9.4).

Dit verschijnsel heeft verschillende oorzaken, met als de meest opvallende: a) interacties tussen bepaalde componenten, waardoor 'actieve plaatsen' irreversibel worden geblokkeerd; b) verschillen in de waterdampdruk, benodigd voor het vullen respectievelijk ledigen van capillaire holten die onregelmatig van vorm zijn. Het treedt dus niet in alle gedroogde voedingsmiddelen even sterk op.

De tijdens het drogen totstandkomende irreversibele veranderingen zijn er ook de oorzaak van dat het gerehydrateerde product kwalitatief altijd iets zal achterblijven bij het oorspronkelijke product, al zijn deze verschillen dankzij nieuwe technieken bij een aantal producten bijzonder klein geworden.

Meting van de evenwichts-relatieve vochtigheid

Meting van de a_w van een voedingsmiddel berust vrijwel altijd op een RV-meting van de omringende lucht. Dit houdt in dat het monster in een kleine gesloten ruimte wordt gebracht en daar wordt gelaten tot evenwicht is ingetreden. Meestal is dit na 24 uur wel het geval; bij zeer heterogene monsters kan het proces langer duren. Van belang is dat de temperatuur constant wordt gehouden.

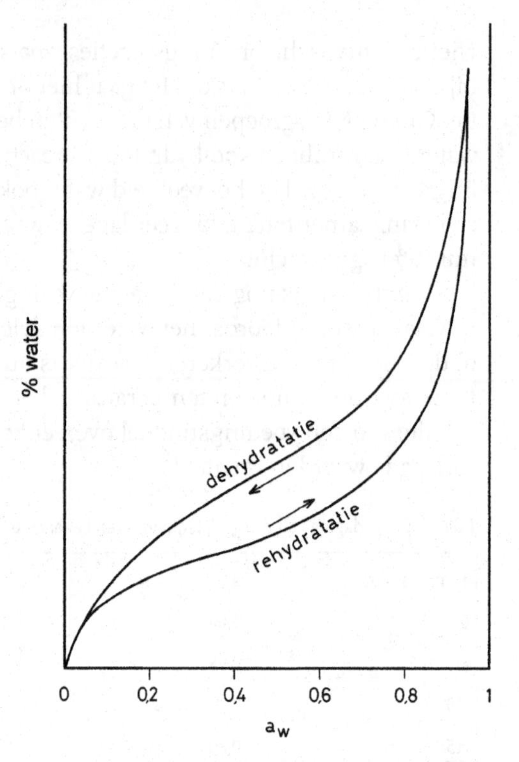

Figuur 9.4 Hysterese bij het drogen en rehydrateren van voedingsmiddelen

Een goedkope maar niet zo betrouwbare meting is die met een *haarhygrometer*; de betrouwbaarheid kan overigens worden verbeterd als men de (mensen)haar vervangt door een dunne draad van polyamide.

Nauwkeuriger metingen verricht men met een *dauwpunthygrometer*. Deze instrumenten bevatten een spiegeltje dat kan worden gekoeld en waarop waterdamp condenseert zodra het dauwpunt is bereikt. Licht dat op het spiegeltje valt, wordt dan niet meer weerkaatst maar verstrooid, hetgeen met een fotocel wordt geregistreerd. Zo kan het dauwpunt zeer nauwkeurig worden vastgesteld. Uit het dauwpunt en de temperatuur van de lucht kan de RV worden berekend of afgelezen op een nomogram.

Een derde mogelijkheid berust op de verandering van de elektrische geleidbaarheid van *lithiumchloride* als gevolg van de verandering van de RV van de omringende lucht. De LiCl-sensor bevindt zich in de (afgesloten) meetruimte. Vaak wordt het LiCl vermengd met andere zouten; op deze wijze kunnen verschillende meetbereiken worden gerealiseerd.

De reproduceerbaarheid van ERV-metingen bedraagt doorgaans ongeveer 1%. *Northolt* (6) beschrijft een opstelling die een reproduceerbaarheid van 0,3% (overeenkomend met 0,003 a_w) bereikt. Een opgave van de a_w in drie decimalen suggereert echter een nauwkeurigheid die geen reële betekenis heeft.

De problematiek rondom vochtgehalte en drogen van voedingsmiddelen is in deze paragraaf slechts oppervlakkig aan de orde gekomen; in het bestek van dit hoofdstuk moet echter met deze informatie worden volstaan.

ANALYTISCHE ASPECTEN

In de meeste laboratoria waar voedingsmiddelen worden onderzocht, zal de analyse met betrekking tot water zich beperken tot het bepalen van het vochtgehalte van voedingsmiddelen, grondstoffen en dergelijke en wellicht soms een hardheidsbepaling in het water zelf. Voor de levensmiddelenchemicus kan het echter van belang zijn dat hij/zij althans het bestaan van enkele methoden kent.

Analyse van drinkwater

Een groot aantal onderzoekmethoden voor drinkwater zijn al sinds lang beschreven. Deze houden in: bepaling van fysische eigenschappen zoals reuk, smaak, kleur, elektrisch geleidingsvermogen enzovoort; de bepaling van een aantal kat- en anionen, bepaling van opgeloste gassen zoals CO_2 en O_2; de bepaling van de hardheid, van agressief CO_2, werkzaam chloor, vluchtige fenolen, het verbruik aan kaliumpermanganaat en nog een aantal andere bepalingen. Op enkele van deze methoden zal nu wat nader worden ingegaan.

Bepaling van de hardheid van water

De hardheid van water wordt grotendeels veroorzaakt door calcium- en magnesiumionen. Deze kunnen aselectief worden bepaald door titratie met Na_2EDTA, het dinatriumzout van ethyleendiamine-tetra-azijnzuur.

Als indicator dient het natriumzout van 1-(1-hydroxy-2-naftylazo)-6-nitro-2-naftol-4-sulfonzuur, beter bekend als *eriochroomzwart T* of kortweg erio. Deze blauwe verbinding vormt met Ca^{++}- en Mg^{++}-ionen rood gekleurde complexen. Omdat deze minder stabiel zijn dan het EDTA-complex kan EDTA tegen het eindpunt van de titratie deze ionen aan het eriocomplex onttrekken, waardoor de kleur omslaat van rood naar blauw.

In principe zullen allerlei andere ionen – indien aanwezig – op deze wijze worden meebepaald. Meestal levert dit geen bezwaar op; in sommige gevallen echter moeten deze ionen worden gecomplexeerd, bijvoorbeeld met CN^-. Zo kan door toevoeging van enkele druppels KCN-oplossing de storing door koper-, lood- en zinkionen worden opgeheven.

Voor incidentele hardheidsbepalingen is de EDTA-methode de aangewezen weg. Als grote aantallen monsters moeten worden onderzocht, verdient de bepaling via atoomabsorptie de voorkeur. Men bepaalt dan Ca en Mg afzonderlijk en telt de gevonden gehalten op.

De *carbonaathardheid* kan zeer simpel worden bepaald door titratie met HCl op methyloranje (omslagtraject pH 3,1 – 4,4), waarbij de bicarbonaationen worden omgezet in CO_2.

Andere kationen

Atoomabsorptie of -emissie zijn uitstekende technieken om het gehalte aan diverse metaalionen in water te bepalen, vooral ook omdat de monsters geen voorbewerking behoeven. Voor het bepalen van zeer lage gehalten (aan elementen zoals Cu, Pb, Cd enzovoort) kan de grafietoventechniek worden toegepast. Voor grote laboratoria is een ICP-methode interessant.

Elementen zoals Na, K, Ca en Ba kunnen ook vlamfotometrisch worden bepaald. Voor de hardheidsbepaling van water is de vlamfotometer niet geschikt, omdat magnesium er niet mee kan worden bepaald (de emissielijn met de langste golflengte ligt bij 285 nm).

Voor verschillende ionen van zware metalen bestaan specifieke bepalingsmethoden die vroeger veel werden toegepast, zoals de bepaling van ijzer (na oxidatie tot Fe^{3+}) met rhodanide. Deze methoden kunnen worden gebruikt als men niet over atoomabsorptie- of atoomemissie-apparatuur beschikt. Ammoniumionen kunnen worden bepaald met fenolaat of salicylaat en hypochloriet.

Anionen

Chloride wordt vaak bepaald volgens *Mohr* (titreren met Ag^+ op CrO_4^{--} als indicator). Voor de automatische chloridebepaling in grote hoeveelheden monsters is een bepaling uitgewerkt die berust op het feit dat de kwikverbindingen $HgCl_2$ en $Hg(CNS)_2$ in water vrijwel geheel als ongedissocieerde moleculen aanwezig zijn. Chloorionen zijn echter in staat, uit kwikrhodanide een equivalente hoeveelheid CNS^--ionen vrij te maken, die dan met een toegevoegde Fe^{3+}-oplossing het bekende ijzer/rhodanidecomplex vormen. De intensiteit van de rode kleur is een maat voor het oorspronkelijke chloridegehalte.

Nitraat kan met behulp van salicylzuur worden bepaald; het gevormde nitrosalicylzuur vertoont in alkalisch milieu een gele kleur.

Nitriet wordt bepaald door middel van de diazoteringsreactie met sulfanilzuur, waarbij als koppelingsreagens vaak naftylethyleendiamine wordt gebruikt.

Veel van deze ionen kunnen ook worden bepaald met behulp van ionchromatografie, met als een van de voordelen dat meerdere ionen in één analysegang worden gemeten.

Organisch materiaal

In water aanwezige organische stoffen kunnen worden bepaald door het *chemisch zuurstofverbruik* (CZV) – Eng.: chemical oxygen demand (COD)) vast te stellen. Deze bepaling geschiedt met behulp van kaliumdichromaat in zwavelzuur milieu. Hiermee worden in principe alle verbindingen met reductievermogen bepaald. Omdat de bepaling empirisch is, moet de werkwijze precies worden vastgelegd.

Ook de meting van het *permanganaatverbruik* is een nog veel toegepaste methode. Doorgaans geschiedt de bepaling in zuur milieu. Door verdunning kan worden voorkomen dat chloride, indien aanwezig, wordt geoxideerd tot chloor. Als het gehalte echter te hoog is, moet in alkalisch milieu worden gewerkt.

(Voor oppervlaktewateren wordt vaak het *biochemisch zuurstofverbruik* (BZV – Eng.: biochemical oxygen demand (BOD)) gemeten. Men plaatst het monster daartoe vijf dagen in het donker en meet daarna hoeveel zuurstof is opgenomen. Uitsluiting van lucht is nodig om eventuele zuurstofproductie door fytoplankton te vermijden.)

Een andere benadering is de bepaling van de totale hoeveelheid organische koolstof – *total organic carbon* (TOC). Het watermonster wordt daartoe in een oven gebracht waar de organische stof, na verdamping van het water, wordt geoxideerd tot CO_2 met behulp van een katalysator (kobaltoxide op drager). Het gevormde CO_2 kan op verschillende wijzen worden bepaald. Een moderne en elegante methode is de meting van CO_2 in het infrarood.

'Werkzaam' chloor

Hieronder verstaat men de hoeveelheid chloor in water die oxiderend vermogen bezit. De totale hoeveelheid werkzaam chloor in water reageert in zuur milieu met *o*-tolidine onder vorming van een geel gekleurde verbinding.

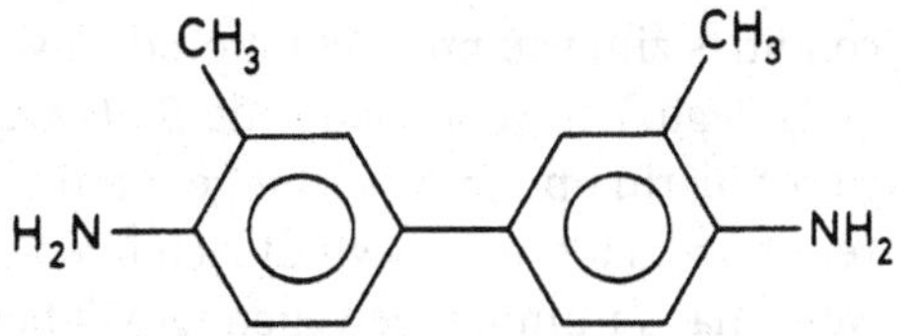

Figuur 9.5 o-tolidine

Chloor als zodanig reageert direct; chlooraminen (chloor gebonden aan ammoniak of aminogroepen), hebben enige tijd nodig om *o*-tolidine te kunnen oxideren. Door de kleur direct respectievelijk 10 minuten na toevoeging van het reagens te meten, kan men de hoeveelheid vrij zowel als gebonden chloor bepalen. Nitriet, ijzer en mangaan storen de bepaling. Voor deze storingen kan men corrigeren door het werkzame chloor met arseniet weg te nemen en daarna de bepaling nogmaals uit te voeren.

Gehalten aan werkzaam chloor hoger dan 1 mg/l bepaalt men jodometrisch.

Analyse van water in voedingsmiddelen; 'vochtbepaling'

Indirecte methoden

De bepaling van het watergehalte van voedingsmiddelen berust doorgaans op weging van het materiaal voor en na een droogproces. Men neemt hierbij dus aan dat al hetgeen door verdamping uit dit materiaal is verdwenen uit water bestaat. Om deze reden gebruikt men niet zo graag de term 'waterbepaling' maar spreekt men liever van 'vochtbepaling'. Zulke methoden zijn dus niet zonder meer toepasbaar op voedingsmiddelen die etherische oliën, alcohol of andere vluchtige stoffen bevatten.

Het verwarmen tot constant gewicht bij temperaturen even boven 100 °C (in een droogstoof) is de basis voor de meest gebruikelijke vochtbepaling. Hierbij is van belang dat de diffusiesnelheid binnen het materiaal groot genoeg is om een snelle droging mogelijk te maken. Om die reden mengt men het gehomogeniseerde materiaal vaak met uitgegloeid zand of infusoriënaarde. Met name voor het drogen van vloeibare producten is dit beslist noodzakelijk. Stroperige producten kunnen goed worden gedroogd op een stuk filtreerpapier. In de praktijk wordt de droogtijd meestal beperkt tot 3 uur.

Omdat de droogrest meestal zeer hygroscopisch is, dient de afkoeling in een exsiccator te geschieden en moet de weging niet al te traag worden uitgevoerd.

Als het product onverzadigde vetten bevat, kan in de laatste stadia van de droging merkbare oxidatie optreden. Toevoeging van een (niet vluchtig!) antioxidans kan deze reactie sterk vertragen. Ook het gebruik van een vacuümdroogstoof voorkomt het verschijnsel grotendeels.

Goede ventilatie in de droogstoof, zodat de waterdamp kan worden afgevoerd, is van veel belang. Ook hier biedt een vacuümdroogstoof weer voordelen: de waterdamp verspreidt zich sneller doordat de moleculen minder botsingskansen hebben.

De droogstoofmethode is niet bijzonder arbeidsintensief. Wel duurt het geruime tijd voor de uitkomst kan worden verkregen; soms levert dat problemen op. Door bij een hogere temperatuur, bijvoorbeeld 150 °C, te drogen, kan in korte tijd toch een redelijk nauwkeurig resultaat worden verkregen. Het achterblijven van een kleine hoeveelheid water wordt dan gecompenseerd door enige ontleding. De condities zijn van product tot product verschillend en moeten tevoren worden vastgelegd. Een voorbeeld is de *Brabender*-oven voor de vochtbepaling in meel. Dit wordt hierin op 150 °C verhit gedurende precies 10 minuten; de oven wordt geventileerd. Het meel bevindt zich in de oven op een schaaltje van een balans en wordt na 15 minuten gewogen terwijl het in de oven blijft.

Ook met behulp van infrarode straling kan een snelle vochtbepaling worden uitgevoerd. Op de schaal van een voor dit doel geconstrueerde balans spreidt men het monster uit en bestraalt dit met een infraroodlamp tot geen gewichtsverlies meer optreedt (*'Ultra X'-methode*). Een andere snelle methode berust op verwarming door middel van een *microgolfoven*.

Behalve de reeds genoemde vetoxidatie kunnen tijdens de verwarming van het monster andere storende reacties optreden. Door dextrineren van zetmeel, inversie van sacharose en hydrolyse van eiwit wordt water gebonden. Bij verwarming van bijvoorbeeld vruchtensappen wordt door ontleding juist weer extra water gevormd. Het beste resultaat bereikt men door te drogen bij zo lage temperatuur dat ontleding en andere storende reacties niet optreden. Zo kan men bij kamertemperatuur drogen in een vacuümexsiccator boven P_2O_5, een procedure die zeer exacte waarden oplevert maar die maanden kan duren. Soms kan men de temperatuur wat verhogen, bijvoorbeeld tot 70 °C, waardoor de droging natuurlijk aanmerkelijk wordt bekort. Het zal duidelijk zijn dat dergelijke methoden voor de gewone praktijk geen betekenis hebben.

Lactose levert een speciaal probleem op. Deze suiker vormt een hydraat dat zijn water uiterst langzaam verliest (hiervoor is 20 uur drogen bij 105 °C of 3 uur bij 130 °C vereist). Bij de vochtbepaling in bijvoorbeeld melkpoeder veroorzaakt dit uiteraard moeilijkheden, zodat ook hier naar een andere methode moet worden omgezien.

Directe methoden

Als de droogstoofmethode niet kan worden toegepast, bieden directe methoden voor de bepaling van water in voedingsmiddelen dikwijls bruikbare alternatieven. Met name voor de bepaling van zeer lage watergehalten zijn deze methoden soms bijzonder geschikt. Hier zullen twee directe methoden worden behandeld en wel een fysische (bepaling van water door azeotropische destillatie) en een chemische methode (de *Karl Fischer*-bepaling).

De bepaling van water via destillatie werd reeds in 1902 door *Hoffman* beschreven. In een destilleerkolf brengt men de waterhoudende stof en een vluchtige organische verbinding zoals tolueen, of liever nog isoheptaan, die niet met water mengbaar is. Op de kolf plaatst men een speciaal voor dit doel ontworpen opzet, waarop een koeler wordt aangesloten. De hier afgebeelde opzet is die volgens *Dean* en *Stark*.

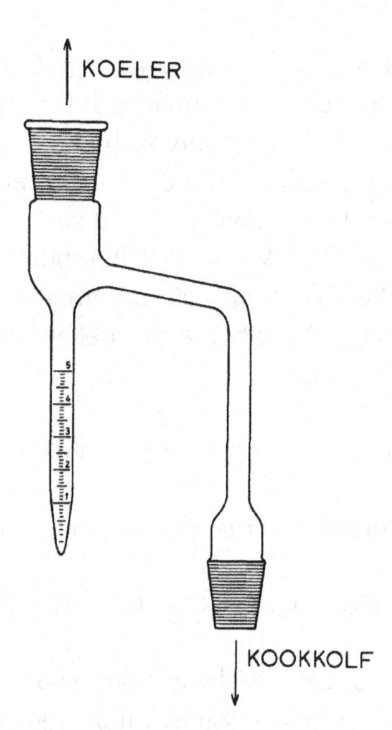

Figuur 9.6 Hulpstuk voor de destillatieve waterbepaling volgens Dean en Stark

In de tot koken gebrachte vloeistof verdampt in eerste instantie een mengsel van water en het organische oplosmiddel (de minimum-azeotroop), dat in de gekalibreerde buis terechtkomt en daar ontmengt. Het volume van de onderste laag, de waterlaag, kan worden afgelezen. Zodra de gekalibreerde buis vol is, stroomt het oplosmiddel terug naar de kolf. Het koken wordt voortgezet tot het volume van het gedestilleerde water niet meer toeneemt. Op deze wijze is een goede, snelle en nauwkeurige waterbepaling mogelijk, hoewel vluchtige stoffen die in de waterfase terechtkomen ook deze bepaling storen.

Behalve als referentiemethode kan de azeotropische destillatie worden toegepast voor de bepaling van water in bedorven of anderszins onaangenaam riekende producten, die bij droging in de droogstoof voor hinder zouden zorgen. Op deze methode bestaan verscheidene variaties, die hier niet worden besproken.

Aan de meest toegepaste bepaling van water langs chemische weg is de naam van *Karl Fischer* verbonden, die deze methode in de jaren dertig ontwikkelde. Basis is de reactie van *Bunsen* tussen jodium en zwaveldioxide, waarbij water wordt gebonden:

$$I_2 + SO_2 + H_2O \rightarrow 2\ HI + SO_3$$

Deze reactie laat men in een organisch oplosmiddel, meestal methanol, verlopen. Een methanolisch extract van een voedingsmiddel wordt getitreerd met een oplossing van jodium en SO_2 (overmaat) in methanol. Teneinde de reactie naar rechts te laten verlopen, bevat de titrant tevens een organische base, die de zure reactieproducten bindt. Pyridine is hiervoor om een aantal redenen zeer geschikt.

Het eindpunt van de titratie is bereikt zodra het jodium niet meer wordt weggenomen. Visuele eindpuntsbepaling is evenwel niet goed mogelijk vanwege de vorming van een geel gekleurd SO_2/jodidecomplex tijdens de titratie. Om die reden moet amperometrisch worden getitreerd. De stabiliteit van de titrant is matig; veelvuldige titerstelling is dus noodzakelijk.

Door *Verhoef* en *Barendregt* (6) is indertijd een methode uitgewerkt waarbij pyridine door natriumacetaat is vervangen. Doordat de dissociatieconstante van azijnzuur in methanol zo bijzonder klein is, neemt het acetaation beter protonen op dan pyridine en is de reactiesnelheid aanmerkelijk groter. Hierdoor is tevens een grotere nauwkeurigheid gewaarborgd.

Een door Verhoef en Barendregt gepostuleerd reactiemechanisme, waarbij niet het SO_2 maar het monomethylsulfietion wordt geoxideerd, is later door *W. Fischer* (7, 8) in twijfel getrokken. Volgens hem ontstaat in eerste instantie het HSO_3^--ion:

$$H_2O + SO_2 + Py \rightarrow HSO_3^- + PyH^+ \quad \text{of} \quad H_2O + SO_2 + Ac^- \rightarrow HSO_3^- + HAc$$

terwijl oxidatie met jodium zou plaatsvinden via joodsulfonzuur:

$$HSO_3^- + I_2 \rightarrow HSO_3I + I^-; \qquad HSO_3I + Ac^- \rightarrow I^- + SO_3 + HAc$$

Het SO_3 zal vervolgens door de overmaat methanol worden gebonden. (Indien veel water aanwezig is, zal SO_3 ook hiermee reageren, waardoor te lage waarden worden gevonden.)

Met behulp van de *Karl Fischer*-methode kunnen indirect ook bepaalde organische verbindingen worden geanalyseerd zoals alcoholen (veresteren met azijnzuur/BF_3 en het gevormde water titreren), zuren (idem, maar hier veresteren met methanol) en andere groepen van verbindingen die kunnen participeren in reacties waarbij water ontstaat (aldehyden, aminen) of wordt verbruikt (hydrolysereacties); in het laatste geval wordt een overmaat water teruggetitreerd.

LITERATUUR

1 J. Hiddink en A. Schenkel, Verwijdering van nitraat uit drink- en proceswater. Voedingsmiddelentechnologie 23 (1990)(18) 29-33.
2 Nederlandse Voedingsmiddelentabel. Uitgave van het Voedingscentrum. Laatste (39^e^) druk juli 1996.
3 F.M. Rombouts, M.H. Zwietering en T. Abee, Perspectieven voor houdbaarheidsverlenging door a_W-verlaging. Voedingsmiddelentechnologie 26 (1993)(6) 13-17.
4 L. Leistner en W. Rödel, Die Wasseractivität bei Fleisch und Fleischwaren. Deutsche Zeitschrift für Lebensmitteltechnologie 26 (1975) 169-176.
5 M.D. Northolt, Invloed van de wateractiviteit op micro-organismen in voedingsmiddelen. Voedingsmiddelentechnologie 12 (1979)(19) 23-27, (20) 49 – 52.
6 J.G. Verhoef en E. Barendrecht, Mechanism and reaction rate of the Karl Fischer reaction. V. Analytical implications. Anal. Chim. Acta 94 (1977) 395-403.
7 W. Fischer, Zum Mechanismus der Karl-Fischer-Reaction. Merck-Contacte 1989 (1) 30-33.
8 W. Fischer, Oxidierender Bestandteil in Karl Fischer-Lösungen. Fresenius' Z. anal. Chem. 334 (1989) 22-24

Register

Printed in the United States
By Bookmasters